BAOHUXING GENGZUO DUI ZUOWU—TURANG
XITONG DE YINGXIANG

保护性耕作对作物—土壤系统的影响

李 舟 张清平 李 渊 ◎著

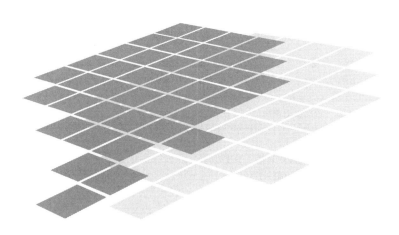

中国纺织出版社有限公司

图书在版编目（CIP）数据

保护性耕作对作物—土壤系统的影响 / 李舟，张清平，李渊著 . --北京：中国纺织出版社有限公司，2024.6

ISBN 978-7-5229-1729-0

Ⅰ. ①保… Ⅱ. ①李… ②张… ③李… Ⅲ. ①资源保护—土壤耕作—研究 Ⅳ. ①S341

中国国家版本馆CIP数据核字（2024）第082937号

责任编辑：闫 婷　责任校对：王花妮　责任印制：王艳丽

中国纺织出版社有限公司出版发行
地址：北京市朝阳区百子湾东里A407号楼　邮政编码：100124
销售电话：010—67004422　传真：010—87155801
http://www.c-textilep.com
中国纺织出版社天猫旗舰店
官方微博 http://weibo.com/2119887771
三河市宏盛印务有限公司印刷　各地新华书店经销
2024年6月第1版第1次印刷
开本：710×1000　1/16　印张：20.25
字数：357千字　定价：98.00元

凡购本书，如有缺页、倒页、脱页，由本社图书营销中心调换

前　言

近代以来，随着人口增长而产生的对于粮食与燃料的迫切需求，使高强度开垦和耕作成为主流，导致土壤有机质不断流失，土壤肥力下降，土壤质量不断退化，水土流失日益严重。在气候变化的背景下，全球表现出降水减少、气温升高的趋势，这可能导致植物蒸腾和陆地生态系统的土壤蒸发的增加。土壤有机质流失导致的肥力缺乏和气候变化背景下不断加剧的环境胁迫是限制作物增产稳产的重要因素，也使生态环境不断恶化，对农业的可持续发展产生了不利影响。在社会层面上，依赖作物生产的农民收入会因此减少，从而加剧区域的贫困情况。因此，建立一套适应当地气候条件与自然环境、支撑食物生产可持续的农业生产系统是生态脆弱区保障粮食生产、保护生态环境的基础。

现代保护性耕作始于20世纪40年代，经过不断发展完善已由最初单纯的减少耕作发展到以免耕为基础，以农机技术革新为支撑，集中了多种土表作业、有机质覆盖、水分控制、肥力管理、病虫害防治和杂草治理等技术的综合性耕作技术体系，在全球防治土地退化及荒漠化，改善土壤肥力、提高水分利用效率及生产力等方面发挥了重要作用，已被广泛认为是可持续农业的一个重要组成部分。全球实施保护性耕作的耕地面积也从0.45亿公顷迅速扩大到1.57亿公顷，而其应用的范围也从普通耕地逐步扩展到之前因为土壤和气候限制无法进行传统耕作的一些地区。这种快速发展不仅是因为保护性耕作在农学意义上的优势，其在生态环境方面更加友好的表现以及在经济回报方面的优越性也是重要的驱动力。

目前，在我国很多地区，随着政府支持力度的逐步加强，越来越多的农民开始尝试保护性耕作，并获得了较好的产量表现与经济效益。同时，也有不少研究结果表明，保护性耕作可以增加土壤养分和有机质含量，保持土壤水分，改善土壤结构，缓解土壤紧实度等，进而也获得了良好的生态与环境效益。然而，由于自然环境的差异，保护性耕作的生产力表现也不尽相同，因此，无论是对于单一研究点还是特定区域，保护性耕作对于作物—土壤系统方面的影响还有待明晰。

目前，关于保护性耕作的大部分研究主要集中在单一作物短期内在不同耕作管理措施下对作物的影响，对于长期实施保护性耕后轮作系统的研究较少，同时，对于全球区域尺度下实施保护性耕作的情况没有进行整体性的研究。

本书作者在黄土高原、云贵高原对轮作系统应用保护性耕作措施后的作物产量、土壤水分、土壤碳库等系统组分的变化进行研究，并通过对全球多个试验点数据的 Meta 分析，明确秸秆覆盖和免耕对土壤物理性质、土壤有机碳以及土壤微生物的影响，确定保护性耕作措施与土壤理化生性质之间的相互关系，探究不同位点耕作和秸秆覆盖的最佳措施。此外，对研究的成本与收益情况进行分析计算，以确定最优收益的耕作方式。为更好地发展保护性耕作，提高农业综合效益和促进产业与生态可持续发展提供一定的理论依据。

全书共 14 章，其中第 1~8 章由贵州大学李舟撰写，约 20 万字；第 9~11 章由兰州大学李渊撰写，约 7.7 万字；第 12~14 章由临沂大学张清平撰写，约 8 万字。秦王菲、莫启顺、牛丽丽为第 5、6、7 章的撰写做出了较大贡献，全书由石应来、彭诗雨整理统稿。

最后，我们要特别感谢国家自然科学基金项目（32160337、31802133、32101431），贵州省科技计划项目（黔科合支撑［2022］一般 106、黔科合支撑［2023］一般 473、黔科合平台人才-CXTD［2022］011）的支持，让这项工作得以顺利完成。感谢我们共同的导师——兰州大学沈禹颖教授给予我们的指导与帮助。

本书参考了许多同行的专著与研究成果，在此表示感谢。由于著者水平有限，难免有疏漏、错误之处，敬请同行和读者批评、指正。

李舟　张清平　李渊

2024 年 5 月

目　　录

第 1 章　保护性耕作简介及研究进展 … 1
1.1　保护性耕作简介 … 1
1.2　保护性耕作的优势 … 5
1.3　保护性耕作下作物产量表现 … 8
1.4　保护性耕作对于作物水分利用的影响 … 10
1.5　支持向量机模型 … 13
1.6　保护性耕作的固碳表现 … 14
1.7　保护性耕作的效益 … 17
　　参考文献 … 21

第 2 章　保护性耕作对黄土高原小麦产量、水分生产率和经济效益的影响 … 33
2.1　研究背景与意义 … 33
2.2　材料与方法 … 34
2.3　结果 … 40
2.4　讨论 … 46
2.5　小结 … 48
　　参考文献 … 49

第 3 章　长期可持续保护性耕作措施对黄土高原玉米—冬小麦—大豆轮作系统的影响 … 53
3.1　研究背景与意义 … 53
3.2　材料和方法 … 54
3.3　结果 … 59
3.4　讨论 … 69
3.5　小结 … 73
　　参考文献 … 73

第 4 章　黄土高原可持续种植制度（轮作结合保护性耕作）研究 … 78
4.1　研究背景与意义 … 78

  4.2 材料和方法 …………………………………………………………… 80
  4.3 结果 ………………………………………………………………… 87
  4.4 讨论 ………………………………………………………………… 100
  4.5 小结 ………………………………………………………………… 105
  参考文献 ………………………………………………………………… 106

第 5 章 黄土高原地区保护性耕作及秸秆覆盖对作物产量、水分利用效率、
    固碳和经济效益的影响 …………………………………………… 111
  5.1 研究背景与意义 …………………………………………………… 111
  5.2 材料与方法 ………………………………………………………… 113
  5.3 结果 ………………………………………………………………… 116
  5.4 讨论 ………………………………………………………………… 125
  5.5 结论 ………………………………………………………………… 128
  参考文献 ………………………………………………………………… 129

第 6 章 降水变化和保护性耕作对土壤水分、玉米青贮产量和品质的
    影响 ………………………………………………………………… 134
  6.1 研究背景与意义 …………………………………………………… 134
  6.2 材料与方法 ………………………………………………………… 135
  6.3 结果 ………………………………………………………………… 139
  6.4 讨论 ………………………………………………………………… 147
  6.5 结论 ………………………………………………………………… 150
  参考文献 ………………………………………………………………… 151

第 7 章 喀斯特地区不同耕作和秸秆还田措施对青贮玉米产量、品质及
    土壤磷的影响 ……………………………………………………… 154
  7.1 研究背景与意义 …………………………………………………… 154
  7.2 材料与方法 ………………………………………………………… 155
  7.3 结果 ………………………………………………………………… 158
  7.4 讨论 ………………………………………………………………… 164
  7.5 结论 ………………………………………………………………… 166
  参考文献 ………………………………………………………………… 167

第 8 章 无投入免耕有机牧草系统的生产力与营养价值 ………………… 170
  8.1 研究背景与意义 …………………………………………………… 170
  8.2 材料与方法 ………………………………………………………… 172

  8.3 结果 ……………………………………………………………… 177
  8.4 讨论 ……………………………………………………………… 189
  8.5 结论 ……………………………………………………………… 195
  参考文献 ……………………………………………………………… 195

第9章 保护性耕作措施改善了全球尺度下农田土壤物理环境 ………… 201
  9.1 研究背景与意义 ………………………………………………… 201
  9.2 材料与方法 ……………………………………………………… 203
  9.3 结果与讨论 ……………………………………………………… 205
  9.4 结论 ……………………………………………………………… 213
  参考文献 ……………………………………………………………… 213

第10章 全球不同环境条件下土壤物理性质对免耕的响应 ……………… 217
  10.1 研究背景与意义 ………………………………………………… 217
  10.2 材料与方法 ……………………………………………………… 219
  10.3 结果 ……………………………………………………………… 220
  10.4 讨论 ……………………………………………………………… 228
  10.5 结论 ……………………………………………………………… 233
  参考文献 ……………………………………………………………… 234

第11章 秸秆还田增加了全球少免耕系统土壤碳储量 …………………… 238
  11.1 研究背景与意义 ………………………………………………… 238
  11.2 材料与方法 ……………………………………………………… 240
  11.3 结果 ……………………………………………………………… 242
  11.4 讨论 ……………………………………………………………… 249
  11.5 结论 ……………………………………………………………… 254
  参考文献 ……………………………………………………………… 254

第12章 源自微生物的碳组分增加了全球免耕农田土壤有机碳 ………… 259
  12.1 研究背景与意义 ………………………………………………… 259
  12.2 材料和方法 ……………………………………………………… 261
  12.3 结果 ……………………………………………………………… 263
  12.4 讨论 ……………………………………………………………… 270
  12.5 结论 ……………………………………………………………… 274
  参考文献 ……………………………………………………………… 275

第13章　保护性耕作措施增加了全球尺度土壤微生物生物量碳氮 ………… 280
- 13.1　研究背景与意义 ………………………………………………… 280
- 13.2　材料和方法 ……………………………………………………… 282
- 13.3　结果 ……………………………………………………………… 284
- 13.4　讨论 ……………………………………………………………… 291
- 13.5　结论 ……………………………………………………………… 294
- 参考文献 ……………………………………………………………… 294

第14章　少免耕和秸秆还田增加了全球土壤微生物种群数量和多样性 …… 299
- 14.1　研究背景与意义 ………………………………………………… 299
- 14.2　材料与方法 ……………………………………………………… 300
- 14.3　结果 ……………………………………………………………… 303
- 14.4　讨论 ……………………………………………………………… 309
- 14.5　结论 ……………………………………………………………… 313
- 参考文献 ……………………………………………………………… 313

图书资源总码

第1章 保护性耕作简介及研究进展

1.1 保护性耕作简介

1.1.1 保护性耕作的定义

随着时代的发展和认识的不断深入，保护性耕作的定义与内涵不断演进，在不同的时期不同条件下，其表述也不尽相同。Action 和 Gregorish（1995）定义保护性耕作为在土壤表面保持作物秸秆覆盖并减少耕作量（少耕）或完全不进行耕作（免耕）的耕作方法。保护性耕作信息中心（CTIC, 1999）则对保护性耕作中土壤表面的覆盖面积有了更进一步的要求：最少 30% 的土壤表面积在播种后被作物秸秆覆盖以降低水土流失和风蚀的综合耕作体系。Baker 等（2007）认为保护性耕作是指免耕、深松，或者最低耕作结合传统耕作的耕作方式。一些研究将至少保留 30% 的前茬秸秆用于土表覆盖且减少对土壤扰动的耕作方式作为保护性耕作的最低标准，但是由于保护性耕作对于劳动力和能源的节约，土壤生物、土壤水、土壤结构和土壤养分的改善均有正面效益，因此，仅通过单独的秸秆覆盖水平并不能够准确地定义所有的保护性耕作方法（Harrington & Erenstein, 2005），并且，以上的表述依然没有完全概括保护性耕作不同层面的效益，例如，减少 CO_2 排放和减缓土壤温度波动（Hobbs, 2007）。为此，保护性耕作对保持土壤健康和发展可持续农业的作用也越来越被重视（Hobbs et al., 2008）。最初保护性耕作的优点表现在其保持土壤水分和增强土壤健康度的潜力（例如，防止土壤有机质减少、土壤结构破坏和土壤侵蚀），之后保护性耕作系统还表现出减少投入（如机械燃料、畜力、人力）的潜力，可以更有效地利用水分和经济投入以降低生产成本。因此，保护性耕作又可以定义为任何能够促进作物产量增加，同时保持土壤健康和农业可持续发展，以及节省能源或燃料投入的系统。针对不同的气候条件、土壤类型和作物系统，保护性耕作不一定意味着减少土壤扰动；需要结合当地的实际情况制定有针对性的减少土壤水分和有机物的损失、相较传统耕作对环境更友好的最优方案（Carter, 2017）。

联合国粮农组织（FAO）经过长时间的研究，对保护性耕作有了较为全面的定义：保护性耕作是一种可以维持和改善生产力、增加收益、保障粮食安全，能够保护自然资源、对环境较为友善的农业生产系统。完整意义的保护性耕作必须达成3个条件，首先必须保持对土壤的扰动范围不能大于耕地面积的30%，其次要使用有机物对土表进行永久性覆盖，最后要使用多样化的作物实施轮作。保护性耕作的目的是通过减少耕作对土壤的破坏和作物秸秆在土壤表面的覆盖，尽量减少农业生产对环境的破坏。FAO（2015）认为使用保护性耕作在植物根系可以到达的土壤深度提供和保持有利根系生长的良好环境，使植物能够有效地吸收足够的土壤营养和水分；确保尽可能多的水分进入土壤使植物生长免受水分胁迫制约；减少地表径流、补充地下水；增加有益生物的活性以保护和改善土壤结构；抑制潜在的病原体；增加土壤有机质和各种腐殖质；有助于土壤对植物所需营养的获取、积累、螯合和缓慢释放，避免土壤对根系及其功能的物理或化学损害，破坏其有效功能。

为确保减少土壤扰动的目标完成，就必须在少量耕作或者不耕作的土地上直接进行播种。直接播种在保护性耕作系统中实际意味着已经进行了免耕、少耕等保护性耕作措施，通常会根据种子大小采取不同播种方式：对于玉米（*Zea mays* L.）和豆类等种子较大的作物通过免耕播种机穴播入土，对于小麦和大麦等种子较小的作物利用免耕播种机形成连续的种子流进行条带状播种。免耕播种机能够穿透土壤覆盖，打开种槽将种子放入，种槽的尺寸和对土壤的扰动会尽可能保持在最低限度。理想情况下，种槽在播种之后会再次完全被覆盖，地表不会看到任何散落的土壤。在免耕播种前完成秸秆覆盖或种植覆盖作物，喷洒除草剂进行杂草控制等准备工作。前茬作物要根据实际需要选择30%～100%覆盖量以保证土壤覆盖，肥料和土壤改良剂可以选择在播种前撒播，也可以在播种期间施用。

永久性有机物覆盖的主要作用在于保护土壤免受暴露于雨和太阳下的有害影响，为土壤中的微生物和植物提供源源不断的养分，改变土壤中的微气候，同时为各种在土壤中生存的生物（包括植物根系）提供生长和发育的良好环境。作物轮作不仅能够为土壤微生物提供多样化的营养供给，而且不同根系深度的轮作作物根系能够在不同深度的土壤层获得营养，并且更深层土壤中不便被作物吸收的营养物质通过不同作物轮作实现再循环，这样不同的轮作作物就起到生物泵的作用。此外，轮作作物的多样性催生了多样化的土壤动植物，因为根系分泌不同的有机物质，吸引不同类型的细菌和真菌，同样的，这些不同的细菌和真菌在将不同的土壤动植物转化为作物可利用的营养物质中也发挥了重要作用。作物轮作还具有重要的类似植物免疫的功能，可以有效防止一些针对特定作物的病虫害通过秸秆在作物间传递。

1.1.2 保护性耕作的起源与发展

在公元前 4000~6000 年，犁在美索不达米亚首次被使用，这大概是人类耕作的最早起源，但当时的犁只是简陋的木制工具（Lal et al., 2007）。之后古埃及人用棍子在耕地中杵穴，然后直接播种，这是最早的保护性耕作形式（Derpsch，2004）。在公元 100 年左右，金属制的罗马犁出现（White, 2010），直到 1784 年，Thomas Jefferson 设计制造了我们现在熟知的犁。这些工具的出现都促进了农业生产，但沙尘天气的出现让人们重新思考这种耕作措施。犁的使用增加土壤侵蚀，导致农田土壤灾难性的流失（Faulkner, 2015）。首个针对传统耕作的严厉批评是 Edward H. Faulkner（1943）出版的《农夫之愚》。传统耕作是土壤退化和侵蚀的主要原因的观点在此书中第一次被提出，然而当时找不到更好的替代方案。目前被广为认可的保护性耕作（免耕）概念是 20 世纪 40 年代除草剂 2,4-D-丁酯发明后才出现的（Derpsch，2004）。在这之后，保护性耕作逐渐部分取代传统耕作，这也促进了新的栽培和耕作措施的出现（Lal et al., 2007）。在 20 世纪 50 年代实施的保护性耕作，如鏊式犁、留茬和作物秸秆覆盖开始频繁应用。20 世纪 70 年代，保护性耕作耕地面积因为传统耕作的几个弊病而迅速增加。在经济上，由于农场劳动力减少，农产品价格下降，能源和土地价格上涨，获得实施传统耕作所需的充足时间和昂贵设备变得越来越困难。而保护性耕作只需要少得多的燃料、机械和时间就可以允许农场在地形起伏较大、更偏远的土地上种植作物，同时，在保护土壤结构和土壤水含量方面，保护性耕作比传统耕作效果更好，成本也更低。保护性耕作的技术如今已比较成熟，包括相应除草剂和更好的免耕播种机得到了广泛应用。到 1997 年，全球使用多种少免耕作方法管理的土地有 1.1 亿英亩，占所有农田的 37%。这些耕作方法的改变使土壤侵蚀从 1982 年到 1997 年下降了 42%，而土壤有机质含量则不断增加。

在 1973/1974 年，全世界仅有 280 万公顷耕地实施免耕，10 年后的 1983/1984 年，免耕地的面积增加到 620 万公顷。在加拿大，直到 20 世纪 70 年代，保护性耕作及相关配套措施，如管理、农药、机械及作物品种的发展才逐渐成形并被广泛接受。从 1991 年到 2006 年，在阿尔伯塔、萨斯喀彻温和曼尼托巴地区的少耕或免耕农田面积从 3%、10% 和 5% 分别增加至 48%、60% 和 21%。到 1996/1997 年，全世界保护性耕作耕地的总面积增加到 3800 万公顷，但美国的保护性耕作耕地比下降到其总耕地面积的50%（Derpsch, 1998），到2009年，这个比例又下降到了25%。在1999年印第安纳州西拉法叶市第十届国际土壤保持组织（ISCO）会议上报告的数据表明，世界上保护性耕作耕地面积为4500万公顷（Derpsch, 2001）。Benites等（2003）在澳大利亚布里斯班的国际土壤覆盖研究组织会议（ISTRO）上指出，至2003年，全球实施保护性耕作的土地总面积达到了7200万公顷。自此后10年，免耕耕地面积以每年约650万公顷的速度增加，表明农民对这项技术的兴趣不断增加。在南美洲，保护性耕作耕地面积的增加尤其明显，其中阿根廷、巴西、巴拉圭和乌拉圭的免耕地2/3以上是永久性的，换言之，在这些土地上免耕一旦开始便会连续进行下去，不再转回传统耕作。根据FAO提供的相关数据，截至2015年，全球保护性耕作面积最大的12个国家总面积为15214.7万公顷（表1-1），占全球保护性耕作总面积的97%。

表1-1 全球实施保护性耕作面积前12名的国家

国家	保护性耕作面积（×1000 hm²）	耕地面积（×1000 hm²）	保护性耕作占比/%
阿根廷	29181	40200	72.59
澳大利亚	17695	47307	37.40
巴西	31811	86589	36.74
加拿大	18313	50656	36.15
中国	6670	122524	5.44
印度	1500	169360	0.89
哈萨克斯坦	2000	29527	6.77
巴拉圭	3000	4885	61.41
俄罗斯	4500	124722	3.61
美国	35613	157205	22.65
乌拉圭	1072	2450	43.76
西班牙	792	1804	43.9

来源：联合国粮农组织官网。

中国在保护性耕作应用方面有着悠久的历史，战国时期的《吕氏春秋》和北魏时期的《齐民要术》内记载的耕地覆盖措施就是我国保护性耕作的起源（刘巽浩，2008）。1960年以前，我国的保护性耕作措施主要是使用砾石和沙堆对耕地进行覆盖，以达到水土保持的目的。这些技术在一些理论上降水量不适合作物生长的边远地区广泛采用（Liang et al.，2012）。覆盖措施减少了地表径流，增加了水分下渗并减少了蒸发（Wang et al.，2003a；谢忠奎等，2003），更有利于植物生长，促进了根系和叶片的生长，使作物获得更高的光合作用、蒸腾率，并能让作物更早成熟（谢忠奎等，2003），然而这些措施会导致土壤有机质的长期下降和土壤结构的退化。同样的问题也出现在20世纪70年代进入中国的塑料地膜上，由于其可以减少蒸发，保持土壤水分和提高土壤温度，从而提高作物生产力和水分利用效率（WUE），变得越来越流行，成为雨养农业区的主导技术，然而塑料地膜不能增加土壤有机质、改善土壤结构，并且造成了严重的白色污染。真正意义上的保护性耕作在20世纪60年代才逐步进入国内，自20世纪70年代以来，保护性耕作的相关研究在我国北方干旱半干旱地区开始得到快速发展，1986年中国第一个国家级保护性耕作研究项目在中华人民共和国农业部的支持下顺利开展，自1992年起，昆士兰大学和中国农业大学、山西省农机局共同合作，在山西省启动了主要目的为研发各种免耕机械的保护性耕作实验（Gao & Li，2003）。2001年起，兰州大学（原甘肃省草原生态研究所）、甘肃农业大学与澳大利亚阿德莱德大学（The University of Adelaide）、澳大利亚联邦科学与工业研究组织（CSIRO）展开合作，开始进行甘肃黄土高原的保护性耕作的相关研究，在甘肃庆阳和定西分别对当地作物的生产力和土壤指标进行了长期试验，取得了较为丰硕的成果。国内对于保护性耕作的研究结果表明，保护性耕作是一种可以解决生态环境问题，提高作物生产力，减少投入成本，并提高雨养农业系统可持续性的先进技术（Yang et al.，2001；Wang et al.，2006）。随着传统耕作造成的表土损失、土地退化、空气和水体污染等环境问题日益增多，我国政府自2002年以来对保护性耕作进行了积极的示范和推广，北京、天津、河北、山西、内蒙古、辽宁、山东、河南、陕西、甘肃、宁夏、青海和新疆等13个省（市，自治区）均大面积推行了保护性耕作（张飞等，2004）。

1.2 保护性耕作的优势

所有农业新技术都需要有独特的优势并向农民清晰地展示其能够带来的益处才能够被广泛应用，保护性耕作也不例外。其优势可以归纳为以下6个方面。

一是经济效益。保护性耕作可以带来的主要经济效益是减少耕作时间，从而减少劳动力需求，降低如劳动力、燃料、机械操作和维护等成本。更低的投入和更高的产出展现出相比传统耕作来说更高收益的农业模式。保护性耕作对生产周期内劳动力的分配具有积极影响，拉丁美洲农民特别是完全依靠家庭劳动力的农民采用保护性耕作的主要原因就是因为这个模式可以大幅减少劳动力的需求（de Moraes et al., 2015）。

二是农学效益。有机质在土壤中起着重要作用，土壤持水能力增加、生根环境改善和养分积累都取决于土壤有机质。实施保护性耕作后可以增加土壤有机物，增强土壤保水能力，改善土壤结构，提高土壤的生产力。作物秸秆的持续添加会让土壤有机物质的含量不断增加，在添加初期，有机质增加仅在土壤的表层，但随着时间的推移其效果将延伸到更深的土壤层。

三是环境效益。保护性耕作可以减少水土流失，覆盖在土壤表面的秸秆减弱了雨滴的飞溅效应，雨滴下坠的能量消散后水分就进入土壤而不产生任何有害作用，秸秆的存在让雨水得以更好地下渗并减少了地表径流，大幅降低了水蚀的危害。秸秆能够在土壤表层形成一道物理屏障，降低地表风速，减少土壤水分的蒸发。土壤侵蚀使环境中充满土壤颗粒和泥沙，这会破坏土壤结构，加速蒸发，减少土壤含水量，降低生产力；污染环境，增加空气中的颗粒物；同时，泥沙如果进入水库一类的大型设施，经过积累后会降低水库的蓄水能力，水中增多的土壤颗粒增加水力发电设备的磨损，产生更高的维护成本并且需要提前对设备维修更换。

四是保护性耕作可以提升水质。很多水分会渗入土壤中增加农业生产力，也有一部分汇入地下水而不是造成水蚀危害。因此，在保护性耕作中，地表水比在传统耕作以及伴随的侵蚀和径流占优势的地区更清洁并且更接近地下水。更多的下渗减少了地表冲刷，提高了土壤含水量并对地下水进行了补给，增加了井水的供应，使干涸的水源复苏，并且能够减少水中泥沙、土壤颗粒含量，降低水处理的成本。

五是保护性耕作可以增加农田生态系统的生物多样性。传统耕作会改变原有生境，单一的作物种植会影响并破坏原有的植物、动物和微生物。小部分生物从这种变化中获利，迅速变为有害生物，但绝大多数生物受到其负面影响，最终完全消失或数量急剧减少。随着保护性耕作中秸秆覆盖地表，其堆垒的空间为一些以害虫为食的物种创造了栖息地，进而吸引了更多的昆虫、鸟类和其他动物。轮作和覆盖作物有利于各物种遗传多样性的提升，这是单一作物系统不具备的有利条件。

六是保护性耕作可以增强土壤的固碳能力。与传统耕作会使土壤中的碳更多地被氧化从而散失进入大气相比,免耕和秸秆覆盖措施让土壤中保存了更多的碳。在实施保护性耕作的前几年,通过根系的分解和地表的秸秆覆盖,土壤有机质含量不断增加。这些秸秆缓慢地分解,大部分进入土壤中,使其中的碳向大气中释放更加缓慢。在总的碳平衡中,大部分碳被隔离在土壤中,并且将土壤变成净碳汇,这会对减少温室气体排放到大气中产生深远的影响,有助于防止全球变暖的灾难性后果。

通常保护性耕作效果是利用作物产量、土壤有机碳、土壤肥力、土壤 CO_2 排放、体积密度或土壤含水量等已经确定的保护性耕作优点来进行评价。保护性耕作可以提供的效益很多(Naudin et al., 2010; Valbuena et al., 2012; FAO, 2015; 李舟, 2018),具体见表1-2。

表1-2 保护性耕作各组分的生态服务功能特征

保护性耕作系统相关组分的功能	系统组分			
	免耕（最小或者不扰动土壤）	覆盖（作物秸秆,覆盖作物,绿肥）	作物轮作（有利于生物多样性）	豆科作物（固氮,增加养分供给、生物孔隙）
模拟最佳的"林—地"生境	√	√		
减少土壤表面的水分蒸散损失	√	√		
减少浅层土壤的水分蒸散损失	√	√		
最大限度降低土壤有机质的氧化及因此造成的 CO_2 排放	√			
减少了因强降雨、践踏、机械造成的土壤紧实	√	√		
降低了土壤表层的温度波动	√	√		
为土壤生物的活动规律提供了有机质底物	√	√	√	√
增加、保持根区的氮水平	√	√	√	√
增加了根区的阳离子交换量（CEC）	√	√	√	√
最大化降雨入渗,将地面径流最小化	√	√		

续表

保护性耕作系统相关组分的功能	系统组分			
	免耕（最小或者不扰动土壤）	覆盖（作物秸秆，覆盖作物，绿肥）	作物轮作（有利于生物多样性）	豆科作物（固氮，增加养分供给、生物孔隙）
减少了因为水蚀、风蚀造成的土壤流失	√	√		√
通过土壤生物群的活动保持土壤层位的自然分布	√	√		
控制杂草	√	√	√	√
增加生物量	√	√	√	√
通过土壤生物群加速土壤孔隙度的恢复	√	√	√	√
减少劳动力投入	√	√		
减少燃料能源投入	√		√	√
养分循环	√	√	√	√
减少病原体造成的有害生物压力			√	
重建受损的土壤生境和动态	√	√	√	√
授粉服务	√	√	√	√

1.3 保护性耕作下作物产量表现

许多研究人员认为耕作措施的改变和覆盖物的增加显著影响作物产量。与传统耕作相比，使用秸秆覆盖的少免耕被证明是一种更好的可以增加雨养农业区玉米和小麦产量的农业生产方式（Ghuman & Sur, 2001）。一项华北平原的研究显示，一些保护性耕作措施（秸秆覆盖和少免耕）对粮食产量具有积极影响（Fang et al., 2003）。与传统耕作相比，在相似的气候条件下，使用了秸秆覆盖的保护性耕作系统将作物产量提高了10%~40%，位于黄土高原的国家保护性耕作示范点相关研究也支持了上述观点（Li et al., 2007），表现出相较华北平原灌溉农业区更佳的表现。Su 等（2007）认为，保护性耕作下的冬小麦产量，水分利用率（WUE）和经济效益显著高于传统耕作。

水分有效性和水分利用率是影响作物产量的重要因素（French & Schultz，1984）。一些研究报告表明在干旱或严重干旱时保护性耕作下的玉米产量通常较高，但在湿润年份较传统耕作更低（Wang et al.，2011）。Košutić 等（2005）在克罗地亚萨格勒布的三年大田试验中发现，传统耕作下玉米产量较高，达到了 7.78 t/hm², 较保护性耕作处理分别提高了 0.1%（少耕）和 2.8%（免耕），而少耕措施下冬小麦和大豆（*Glycine max* L.）产量较高，分别达到了 5.89 t/hm² 和 2.71 t/hm²，免耕措施产量则与传统耕作相当，分别低于少耕 2.8%、2.4%（冬小麦）和 2.8%、2.7%（大豆）。一些研究表明，相对于传统耕作，保护性耕作下的玉米产量无显著差异，其原因可能是土壤排水不良或胁迫条件下免耕会降低玉米产量，如在生长季节出现过量降雨（Gruber et al.，2012）。也有研究表明免耕和少耕降低了玉米产量，但保护性耕作与传统耕作相比，产量并没有显著差异（Zhang et al.，2014）。由上述研究可知，多数保护性耕作研究的结果对试验所在地的农业生产有较强的参考价值，但其结果因不同区域、不同气候条件、不同作物系统的差异而不同，并不具备普遍性。

长期的保护性耕作能改善旱作农业土壤物理、化学特性，土壤水力特性及土壤肥力（Álvaro-Fuentes et al.，2007；Bescansa et al.，2006；Moret et al.，2007）。Cantero-Martínez 等（2007）在西班牙东北部一项 15 年的研究认为，与传统耕作相比，保护性耕作可以增加作物产量 5%~15%。Osuji（1984）在尼日利亚西部地区的研究认为保护性耕作下的玉米产量显著高于其他处理。在中国北部地区实施 15 年保护性耕作措施的农田研究发现，保护性耕作下作物产量比传统耕作显著提高 19.1%（Li et al.，2007）。欧洲中部一项持续 10 年的研究发现，在转变为保护性耕作的前三年产量下降 8.7%，但接下来 7 年的年均产量增加 12.7%。在半干旱地区，水分短缺会抑制作物的生长、产量及对氮肥的响应。土壤水分的增加能提高作物对土壤养分的吸收，所以保护性耕作能提高作物对氮肥的响应（Angás et al.，2006）。长期氮肥添加和不同耕作措施对作物生长和产量有显著的影响，而氮肥和保护性耕作对作物生长的影响更显著。此外，覆盖物通过减少农田表土层养分流失或淋溶增加作物可利用的土壤养分含量，从而提高作物产量（Kinyangi et al.，2001）。

也有研究认为保护性耕作与传统耕作下作物产量无显著差异（Melville et al.，1976）。谢瑞芝等（2008）对国内进行保护性耕作相关研究的 141 篇论文进行了分析，保护性耕作措施下，全部试验地区的作物产量平均增加 13%。其中玉米增产较多，为15.88%。小麦和水稻分别增产9%和6%。但也有11%研究结果认为保护性耕作措施会降低作物产量，特别是在山西、陕西、宁夏、甘肃、青海、新疆、西藏等区域内减产比例达到了37%，其中免耕措施占到了减产比例的31%。

1.4 保护性耕作对于作物水分利用的影响

水是全球最重要的资源之一，对人类的生存发展至关重要。根据国际水科学协会研究结果显示地球上的水资源总量约为15亿立方千米，淡水资源量不到其中3%，主要为极地冰盖、冰川和地下水。可供人类使用的淡水不足总水资源的1%（James，1999）。农业严重依赖这1%的淡水来生产食物、纤维、动物蛋白和其他产品。随着经济的不断发展，人口快速增加和气候变化日益剧烈，水资源短缺越来越严重，并且已经在全球范围内威胁到粮食安全。在中国，人均淡水量约为全球标准的1/4，这使我国成为世界上13个最受限制水资源的国家之一。其中，农业用水量占全国总用水量的65%，全国平均灌溉效率在30%~40%，而在美国等发达国家为70%~80%（Zhou et al.，2014）。这主要是由低效率灌溉系统（如大水漫灌）的统治地位以及农民采用新技术速度较为缓慢造成的。水资源供应有限，利用效率低下，降水的时间和空间分布差异巨大，极大地影响了农业生产力，这使在中国开发更具可持续性和生产力的作物系统变得更加重要（吴大付和杨文平，2005）。

在黄土高原，秸秆覆盖很少纳入传统耕作，这使传统耕作下的降雨渗透效果较差，并且风蚀或水蚀造成的水土流失严重（Zhu et al.，1994）。土壤含水量和水分有效性是作物生产的主要限制因素（Nielsen et al.，2002；Schillinger et al.，2008；Zhang et al.，2013），而保护性耕作在不同的气候条件和自然环境的作物系统中均表现出增加土壤持水能力和作物产量的巨大潜力（Fabrizzi et al.，2005；Su et al.，2007；Zhang et al.，2013；Zhang et al.，2015a）。因此，为了更好地保护耕地生产力，自20世纪90年代初以来，保护性耕作在国内得到了推广（谢瑞芝等，2008）。

为了明确保护性耕作的效果，土壤含水量是研究人员经常使用的指标之一。很多研究表明，与传统耕作相比，保护性耕作能够带来更高的土壤含水量。在半干旱条件下，免耕通过增加土壤水分渗透及减少水分蒸发而提高土壤保水或持水能力（Loomis et al., 1992）。同时，作物秸秆对土壤表面的覆盖也会减少土壤水分蒸发损失。多个在地中海地区的研究认为免耕和少耕不仅能增加土壤水分，还会提高 WUE（Moreno et al., 1997; Cantero-Martínez et al., 2007）。此外，短期的保护性耕作能提升土壤储水能力，继而促进根系生长和产量形成（Lampurlanés & Cantero-Martinez, 2003），长期的保护性耕作能更多地增加土壤含水量（Bescansa et al., 2006）。在保护性耕作下作物根系可以帮助改善土壤孔隙率，增加土壤渗水速率，减少地表径流（Mcvay et al., 1989）。Sullivan 等（1991）发现与传统耕作相比，土壤含水量与土壤表层覆盖量存在显著正相关关系，秸秆覆盖可提高表层土壤含水量 2%~11%（丁昆仑，2000）。与传统耕作相比，玉米秸秆覆盖后地表径流量和蒸发量分别降低了 57% 和 32%，并且玉米的水分利用率提高了 43%（刘跃平等，2003）。玉米地覆盖冬小麦秸秆后，生育期内土壤耗水量和耗水系数分别降低 56.5% 和 11.5%，WUE 增加 13.0%（陈素英等，2002）。秸秆覆盖通过减缓表层土壤盐分聚集从而改良盐渍土，土壤表层覆盖量与土壤盐分表聚现象负相关，与深层土壤盐分正相关（邓力群和王洪军，2003）。在尼日利亚西部地区的研究发现免耕处理下玉米的 WUE 显著高于其他处理（Osuji, 1984）。在中国北部地区实施 15 年保护性耕作措施的农田研究发现免耕下水分利用效率比传统耕作高 17.6%（Li et al., 2007）。

WUE 已在许多学科中被广泛地应用（Nair et al., 2013）。在中国，大多数农业研究将作物 WUE 解释为每单位用水量的产量或收益（王会肖和刘昌明，2000），这与 Gregory（2004）的观点非常相似。之前在黄土高原区域进行了许多研究，目的在于研究如何在传统农业系统基础上增加作物 WUE，包括调查改善作物 WUE 的基本机制和影响因素（黄占斌等，2002；李永胜等，2006），选择具有高 WUE 的作物品种（梁宗锁等，1995），采用新的田间管理措施和灌溉策略，以及使用作物秸秆覆盖和化学药品来增加作物 WUE（Woodhouse & Johnson, 2001；李永胜等，2006；李志军 2007）。最近，在少免耕作下加入作物轮作在全球发展可持续作物系统中变得非常受欢迎（Riedell et al., 2013）。Riedell 等（2013）发现玉米—大豆—小麦/苜蓿（*Medicago sativa* L.）轮作结合保护性耕作提供了高于玉米单作的土壤健康度、籽粒产量和主要矿物质浓度。同样，Huang 等（2003）发现在黄土高原豌豆/黍（*Panicum miliaceum*）/玉米/玉米轮作结合保护性耕作使得作物 WUE 显著改善。但是，由于作物秸秆覆盖的竞争性使用，劳动力需求的增加以及免耕机械投入的额外成本，保护性耕作在黄土高原地区的使用非常具有局限性。在中国干旱半干旱地区，Cai 和 Wang（2002）

的研究显示保护性耕作方法有利于缓解春播作物土壤干旱，特别是在严重干旱条件下。他们发现，保护性耕作（免耕或者0~60 cm深度的少耕）下播期土壤含水量高于传统耕作。许多研究人员报告免耕比传统耕作保存更多的土壤水分（Su et al.，2007；Wang et al.，2009；Liu et al.，2010；Sharma et al.，2011；Wang et al.，2011）。一般来说，与传统耕作相比，耕地实施保护性耕作可提高土壤水含量。在土壤干旱期，例如播种期和逆境下可以观察到二者土壤水分的最大差异（Shuang et al.，2013）。一些时候，土壤含水量常常取决于所使用的保护性耕作的类型。例如，Shuang等（2013）认为，免耕和少耕比传统耕作具有更高的土壤含水量，并且，在地表土层（0~30 cm）中免耕处理的土壤含水量远高于少耕，而在水分充足的时期，传统耕作和保护性耕作的含水量没有显著差异。此外，Wang等（2003b）的研究显示免耕和传统耕作之间的土壤含水量差异在第一、第二和第三个休闲期分别为14 mm、19 mm和30 mm，这个差异在生长期会缩小，休闲期和生长期的平均土壤含水量为免耕>深松>传统耕作>少耕>旱作>作物连作。可见，不同的耕作措施下土壤含水量也是不同的，并且有时传统耕作比保护性耕作措施拥有更高的土壤含水量。

由于土壤类型、气候和作物的多种组合的复杂状况，想要得出耕作类型和土壤含水量联系的普遍性结论是不切实际的。所以，所有研究者都应该谨慎地报告其结果，因为水分对特定耕作措施具有显著的响应结果通常只能说明单一地点的情况，此结果在其他气候和土壤条件下是不可复制的。此外，在类似的气候和土壤条件下，研究人员所报道的结果也不尽相同。例如，Chen等（2013）认为，在旱地条件下深耕和深松相比已经实施了几年的免耕表现更好。但是，Ghuman和Sur（2001）认为，与传统耕作相比，最小耕作在地表土层中保存了更多的水。此外，Moraru和Rusu（2012）指出，免耕和最小耕作在播种时和在植物生长前期拥有较高的土壤含水量，其差异随时间逐渐减少。与传统耕作相比，某些保护性耕作方法（如免耕）对土壤持水，WUE或作物产量没有影响（Lampurlanes et al.，2002；Tan et al.，2002；Licht & Al-Kaisi，2005），这主要是因为保护性耕作的有效性很大程度上取决于其他环境和管理因素。然而，对于各种环境因素影响作物WUE的机制以及它们与半干旱黄土高原地区不同耕作方式的相互作用的研究依然非常稀少（李舟，2018）。

1.5 支持向量机模型

农业的未来取决于更长期的研究工作以及相关科学大数据的可获得性。高级分析工具（如仿真模型）有助于更好地理解已有的数据，并能在更大规模上提高对未来结果的可预测性。以高度耦合的方式对农艺和生理生态过程进行模拟可以为了解不同的田间管理措施和环境条件如何影响作物生产（如粮食产量和水分生产力）提供重要见解（Luo et al., 2011; Schipanski et al., 2014; Basche et al., 2016）。它还可以通过将模拟结果放大到更大的区域或长达数十年的尺度来帮助解决农业数据在空间和时间变异性方面的问题。

在 APSIM（Agricultural Production Systems Simulator）、STICS、DSSAT（Decision Support System for Agrotechnology Transfer）、EPIC（Erosion Productivity Impact Calculator）等各种现有的在农业研究中广泛使用的基于过程的模型的相关信息已经十分丰富（Salmerón et al., 2014; Yeo et al., 2014; Plaza-Bonilla et al., 2015）。然而，几乎所有这些现有模型都需要大量的参数校准工作，并且严重依赖于类似线性回归的简单数学算法，很容易导致模型过拟合，鲁棒性差和精度低（Cui et al., 2014a, b; Mirik et al., 2014a, b），在实际使用中仍然存在很多问题。

支持向量机也可简写为 SVM，是最先进的机器学习算法之一，已经成为很多研究领域内广受欢迎的模式识别算法（Boser et al., 1992; Cortes & Vapnik, 1995; Cui et al., 2014a, b; Lin et al., 2018; Ramcharan et al., 2018）。借助可将低维数据映射至高维的独特分离模式，以及可进行复杂计算的核函数使 SVM 成为能够在大多数应用场景中进行分类的拥有良好鲁棒性的分类工具（Hosseini & Ghassemian, 1996）。Jiang 等（2011）指出不同于其他农业模型，支持向量机在处理少量数据时也能表现出较好的性能，这是因为它在高维模式识别方面能力非常突出，能够较好地解决非线性问题，其出色的泛化能力也使训练后的模型能够较快适应新数据。Li 等（2018）认为 SVM 可以实现用于新的特定地点的模型，从而可以更深入地了解不同环境条件和管理措施对作物生产力的影响。值得注意的是，SVM 模型可以很容易地适应不同种植制度或环境条件下的各种研究。SVM 目前在农业领域应用还不广泛，已有的一些应用仍停留在简单的分类方面，如对水果、病害、杂草、土壤类型进行区分。Ghorbani 等（2017）选取了伊朗

East Azerbaijan 省的 215 个土壤样本，通过 SVM 模型对其物理组分与有机质含量进行建模，从而获得了适用该地区的土壤持水量和永久萎蔫点的评价工具，需要进一步加强 SVM 在农业领域的应用广度与深度，使之能够更好地为作物生产与环境生态服务。

1.6 保护性耕作的固碳表现

在 20 世纪初，许多关于 CO_2 排放的研究发现，农业既是土壤 CO_2 排放的主要源头之一，也是 CO_2 的重要碳汇（Lal et al.，1998）。传统耕作系统可以显著增加大气中的 CO_2 浓度，其对气候变化的年度贡献可高达 14%（Vermeulen et al.，2012）。在过去 20 年中，对经济活动环境影响的分析越来越多地包括其对温室气体（GHG）排放的因素。在农业中，除了像水稻和反刍动物这种众所周知的甲烷排放源，传统方式耕作的耕地也对温室气体的排放贡献良多。

土壤固碳是通过植物、植物残体和其他有机质将 CO_2 从大气中转移到土壤中的过程，这些物质以有机质的形式成为土壤的一部分。有机碳在土壤中的存留时间可以从短期（不立即返回大气）到长期（长达千年）。碳固定使得研究期间和结束时的土壤有机碳净含量不断增加并高于土壤的初始水平，使大气中 CO_2 水平降低（Olson，2010）。影响有机碳含量变化的主要因素涉及植被（有机质输入，植物成分），气候因素（温度/湿度条件）和土壤性质（质地，黏土含量，矿物学，酸度）（FAO，2015）。土壤有机质的矿化速率主要取决于土壤温度和有机质氧化速率、土地利用（耕作）方式、作物的种类、土壤和作物管理方式（Lal et al.，1995）。

尽管随着时间的推移其增长趋势是非线性的（Freibauer，2004），土壤固碳还是会随着保护性耕作的使用而增加，特别是在有免耕和作物秸秆覆盖措施存在的有利的条件下（Corsi et al.，2012；Mazzoncini et al.，2011；Tebrügge.，2003）。土表覆盖物，如秸秆或留茬，都会增加土壤有机物或养分含量（Blevins & Frye，1993）。秸秆通过直接分解增加土壤碳输入，也可以通过减少水土侵蚀固持更多土壤表层养分。Larson 等（1978）表示土壤有机碳与土壤表层有机残留添加量呈线性关系。Havlin 等（1990）也发现免耕系统下土壤有机碳的增加与土壤表层大量有机覆盖物有直接关系。保护性耕作是能够增加半干旱地区土壤有机碳的可持续系统（Halvorson et al.，2002）。保护性耕作可以通过促进作物生长、增加土壤碳输入提高土壤有机碳储量，干旱地区周期性的水分限制严重影响作物生长，而保护性耕作可以提高 WUE（Cantero-Martínez et al.，2007），提高每单位水的生物量和产量，继而增加有机质和碳输入。此外，土壤表层的秸秆覆盖可以减少地表辐射，降低土壤温度，从而减缓微生物活动和土壤有机物质氧化（Lal et al.，2007）。Cantero-Martínez 等（2007）对一项 15 年的研究数据分析发现，与传统耕作相比，保护性耕作能提高 5%~15%的作物产量。作物产量的提高增加土壤有机质储量，尤其是在土壤表层（Hernanz et al.，2009；Moreno et al.，1997）。在保护性耕作系统下，充足的养分供应能够在全球范围内每年提高 0.74~1 Pg 固碳量（Lal et al.，1999）。在长期保护性耕作应用中，土壤中增强的固碳和有机质积累能力构成了减少温室气体排放的实用战略，并赋予农业系统更强大的抵御气候变化的能力（Saharawat et al.，2012）。

在多种条件下，保护性耕作都会增加土壤有机碳含量（Franzluebbers，2010）。耕作强度的减小减缓深层土壤中残留物的化合作用，保护性耕作能减缓土壤有机物质分解速率。同时，保护性耕作降低土壤团聚体转化速度，增加土壤有效团聚体比例，进而增加土壤有机碳含量（Six et al.，1999）。许多研究已经发现保护性耕作下表层土壤固碳能力的显著改善（Hou et al.，2012a；Luo et al.，2010；Baker et al.，2007；de Moraes et al.，2013；Kumar et al.，2012）。例如，与传统耕作的土壤相比，实施免耕的土壤中 0~10 cm 土层中的土壤有机碳含量更高。免耕土壤表层土壤有机碳分布具有显著的分层效应，其含量随深度增加迅速下降，其原因主要是土表的秸秆覆盖增加了土壤有机碳含量（Blanco-Canqui & Lal，2007；Liang et al.，2007；Baker et al.，2007）。一些研究者认为，从传统耕作转变为保护性耕作系统可以大幅度增加土壤有机碳含量。也有研究表明，保护性耕作在抗侵蚀方面的优势并不明显，这使其与传统耕作在土壤固碳方面的表现没有区别（Baker et al.，2007；Luo et al.，2010；Ogle et al.，2012）。

保护性耕作可以减少碳排放并将碳固定在土壤中。与传统耕作相比，免耕降低了对土壤的干扰，减少了有机物的氧化，从而降低了土壤 CO_2 排放量。在保护性耕作下，柴油使用的减少降低了对大气的 CO_2 排放，并可以增加土壤中的碳汇（Erenstein et al.，2008；Hobbs & Govaerts.，2010）。Gupta 等（2004）表明相较于其他耕作机械使用免耕播种机可以减少 13~14 t/hm² 的 CO_2 排放。来自印度哈里亚纳邦和巴基斯坦旁遮普邦的数据显示，单位面积内免耕节约了大约 35 L 柴油并能减少 CO_2 排放（Erenstein et al.，2008）。Gupta 和 Seth（2007）认为，500 万公顷农田的作物秸秆停止燃烧可以减少 4330 万吨 CO_2 排放。Gupta 等（2004）

发现，免耕可以每年减少 156 kg/hm² 的 CO_2 排放。然而，仍然需要进行更大范围的研究，特别是在缺乏关于温室气体排放定量信息的热带地区来验证保护性耕作减少 CO_2 排放的效果。传统上，农民为了饲养家畜而收集作物秸秆，这些秸秆有可能是粮食作物的副产品也可能是专门作为饲料而种植的，除此之外秸秆的主要用途是作为燃料燃烧并向大气排放大量的温室气体和污染物（Hobbs & Govaerts, 2010），减少耕作有助于降低耕作措施增加土壤 CH_4 排放的不利影响（Hütsch, 1998）。在分析不同耕作管理措施对土壤 CO_2 排放的影响时，必须考虑短期和长期效应。相比传统耕作，保护性耕作下 CO_2 排放量短期快速下降已有广泛共识，但在更长时期内，并非所有研究人员都发现保护性耕作下的 CO_2 排放持续减少（Vinten et al., 2002）。在某些条件下，一些研究人员甚至发现在免耕条件下会产生更高的 CO_2 排放（Oorts et al., 2007）。即使在很长时期中给定时刻测量 CO_2 排放量，其结果也会在很大程度上受到土壤全碳和全氮含量的影响，此外还有矿物氮、土壤含水量、天气条件和土壤有机质数量及形式的影响（Regina & Alakukku, 2010）。关于 CO_2 通量是否存在长期的负平衡或正平衡在某种程度上可以通过土壤有机质的变化来评估。土壤有机质的变化可以为不同耕作方式在碳通量平衡方面的表现提供明确的指示，通过秸秆等生物质覆盖物（地上和地下）产生的土壤有机碳输入也是类似的。有研究发现土壤有机质的变化趋势与其初始含量呈负相关，研究也反映了地中海地区高土壤有机质消耗的土壤对因土壤管理措施变化而增强的固碳能力响应更快，固碳速率更高。然而，现有条件下，在排除土壤生物过程变化的短期影响下想要通过土地利用方式和管理措施的变化来评估固碳的全部潜力，欧洲可能需要达到 100 年左右的时间尺度，才能达到新的土壤碳平衡（Smith, 2004）。

在中国北方，保护性耕作是实现土壤固碳的方法之一。许多研究表明，将传统耕作转化为保护性耕作可以增加土壤有机碳含量，减少 CO_2 排放（Blanco-Canqui & Lal, 2007; Franzluebbers, 2010; Hobbs & Govaerts., 2010）。保护性耕作固碳能力可能与其土壤中一些与传统耕作土壤不同的性质有关：免耕土壤更高的紧实度和土壤容重，并且相较传统耕作下的土壤团聚体更少，这些特点使植物根系不易深入土壤。Chen 等（2013）发现在添加腐烂的小麦秸秆后，种植烟草耕地的土壤有机碳含量增加，因此，通过施肥和秸秆覆盖措施来增加连续耕种土壤中的土壤有机碳储量是可行的。但是，由于高温和频繁的干旱胁迫存在，保持和增加有机碳成了中国北方地区农业的主要挑战。此外，必须调整植物营养和耕作措施方案，以确保长期作物耕作系统提高土壤肥力和可持续性。然而，华北地区的农民普遍使用较少的肥料，作物都会面临营养缺乏的问题（Srinivasarao et al.，2003）。最佳方案是将作物秸秆与无机肥料结合，以增加土壤有机碳储量，改善生产力和提高旱地农业的可持续性。作物轮作、秸秆管理和施肥的保护性耕作可以有效维持土壤有机质的存在水平（Campbell et al.，1992）。作物秸秆的用途是华北地区的制约保护性耕作发展的主要因素，因为在此地区中秸秆还会用作燃料和动物饲料，同时传统耕作方式中在播种之前必须将所有作物秸秆从田间清出的观点也一直深入人心（Cai et al.，2006）。这种做法的理由是：清出秸秆可以降低杂草的危害，同时可以降低播种时的操作难度。

土壤有机碳的增加能进一步改善土壤质量和生产力，同时减少进入大气碳循环的碳，对环境产生积极的影响（Álvaro-Fuentes et al.，2007；Lal，2008）。Cantero-Martínez 等（2007）的研究还发现，如果整个地中海雨养农业区全部实施保护性耕作，这将减少该地区 17% 的农业 CO_2 排放量。其他研究也发现从传统耕作向保护性耕作转变是减少全球变暖刺激碳流失的有效策略（Luo et al.，2010）。例如，从传统的犁耕转变为免耕后，土壤的土壤有机碳增加速率提高至每年 (0.57 ± 0.14) t C/hm^2，而且直到 40~60 年后才会达到新的平衡状态（West et al.，2002）。美国东南地区的研究也得出类似结论，Franzluebbers（2005）估计免耕取代传统耕作后，平均固碳速率为每年 0.42~0.46 t C/hm^2。一些研究者使用平均固碳速率来突出广泛采用保护性耕作措施减缓人为 CO_2 排放的重要性和潜力（McConkey et al.，2000；Basch，2002；Tebrügge，2002）。Tebrügge（2002）估计，假设在 30% 和 40% 的耕地上分别采用免耕和保护性耕作，再加上通过节省燃料额外减少 500 万吨 CO_2 的排放量，欧盟 15 国（EU-15）可以通过土壤固碳实现其在《京都议定书》中承诺的总减排目标。上述研究也表明，通过应用保护性耕作节约燃料产生的 CO_2 减排潜力远远不及土壤固碳。

1.7 保护性耕作的效益

1.7.1 能量投入与产出

现代农业是能源与生产资料投入密集型产业，无论传统耕作还是保护性耕作，均需要依赖现代工业所提供的化肥、农药和种子等农资以及进行耕作、播种、施肥、打药、收获、脱粒、干燥、运输的各种机械、能源和产业链条。农业现代化对于保护性耕作技术的成功应用和可持续发展起着至关重要的作用。

根据不同的基于稻—麦作物系统下的各种研究表明，相比传统耕作，免耕可将田间持水量提高81%，籽粒产量提高6%。少免耕措施降低了生产成本，节约了劳动力，并提高了作物系统应对不断变化的各种气候情境的能力从而提高生产力、环境质量和可持续性，并在田间和非田间劳动中创造出了新的就业机会（Barclay，2006；Ladha et al.，2009；Saharawat et al.，2010）。Tabatabaeefar等（2009）在伊朗Maragheh地区进行的试验表明，相比传统耕作方式，少免耕均能用更少的能量投入获得更高的净能量产出，免耕处理每单位小麦产出耗能最低。Košutić等（2005）比较了玉米、冬小麦和大豆等单作系统在不同耕作措施下的能量消耗情况，相比传统耕作，免耕的能量消耗要少约85%，节约了76%~80%的劳动力，少耕的能量消耗则低于传统耕作37%~39%，劳动力使用少了43%~46%。

保护性耕作是一种全面的土壤和水资源管理方法，能够有效提升能源效率和生产力。Mishra和Singh（2012）报道，传统耕作下的稻—麦作物系统在各处理中需要最多的能量消耗（38187 MJ/hm^2），而基于免耕的保护性耕作系统能量需求是最少的，并且其能量产出投入比和系统生产力也更高。Kumar等（2013）在Modipuram进行的研究表明在水稻之后免耕种植小麦可以获得更高的能量产出投入比。此外，在使用免耕的玉米—小麦作物系统中，也同样具有低种植成本，最小的能源使用量，较高水分生产率，更好的净利润表现以及能源投入产出比增加等优点（Ramet et al.，2010）。

1.7.2 作物生产经济效益

有关保护性耕作经济方面的研究较少，使人们很难全面了解影响农民盈利与否的各项因素。大多数的研究似乎采取了非常简单的方法，在大田尺度对（免耕）耕作、播种和收获作业、施肥和杂草控制的成本和作物籽粒产量（作物秸秆）的收入进行简单的成本—收益分析，很多分析只考虑可变成本，而不考虑投资成本，如免耕播种机等专用机械和工具的成本。保护性耕作在欧洲最初是由于其能够减少投入的特点吸引农民自愿采用的（Basch et al.，2008）。但是传统耕作在燃料、农药化肥和劳动力投入方面的增加和环境方面的诸多限制也未能让保护性耕作在欧洲大范围的应用。尽管在初始几年产量较低，但是几乎整个欧洲在应用保护性耕作时其经济回报都要较传统耕作更高，Tebrügge和Böhrnsen（1997）计算了位于德国Hessian的五个使用不同长期土壤管理措施的免耕轮作系统，与传统耕作相比，其收益分别提高了17.8%、6.9%、15.7%、10.3%和20.3%。相较于传统耕作，保护性耕作盈亏平衡所需的产量更低。Marques 和 Basch（2002）对于葡萄牙南部地区雨养条件下 500 hm² 面积农场的小麦产量进行了计算，传统耕作盈亏平衡点为 1431 kg/hm²，而免耕系统只需 1130 kg/hm²。但是这种简单的计算并不能完全的反映保护性耕作的其他优点，这些优点也是可以转化为经济效益的。例如更长的播种期和更好的适应性。即使在湿冷的冬天免耕地也可以在恰当时间进行追肥和施用除草剂，降低机械设备的磨损并提高环境和土壤的健康度（Basch et al., 1997）。在芬兰，Mikkola 等（2005）发现在免耕下作物的产量下降了 15%，但在经济上这种减产仍然可以接受的。在欧洲可持续农业和土壤保持项目（Soco, 2009）的最终报告中，相比传统耕作，保护性耕作系统中的劳动力成本节约达 50%~75%，燃料成本节约高达 60%。尽管在初始阶段保护性耕作需要对机械（主要是免耕播种设备）进行一些投资，但耕作机械以及相应的维修和更换成本的减少是十分显著的，特别是对于较大的农场。Freixial 和 Carvalho（2010）表明在葡萄牙南部 350 hm² 的农场上，从传统耕作转换到免耕的作物轮作后，拖拉机和播种（耕作）设备维护成本减少了约 80%。在印度河—恒河平原，利用保护性耕作种植小麦的大田试验显示免耕降低了生产成本，同时增加了产量（Hobbs & Gupta, 2003；Laxmi et al., 2007）。此外，有研究表明，与传统耕作相比，保护性耕作下小麦的灌溉需求也减少了（Gupta et al., 2002；Hobbs & Gupta, 2003），从而降低了与灌溉有关的能源成本。同样在印度，一项旨在比较保护性耕作和传统耕作的小麦研究表明，保护性耕作的净收益比传统耕作更高（Tripathi et al., 2013）。Krishna 和 Veettil（2014）也收集了数据来评估免耕种植小麦对于收益的影响，发现免耕对于小麦成本的节约效果非常显著，达到了14%。在恰当时机使用农药化肥等农业化学品可以节约相关的开支，改善土壤肥力，获得更好的营养和水分循环以及其在保护性耕作下的有效性则是保护性耕作最重要的经济利益之一。除了通过减少地表径流和土壤侵蚀减少磷损失（Soane et al., 2012），保护性耕作下土壤有机质含量中更高的全氮含量使得矿物氮输入减少，有助于改善氮、WUE 和矿物肥料的生产力。Carvalho 等（2012）发现土壤表层 30 cm 土壤中的土壤有机碳含量，施氮量和小麦产量之间存在显著的关系。在同样的土壤上，经过 11 年的免耕和秸秆覆盖后土壤有机质含量是 2%，而没有秸秆覆盖的传统耕作的土壤有机质含量只有 1%，且前者在施氮量更少的情况下小麦产量更高。

  但是，保护性耕作并非在所有地区都能够减少成本，增加农民收入。在农民拥有完全产权耕地的地区，秸秆最有价值的用途不是用于覆盖耕地，农民可以从秸秆饲料化中受益更多（Akpalu & Ekbom，2010；Jaleta et al.，2012）。例如，津巴布韦东北部的一个案例研究，Rusinamhodzi 等（2015）在饲养牛的农民群体中发现应用秸秆覆盖的个体非常少，因为秸秆覆盖会导致饲料减少从而降低动物产品的产出。据估计，秸秆覆盖会造成每年近 1000 美元收入减少。Mazvimavi & Twomlow（2009）对津巴布韦使用种植盆地的 1400 名农民样本进行了成本效益分析。研究表明，与传统耕作相比，保护性耕作使农民的收入增加了 39%。但在撒哈拉以南非洲的小型农场中，与传统耕作相比能够降低成本的保护性耕作并不常见。少免耕可能导致杂草控制的成本增加，无论是通过增加劳动力成本还是使用除草剂。如果不使用除草剂，少免耕节省的劳动力就会被人工除草的劳动力需求抵消（Ekboir et al.，2002；Erenstein et al.，2012；Grabowski & Kerr，2014）。另外，在使用除草剂的情况下，保护性耕作的劳动力节约是明显的（Ekboir et al.，2002；Ngwira et al.，2012）。但是，由于当地使用范围受限，又缺乏足够资金，农民也缺少相应的知识和培训，导致除草剂并不是常见的处理杂草的选项。在肯尼亚中部玉米农场的多点试验中，Guto 等（2012）发现，在中等肥力土壤少免耕加秸秆覆盖措施是一种有利可图的做法，而在更为贫瘠或者肥沃的土壤上，传统耕作则会产生更多利润。这些结果在很大程度上解释了作物产量对于耕作或秸秆覆盖措施的响应：在养分特别充足的土壤中，作物产量不受耕作措施或秸秆覆盖的影响，中等肥力土壤中免耕和秸秆覆盖会增加产量，而在贫瘠的田地里，少免耕会导致产量减少，而秸秆覆盖不影响产量。秸秆覆盖的经济性是根据人口，牲畜密度，种植密度，可获得替代饲料来源，土地资源和市场等因素不同而高度具体化的（Valbuena et al.，2012）。

Corbeels 等（2014）对肯尼亚和马拉维/津巴布韦的研究显示，使用保护性耕作的农民的种植收益比较高，但在坦桑尼亚使用保护性耕作的收益低于传统耕作。一般情况下，使用保护性耕作会产生比传统耕作更高的收益，然而在马拉维/津巴布韦，保护性耕作的高产量是因为更高的投入（肥料、除草剂和劳动力）才获得的，保护性耕作下玉米平均产量为 2097 kg/hm^2，而传统耕作下玉米平均产量只有 1038 kg/hm^2，但农民在保护性耕作中要多付出 10%的肥料和 45%的劳动时间。总体而言，这个结果并没有表明使用保护性耕作的农民会拥有比传统耕作的农民更高的收益，这在很大程度上是对各种可用资源（土地、劳动力和现金）的权衡后产生的结果。对此，我们可以得出这样的结论：保护性耕作的经济效益仍然难以明确（李舟，2018）。

与经济效益相比，保护性耕作对环境可持续性的贡献，如土壤结构的改善，更活跃的微生物和更顺畅的养分循环可能需要更长的时间才能被发现（Zentner et al., 2002; Camara et al., 2003）。因此，需要更多的长期系统研究和足够的数据来评估不同耕作措施对环境因素的影响，特别是在我国黄土高原地区。虽然大多数研究对籽粒收获和水分利用率/盈利能力进行了经济分析（Li et al., 2000; Tian et al., 2003; He et al., 2007b），但很少关注保护性耕作的综合经济效益。在一项经济研究中，Katsvairo 和 Cox（2000）提出，较低的农药、化肥投入和有限耕作的大豆—玉米轮作可以产生与传统耕作相当的净经济回报。虽然作物轮作和免耕的经济和生态效益已被大众所知，但将不同耕作措施和作物秸秆覆盖措施整合到玉米—冬小麦—大豆轮作作物系统的生产力和可持续性的效果仍然缺乏深入研究（樊丽琴等，2005; Yang et al., 2008）。另外，在中国雨养农业区，特别是欠发达地区，作物秸秆被用作烹饪和产热的能源以及家畜的饲料，这是当地农业系统的必要组分，如果不能找到新的收入增长点来弥补这部分开支，这种现状会一直是在国内推广保护性耕作的障碍。

参考文献

[1] 陈素英，张喜英，胡春胜，等. 秸秆覆盖对夏玉米生长过程及水分利用的影响[J]. 干旱地区农业研究，2002，20（4）：55-57，66.

[2] 邓浩亮，周宏，张恒嘉，等. 气候变化下黄土高原耕作系统演变与适应性管理[J]. 中国农业气象，2015，36（4）：393-405.

[3] 邓力群，陈铭达，刘兆普，等. 地面覆盖对盐渍土水热盐运动及作物生长的影响[J]. 土壤通报，2003，34（2）：93-97.

[4] 丁昆仑，HANN M J. 耕作措施对土壤特性及作物产量的影响[J]. 农业工程学报，2000，16（3）：28-31.

[5] 樊丽琴，南志标，沈禹颖，等. 保护性耕作对黄土高原小麦田土壤微生物量碳的影响[J]. 草原与草坪，2005，25（4）：51-53，56.

[6] 李永胜，杜建军，刘士哲，等. 保水剂对番茄生长及水分利用效率的影响[J]. 生态环境，2006，15（1）：140-144.

[7] 李志军. 旱地冬小麦膜沟栽培水分利用率研究[J]. 中国农学通报，2007，23（5）：207-209.

[8] 梁宗锁，康绍忠，李新有. 有限供水对夏玉米产量及其水分利用效率的影响[J]. 西北植物学报，1995，15（1）：26-31.

[9] 刘文泉，王馥棠. 黄土高原地区农业生产对气候变化的脆弱性分析[J]. 南京气象学院学报，2002，25（5）：620-624.

[10] 刘巽浩. 泛论我国保护性耕作的现状与前景[J]. 农业现代化研究，2008，29（2）：

208-212.

[11] 刘跃平, 刘太平, 刘文平, 等. 玉米整秸秆覆盖的集水增产作用[J]. 中国水土保持, 2003, 19 (4): 35-36.

[12] 王会肖, 刘昌明. 作物水分利用效率内涵及研究进展[J]. 水科学进展, 2000, 11 (1): 99-104.

[13] 吴大付, 杨文平. 提高作物水分利用率的探讨[J]. 河南科技学院学报 (自然科学版), 2005, 33 (2): 1-3.

[14] 谢瑞芝, 李少昆, 金亚征, 等. 中国保护性耕作试验研究的产量效应分析[J]. 中国农业科学, 2008, 41 (2): 397-404.

[15] 谢忠奎, 王亚军, 陈士辉, 等. 黄土高原西北部砂田西瓜集雨补灌效应研究[J]. 生态学报, 2003, 23 (10): 2033-2039.

[16] 晏利斌. 1961-2014 年黄土高原气温和降水变化趋势[J]. 地球环境学报, 2015, 6 (5): 276-282.

[17] 张飞, 赵明, 张宾. 我国北方保护性耕作发展中的问题[J]. 中国农业科技导报, 2004, 6 (3): 36-39.

[18] AKPALU W, EKBOM A. The bioeconomics of conservation agriculture and soil carbon sequestration in developing countries[J]. Resources for the Future, Discussion Paper, 2010, EfD DP 10-07.

[19] ÁLVARO-FUENTES J, CANTERO-MARTÍNEZ C, LÓPEZ M V, et al. Soil carbon dioxide fluxes following tillage in semiarid Mediterranean agroecosystems [J]. Soil and Tillage Research, 2007, 96 (1/2): 331-341.

[20] ANGÁS P, LAMPURLANÉS J, CANTERO-MARTÍNEZ C. Tillage and N fertilization: Effects on N dynamics and Barley yield under semiarid Mediterranean conditions[J]. Soil and Tillage Research, 2006, 87 (1): 59-71.

[21] BAKER J M, OCHSNER T E, VENTEREA R T, et al. Tillage and soil carbon sequestration-What do we really know? [J]. Agriculture, Ecosystems & Environment, 2007, 118 (1/2/3/4): 1-5.

[22] BAKER J, OCHSNER T, VENTEREA R, et al. Tillage and soil carbon sequestration-What do we really know? [J]. Agriculture, Ecosystems & Environment, 2007, 118: 1-5.

[23] BAKER J M, OCHSNER T E, VENTEREA R T, et al. Tillage and soil carbon sequestration-What do we really know? [J]. Agriculture, Ecosystems & Environment, 2007, 118 (1/2/3/4): 1-5.

[24] BASCH G, CARVALHO M, MARQUES F. Economical considerations on no-tillage crop production in Portugal[C] //Experience with the applicability of notillage crop production in the West-European countries. Proceedings EC-Workshop Ⅳ, Giessen Wissenschaftlicher Fachverlag, 1997, 17-24.

[25] EPPERLEIN J, BASH G, GERAGHTY J, et al. No-tillage in Europe-state of the art: constraints and perspectives[J]. No-till farming systems, 2008, 3: 159-168.

[26] BASCHE A D, ARCHONTOULIS S V, KASPAR T C, et al. Simulating long-term impacts of cover crops and climate change on crop production and environmental outcomes in the Midwestern United States[J]. Agriculture, Ecosystems & Environment, 2016, 218: 95-106.

[27] BENITES J R, DERPSCH R, MCGARRY D. The current status and future growth potential of Conservation Agriculture in the world context[C]. Brisbane: International Soil Tillage Research Organization 16h Triennial Conference, 2003: 120-129.

[28] BESCANSA P, IMAZ M J, VIRTO I, et al. Soil water retention as affected by tillage and residue management in semiarid Spain[J]. Soil and Tillage Research, 2006, 87 (1): 19-27.

[29] BLANCO-CANQUI H, LAL R. No-tillage and soil-profile carbon sequestration: An on-farm assessment[J]. Soil Science Society of America Journal, 2008, 72 (3): 693-701.

[30] BLEVINS R L, FRYE W W. Conservation tillage: An ecological approach to soil management[M] //Advances in Agronomy. Amsterdam: Elsevier, 1993: 33-78.

[31] BOSER B E, GUYON I M, VAPNIK V N. A training algorithm for optimal margin classifiers [C] //Proceedings of the fifth annual workshop on Computational learning theory. July 27-29, 1992, Pittsburgh, Pennsylvania, USA. ACM, 1992: 144-152.

[32] CAI D X, KE J, WANG X B, et al. Conservation tillage for dryland farming in China[C]. Kiel: Proceedings of the 17th Conference on ISTRO, 2006: 1627-1634.

[33] CAI D X, WANG X B. Conservation tillage systems for spring maize in the semi-humid to arid areas of China[C] //Sustaining the Global Farm. The 10th International Soil Conservation Organization Meeting, 2002: 24-29.

[34] CAMARA K M, PAYNE W A, RASMUSSEN P E. Long-term effects of tillage, nitrogen, and rainfall on winter wheat yields in the Pacific northwest[J]. Agronomy Journal, 2003, 95 (4): 828.

[35] CAMBELL C A, BOWREN K E, SCHNITZER M, et al. Effect of crop rotations and fertilization on soil biochemical properties in a thick Black Chernozem[J]. Canadian Journal of Soil Science, 1992, 7: 377-87.

[36] CANTERO-MARTÍNEZ C, ANGÁS P, LAMPURLANÉS J. Long-term yield and water use efficiency under various tillage systems in Mediterranean rainfed conditions[J]. Annals of Applied Biology, 2007, 150 (3): 293-305.

[37] CARTER M R. Strategies to overcome impediments to adoption of conservation tillage[M] // CARTER M R, ed. Conservation Tillage in Temperate Agroecosystems. Boca Raton: CRC Press, 2017: 3-19.

[38] CARVALHO M, BASCH G, CALADO J M G, et al. Long term effect of tillage system and crop residue management on soil carbon content of a luvisol under rainfed Mediterranean conditions [J]. Agrociencia, 2012, 16 (3): 183-187.

[39] CHEN H L, LIU G S, YANG Y F, et al. Effects of rotten wheat straw on organic carbon and microbial biomass carbon of tobacco-planted soil[J]. Journal of Food Agriculture and Environment, 2013, 11: 1017-1021.

[40] CORBEELS M, DE GRAAFF J, NDAH T H, et al. Understanding the impact and adoption of conservation agriculture in Africa: A multi-scale analysis[J]. Agriculture, Ecosystems & Environment, 2014, 187: 155-170.

[41] CORSI S, FRIEDRICH T, KASSAM A, et al. Soil organic carbon accumulation and carbon budget in conservation agriculture: a review of evidence vol 16[M]. FAO Integrated Crop Management, 2012.

[42] CORTES C, VAPNIK V. Support-vector networks[J]. Mach. Learn, 20 (3): 273-297.

[43] CUI S, RAJAN N, MAAS S J, et al. An automated soil line identification method using relevance vector machine[J]. Remote Sensing Letters, 2014, 5 (2): 175-184.

[44] CUI S, YOUN E, LEE J, et al. An improved systematic approach to predicting transcription factor target genes using support vector machine[J]. PLoS One, 2014, 9 (4): e94519.

[45] DE MORAES SÁ J C, SÉGUY L, TIVET F, et al. Carbon depletion by plowing and its restoration by No-till cropping systems in oxisols of subtropical and tropical agro-ecoregions in Brazil [J]. Land Degradation and Development, 2015, 26 (6): 531-543.

[46] DENG X P, SHAN L, ZHANG H P, et al. Improving agricultural water use efficiency in arid and semiarid areas of China[J]. Agricultural Water Management, 2006, 80 (1/2/3): 23-40.

[47] DERPSCH R. Historical review of no-tillage cultivation of crops[J]. The 1st JIRCAS Seminar on Soybean Research No-Tillage Cultivation and Future Research Needs March 5-6, 1998, 1998 (13): 1-18.

[48] DERPSCH R. Keynote: frontiers in conservation tillage and advances in conservation practice [C] //STOTT D E, MOHTAR R H, STEINHARDT G C (eds.) Sustaining the Global Farm. The 10th International Soil Consenation Meeting, 2001: 248-254.

[49] DERPSCH R. History of crop production, with and without tillage[J]. Leading Edge, 2004, 3 (1): 150-154.

[50] EKBOIR J, BOA K, DANKYI A. Impact of no-till technologies in Ghana[J]. CIMMYT: International Maize and Wheat Improvement Center Economics Program Papers, 2002.

[51] ERENSTEIN O, SAYER K, WALL P, et al. Adapting no-tillage agriculture to the smallholder maize and wheat farmers in the tropics and sub-tropics[C] //No-tillage farming systems. Bangkok: Special Publication No. 3. World association of Soil and Water Conservation (WASWC), 2008: 253-277.

[52] ERENSTEIN O, SAYRE K, WALL P, et al. Conservation agriculture in maize-and wheat-based systems in the (sub) tropics: Lessons from adaptation initiatives in South Asia, Mexico, and southern Africa[J]. Journal of Sustainable Agriculture, 2012, 36 (2): 180-206.

[53] FABRIZZI K P, GARCÍA F O, COSTA J L, et al. Soil water dynamics, physical properties and corn and wheat responses to minimum and no-tillage systems in the southern Pampas of Argentina[J]. Soil and Tillage Research, 2005, 81 (1): 57-69.

[54] 方日尧, 同延安, 赵二龙, 等. 渭北旱原不同保护性耕作方式水肥增产效应研究[J]. 干旱地区农业研究, 2003, 21 (1): 54-57.

[55] FAO. What is Conservation Agriculture? [Z] FAO Conservation Agriculture, 2015.

[56] FAULKNER E H. Plowman's folly[M]. Norman: University of Oklahoma Press, 2015.

[57] FRANZLUEBBERS A. Soil organic carbon sequestration and agricultural greenhouse gas emissions in the southeastern USA[J]. Soil and Tillage Research, 2005, 83 (1): 120-147.

[58] FRANZLUEBBERS A J. Achieving soil organic carbon sequestration with conservation agricultural systems in the southeastern United States [J]. Soil Science Society of America Journal, 2010, 74 (2): 347-357.

[59] FREIBAUER A, ROUNSEVELL M D A, SMITH P, et al. Carbon sequestration in the agricultural soils of Europe[J]. Geoderma, 2004, 122 (1): 1-23.

[60] FRENCH R J, SCHULTZ J E. Water use efficiency of wheat in a Mediterranean-type environment. I. The relation between yield, water use and climate[J]. Australian Journal of Agricultural Research, 1984, 35 (6): 743.

[61] GAO HW, LI WY. Chinese conservation tillage[C]. Brisbane: International soil tillage research organization 16th triennial conference, 2003.

[62] ALI GHORBANI M, SHAMSHIRBAND S, ZARE HAGHI D, et al. Application of firefly algorithm-based support vector machines for prediction of field capacity and permanent wilting point[J]. Soil and Tillage Research, 2017, 172: 32-38.

[63] GHUMAN B S, SUR H S. Tillage and residue management effects on soil properties and yields of rainfed maize and wheat in a subhumid subtropical climate [J]. Soil and Tillage Research, 2001, 58 (1/2): 1-10.

[64] GRABOWSKI P P, KERR J M. Resource constraints and partial adoption of conservation agriculture by hand-hoe farmers in Mozambique[J]. International Journal of Agricultural Sustainability, 2014, 12 (1): 37-53.

[65] GREGORY P J. Agronomic approaches to increasing water use efficiency[C] //Water use efficiency in plant biology. Boca, Raton: CRC Press, 2004: 142-170.

[66] GRUBER S, PEKRUN C, MÖHRING J, et al. Long-term yield and weed response to conservation and stubble tillage in SW Germany[J]. Soil and Tillage Research, 2012, 121: 49-56.

[67] GUPTA P, SAHAI S, SINGH N, et al. Residue burning in rice-wheat cropping system: Causes and implications[J]. Current Science 2004, 87: 1713-1717.

[68] GUPTA R K, NARESH R K, HOBBS P R, et al. Adopting conservation agriculture in the rice-wheat system of the Indo-Gangetic plains: new opportunities for saving water[C] //Water wise rice production. Proceedings of the international workshop on water wise rice production. Los Banos: International Rice Research Institute, 2002: 207-222.

[69] GUPTA R, SETH A. A review of resource conserving technologies for sustainable management of the rice-wheat cropping systems of the Indo-Gangetic Plains (IGP) [J]. Crop Protection, 2007, 26 (3): 436-447.

[70] GUTO S N, PYPERS P, VANLAUWE B, et al. Socio-ecological niches for minimum tillage and crop-residue retention in continuous maize cropping systems in smallholder farms of central Kenya[J]. Agronomy Journal, 2012, 104 (1): 188-198.

[71] HALVORSON A D, WIENHOLD B J, BLACK A L. Tillage, nitrogen, and cropping system effects on soil carbon sequestration[J]. Soil Science Society of America Journal, 2002, 66 (3): 906.

[72] HARRINGTON L, ERENSTEIN O. Conservation agriculture and resource conserving technologies -A global perspective[J]. Agromeridian, 2005, 1: 1-12.

[73] HAVLIN J L, KISSEL D E, MADDUX L D, et al. Crop rotation and tillage effects on soil organic carbon and nitrogen[J]. Soil Science Society of America Journal, 1990, 54 (2): 448-452.

[74] HE X F, CAO H H, LI F M. Econometric analysis of the determinants of adoption of rainwater harvesting and supplementary irrigation technology (RHSIT) in the semiarid Loess Plateau of China[J]. Agricultural Water Management, 2007, 89 (3): 243-250.

[75] HERNANZ J L, SÁNCHEZ-GIRÓN V, NAVARRETE L. Soil carbon sequestration and stratification in a cereal/leguminous crop rotation with three tillage systems in semiarid conditions[J]. Agriculture, Ecosystems & Environment, 2009, 133 (1/2): 114-122.

[76] HOBBS P R, GOVAERTS B. How conservation agriculture can contribute to buffering climate change[M] //Climate change and crop production. Wallingford: CABI, 2010: 177-199.

[77] HOBBS P R. Conservation Agriculture: What Is It and Why Is It Important for Future Sustainable Food Production? [C]. Agricultural and Food Science, 2006.

[78] HOBBS P R, SAYRE K, GUPTA R. The role of conservation agriculture in sustainable agriculture[J]. Philosophical Transactions of the Royal Society of London Series B, Biological Sciences, 2008, 363 (1491): 543-555.

[79] HOBBS P R, GUPTA R K. Resource-conserving technologies for wheat in the rice-wheat systems[C] //Improving the productivity and sustainability of rice-wheat systems: issues and impacts. Madison: ASA-CSSA-SSSA, 2003: 149-172.

[80] HOU R, OUYANG Z, LI Y, et al. Effects of Tillage and Residue Management on Soil Organic Carbon and Total Nitrogen in the North China Plain[J]. Soil Science Society of America Journal, 2012, 76 (1): 230-240.

[81] HUANG M B, SHAO M G, ZHANG L, et al. Water use efficiency and sustainability of different long-term crop rotation systems in the Loess Plateau of China[J]. Soil and Tillage Research, 2003, 72 (1): 95-104.

[82] HÜTSCH B W. Tillage and land use effects on methane oxidation rates and their vertical profiles in soil[J]. Biology and Fertility of Soils, 1998, 27 (3): 284-292.

[83] STOCKER T F, QIN D, PLATTNER G K, et al. Climate Change 2013: The Physical Science Basis. Contribution of Working Group I to the Fifth Assessment Report of the Intergovernmental Panel on Climate Change[R]. Cambridge: Cambridge University Press, 2013: 1535.

[84] JALETA M, KASSIE M, SHIFERAW B. Tradeoffs in crop residue utilization in mixed crop-livestock systems and implications for conservation agriculture and sustainable land management[J]. Agriculture System, 2012, 121, 96-105.

[85] JAMES E M. The global water cycle [C]. CRS (Congessional Research Service) Congress, 1999.

[86] KATSVAIRO T W, COX W J. Tillage × rotation × management interactions in corn[J]. Agronomy Journal, 2000, 92 (3): 493-500.

[87] SCHIPANSKI M E, BARBERCHECK M, DOUGLAS M R, et al. A framework for evaluating ecosystem services provided by cover crops in agroecosystems[J]. Agricultural Systems, 2014, 125: 12-22.

[88] KINYANGI J, SMUCKER A, MUTCH D, et al. Managing cover crops to recycle nitrogen and protect groundwater[M]. Extension Bulletin E-2763, 2001.

[89] SILVIO K, DUBRAVKO F, ZLATKO G, et al. Effects of different soil tillage systems on yield of maize, winter wheat and soybean on albic luvisol in north-west Slavonia[J]. Journal of Central European Agriculture, 2005, 6 (3): 241-248.

[90] KRISHNA V V, VEETTIL P C. Productivity and efficiency impacts of conservation tillage in northwest Indo-Gangetic Plains[J]. Agricultural Systems, 2014, 127: 126-138.

[91] KUMAR S, KADONO A, LAL R, et al. Long-term No-till impacts on organic carbon and properties of two contrasting soils and corn yields in Ohio[J]. Soil Science Society of America Journal, 2012, 76 (5): 1798.

[92] LAL R. Carbon sequestration[J]. Philosophical Transactions of the Royal Society B: Biological Sciences, 2008, 363 (1492): 815-830.

[93] LAL R, BRUCE J P. The potential of world cropland soils to sequester C and mitigate the greenhouse effect[J]. Environmental Science & Policy, 1999, 2 (2): 177-185.

[94] KIMBALL J, FOLLETT R F, COLE C V. The potential of U. S. cropland to sequester carbon and mitigate the greenhouse effect[M]. Sleeping Bear Press, 1998: 128.

[95] LAL R, KIMBLE J, LEVINE E, et al. Soils and Global Change[J]. Advances in Soil Science, 1995.

[96] LAL R, REICOSKY D C, HANSON J D. Evolution of the plow over 10000 years and the rationale for no-till farming[J]. Soil and Tillage Research, 2007, 93 (1): 1-12.

[97] LAMPURLANÉS J, CANTERO-MARTÍNEZ C. Soil bulk density and penetration resistance under different tillage and crop management systems and their relationship with barley root growth [J]. Agronomy Journal, 2003, 95 (3): 526.

[98] LAMPURLANÉS J, ANGÁS P, CANTERO-MARTÍNEZ C. Tillage effects on water storage during fallow, and on barley root growth and yield in two contrasting soils of the semi-arid Segarra region in Spain[J]. Soil and Tillage Research, 2002, 65 (2): 207-220.

[99] LARSON W E, HOLT R, CARLSON C W. Residues for soil conservation[M]. John Wiley & Sons, Ltds, 2015.

[100] LAXMI V, ERENSTEIN O, GUPTA R K. CIMMYT. Assessing the impact of natural resource management research: The case of zero tillage in India's rice-wheat systems[M] //International research on natural resource management: advances in impact assessment. UK: CAB International, 2007: 68-90.

[101] LI F R, COOK S, GEBALLE G T, et al. Rainwater harvesting agriculture: An integrated system for water management on rainfed land in China's semiarid areas[J]. Ambio, 2000, 29 (8): 477-483.

[102] LI H W, GAO H W, WU H D, et al. Effects of 15 years of conservation tillage on soil structure and productivity of wheat cultivation in Northern China[J]. Soil Research, 2007, 45 (5): 344.

[103] LI Z, LAI X F, YANG Q, et al. In search of long-term sustainable tillage and straw mulching practices for a maize-winter wheat-soybean rotation system in the Loess Plateau of China[J]. Field Crops Research, 2018, 217: 199-210.

[104] LIANG W L, GAO W S, XU Q, et al. Historical and present usage of Shatian gravel mulch for crop production in arid and semiarid regions of Northwestern China[J]. Advances in soil science, 2012: 477-496.

[105] LICHT M A, AL-KAISI M. Strip-tillage effect on seedbed soil temperature and other soil physical properties[J]. Soil and Tillage Research, 2005, 80 (1/2): 233-249.

[106] LIN W, LIU W Z, XUE Q W. Spring maize yield, soil water use and water use efficiency under plastic film and straw mulches in the Loess Plateau [J]. Scientific Reports, 2016,

6: 38995.

[107] XING L, PITTMAN J J, INOSTROZA L, et al. Improving predictability of multisensor data with nonlinear statistical methodologies[J]. Crop Science, 2018, 58 (2): 972-981.

[108] LIU Y, LI S Q, CHEN F, et al. Soil water dynamics and water use efficiency in spring maize (Zea mays L.) fields subjected to different water management practices on the Loess Plateau, China[J]. Agricultural Water Management, 2010, 97 (5): 769-775.

[109] LOOMIS R S, CONNOR D J. Crop Ecology[M]. Cambridge, UK: Cambridge University Press, 1992.

[110] LUO Y Q, OGLE K, TUCKER C, et al. Ecological forecasting and data assimilation in a data-rich era [J]. Ecological Applications: a Publication of the Ecological Society of America, 2011, 21 (5): 1429-1442.

[111] LUO Z K, WANG E L, SUN O J. Can no-tillage stimulate carbon sequestration in agricultural soils? A meta-analysis of paired experiments [J]. Agriculture, Ecosystems & Environment, 2010, 139 (1/2): 224-231.

[112] MAZVIMAVI K, TWOMLOW S. Socioeconomic and institutional factors influencing adoption of conservation farming by vulnerable households in Zimbabwe [J]. Agricultural Systems, 2009, 101 (1/2): 20-29.

[113] MAZZONCINI M, SAPKOTA T B, B\`ARBERI P, et al. Long-term effect of tillage, nitrogen fertilization and cover crops on soil organic carbon and total nitrogen content[J]. Soil and Tillage Research, 2011, 114 (2): 165-174.

[114] MCCONKEY B, CHANG L B, PADBURY G, et al. Carbon sequestration and direct seeding [C]. Saskatoon: SSCA, 2000.

[115] MCVAY K A, RADCLIFFE D E, HARGROVE W L. Winter legume effects on soil properties and nitrogen fertilizer requirements[J]. Soil Science Society of America Journal, 1989, 53 (6): 1856-1862.

[116] MELVILLE D, RABB J. Studies with no-till soybean production [J]. Louisiana Agriculture, 1976.

[117] MIRIK M, ANSLEY R J, STEDDOM K, et al. High spectral and spatial resolution hyperspectral imagery for quantifying Russian wheat aphid infestation in wheat using the constrained energy minimization classifier[J]. Journal of Applied Remote Sensing, 2014, 8 (1): 083661.

[118] MIRIK M, EMENDACK Y, ATTIA A, et al. Detecting musk thistle (carduus nutans) infestation using a target recognition algorithm[J]. Advances in Remote Sensing, 2014, 3 (3): 95-105.

[119] MORARU P L, RUSU T. Effect of tillage systems on soil moisture, soil temperature, soil respiration and production of wheat, maze and soybean crops and production on wheat, maize and soybean crop[J]. Journal of Food, Agricultural and Environment, 2012, 10 (2): 445-448.

[120] MORENO F, PELEGR\`IN F, FERN\`ANDEZ J E, et al. Soil physical properties, water depletion and crop development under traditional and conservation tillage in southern Spain[J]. Soil and Tillage Research, 1997, 41 (1): 25-42.

[121] MORET D, ARRÚE J L. Dynamics of soil hydraulic properties during fallow as affected by tillage[J]. Soil and Tillage Research, 2007, 96 (1/2): 103-113.

[122] NAIR S, JOHNSON J, WANG C G. Efficiency of irrigation water use: A review from the perspectives of multiple disciplines[J]. Agronomy Journal, 2013, 105 (2): 351-363.

[123] NAUDIN K, GOZ\ É E, BALARABE O, et al. Impact of no tillage and mulching practices on cotton production in North Cameroon: A multi-locational on-farm assessment[J]. Soil and Tillage Research, 2010, 108 (1): 68-76.

[124] NGWIRA A R, AUNE J B, MKWINDA S. On-farm evaluation of yield and economic benefit of short term maize legume intercropping systems under conservation agriculture in Malawi [J]. Field Crops Research, 2012, 132: 149-157.

[125] NIELSEN D C, VIGIL M F, ANDERSON R L, et al. Cropping system influence on planting water content and yield of winter wheat[J]. Agronomy Journal, 2002, 94 (5): 962.

[126] OGLE S M, SWAN A, PAUSTIAN K. No-till management impacts on crop productivity, carbon input and soil carbon sequestration[J]. Agriculture, Ecosystems & Environment, 2012, 149: 37-49.

[127] OLSON K R. Impacts of tillage, slope, and erosion on soil organic carbon retention[J]. Soil Science, 2010, 175 (11): 562-567.

[128] OSUJI G E. Water storage, water use and maize yield for tillage systems on a tropical alfisol in Nigeria[J]. Soil and Tillage Research, 1984, 4 (4): 339-348.

[129] PLAZA-BONILLA D, NOLOT J, RAFFAILLAC D, et al. Cover crops mitigate nitrate leaching in cropping systems including grain legumes: Field evidence and model simulations[J]. Agriculture, Ecosystems & Environment, 2015, 212: 1-12.

[130] RAMCHARAN A, HENGL T, NAUMAN T, et al. Soil property and class maps of the conterminous United States at 100-meter spatial resolution[J]. Soil Science Society of America Journal, 2018, 82 (1): 186-201.

[131] REGINA K, ALAKUKKU L. Greenhouse gas fluxes in varying soils types under conventional and no-tillage practices[J]. Soil and Tillage Research, 2010, 109 (2): 144-152.

[132] RIEDELL W E, OSBORNE S L, PIKUL J L Jr. Soil attributes, soybean mineral nutrition, and yield in diverse crop rotations under No-till conditions[J]. Agronomy Journal, 2013, 105 (4): 1231-1236.

[133] RUSINAMHODZI L, VAN WIJK M T, CORBEELS M, et al. Maize crop residue uses and trade-offs on smallholder crop-livestock farms in Zimbabwe: Economic implications of intensification[J]. Agriculture, Ecosystems & Environment, 2015, 214: 31-45.

[134] SAHARAWAT Y, LADHA J, PATHAK H, et al. Simulation of resource-conserving technologies on productivity, income and greenhouse gas GHG emission in rice-wheat system[J]. Journal of Soil Science and Environmental Management, 2012, 3: 9-22.

[135] SALMERÓN M, CAVERO J, ISLA R, et al. DSSAT nitrogen cycle simulation of cover crop-maize rotations under irrigated Mediterranean conditions[J]. Agronomy Journal, 2014, 106 (4): 1283-1296.

[136] SCHILLINGER W F, SCHOFSTOLL S E, ALLDREDGE J R. Available water and wheat grain yield relations in a Mediterranean climate[J]. Field Crops Research, 2008, 109 (1/2/3): 45-49.

[137] SHARMA P, ABROL V, SHARMA R K. Impact of tillage and mulch management on econom-

ics, energy requirement and crop performance in maize-wheat rotation in rainfed subhumid inceptisols, India[J]. European Journal of Agronomy, 2011, 34 (1): 46-51.

[138] LIU S, ZHANG X Y, YANG J Y, et al. Effect of conservation and conventional tillage on soil water storage, water use efficiency and productivity of corn and soybean in Northeast China [J]. Acta Agriculturae Scandinavica, Section B -Soil & Plant Science, 2013, 63 (5): 383-394.

[139] SIX J, ELLIOTT E T, PAUSTIAN K. Aggregate and soil organic matter dynamics under conventional and No-tillage systems[J]. Soil Science Society of America Journal, 1999, 63 (5): 1350.

[140] SMITH P. Carbon sequestration in croplands: The potential in Europe and the global context[J]. European Journal of Agronomy, 2004, 20 (3): 229-236.

[141] SOANE B D, BALL B C, ARVIDSSON J, et al. No-till in northern, western and south-western Europe: A review of problems and opportunities for crop production and the environment[J]. Soil and Tillage Research, 2012, 118: 66-87.

[142] OLSEN P. DUBGAARD A. Sustainable Agriculture and Soil Conservation[R]. Luxemburg: European commission directorate general for agriculture and rural development, 2009.

[143] SRINIVASARAO C H, GANESHAMURTHY A N, ALI M. Nutritional constraints in pulse production[M]. Indian Institute of Pulses Research, 2003.

[144] SU Z Y, ZHANG J S, WU W L, et al. Effects of conservation tillage practices on winter wheat water-use efficiency and crop yield on the Loess Plateau, China[J]. Agricultural Water Management, 2007, 87 (3): 307-314.

[145] SULLIVAN P G, PARRISH D J, LUNA J M. Cover crop contributions to N supply and water conservation in corn production[J]. American Journal of Alternative Agriculture, 1991, 6 (3): 106-113.

[146] TABATABAEEFAR A, EMAMZADEH H, VARNAMKHASTI M, et al. Comparison of energy of tillage systems in wheat production[J]. Energy, 2009, 34 (1): 41-45.

[147] TAN C S, DRURY C F, GAYNOR J D, et al. Effect of tillage and water table control on evapotranspiration, surface runoff, tile drainage and soil water content under maize on a clay loam soil[J]. Agricultural Water Management, 2002, 54 (3): 173-188.

[148] TEBRÜGGE F. Conservation tillage as a tool to improve soil-, water-and air quality[C] // Proceeding 8th international congress mechanization and energy in agriculture, 2002.

[149] TEBRÜGGE F. No-tillage visions-protection of soil, water and climate and influence on management and farm income[M] //GARCÍA-TORRES L, BENITES J, MARTÍNEZ-VILELA A, et al. Conservation Agriculture. Dordrecht: Springer, 2003: 327-340.

[150] TEBRÜGGE F, BÖHRNSEN A. Crop yields and economic aspects of no-tillage compared to plough tillage: results of long-term soil tillage field experiments in Germany[C] //Experience with the applicability of no-tillage crop production in the WestEuropean countries. Proceedings EC-workshop Ⅳ. Giessen: Wissenschaftlicher Fachverlag, 1997: 25-43.

[151] TIAN Y, LI F M, LIU P H. Economic analysis of rainwater harvesting and irrigation methods, with an example from China[J]. Agricultural Water Management, 2003, 60 (3): 217-226.

[152] TRIPATHI R, RAJU R, THIMMAPPA K. Impact of zero tillage on economics of wheat pro-

duction in Haryana[J]. Agricultural Economics Research Review, 2013, 26: 101-108.

[153] VALBUENA D, ERENSTEIN O, HOMANN-KEE TUI S, et al. Conservation Agriculture in mixed crop-livestock systems: Scoping crop residue trade-offs in Sub-Saharan Africa and South Asia[J]. Field Crops Research, 2012, 132: 175-184.

[154] VERMEULEN S J, CAMPBELL B M, INGRAM J S I. Climate change and food systems[J]. Annual Review of Environment and Resources, 2012, 37: 195-222.

[155] VINTEN A J A, BALL B C, O'SULLIVAN M F, et al. The effects of cultivation method, fertilizer input and previous sward type on organic C and N storage and gaseous losses under spring and winter barley following long-term leys [J]. The Journal of Agricultural Science, 2002, 139 (3): 231-243.

[156] WANG Q J, CHEN H, LI H W, et al. Controlled traffic farming with no tillage for improved fallow water storage and crop yield on the Chinese Loess Plateau [J]. Soil and Tillage Research, 2009, 104 (1): 192-197.

[157] WANG X, CAI D, JIN K, et al. Water availability for winter wheat affected by summer fallow tillage practices in sloping dryland [J]. Agricultural Sciences in China, 2003, 2 (7): 773-778.

[158] WANG X B, OENEMA O, HOOGMOED W B, et al. Dust storm erosion and its impact on soil carbon and nitrogen losses in Northern China[J]. CATENA, 2006, 66 (3): 221-227.

[159] WANG X B, DAI K, ZHANG D C, et al. Dryland maize yields and water use efficiency in response to tillage/crop stubble and nutrient management practices in China[J]. Field Crops Research, 2011, 120 (1): 47-57.

[160] 王亚军, 谢忠奎, 张志山, 等. 甘肃砂田西瓜覆膜补灌效应研究[J]. 中国沙漠, 2003, 23 (3): 94-99.

[161] WEST T O, POST W M. Soil organic carbon sequestration rates by tillage and crop rotation [J]. Soil Science Society of America Journal, 2002, 66 (6): 1930-1946.

[162] WHITE K D. Agricultural implements of the Roman world[M]. Cambridge: Cambridge University Press, 2010.

[163] WOODHOUSE J, JOHNSON M S. Effect of superabsorbent polymers on survival and growth of crop seedlings[J]. Agricultural Water Management, 1991, 20 (1): 63-70.

[164] YANG J, SHEN Y Y, NAN Z, et al. Conservation tillage influence on topsoil aggregation and carbon content on the Loess Plateau, China[C] //International Grassl and/Rangel and Congress Proceedings, 2020.

[165] ESCAP, FAO, UNEP. Global Alarm: Dust and Sandstorms from the world's Drylands [Z] //United Nation Convention to Combat Desertification, 2001.

[166] YEO I Y, LEE S, SADEGHI A M, et al. Assessing winter cover crop nutrient uptake efficiency using a water quality simulation model[J]. Hydrology and Earth System Sciences, 2014, 18 (12): 5239-5253.

[167] ZENTNER R P, WALL D D, NAGY C N, et al. Economics of crop diversification and soil tillage opportunities in the Canadian prairies[J]. Agronomy Journal, 2002, 94 (2): 216.

[168] ZHANG P, WEI T, WANG H X, et al. Effects of straw mulch on soil water and winter wheat production in dryland farming[J]. Scientific Reports, 2015, 5: 10725.

[169] ZHANG S L, SADRAS V, CHEN X P, et al. Water use efficiency of dryland wheat in the Loess Plateau in response to soil and crop management[J]. Field Crops Research, 2013, 151: 9-18.

[170] ZHANG S L, SADRAS V, CHEN X P, et al. Water use efficiency of dryland maize in the Loess Plateau of China in response to crop management[J]. Field Crops Research, 2014, 163: 55-63.

[171] ZHOU M, ZHOU S S, WANG J X, et al. Research advance on influencing factors of crop water use efficiency[J]. Agricultural Science & Technology, 2014, 15 (11): 1967-1976.

[172] ZHU Z X, STEWART B A, FU X J. Double cropping wheat and corn in a sub-humid region of China[J]. Field Crops Research, 1994, 36 (3): 175-183.

第 2 章 保护性耕作对黄土高原小麦产量、水分生产率和经济效益的影响

2.1 研究背景与意义

黄土高原是中国西北的一个大型地理区域，面积约 640000 平方公里，位于黄河中游地区。该地区在历史上是中国最密集的农业生产区之一，以半干旱气候条件、严重的水土流失和生态脆弱性为特征。年均降水量一般为 200~650 mm，主要集中在 7~9 月。此外，据报道，1961 年至 2014 年，该地区的年均降水量以每十年 7.51 mm 的平均速度下降（Yan，2015），而联合国政府间气候变化专门委员会（IPCC）也指出，1951 年至 2010 年，中国西北部的降水量每十年减少 5%（IPCC，2013）。尽管黄土高原环境条件恶劣，经济资源有限，但仍有约 8000 万农村人口在此从事传统的雨水灌溉农业系统，对中国乃至全球的粮食供应和经济做出了重要贡献。随着人口的迅速增长、能源消耗的加速和自然资源的枯竭，特别是在中国黄土高原等水资源有限的半干旱地区，以气候智能型和可持续的方式生产粮食至关重要。

目前，中国是世界上最大的小麦（*Triticum spp.*）生产国，总种植面积达 $2.43 \times 10^7 hm^2$，其中 27%~29% 位于黄土高原地区的旱地生产系统下（Gao et al.，2009；Turner et al.，2011）。在中国西部黄土高原地区，冬小麦通常在 9 月中旬或下旬播种，次年 6 月底至 7 月初收获。然后将土地休耕或用于短季玉米生长，直到秋季再次种植小麦。小麦单作覆盖作物较少，导致降雨渗透少，风蚀或水蚀造成的土壤侵蚀严重（Zhu et al.，1994）。土壤生产力和水分有效性是该地区作物生产的两大主要限制因素（Nielsen et al.，2002；Schillingeret al.，2008；Zhang et al.，2014）。因此，为了更好地保护土壤和水资源，20 世纪 90 年代初便开始推广保护性耕作措施（Xie et al.，2008）。保护性耕作已在许多不同的生物物理环境和种植制度中得到广泛采用，表明其在增加土壤持水能力和作物产量方面具有巨大潜力（Fabrizzi et al.，2005；Su et al.，2007；Zhang et al.，2014；Zhang et al., 2015b)。然而，由于作物残茬的负面影响、劳动力需求增加和免耕机械投入的额外成本，其在黄土高原地区的应用非常有限。一些研究人员还发现，与传统耕作相比，某些保护性耕作措施，如免耕，对土壤水分储存、水分生产率或作物产量方面没有影响（Merrill et al., 1996; Lampurlanes et al., 2002; Tan et al., 2002; Guzha 2004; Taa et al., 2004; Licht & Al-Kaisi, 2005）。这主要是因为保护性耕作的有效性可能极大地取决于其他环境和管理因素。此外，与经济可行性相比，减少耕作对环境可持续性的贡献如土壤耕性、微生物活性和养分循环，可能需要更长的时间才能检测到（Zentner et al., 2002; Camara et al., 2003）。

特别是在中国半干旱的黄土高原地区，缺乏系统的长期研究和数据来评估不同保护性耕作措施对冬小麦生长、水分生产率和经济效益的影响。许多研究人员在该地区对收集水分和补充灌溉效率/盈利能力进行了经济分析（Li et al., 2000; Tian e et al., 2003; He et al., 2007b）。然而，在冬小麦生产系统中采用保护性耕作措施的农学和经济影响关注较少。因此，我们的目标是：①比较不同耕作和留茬方式下的水分生产率和冬小麦产量；②对冬小麦籽粒产量进行数学量化，并确定产量限制因素；③利用农场级的经济分析，评估不同耕作和留茬还田的经济效益，确定最优的耕作和残茬还田措施。

2.2 材料与方法

2.2.1 样地概况

该研究于2001年至2008年在中国西北部甘肃省西峰的兰州大学黄土高原研究站（35°39′N，107°51′E，海拔1298 m）进行。该地区属于半干旱气候，年均降水量为548 mm，主要集中在7月至9月。年均温度为8.3℃。年均太阳辐射强度为5489 MJ/m^2。冬小麦生长季平均长度为260~288 d。主要土壤类型为砂壤土，平均田间持水量为0.223 cm^3/cm^3，永久性萎蔫点为0.07 cm^3/cm^3。土壤持水能力使用Cassel和Nielsen（1986年）以及Colla等（2000年）提出的土芯法测定。永久性萎蔫点是采用Cassel和Nielsen（1986年）描述的压力流出装置近似法估算的。

2.2.2 试验设计与作物管理

采用完全随机区组设计（RCBD）。四种处理（两种耕作措施×两种留茬方式）包括：传统耕作（T）、传统耕作留茬（TS）、免耕（NT）和免耕留茬（NTS）。试验共有16个（4×4）处理小区。每个处理在区组内随机分配。每个小区4 m×13 m，相邻小区之间用1 m宽的缓冲带隔开，尽可能减少边际效用。

冬小麦［西峰24号（*Triticum aestivum* L. cv Xifeng No. 24）］在每年9月收获玉米后不久，使用小型免耕播种机（1.2 m宽，5~6行）播种于旱作苗床，播种量为187 kg/hm^2（纯活种子=纯度百分比×发芽率百分比）。该播种机最初由中国农业大学设计，能够同时播种和施肥，人工收获后在谷仓中将玉米棒子和秸秆分离。对于传统耕作处理（T和TS），在玉米收获至小麦种植之间使用旋耕式耕种机在土壤25 cm处进行土壤耕作。对于玉米留茬处理（NTS和TS），在小麦播种前将50%的玉米秸秆切割成20 cm长的秸秆条，并均匀地铺回小区内。所有小区均不灌溉，定期人工除草。小麦种植、开花结束和收获的详细日期见表2-1。所有小区均按照冬小麦生产的标准土壤试验建议施肥。种植期间每年施用磷酸二铵（DAP）300 kg/hm^2（相当于72.4 kgN/hm^{2}和80.2 kgP/hm^2）。拔节期追施尿素69 kg/hm^2（相当于31.7 kgN/hm^2）。在每个出苗阶段后，通过手动计数每个处理小区中随机选择三排0.5 m长的行的植株数量来评估植株密度。通过人工收割、脱粒和风干籽粒的测定方法来测定籽粒产量，整个小区（46.99 m^2）不包括外围行，尽量减少边际效用。

表2-1 2001~2008年在甘肃西峰种植的冬小麦种植、开花和收获日期

时间（年）	播种日 （年-月-日）	终花期 （年-月-日）	收获期 （年-月-日）
2001-2002	2001-9-18	2002-5-25	2002-6-30
2002-2003	2002-9-20	2003-5-19	2003-6-23
2003-2004	2003-9-24	2004-5-10	2004-7-1
2004-2005	2004-9-20	2005-5-20	2005-6-21
2005-2006	2005-9-21	2006-5-17	2006-6-24
2006-2007	2006-9-16	2007-5-21	2007-6-27
2007-2008	2007-9-23	2008-5-18	2008-6-24

2.2.3 测量与计算

生长季前期土壤体积含水量（SWC）使用中子水分仪（NMM，Campbell Pacific，CPN 503）每月测量一次。在每个小区中心设置一根 2 m 长的铝合金探管，使用 NMM 在以下深度测量土壤水分：5 cm、15 cm、25 cm、45 cm、75 cm、105 cm、135 cm 和 175 cm。在进行任何测量之前，按照 Greacen 和 Hignett（1979）描述的校准程序进行校正。

气象数据由安装在试验田中心的气象观测系统记录，使用 HMP-50 探头（Campbell Sci.，Inc. Logan，UT）测量环境空气温度和相对湿度。净辐射由净辐射计（CNR-I，Kipp and Zonen Inc.，Saskatoon，Saskatchewan，加拿大）测量。降水量由雨量计（TE525MM，Campbell Sci.，Inc. Logan，UT）测定。所有变量每隔 10 s 测量一次，30 min 的平均值由 CR5000 数据记录仪（Campbell Sci.，Inc. Logan，UT）存储。营养生长期（RVP，mm）和生殖生长期（RRP，mm）的降水量分别是从萌芽至开花期、开花期到成熟期的总降水量。降水量/蒸散量（R/ET）是生长季降水量和蒸散量之比。在花期前一个月的关键期间，使用估算的辐射和日平均温度计算了光热商（PTQ，$MJ/m^2℃$），其基础温度为 4.5℃（Magrin 等，1993 年）。土壤有效水储量（SAW，mm）、土壤有效水储量变化（ΔS，mm）和每个单独小区在整个生长季的蒸散量（ET，mm）是通过式（2-1）~式（2-3）计算的（Huang 等，2003；liu 等，2010）：

$$SAW = v \times h \qquad (2-1)$$

$$\Delta S = SAW_{Sowing} - SAW_{Harvest} \qquad (2-2)$$

$$ET = P + \Delta S \qquad (2-3)$$

其中，v 是由中子水分仪测量的土壤体积含水量；h 是土壤深度（mm）；P 表示降水量（mm）。在黄土高原，地下水位保持在地表以下 50 m 左右的深度，因此向上流入根系的水分可以忽略不计。由于试验田地势平坦，从未观察到径流。在生长季节没有发生大雨或积水事件，故假设排水量为不显著的（Shen 等，2009）。粮食产量的水分生产率（WP）（kg/hm^2）是根据式（2-4）（Hussain & Al-Jaloud 1995）计算的：

$$WP(kg/m^3) = \frac{粮食产量}{ET} \qquad (2-4)$$

2.2.4 统计分析

利用 SAS 9.2 版本（SAS Institute 2003）中的 MIXED 程序对籽粒产量、水分

第2章 保护性耕作对黄土高原小麦产量、水分生产率和经济效益的影响

生产率（WP）和初始土壤含水量（SWC）进行分析。在黄土高原研究站的观测期间，观察到年降水总量和分布有较大的变化（图2-1）。此外，降水对籽粒产量和WP的影响也是本研究的重大关注点。我们还预计，与施肥等其他类型的处理相比，耕作处理的效果可能需要更长的时间才能检测到。因此，年份被归类为固定效应而非随机效应，统计推断不会被泛化或跨年份平均。此外，由于小麦是一年生作物，每年都需要重新种植，在同一小区（试验单元）生长的植物每年都会有所不同。因此，同一试验单元上两个相邻年份测量值之间的相关性（如产量）应该很弱，所以没有考虑相关结构，年份也没有作为重复测量效应进行分析。使用PDMIX800宏基于$P<0.05$显著性水平上的两两差异进行平均值分离（Saxton 1998）。所有图表均使用SigmaPlot 10.0（Systat Software）软件生成。

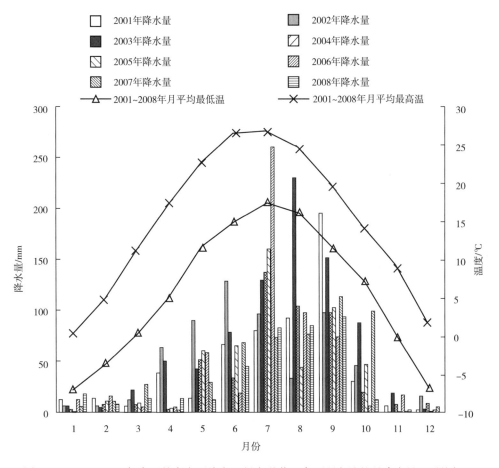

图2-1 2001~2008年中国甘肃省西峰市兰州大学黄土高原研究站的月降水量和平均气温

2.2.5 敏感性分析与产量预测

本研究的整个试验数据集利用多元线性回归（MLR）分析评估土壤有效水储量（SAW，mm）、营养生长期降水量（RVP，mm）、生殖生长期降水量（RRP，mm）、降水量/蒸散量比（R/ET）和光热商（PTQ，MJ/m^2℃）对籽粒产量（t/hm^2）的贡献（Alvarez，2009；Emamgholizadeh et al.，2015）。所确定的多元线性回归方程（MLR）将是所有试验数据的最佳拟合方程，也被用作进行敏感性分析的基线方程。所有线性方程的拟合使用三个指标评估，包括平均绝对误差（MAE）、均方根误差（$RMSE$）和决定系数（R^2），如式（2-5）~式（2-7）所示（Smith et al.，1996；Emamgholizadeh et al.，2015）：

$$MAE = \frac{1}{n}\sum_{i=1}^{n}|O_i - P_i| \tag{2-5}$$

$$RMSE = \sqrt{\frac{\sum_{i=1}^{n}(O_i - P_i)^2}{n}} \tag{2-6}$$

$$R^2 = \frac{\sum_{i=1}^{n}(O_i - \overline{O})(P_i - \overline{P})}{\sqrt{\sum_{i=1}^{n}(O_i - \overline{O})^2 \sum_{i=1}^{n}(P_i - \overline{P})^2}} \tag{2-7}$$

式中：n 是观测次数，O_i 是观测值，P_i 是 MLR 预测值，横线表示某一变量的平均值。

其次，对整个试验数据集进行了基于留一法参数/变量 MLR 的敏感性测试，以确定每个输入变量在确定最终籽粒产量中的相对重要性。具体来说，在每次测试中，从最佳拟合方程中省略一个自变量（SAW、RVP、RRP、R/ET 或 PTQ），并构建一个新的 MLR 方程，并使用整个数据集进行评估。这个过程重复五次，直到所有自变量都根据 R^2 值进行评估和排序。最小的 R^2 值表明省略的参数/变量在产量决定中的重要性最大。

最后，为了全面评估和验证基于 MLR 方程的可预测性，我们采用了 10 倍交叉验证（10-fold CV）。即将整个数据集随机地分割成十个互不相交的子集。每个子集包含来自每个处理的相似比例的数据。共进行了十次模拟和测试试验。在每次试验中，选取九个子集用于构建基于 MLR 的方程，剩余子集用于测试。此过程重复十次，最终结果由十次试验的组合计算得出。因此，最终的组合预测结果是从十个不同的基于 MLR 的方程中获得。我们通过在散点图中比较测量产量数据与预测产量数据，并检查最佳拟合的简单线性回归线是否显著不同于 1：1 线来衡量整体性能。

2.2.6 经济分析

本研究考虑了冬小麦生产的建立、处理实施和收获的生产预算。大型设备的农业操作（如种植和耕作）主要由黄土高原研究站附近的地区农民合作社推广服务机构进行。小时服务费包括与劳动力、化石燃料、设备资本回收（折旧和利息）、保险、机器存放以及设备的修理和维护相关的成本。因此，这些投入成本已经包含在服务费用（种植和耕作成本）中。材料成本（种子、肥料、除草剂和秸秆残留物）是根据当地农业供应公司或地区农民合作社和推广服务机构的购买记录计算的。基于中国西峰 3.64 美元/天的个人小时工资和完成任务所需的天数，计算了施肥、除草剂施用、残留物铺设和收获等人工操作的成本。详细的成本解释在表 2-2 中呈现。每公顷的产出价值是根据各种处理下的小麦籽粒产量（kg/hm^2）和从中国国家农业市场服务数据库获得的小麦粮食市场价格计算的，平均价格为 0.18 美元/kg。

表 2-2 2001~2008 年对不同耕作处理下冬小麦生产的 7 年平均成本

成本（USD/hm^2）	处理*			
	T	TS	NT	NTS
小麦种子	58	58	58	58
除草剂	13	13	13	13
肥料	81	81	81	81
播种†	27	27	27	27
人工‡	40	49	40	49
耕作§	69	69		
秸秆还田		26		26
合计	288	323	219	254

注：*处理包括：T=传统耕作；TS=传统耕作留茬；NT=免耕；NTS=免留茬。†种植成本包括播种机的租赁费用、司机的工资和燃料成本。‡人工成本包括施肥、收获、施用除草剂和植物残留物处理的人工成本。§耕作成本包括拖拉机和耕作设备的租赁费用、司机的工资和燃料成本。

2.3 结果

2.3.1 天气条件和生长季前 SWC 特征

降水量和分布（2001~2008 年；图 2-1）变化较大。黄土高原研究站长期（1961~2008 年）平均年降水量为 339 mm（Tian et al., 2012）。2002 年为丰水年，平均降水量较常年偏多 50.7%。2005 年和 2007 年是干旱年份，年降水量分别低于平均水平 53.4% 和 43.7%（表 2-3）。然而，试验年份的最高和最低气温并无显著差异。生长季前土壤储水量（0~200 cm 深度）年际间差异较大（表 2-4；$P<0.001$），且未受耕作处理显著影响（$P>0.05$）。未检测到年份与耕作处理之间的双向交互作用（$P=0.84$）。

表 2-3 2001~2008 年，冬小麦不同耕作处理的季节降水量、土壤储水量变化（ΔS）和蒸散量（ET）

时间（年）	处理*	生长季降水（mm）	ΔS（mm）	ET（mm）	P_{value}
2001~2002	T	511	-90	421±15.2	0.962
	TS	511	-85	426±16.0	
	NT	511	-84	426±7.4	
	NTS	511	-81	429±2.1	
2002~2003	T	273	110	382±7.6	0.389
	TS	273	107	380±8.2	
	NT	273	88	361±6.0	
	NTS	273	106	379±6.7	
2003~2004	T	276	127	403±6.1	0.015
	TS	276	128	404±1.2	
	NT	276	145	421±2.0	
	NTS	276	128	405±2.3	
2004~2005	T	158	10	167±10.9	0.017
	TS	158	-8	150±13.7	
	NT	158	27	185±9.7	
	NTS	158	28	186±6.3	

续表

时间（年）	处理*	生长季降水（mm）	ΔS（mm）	ET（mm）	P_{value}
2005~2006	T	214	105	319±9.4	0.261
	TS	214	125	339±26.3	
	NT	214	68	282±19.9	
	NTS	214	84	298±6.7	
2006~2007	T	191	191	382±7.6	0.036
	TS	191	193	385±7.8	
	NT	191	187	378±4.7	
	NTS	191	216	408±10.8	
2007~2008	T	248	6	254±16.6	0.356
	TS	248	8	256±11.1	
	NT	248	45	293±16.5	
	NTS	248	31	279±10.4	
年（Y）	$P<0.001$				
处理（T）	$P=0.06$				
Y×T	$P=0.84$				

注：*处理包括：T=传统耕作；TS=传统耕作留茬；NT=免耕；NTS=留茬免耕。

表 2-4 2001~2008 年，短季玉米生长的冬小麦田不同耕作处理下的播前土壤储水量（0~200 cm 深度，以 mm 计）

时间（年）	T*	TS	NT	NTS	P_{value}
2002	376±14.8	376±14.8	383±4.8	384±2.8	0.953
2003	363±7.7	360±1.3	351±5.8	362±0.7	0.409
2004	605±4.0	598±1.9	599±4.3	600±3.7	0.696
2005	421±4.4	410±8.2	429±3.7	433±6.0	0.137
2006	454±7.0	463±17.6	452±8.1	468±6.8	0.802
2007	487±2.5	488±10.1	499±6.4	528±3.0	0.01
2008	499±16.2	491±8.9	502±16.2	497±9.7	0.963
平均	455±39.5	457±39.3	459±39.4	467±38.8	0.981

续表

时间（年）	T*	TS	NT	NTS	P_{value}
年（Y）	$P<0.001$				
处理（T）	$P=0.13$				
Y×T	$P=0.84$				

注：*处理包括：T=传统耕作；TS=传统耕作留茬；NT=免耕；NTS=留茬免耕。

2.3.2 籽粒产量和水分生产率

在发芽阶段后评估了植株密度，每年的所有处理间未检测到统计学差异（$P=0.347$）。籽粒产量受耕作处理和年份的共同影响显著。年份和处理之间存在双向交互作用。因此，对数据进行年度分析。从2002年到2005年，处理效果无明显差异（$P>0.05$；图2-2）。2006年，与NT处理相比，T和TS处理均增加了籽粒产量。此外，TS处理产量均高于NT和NTS处理（图2-2）。2007年，NT

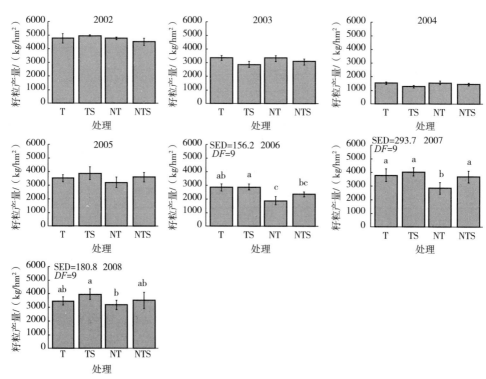

图2-2 2002~2008年冬小麦不同耕作处理的产量

注：通过成对比较，字母分离表示显著性水平为$P<0.05$，误差棒表示均值的标准误。*处理包括：T=传统耕作；TS=传统耕作留茬；NT=免耕；NTS=留茬免耕。

处理产量低于其他耕作处理（图2-2）。2008年，与NT处理相比，TS处理提高了产量（图2-2）。总体而言，年产量范围为1279~4894 kg/hm²。

水分生产率（WP）受耕作处理和年份影响。处理效果也取决于年份（存在双向交互作用）。因此，对每年的处理效果进行分析。2002~2004年均未检测到处理效果（P=0.6433、0.1005和0.4843；图2-3）。2006年和2007年，T处理或TS处理的小区的水分生产率高于NT处理（图2-3）。2005年和2008年，与NT相比，TS处理提高了水分生产率（图2-3）。试验期间不同处理的水分生产率范围为0.32~2.41 kg/m³。

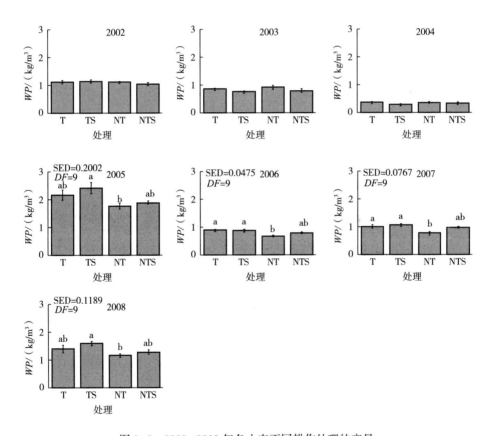

图2-3 2002~2008年冬小麦不同耕作处理的产量

注：柱上不同字母表示不同处理间差异显著（$P<0.05$），图中数据均为平均值±标准误。*处理包括：T=传统耕作；TS=传统耕作留茬；NT=免耕；NTS=留茬免耕。

2.3.3 变量敏感性和产量可预测性

基于整个数据集和MLR分析，以下方程是所有试验数据的最佳拟合形式：

$$Y = 32.07\text{RRP} + 772.8\text{PTQ} + 453R/ET - 2.03\text{SAW} - 5.99\text{RVP} + 600$$

该方程的 R^2 为 0.917，MAE 为 0.350 t/hm²，RMSE 为 0.421 t/hm²（表 2-5）。留一法基于 MLR 的敏感性测试表明，不包含 SAW 的 MLR 方程具有最大的 MAE 和 RMSE，以及最小的 R^2。总体而言，这些自变量在确定小麦最终产量方面的重要性按从高到低的顺序依次为 SAW、PTQ、R/ET、RRP 和 RVP（表 2-5）。

表 2-5　基于多元线性回归和留一法的敏感性分析评价 2002~2008 年甘肃西峰不同耕作处理下不同变量对冬小麦产量预测的贡献

方法	多元线性回归		
	R^2	MAE/（t·hm⁻²）	RMSE/（t·hm⁻²）
包含所有指标	0.350	0.421	0.917
不包含 SAW*	0.585	0.596	0.213
不包含 RVP†	0.363	0.437	0.737
不包含 RRP‡	0.441	0.578	0.419
不包含 PTQ§	0.426	0.641	0.358
不包含 R/ET※	0.349	0.429	0.382

注：*SAW=种植时期的土壤储水量；†RVP=营养生长期的降水量，从萌芽到开花的总降水量；‡RRP=生殖生长期的降水量，从开花期到成熟的总降水量；§PTQ=光热商，即开花前一个月的临界期，使用预计的输入辐射和高于基温 4.5℃ 的日平均温度；※R/ET=整个生长期降水量/蒸散量的比值。

基于 10 倍的交叉验证（CV）预测评估的结果见图 2-4。每个试验的表现各不相同，但总体表现非常令人满意。在 10 折 CV 过程中，最佳方程的 $R^2 = 0.82$，MAE = 0.334 t/hm²，RMSE = 0.431 t/hm²。当预测产量值与相应的收获田间数据作图时（图 2-4），这些数据点倾向于沿 1∶1 线分布，表明本研究推导出的基于 MLR 的方程具有良好的可预测性和准确性。最佳拟合回归线解释了总变异性的 70.8%（$R^2 = 0.708$，MAE = 0.451 t/hm²，RMSE = 0.563 t/hm²），且与 1∶1 线无显著差异。

2.3.4　经济效益

对于不同的耕作系统，总投入成本从 NT 处理的 219 美元/hm² 到 TS 处理的 323 美元/hm² 不等（表 2-2 和表 2-6）。产出价值与粮食产量相似。与其他处理

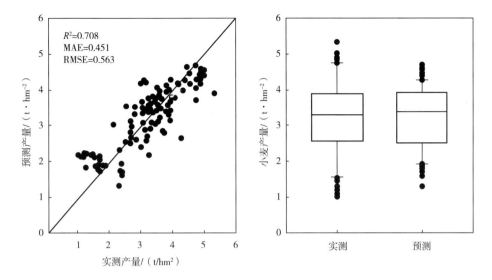

图 2-4　小麦产量（t/hm²）的测量和预测使用多元线性回归方程和 10 倍交叉验证

注：自变量包括土壤储水量（mm）、营养生长期降水量（mm）、生殖生长期降水量（mm）、降水量/蒸散量的比值和光热商（MJ/m²℃）。实线对角线表示 1∶1 线。

相比，TS 处理的平均产出收益最高，而 NT 处理的收益最低。TS 处理的总投入成本高于其他。NT 处理的产量较低，但所需的投入显著较低，导致其经济效益（表示为产出/投入比）高于其他处理。NTS 处理的经济效益与 T 和 NT 处理相似，略高于 TS 处理（高出 41 美元/hm²）。

表 2-6　2002~2008 年，不同耕作处理下冬小麦生产的成本和收入值

处理*	AGY	YT（%）	ATGW	AWP	OV†	IV	O/I	EB‡	BFD§
T	3336	0	40.08	1.12	601	288	2.09∶1	313	0
TS	3367	0.9	38.88	1.16	606	323	1.88∶1	283	-30
NT	3001	-10.0	39.61	0.97	540	219	2.47∶1	321	8
NTS	3209	-3.8	38.97	1.02	578	254	2.28∶1	324	11
P_{value}	0.081		0.273	0.232	0.152				

注：AGY＝7 年平均籽粒产量（kg/hm²）；YT＝产量优势（%）；ATGW＝7 年平均千粒重（g）；AWP＝7 年平均水分生产率（kg/m³）；OV＝产值（美元/hm²）；IV＝投入价值（美元/hm²）；O/I＝输入/输出；EB＝经济效益（美元/hm²）；BFD＝效益差（美元/hm²）。* 处理包括：T＝传统耕作；TS＝传统耕作留茬；NT＝免耕；NTS＝留茬免耕。根据市场粮食价格（0.18USD/kg）计算 †OV。‡EB＝OV-IV。§ BDF 是计算 EB 与 T 处理的差值。

2.4 讨论

小麦为人类提供了重要的食物来源，也为畜牧业提供了优质的饲草。冬小麦是进行 C3 光合作用途径的冷季型一年生作物，粗蛋白质含量高，对土壤水分需求量大（Nielsen et al.，2016）。因此，在半干旱地区，保护土壤水分和提高作物水分生产率对小麦生产的成功至关重要。

本研究结果表明，在本研究条件下，降水始终是决定冬小麦籽粒产量的主要因素。然而，在中国半干旱的黄土高原地区，不同年份的降水量和降水格局可能存在很大差异。本研究的年度粮食产量数据（图 2-2）与年降水总量记录（表 2-3）吻合较好。

耕作对改变土壤持水能力方面发挥着重要作用，最终影响作物根系生长条件（Huggins & Pan 1991；Hou et al.，2012）。中国农业数百年广泛采用传统耕作，导致严重的土壤侵蚀、土壤有机质流失、蒸发量增加和地表径流（Feng et al.，2010）。随着极端天气条件和水资源短缺问题的日益加剧，将减少/保护性耕作措施纳入旱地农业生产对世界半干旱地区冬小麦种植体系中变得非常重要（Hansen et al.，2015）。在华北平原，冬小麦—玉米组成的双作系统，免灌或少灌、不同留茬水平的两熟种植制度模式在过去几十年中非常普遍。然而，在黄土高原地区，结合传统农学研究、季节性水分状况监测、经济分析和建模的长期研究有限。本试验结果验证，与传统耕作相比，保护性耕作措施能更好地保留季节内的 SWC，这与其他先前研究的发现一致（Machado et al.，2008；Feng et al.，2010）。

在本研究中，所有处理的平均籽粒产量与 Zhang 等（2015b 年）在黄土高原地区进行的另一项小麦研究非常相似。此外，前两年未检测到籽粒产量的统计学差异，因为耕作对粮食生产的影响可能需要很长时间（>2 年）才能被检测到（Halvorson et al.，2002）。先前的研究也表明，传统的冬小麦种植制度（冬小麦后夏季休耕采用传统耕作）可以通过免耕或翻耕结合除草剂的施用来代替，这将提供更高的 WP 和相当的籽粒产量（Riar et al.，2010；Machado et al.，2015）。我们的结果表明，保护性耕作措施的产量与传统耕作措施相比始终相当或更低，因为 NT 和 NTS 处理的产量低于 T，这与中国北方干旱地区进行的许多研究结果不同（He et al.，2007a；Su et al.，2007；Zhang et al.，2014；Shao et al.，2016）。然

第2章　保护性耕作对黄土高原小麦产量、水分生产率和经济效益的影响

而，根据一项使用5463个产量观察结果和610项研究的全球荟萃分析研究表明，当单独实施免耕措施时作物产量会下降（-9.9%；Pittelkow et al.，2014）。这与本研究的结果高度一致（NT产量比T低10%），Pittelkow等（2014年）还发现，留茬可以降低免耕对产量的负面影响4.8%。同样，我们的NTS产量比T低3.8%。Camara等（2003年）和Machado等（2008年）进行的其他长期研究也报告了类似的发现。但Machado等（2008年）报告的有限生产力主要是由太平洋西北环境中的杂草入侵造成。这在本研究中并不适用，因为在整个生长季节都对杂草进行了集中管理。其次，我们怀疑这主要是由耕作对根系生长的影响引起的，强调将根系表型工作纳入未来试验的重要性。先前的研究还发现，在干旱和半干旱地区与其他保护性耕作措施相比，NTS在各种小麦种植制度下提供了更好的产量和WP（Li et al.，2007）。但在当前研究中，NTS处理的籽粒产量低于预期，这不太可能是由于发芽差异引起的，因为在处理间的植株计数中未检测到统计显著性（数据未显示）。以前的研究一致观察到了NTS对土壤健康的有益影响，如增加土壤碳储备和土壤微生物多样性。Yang等（2013a，b）发现，与免耕相比，同一田间内，NTS显著增强了土壤微生物代谢能力。因此，NTS具有提高土壤肥力和改善农业可持续性的潜力。未来的研究应结合分子土壤微生物学方法和先进的仪器技术，如涡流相关塔和基于光谱的土壤呼吸系统，来量化半干旱黄土高原地区的土壤微生物活性和多样性。

小麦水分生产率受耕作处理和播种前土壤储水量、生长季节降水量逐年变化的影响（表2-3和表2-4）。在我们的研究中，水分生产率的平均值为1.07 kg/m^3，与Wang和Shangguan（2015年；1.06 kg/m^3）报告的值相似，但低于Zhu等（1994年；1.48 kg/m^3）和Su等（2007年；1.17 kg/m^3）在中国北方的报告。由于在小地块系统下，所有地块在生长季节未进行灌溉，且降水的空间分布趋于均匀，故而小麦籽粒产量和水分生产率之间有很大的相似性。NT和NTS处理均未提高水分生产率，这表明在使用保护性耕作措施时，将其他管理措施［如轮耕（Hou et al.，2012）或施肥管理制度（Zhang et al.，2015a）］纳入该地区现有的小麦生产系统的重要性。

在不考虑播种期SAW的情况下，MLR方程对籽粒产量的预测能力显著降低，表明SAW对确定籽粒产量的影响最为显著。这一观察结果与其他先前研究的发现一致（Chen et al.，2003；Alvarez 2009；Ding et al.，2016；Particularly，Chen et al.，2003），特别是发现西北太平洋内陆地区的籽粒产量在很大程度上受到种植日期的影响，这主要是对SAW的响应。同样，Ding等（2016年）指出，

推迟播种日期可以通过改善土壤水分条件显著提高黄土高原地区冬小麦的产量和水分生产率。

基于 MLR 的分析方法使我们能够评估预测小麦产量随每个影响变量变化的变化率。这可以帮助研究人员和生产者理解估算的小麦产量如何随 SAW、RVP、RRP、R/ET 和 PTQ 的变化而变化，以及需要多大程度地改变这些变量以达到准确的预测值。我们的 MLR 方程解释了产量数据的大部分变化（$R^2 = 0.917$）。基于 10 折交叉验证的方程（$R^2 = 0.708$）的整体预测性能是令人满意的，特别是考虑到 MLR 方程中只包含了六个变量，并且还有许多其他重要的环境和生理因素（如土壤）也会对作物产量产生很大影响，但并没有包含在这个方程中。这一交叉验证的结果与其他研究相当，包括使用先进的计算方法预测小麦产量的研究，如人工神经网络（Alvarez，2009）。

在半干旱地区采用保护性耕作措施的经济效益可能受许多因素影响，如种植密度、杂草的存在或侵入、品种选择（Janosky et al.，2002）。一般认为，保护性耕作在产量优势和节省农业投入资源方面是有利可图的（Zentner et al.，2002；Lithourgidis et al.，2006），Pittelkow 等（2014）使用荟萃分析观察到粮食产量的有限反应，但与减少耕作相关的柴油投入成本显著降低，表明保护性农业的经济效益主要由成本降低而非产量增加所驱动。在黄土高原进行的一项七个生长季的小麦研究也支持了这一点（Su et al.，2007）。在当前研究中，尤其是 NTS 处理产生了类似或略大于其他处理的经济效益，尽管其籽粒产量低于其他处理。总体而言，农场级经济分析提供了对可能在农民群体中观察到的趋势和趋势的深刻见解，并有助于为未来的政策举措提出建议。

2.5 小结

中国是目前世界上最大的小麦生产国，而黄土高原是全国主要的小麦种植区之一，每年生产面积超过 400 万公顷。因此，确定该水分限制地区小麦生产的最佳措施至关重要。以免耕处理为基础的冬小麦生产与夏季玉米残茬保留似乎提供了一种可能的解决方案，以维持充足的粮食产量和高水分生产率。此外，它还提供了类似或略高于其他耕作措施的经济效益，主要是由于投入成本的减少，但与 NTS 相比效益差异较小。敏感性分析表明，季前土壤储水量对最终预测粮食产量贡献较大。因此，在水分限制的黄土高原地区，提高冬小麦粮食产量和经济效益的有效的管理措施应该包括：①在小麦播种季节增加土壤储水量；②鼓励采用保护性耕作措施（NTS）。

当前研究是在甘肃省黄土高原地区进行的为数不多的长期综合研究之一。研究表明，在小麦产量开始对不同耕作处理做出反应之前，需要3~4年的时间。这强调了开展与保护性耕作措施相关的长期农学研究的重要性。

参考文献

［1］ ALVAREZ R. Predicting average regional yield and production of wheat in the Argentine Pampas by an artificial neural network approach［J］. European Journal of Agronomy，2009，30（2）：70-77.

［2］ CAMARA K M, PAYNE W A, RASMUSSEN P E. Long-term effects of tillage, nitrogen, and rainfall on winter wheat yields in the Pacific northwest［J］. Agronomy Journal，2003，95（4）：828-835.

［3］ CASSEL D K, NIELSEN D R. Field capacity and available water capacity［M］// KLUTE A（ed.）. Methods of soil analysis：Part 1 Physical and mineralogical methods, 2nd ed. Madison：ASA and SSSA, 1986.

［4］ CHEN CC, PAYNE W A, SMILEY R W, et al. Yield and water-use efficiency of eight wheat cultivars planted on seven dates in northeastern Oregon［J］. Agronomy Journal，2003，95（4）：836.

［5］ COLLA G, MITCHELL J P, JOYCE B A, et al. Soil physical properties and tomato yield and quality in alternative cropping systems［J］. Agronomy Journal，2000，92（5）：924-932.

［6］ DING D Y, FENG H, ZHAO Y, et al. Modifying winter wheat sowing date as an adaptation to climate change on the Loess Plateau［J］. Agronomy Journal，2016，108（1）：53-63.

［7］ EMAMGHOLIZADEH S, PARSAEIAN M, BARADARAN M. Seed yield prediction of sesame using artificial neural network［J］. European Journal of Agronomy，2015，68：89-96.

［8］ FABRIZZI KP, GARCIA F O, COSTA J L, et al. Soil water dynamics, physical properties and corn and wheat responses to minimum and no-tillage systems in the southern Pampas of Argentina［J］. Soil and Tillage Research，2005，81（1）：57-69.

［9］ FAO. What is Conservation Agriculture?［Z/OL］. 2011.

［10］ FENG F X, HUANG G B, CHAI Q, et al. Tillage and straw management impacts on soil properties, root growth, and grain yield of winter wheat innorthwestern China［J］. Crop Science，2010，50（4）：1465-1473.

［11］ GAO Y J, LI Y, ZHANG J C, et al. Effects of mulch, N fertilizer, and plant density on wheat yield, wheat nitrogen uptake, and residual soil nitrate in adryland area of China［J］. Nutrient Cycling in Agroecosystems，2009，85（2）：109-121.

［12］ GUZHA A C. Effects of tillage on soilmicrorelief, surface depression storage and soil water storage[J]. Soil and Tillage Research, 2004, 76 (2): 105-114.

[13] HALVORSON A D, PETERSON G A, REULE C A. Tillage system and crop rotation effects on dryland crop yields and soil carbon in the Central Great Plains[J]. Agronomy Journal, 2002, 94 (6): 1429-1436.

[14] HANSEN E M, MUNKHOLM L J, OLSEN J E, et al. Nitrate leaching, yields and carbon sequestration after noninversion tillage, catch crops, and straw retention[J]. Journal of Environmental Quality, 2015, 44 (3): 868-881.

[15] JIN H, HONGWEN L, XIAOYAN W, et al. The adoption of annualsubsoiling as conservation tillage in dryland maize and wheat cultivation in Northern China[J]. Soil and Tillage Research, 2007, 94 (2): 493-502.

[16] HE X F, CAO H H, LI F M. Econometric analysis of the determinants of adoption of rainwater harvesting and supplementary irrigation technology (RHSIT) in the semiarid Loess Plateau of China[J]. Agricultural Water Management, 2007, 89 (3): 243-250.

[17] HOU X Q, LI R, JIA Z K, et al. Rotational tillage improves photosynthesis of winter wheat during reproductive growth stages in a semiarid region[J]. Agronomy Journal, 2013, 105 (1): 215-221.

[18] HUANG M B, SHAO M G, ZHANG L, et al. Water use efficiency and sustainability of different long-term crop rotation systems in the Loess Plateau of China[J]. Soil and Tillage Research, 2003, 72 (1): 95-104.

[19] HUGGINS D R, PAN W L. Wheat stubble management affects growth, survival, andyield of winter grain legumes[J]. Soil Science Society of America Journal, 1991, 55 (3): 823-829.

[20] HUSSAIN G, AL-JALOUD AA. Effect of irrigation and nitrogen on water use efficiency of wheat in Saudi Arabia[J]. Agricultural Water Management, 1995, 27 (2): 143-153.

[21] STOCKER T F, QIN D, PLATTNER G K, et al. Climate Change 2013: The Physical Science Basis. Contribution of Working Group I to the Fifth Assessment Report of the Intergovernmental Panel on Climate Change[R]. Cambridge: Cambridge University Press, 2013: 1535.

[22] JANOSKY J S, YOUNG D L, SCHILLINGER W F. Economic of Conservation Tillage in a Wheat-Fallow Rotation[J]. Agronomy Journal, 2002, 94 (3): 527-531.

[23] LAMPURLANÉS J, ANGÁS P, CANTERO-MARTíNEZ C. Tillage effects on water storage during fallow, and on barley root growth and yield in two contrasting soils of the semi-arid Segarra region in Spain[J]. Soil and Tillage Research, 2002, 65 (2): 207-220.

[24] LI H, GAO H, WU H, et al. Effects of 15 years of conservation tillage on soil structure and productivity of wheat cultivation in northern China [J]. Australian Journal of Soil Research, 2007, 45 (5): 344-350.

[25] LI F R, COOK S, GEBALLE G T, et al. Rainwater harvesting agriculture: An integrated system for water management on rainfed land in China's semiarid areas[J]. AMBIO: A Journal of the Human Environment, 2000, 29 (8): 477.

[26] LITHOURGIDIS A S, DHIMA K V, DAMALAS C A, et al. Tillage effects on wheat emergence and yield at varying seeding rates, and onlabor and fuel consumption[J]. Crop Science, 2006, 46 (3): 1187-1192.

[27] LIU Y, LI S Q, CHEN F, et al. Soil water dynamics and water use efficiency in spring maize

(Zea mays L.) fields subjected to different water management practices on the Loess Plateau, China[J]. Agricultural Water Management, 2010, 97: 769-775.

[28] MACHADO S, PETRIE S, RHINHART K, et al. Tillage effects on water use and grain yield of winter wheat and green pea in rotation[J]. Agronomy Journal, 2008, 100 (1): 154.

[29] MACHADO S, PRITCHETT L, PETRIE S. No-tillage cropping systems can replace traditional summer fallow in north-central Oregon[J]. Agronomy Journal, 2015, 107 (5): 1863-1877.

[30] MAGRIN G O, HALL A J, BALDY C, et al. Spatial andinterannual variations in the photothermal quotient: Implications for the potential kernel number of wheat crops in Argentina[J]. Agricultural and Forest Meteorology, 1993, 67 (1/2): 29-41.

[31] MERRILL S D, BLACKA L, BAUER A. Conservation tillage affects root growth of dryland spring wheat under drought[J]. Soil Science Society of America Journal, 1996, 60 (2): 575-583.

[32] NIELSEN D C, LYON D J, HIGGINS R K, et al. Cover crop effect on subsequent wheat yield in the Central Great Plains[J]. Agronomy Journal, 2016, 108 (1): 243-256.

[33] NIELSEN D C, VIGIL M F, ANDERSON R L, et al. Cropping system influence on planting water content and yield of winter wheat[J]. Agronomy Journal, 2002, 94 (5): 962-967.

[34] PITTELKOW C M, LIANG X Q, LINQUIST B A, et al. Productivity limits and potentials of the principles of conservation agriculture[J]. Nature, 2015, 517: 365-368.

[35] RIAR D S, BALL D A, YENISH J P, et al. Comparison of fallow tillage methods in the intermediate rainfall inland Pacific northwest[J]. Agronomy Journal, 2010, 102 (6): 1664-1673.

[36] SAS Institute. SAS/STAT user's guide [Z]. Version 9. 1. SAS Inst., Cary, NC, 2003.

[37] SAXTON A. A macro for converting mean separation output to letter groupings in PROC MIXED [J]. Computer Science, Mathematic, 1998: 1243-1246.

[38] SCHILLINGER W F, SCHOFSTOLL S E, ALLDREDGE J R. Available water and wheat grain yield relations in a Mediterranean climate[J]. Field Crops Research, 2008, 109 (1/2/3): 45-49.

[39] SHAO Y H, XIE Y X, WANG C Y, et al. Effects of different soil conservation tillage approaches on soil nutrients, water use and wheat-maize yield in rainfed dry-land regions of North China[J]. European Journal of Agronomy, 2016, 81: 37-45.

[40] SHEN Y Y, LI L L, CHEN W, et al. Soil water, soil nitrogen and productivity of lucerne-wheat sequences on deep silt loams in a summer dominant rainfall environment[J]. Field Crops Research, 2009, 111 (1/2): 97-108.

[41] SMITH J, SMITH P, ADDISCOTT T. Quantitative methods to evaluate and compare Soil Organic Matter (SOM) Models[C] //POWLSON DS, SMITH P, SMITH JU. Evaluation of Soil Organic Matter Models. Berlin, Heidelberg: Springer, 1996: 181-199.

[42] SU Z Y, ZHANG J S, WU W L, et al. Effects of conservation tillage practices on winter wheat water-use efficiency and crop yield on the Loess Plateau, China[J]. Agricultural Water Management, 2007, 87 (3): 307-314.

[43] TAA A, TANNER D, BENNIE A T P. Effects of stubble management, tillage and cropping sequence on wheat production in the south-eastern Highlands of Ethiopia[J]. Soil and Tillage Re-

search, 2004, 76 (1): 69-82.

[44] TAN C S, DRURY C F, GAYNOR J D, et al. Effect of tillage and water table control onevapotranspiration, surface runoff, tile drainage and soil water content under maize on a clay loam soil [J]. Agricultural Water Management, 2002, 54 (3): 173-188.

[45] TIAN L H, BELL L W, SHEN Y Y, et al. Dual-purpose use of winter wheat in Western China: Cutting time and nitrogen application effects on phenology, forage production, and grain yield [J]. Crop and Pasture Science, 2012, 63 (6): 520.

[46] TIAN Y, LI F M, LIU P H. Economic analysis of rainwater harvesting and irrigation methods, with an example from China[J]. Agricultural Water Management, 2003, 60 (3): 217-226.

[47] TURNER N C, LI F M, XIONG Y C, et al. Agricultural ecosystem management in dry areas: Challenges and solutions[J]. Plant and Soil, 2011, 347 (1): 1-6.

[48] WANG L F, SHANGGUAN Z P. Water-use efficiency of dryland wheat in response to mulching and tillage practices on the Loess Plateau[J]. Scientific Reports, 2015, 5: 12225.

[49] XIE R Z, LI S K, JIN Y Z. The trends of crop yield responses to conservation tillage in China [J]. Scientia Agricultura Sinica, 2008, 41 (2): 397-404.

[50] 晏利斌. 1961—2014 年黄土高原气温和降水变化趋势[J]. 地球环境学报, 2015, 6 (5): 276-282.

[51] YANG Q, WANG X, SHEN Y, et al. Functional diversity of soil microbial communities in response to tillage and crop residue retention in an eroded Loess soil[J]. Soil Science and Plant Nutrition, 2013, 59 (3): 311-321.

[52] YANG Q, WANG X, SHEN Y. Comparison of soil microbial community catabolic diversity between hizosphere and bulk soil induced by tillage or residue retention[J]. Journal of Soil Science and Plant Nutrition, 2013.

[53] ZENTNER R P, WALL DD, NAGY C N, et al. Economics of crop diversification and soil tillage opportunities in the Canadian prairies[J]. Agronomy Journal, 2002, 94 (2): 216.

[54] ZHANG D, YAO P, ZHAO N, et al. Reposes of winter wheat production to green manure and nitrogen fertilizer on the Loess Plateau[J]. Agronomy Journal, 2015, 107 (1): 361-374.

[55] ZHANG P, WEI T, WANG H, et al. Effects of straw mulch on soil water and winter wheat production in dryland farming[J]. Scientific Reports, 2015, 5 (1): 10725.

[56] ZHANG S L, SADRAS V, CHEN X P, et al. Water use efficiency of dryland wheat in the Loess Plateau in response to soil and crop management[J]. Field Crops Research, 2013, 151: 9-18.

[57] ZHU Z X, STEWART B A, FU X J. Double cropping wheat and corn in a sub-humid region of China[J]. Field Crops Research, 1994, 36 (3): 175-183.

第3章 长期可持续保护性耕作措施对黄土高原玉米—冬小麦—大豆轮作系统的影响

3.1 研究背景与意义

近年来，随着人口的急剧增长以及经济的快速发展，中国农业的可持续性和恢复力受到了巨大挑战，尤其是在中国半干旱作物生产区。黄土高原是中国西北的主要农业区，年均降水量在 600 mm 以下，总面积 64.87 万平方千米，约占国土面积的 6.8%（Shan，1993）。与世界其他干旱地区一样，该地区农业生产力主要受到水资源短缺和气候变化的限制（Zhang et al.，2014）。Deng 等（2015）的研究表明，在 1961 年至 2010 年，黄土高原年均温度以每 10 年平均上升 0.32℃ 的平均速率升高。这一升温趋势可能显著增加蒸腾作用，进而改变陆地生态系统的能量/碳平衡。与此同时，Yan（2015）报道该地区年降水量呈逐年递减趋势，在 1961 年至 2014 年，该地区降水量以每年 0.751 mm 的平均速率下降。此外，联合国政府间气候变化专门委员会（IPCC）还指出，在 1951 年至 2010 年，中国西北地区某些记录点的降水量每 10 年减少 5%（IPCC，2013）。因此，在面对这些气候变化的情况下，设计和发展可持续的种植制度，以维持生产力、更好地耐受极端气候条件并更有效地利用生产投入（特别是水资源），已经成为该地区的主要关注点（Trumbore et al.，1996；Grace and Rayment，2000；Midgley et al.，2004）。

全球范围内，将少耕或免耕与轮作相结合已成为农业种植制度研究中很普遍的方法。Riedell 等（2013 年）研究发现，玉米（*Zea mays* L.）—大豆（*Glycine max* L.）—小麦（*Triticum aestivum* L.）/紫花苜蓿（*Medicago sativa* L.）轮作比玉米单作具有更好的土壤健康、种子产量以及籽粒中的矿物质浓度。同样，Huang 等（2003a）的研究结果表明，在黄土高原上，采用豌豆—糜子（*Panicum miliaceum*）—玉米—玉米轮作结合保护性耕作措施能显著提高作物的水分利用效率（WUE）。此外，在一项经济学研究中，Katsvairo 和 Cox（2000）认为，大豆—玉米轮作并结合低化学投入和少耕的方式提供的净经济效益可与传统耕作方法相媲美。尽管轮作和保护性耕作的经济和生态效益早已为人们所熟知，但不同耕作和秸秆覆盖等措施的集成对基础系统的生产力和可持续性的影响却鲜为人知，尤其是在中国黄土高原半干旱地区（Shao et al., 2016; Zhang et al., 2016a）。目前，在半干旱环境中，各种环境因素对作物 WUE 的作用机制和贡献，以及它们与不同管理措施的相互作用尚未得到系统的探讨。

因此，本研究旨的目的为：①在黄土高原春玉米—冬小麦—夏大豆轮作系统中，针对不同的保护性耕作和秸秆覆盖措施以及相关环境因素的变化对作物产量、WUE、土壤有机碳（SOC）、土壤水分变化和经济回报的影响进行研究；②运用轨迹分析方法，研究各环境因素对作物 WUE 的相互作用及贡献，这对该地区的生产者和研究人员具有重要意义。

3.2 材料和方法

3.2.1 试验地概况

试验地位于兰州大学庆阳黄土高原研究站（35°39′N，107°51′E；海拔1298 m），在春玉米、冬小麦和夏大豆轮作系统中进行了 7 年的耕作和秸秆覆盖试验（2001~2007 年）。研究区域的长期年均温度为 8~10℃，最低温度为 -22.4℃，最高温度为 39℃。年均积温为 3446℃。主要暖季作物的生长季节从 3 月持续到 10 月，约 255 d，平均无霜期为 110 d。年降水量为 480~660 mm，年均蒸发量为 1504 mm。土壤类型以沙壤土为主，平均田间持水量为 0.223 cm^3/cm^3，永久萎蔫点为 0.07 cm^3/cm^3，且该数据是通过采用 Cassel 和 Nielsen（1986）以及 Colla 等（2000）的方法测定获得。

3.2.2 试验设计与作物管理

本研究采用了随机完全区组设计，四个区组和一个因子处理结构（2 种耕作方式×2 种秸秆覆盖方式；4 个小区×4 个处理 = 16 个小区）。整个试验在大田中进行，每个小区的面积为 52 m^2（4 m×13 m）。相邻两个区组和重复之间的距离分别设置为 2 m 和 1 m。在现有的玉米—小麦—大豆轮作系统中，基于不同的耕作和残茬管理措施进行处理，包括传统耕作（T）、传统耕作+秸秆覆盖（TS）、免耕（NT）和免耕+秸秆覆盖（NTS）。作物轮作始于 2001 年夏季大豆生产周期

第3章 长期可持续保护性耕作措施对黄土高原玉米—冬小麦—大豆轮作系统的影响

后,并采用春玉米—冬小麦—夏大豆的轮作模式。每个轮作周期为两年,重复三次,共计六年(2001 年,大豆单作;2002~2003 年、2004~2005 年、2006~2007年进行春玉米—冬小麦—夏大豆轮作)。

中国黄土高原地区的农田通常表现为面积小、坡度陡,且离主要公路和乡村道路系统距离较远。因此,避免大型农业装备(如联合收割机)的使用,极大地有利于人类劳作(Huang et al.,2003b;Shao et al.,2016)。在收获后,农民通常会收集作物秸秆,或将其在田地里焚烧,或用作动物饲料或供暖燃料(Komarek et al.,2015)。极少数农民将作物残茬还田作为提高作物生产力和土壤健康的一种方式。此外,可用于指导当地农户决策的残茬管理的科学信息较少。在本研究中,采用人工播种或专门设计的播种机进行小区播种。所有小区均按照当地农民采用的传统耕作进行人工采样和收获。

除处理小区外,所有小区均遵循相同的管理方式。除冬小麦(在常规耕作和免耕处理下使用了不同播种机)外,其余作物均为人工种植和收获。对于 T 和 TS 处理,所有小区在每次种植前使用凿形犁在土壤 30 cm 处进行翻耕,然后使用工具(如铲子、锄头、耙)进行人工混匀、耙平和调整。在整个试验期间,NT 和 NTS 处理下的土壤保持不被干扰的状态。在每个轮作周期内,"中单2号"玉米于 4 月初人工播种,播种量为 30 kg/hm² (纯活种子,PLS),行距为 0.40 m。播种时,基肥(磷酸氢二铵,18-46-0)以 300 kg/hm² 的施肥量人工撒施。尿素氮肥(46-0-0)于大部分玉米植株达到 V6 发育阶段时以 300 kg/hm² 的施用量施用(Abendroth et al.,2011)。在 9 月人工收获玉米,剩余的秸秆由人工去除(T 和 NT),或通过玉米秸秆粉碎机粉碎成 15 cm 长的长条,然后均匀地撒到原始小区(TS 和 NTS)。

"西峰24号"冬小麦于玉米收获后的九月下旬进行播种。免耕处理(NT 和 NTS)采用"金牛2BF"免耕播种机(庆阳市金牛机械制造有限公司),耕作处理(T 和 TS)采用兴农播种机(陕西省宝鸡市西观机械制造有限公司),播种量为 187 kg/hm² 的纯活种子(PLS),行距为 0.15 m。基肥(磷酸氢二铵)的施用量为 300 kg/hm²,在种子下面使用附在钻头上的肥料过滤器。在返青期,尿素肥料以 150 kg/hm² 的施用量人工撒施(Feekes 4-5;Miller,1999)。小麦于次年六月下旬人工收割,并在田间留下 30 cm 高的根茬。根据处理不同,每个小区内的秸秆被移除(T 和 NT),或在收割后还田(TS 和 NTS)。

"丰收12号"大豆在六月底或七月初的冬小麦收割后,立即以每 15 kg/hm² 的纯活种子用量和 0.25 m 的行距人工种植。带状基肥(过磷酸钙,0-26-0)施用量为 63 kg/hm²。人工收割大豆在十月底完成。剩余的秆茎根据处理方式移除

(T和NT），或留在田间（TS和NTS）。在整个生长季节内，所有小区都定期进行人工除草，并于2003年使用一次性撒施3 kg/hm² 的三唑酮［1-（4-氯苯氧基）-3，3-二甲基-1-（1H-1，2，4-三唑-1-基）-2-丁酮］进行虫害防治。

3.2.3 数据收集

3.2.3.1 气象测量

气象数据经由安装在试验田中央的气象检测系统收集，并使用HMP-50探针（Campbell Sci., Inc. Logan, UT）测定环境空气温度和相对湿度。净辐射则通过净辐射计测定（CNR-I, Kipp and Zonen Inc., Saskatoon, Saskatchewan, 加拿大）。雨量数据由TE525MM雨量计（TE525MM, Campbell Sci., Inc. Logan, UT）记录。所有变量每隔10 s测量一次，30 min 的平均值由CR5000数据记录仪（Campbell Sci., Inc. Logan, UT）进行存储。

3.2.3.2 作物产量

作物成熟阶段，在每个处理远离边缘地带的三个重复中随机抽取玉米、小麦和大豆样本，以计算作物产量，玉米、小麦和大豆的采样面积分别为0.76 m²、0.3 m²和0.25 m²。每种作物的采样方法严格遵循了第3.2.2节所述。所有的样品均经人工收获、脱粒和风选。收获后立即记录作物籽粒鲜重，然后在40℃的烘箱中干燥至恒定重量，以计算籽粒的产量。

3.2.3.3 土壤含水量与作物水分利用率

每两周一次，用中子探测器（NMM, Campbell pacific, HP503）分别测量：0~10 cm、10~20 cm、20~30 cm、30~60 cm、60~90 cm、90~120 cm、120~150 cm 和150~200 cm 土层的土壤含水量。通过参照校准曲线，将探测器的读数换算为容积含水量。此外，0~10 cm 的土样在105℃的烘箱中烘干48 h，用于计算重量法的土壤含水量。利用田间水分平衡方程（3-1）计算季节蒸发量（ET, mm）。

$$ET = P - \Delta S \qquad (3\text{-}1)$$

式中，P表示降水量（mm），ΔS表示土壤剖面储水量的变化（mm）。与传统的田间水分平衡方程相比，本研究的简化版省略了灌溉、根区的向上流动、地表径流和根区外的下渗等部分。之所以进行上述修改，是因为在黄土高原，地下水位保持在地表50 m以下左右的深度，因此向上流入根系的水分可忽略不计。此外，由于试验地缺乏降水且地形相对平坦，故本研究并未考虑地表径流的影响。

此外，该区域在整个生长季内均未发生暴雨或积水事件，因此假设排水不显著（Shen et al., 2009）。同样重要的是，整个研究在雨养体系中进行，因此并未涉及灌溉。水分利用率按式（3-2）计算（Hussain and Al-Jaloud, 1995）：

$$WUE = Y/ET \tag{3-2}$$

其中，Y 为作物籽粒产量（kg/hm²）。

3.2.3.4 土壤有机碳

在每个收获季节，每年用土钻以 5 cm 为间隔从 0~10 cm 的表层土壤中采集土壤碳样品，在奇数年（2003 年、2005 年和 2007 年）和偶数年（2002 年、2004 年和 2006 年）及试验初始年（2001 年）分别采集了两组土壤样品（小麦和大豆收获季节）。为保持数据的一致性，把奇数年收获的小麦和大豆的土壤碳数据进行了平均处理。在每次采样过程中，在每个样地内随机选取 3 个采样点，每个样地（3 个采样点×2 个土层）采集 6 个独立的土壤样本，然后将同一土层（0~5 cm 或 5~10 cm）的 3 个样品混匀成 1 个样品，混合均匀后进行分析。因此每个样地共有两个混合样品。采集的土样在 36℃的条件下进行干燥 48 h，然后过 2 mm 土筛。土壤有机碳浓度采用外加热重铬酸钾氧化法（$K_2Cr_2O_7-H_2SO_4$；Page et al., 1982）测定。即每个土壤样品称取 0.25 g，加入试管中，然后加入 5 mL 0.167 mol/L 重铬酸钾和 5 mL 浓硫酸，混合后在 180℃油浴中加热 5 min，反应结束后，用 1.0 mol/L 铁硫酸滴定过量的重铬酸钾，并计算所消耗的重铬酸钾总量，从而估算土壤中二氧化碳总排放量。

3.2.4 统计和建模

采用 SAS 9.4 中的 MIXED 程序进行统计分析，且所有数据均采用完全随机区组设计进行分析。将区组效应视为随机因素，而年份效应则被视为固定效应，以解释中国黄土高原的不稳定气候模式。若未检测到逐年处理之间的相互作用，则将历年的数据取平均值。采用 Fisher's 最小显著差（LSD）进行差异显著性比较，在 $P=0.05$ 的显著性水平上进行评价。利用 SAS 9.4 中的 CORR 和 REG 程序进行路径分析，模拟水分利用率（WUE）与各环境因子之间的关系。决策系数 $R^2_{(j)}$ [式（3-3）] 用于量化环境因子（X_j）对 WUE（y）的综合影响。$R^2_{(j)}$ 不仅包含了 y 对 X_j 的直接决策函数（R^2_j）的影响，还包括与 X_j 相关的间接决定系数（$\sum_{j \neq i} R^2_{ji}$）。

$$R^2_{(j)} = R^2_j + \sum_{j \neq i} R^2_{ji} \tag{3-3}$$

$$R^2_j = b^{*2}_j \tag{3-4}$$

$$R^2_{ji} = 2b^*_j r_{ji} b^*_i \tag{3-5}$$

式中，b_j 表示 X_j 对 y 的直接影响，即 X_j 对 Y 的直接路径系数。$2b_j r_{ji} b_i$ 为其他环

境因素 X_i 通过 X_J 对 Y 的间接影响，即间接路径系数。每个变量对 y 的贡献效应由其相应的 $R^2_{(j)}$ 值的绝对值表示。$R^2_{(j)}$ 的符号表示 X_J 和 Y 之间是正相关还是负相关。$R^2_{(j)}$ 值最大变量为主要的决策变量或主要决策因子，最小变量 [通常是负 $R^2_{(j)}$ 为负的情况] 成为主要限制变量，或称为主要限制因子。

3.2.5 经济分析

本研究考虑了不同作物的建立、处理实施、维护和收获的生产预算。农业作业基础设备（如种植和耕作）主要由黄土高原研究站附件的区域农民合作社和推广服务机构进行。小时服务费包括人工、化石燃料、设备（折旧和利息）的资金回笼、保险、机器存储以及设备维修等费用。材料成本（种子、化肥、除草剂和秸秆残留物）是根据当地农资供应公司或区域农民合作及推广服务机构的采购记录计算的。根据试验期间中国西峰 3.64 美元/d 的标准个人小时收入和完成任务所需天数，计算了施肥、除草剂施用、残茬处理和收获等人工操作的成本。详细的成本分解见表 3-1。每公顷产值是根据各处理的籽粒产量（kg/hm²）和中国农业市场服务数据库中获得的玉米、小麦和大豆谷物的市场价格计算的，均值分别为 0.15 美元/kg、0.18 美元/kg 和 0.36 美元/kg。

表 3-1 2001~2007 年甘肃省西峰市各耕作处理下玉米—冬小麦—大豆生产的 7 年平均成本明细

成本 (美元/hm²)	玉米				小麦				大豆			
	T†	TS	NT	NTS	T	TS	NT	NTS	T	TS	NT	NTS
种子	143				56				73			
除草剂	37				12				18			
肥料	178				79				94			
播种‡	38				28				27			
人工§	46	58	46	58	37	45	37	45	43	50	43	50
耕作※	134	134	0	0	67	67	0	0	72	72	0	0
秸秆还田††	0	10	0	10	0	25	0	25	0	18	0	18
合计	576	598	442	464	279	312	212	245	327	352	255	280

注：† 处理包括：T＝常规耕作；TS＝常规耕作+秸秆覆盖；NT＝免耕；NTS＝免耕+秸秆覆盖。‡ 种植成本包括：播种机的租赁费、司机工资和燃料成本。§ 人工成本包括：施肥、收获、施用除草剂和作物残茬处理的成本。※ 耕作成本包括：拖拉机和耕作设备的租赁费、司机工资和燃料成本。†† 每次收获后获得足够的秸秆残茬，故没有采购秸秆，但作为生产投入，其价值仍按当期市场价值计算，纳入标准经济分析。

3.3 结果

3.3.1 气象特征

试验地2001~2007年月降水量和长期（1961~2013年）平均值见图3-1。除2002年和2007年外，7~9月的月降水量占年降水总量的60%以上。2001年的年降水量与长期平均值一致。2002年、2003年和2007年的降水量偏多，分别比长期平均值高10%、46%和5%；而2004年、2005年和2006年分别比长期平均值低21%、13%和8%。2001~2007年，试验区总净辐射变化规律相似（图3-2），由于太阳高度角较高，总净辐射峰值通常出现在5~7月。2003年和2007年，总净辐射分别比长期平均值低6%和10%。相反，在2001年、2002年、2004年、2005年和2006年，净辐射分别比长期平均值高6%、13%、4%、8%和4%。在2001~2007年，研究地的月温度模式相似，与长期均值一致（图3-3）。月平均最高温度通常出现在7月和8月，最低温度在1月。在整个试验期间，月平均温度在-6.8~23.1℃，年平均温度为9.2℃。

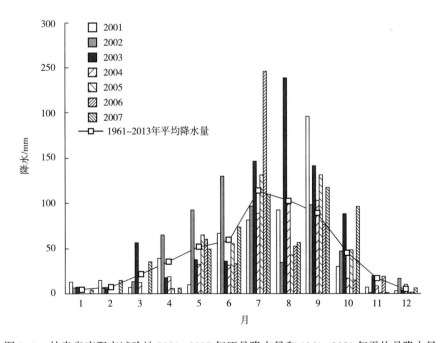

图3-1 甘肃省庆阳市试验站2001~2007年逐月降水量和1961~2001年平均月降水量

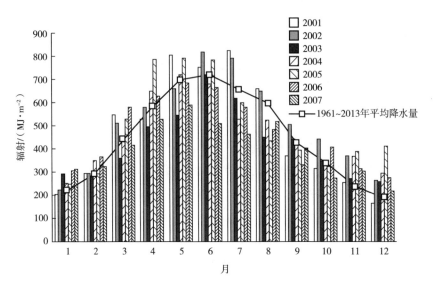

图 3-2　甘肃省庆阳市研究站 2001~2007 年逐月净辐射
和逐月长期（1961~2001 年）平均辐射

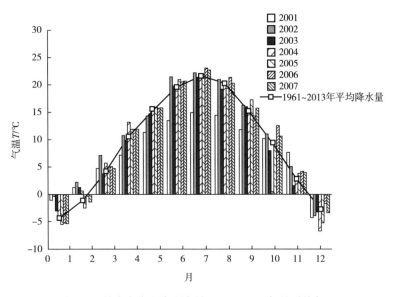

图 3-3　甘肃省庆阳市研究站 2001~2007 年月平均气温
和长期（1961~2001 年）月平均气温

3.3.2　作物产量

2001 年夏大豆收获后，进行了三轮作物轮作（3 个春玉米—冬小麦—夏大豆

第3章 长期可持续保护性耕作措施对黄土高原玉米—冬小麦—大豆轮作系统的影响

轮作周期)。根据多年的平均数据来看,TS 处理的总产量(三种作物的年均籽粒产量之和)最高,分别比 NT、T 和 NTS 处理高出 17%($P<0.05$)、9%($P<0.05$)和 5%($P<0.05$)(表3-2)。NTS 处理的产量分别比 NT 和 T 处理高 11% 和 4%。NT 处理下籽粒产量最低,比 T 处理低 7%($P<0.05$)。此外,耕作措施对籽粒产量的影响取决于作物种类(处理×种类,$P=0.096$)和年份(处理×年份,$P=0.165$)。因此,本研究按年份和作物种类对产量进行了进一步分析(表3-1)。三种作物的初始产量(2001 年 10 月到 2003 年 6 月)在各处理之间均无显著差异。2003 年,TS 和 NTS 处理下大豆产量均高于 NT 处理。2005 年,与其他处理相比,TS 处理下的大豆产量最高。2007 年,NTS 处理下的大豆产量最高,其值与 TS 处理相当,但显著高于 NT 和 T。此外,与 T 处理相比,TS 处理提高了当年大豆产量。2004 年,TS 处理的玉米产量比 NT 处理高 30%。历年来,各处理下的玉米产量均呈持续下降趋势。直到 2007 年,小麦产量均未发现处理效应。NT 处理下的小麦籽粒产量低于其他处理,平均籽粒产量为 3.46 t/hm²,这与在华北平原进行的其他冬小麦研究所得结果较为相似(Zhang et al., 2016b)。

表3-2 2001~2007 年,甘肃省西峰市轮作系统中不同耕作和秸秆还田处理下玉米、冬小麦和大豆的籽粒产量

收获时间	籽粒产量 (t/hm²)	T†	TS	NT	NTS
10 月,2001	大豆	1.99±0.18ᵃ	2.01±0.22ᵃ	1.73±0.11ᵃ	2.11±0.21ᵃ
9 月,2002	玉米	9.05±0.17ᵃ	9.27±0.42ᵃ	9.40±0.24ᵃ	9.25±0.29ᵃ
6 月,2003	小麦	3.36±0.17ᵃ	2.90±0.25ᵃ	3.33±0.26ᵃ	3.07±0.48ᵃ
10 月,2003	大豆	1.01±0.08ᵃᵇ	1.24±0.14ᵃ	0.78±0.09ᵇ	1.18±0.10ᵃ
9 月,2004	玉米	7.47±0.25ᵃᵇ	8.67±0.40ᵃ	6.66±0.21ᵇ	7.73±0.30ᵃᵇ
7 月,2005	小麦	3.55±0.15ᵃ	3.91±0.26ᵃ	3.23±0.21ᵃ	3.64±0.36ᵃ
10 月,2005	大豆	1.17±0.08ᵇ	2.07±0.10ᵃ	1.25±0.08ᵇ	1.50±0.07ᵇ
9 月,2006	玉米	3.92±0.24ᵃ	4.41±0.28ᵃ	3.51±0.26ᵃ	3.97±0.21ᵃ
6 月,2007	小麦	3.86±0.28ᵃ	4.09±0.19ᵃ	2.91±0.28ᵇ	3.73±028ᵃ
10 月,2007	大豆	0.97±0.06ᶜ	1.40±0.05ᵃᵇ	1.07±0.04ᵇᶜ	1.79±0.09ᵃ

注:在每个收获季节内,通过两两比较,不同字母表示各处理的平均值在 $P<0.05$ 水平差异显著。
† 处理包括:T=常规耕作;TS=常规耕作+秸秆覆盖;NT=免耕;NTS=免耕+秸秆覆盖。
表中同一列数据后面的不同字母,表示不同处理间的差异达到显著水平,后同。

3.3.3 土壤水分与水分利用率（WUE）

不同深度土壤水分的年际变化在很大程度上受降水、管理措施和作物水分吸收等的影响（图3-4）。对于玉米而言，通常在4月中旬进行播种，在生长季初期，无法获得深层剖面的土壤水分。然而，由于2006年1月至4月缺乏降水，导致土壤水分低于往年。2002年，0~90 cm的土壤水分几乎耗尽，而2004年表层土（0~20 cm）和2006年0~90 cm土壤水分相对较高（图3-4）。冬季小麦收获阶段，土壤水分年际变化较大，特别是在2003年，0~200 cm的土壤剖面水分几乎耗竭。2005年，90~200 cm土层以下的土壤水分也接近永久萎蔫点。但在2001年和2007年，所有土层的土壤水分都是充足的（图3-4）。在大豆收获阶段，土壤水分相对较充沛，大多数年份各层土壤水分都较高，2005年和2007年略低于与其他收获季节。不同处理间生长季平均储水量无显著差异（图3-5），平

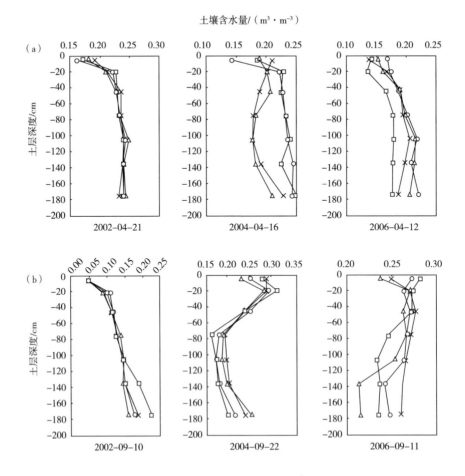

第3章 长期可持续保护性耕作措施对黄土高原玉米—冬小麦—大豆轮作系统的影响

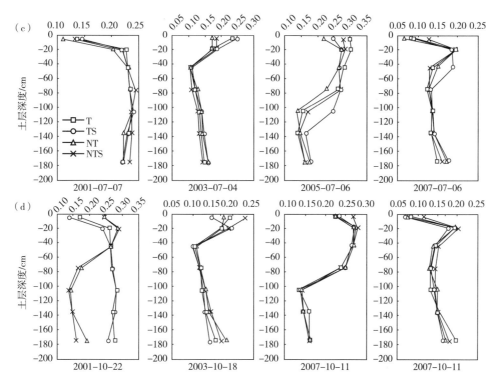

图 3-4　2001~2007 年甘肃省西峰市不同耕作和作物残茬还田处理（T＝常规耕作；TS＝常规耕作+秸秆覆盖；NT＝免耕；NTS＝免耕+秸秆覆盖）下，玉米—冬小麦—大豆轮作系统的土壤水分

土壤采样时间为：(a) 玉米播种期；(b) 玉米收获期；(c) 冬小麦收获期；(d) 大豆收获期

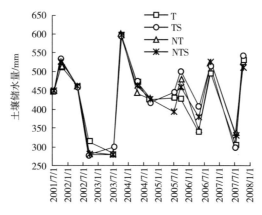

图 3-5　2001~2007 年甘肃省西峰市不同耕作和作物残茬还田处理（T＝常规耕作；TS＝常规耕作+秸秆覆盖；NT＝免耕；NTS＝免耕+秸秆覆盖）对玉米—冬小麦—大豆轮作系统 0~200 cm 土壤储水量的影响

均而言，T、TS、NT 和 NTS 处理下的土壤储水量分别为 432 mm、445 mm、434 mm 和 435 mm。

作物水分利用效率（WUE）在很大程度上取决于作物种类（$P<0.05$）、年份（$P<0.05$）以及作物种类—年份之间的交互作用（$P<0.05$）。因此，WUE 结果按年份和作物种类呈现。在 2004 年和 2006 年，与 NT 相比，TS 处理下的玉米表现出更高的 WUE（图 3-6）。2003 年，NT 处理下小麦的 WUE 大于 TS 处理。有趣的是，2005 年 NT 和 NTS 处理下的 WUE 均低于 TS 处理。2007 年，与其他处理相比，NT 处理的小麦 WUE 最低。对于大豆，2003 年 TS 处理的 WUE 高于 NT。2005 年，NTS 处理的 WUE 高于 T 处理，TS 处理的 WUE 高于 NT 和 T 处理。2007 年，NTS 处理的 WUE 高于 T 和 NT 处理。2001 年无显著差异。

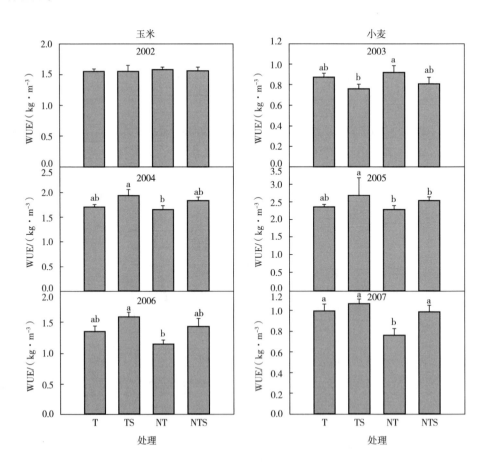

第3章 长期可持续保护性耕作措施对黄土高原玉米—冬小麦—大豆轮作系统的影响

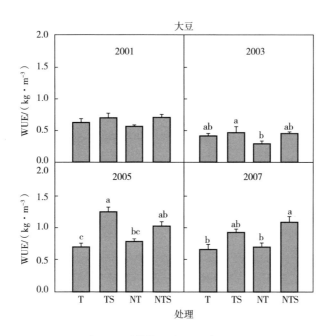

图3-6 2001~2007年，不同耕作和作物残茬还田方式（T=常规耕作；
TS=常规耕作+秸秆覆盖；NT=免耕；NTS=免耕+秸秆覆盖）下
玉米—冬小麦—大豆轮作系统的作物水分利用率

注：在每个收获季节内，通过两两比较，不同字母表示各处理的平均值在$P<0.05$水平差异显著。

3.3.4 土壤有机碳

土壤有机碳（SOC）含量在很大程度上取决于耕作处理、年份和土层深度（$P<0.001$）。本研究检测到双向交互作用（耕作处理×年份、耕作处理×土层深度、年份×土层深度）（$P<0.05$）。因此，数据按年份和采样深度呈现（表3-3）。且多年综合处理效应随着研究年限的增加而逐渐显现（表3-3）。有趣的是，不同深度的SOC含量对耕作处理的响应略有不同。直到2004年，所有土层均未检测到统计学差异。对于表层土壤（0~5 cm），NTS处理在2004年的SOC含量比T处理高。2005年，NTS处理的土壤SOC含量高于NT和T处理法。此外，TS处理的SOC含量也高于T处理。2006年和2007年，NTS处理的SOC含量最大，而TS和NT处理的SOC含量均高于T处理。且在5~10 cm的土层中，2004年和2006年TS处理的SOC含量均高于T处理。2005年未观察到耕作处理效应。2007年，TS处理的SOC含量大于NT和T处理。此外，NT和NTS处理的SOC含量均高于T处理。

表 3-3 2001~2007 年不同耕作和作物残茬还田处理对玉米—冬小麦—大豆轮作系统 0~5 cm、5~10 cm 土壤有机碳（%）的影响

土层深度	年	处理†			
		T	TS	NT	NTS
0~5 cm	2001	0.63^a	0.66^a	0.67^a	0.66^a
	2002	0.66^a	0.69^a	0.70^a	0.69^a
	2003	0.67^a	0.71^a	0.70^a	0.76^a
	2004	0.69^b	0.82^{ab}	0.75^{ab}	0.85^a
	2005	0.61^c	0.71^{ab}	0.66^{bc}	0.77^a
	2006	0.64^c	0.76^b	0.76^b	0.91^a
	2007	0.68^c	0.81^b	0.86^b	1.05^a
5~10 cm	2001	0.67^a	0.66^a	0.68^a	0.66^a
	2002	0.66^a	0.67^a	0.70^a	0.67^a
	2003	0.66^a	0.68^a	0.68^a	0.68^a
	2004	0.70^b	0.80^a	0.75^{ab}	0.75^{ab}
	2005	0.60^a	0.65^a	0.62^a	0.63^a
	2006	0.62^b	0.74^a	0.67^{ab}	0.71^{ab}
	2007	0.64^c	0.82^a	0.72^b	0.79^{ab}

注：不同字母表示各处理的平均值在 $P<0.05$ 水平差异显著。
† 处理包括：T=常规耕作；TS=常规耕作+秸秆覆盖；NT=免耕；NTS=免耕+秸秆覆盖。

3.3.5 建模与经济分析

在决定平均 WUE 的所有处理中，生态因素"生物量"的 $R^2_{(j)}$ 值最大（图 3-7）。"净辐射"（R）的 $R^2_{(j)}$ 值在所有耕作处理、年份和作物种类中都是最低（但绝对值最大）。这表明在半干旱的黄土高原地区，净辐射是影响 WUE 的主要限制因素。

从系统层面来看，不同耕作措施的总产值范围从 NT 耕作处理的 1982 美元/hm² 到 TS 耕作处理的 2376 美元/hm²（表 3-4），这些数值与籽粒产量数据相似。与其他处理相比，TS 处理的平均产值最高，而无论作物种类如何，NT 处理

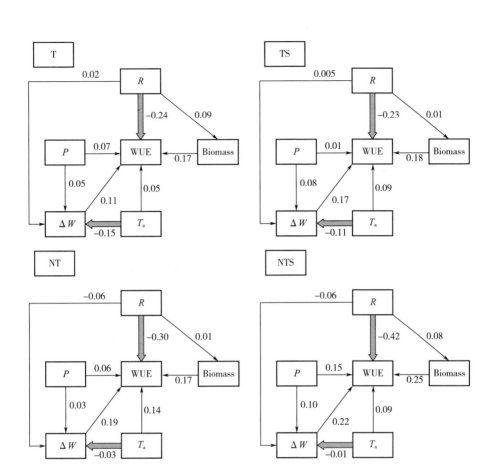

图3-7 2001~2007年不同耕作处理和作物残茬还田处理（T=常规耕作；TS=常规耕作+秸秆覆盖；NT=免耕；NTS=免耕+秸秆覆盖）下，生态因子对玉米—冬小麦—大豆轮作系统作物平均水分利用率（WUE）影响的路径分析图

生态因子包括：净辐射（R）、气温（T_a）、降水量（P）、作物生物量（Biomass）和收获期与播种期的土壤水分差（ΔW）。每个箭头旁边的数值代表路径系数，分析基于所有环境变量的日平均值。

的产值都是最低的。同时，TS处理的总体投入值大于其他处理。NTS处理的平均产量排列第二，同时，它的投入也排于第二，从而导致比其他处理更高的经济利润（用产出/投入比和效益差异表示）。与T、TS和NT处理相比，NTS处理分别提高了350美元/hm²、185美元/hm²和226美元/hm²的经济效益。

表3-4 2001~2007年，不同耕作和作物残茬还田处理下玉米—冬小麦—大豆轮作系统的投入和产出

处理†	AY‡	OV§	IV	EB※	O/I††	BFD‡‡
玉米						
T	6813a	1022a	576	446	1.77	0
TS	7451a	1118a	598	520	1.87	74
NT	6522a	978a	442	536	2.21	90
NTS	6986a	1048a	464	584	2.26	138
小麦						
T	3590a	646a	279	367	2.32	0
TS	3633a	654a	312	342	2.10	−25
NT	3156a	568a	212	356	2.68	−11
NTS	3604a	649a	245	404	2.65	37
大豆						
T	1285ab	463a	327	136	1.41	0
TS	1680a	605a	352	253	1.72	117
NT	1210b	436a	255	181	1.71	45
NTS	1642a	591a	280	311	2.11	176
合计						
T		2131	1182	949	1.80	0
TS		2376	1262	1114	1.88	166
NT		1982	909	1073	2.18	124
NTS		2288	989	1299	2.31	350

注：AY=3年（玉米、小麦）平均产量（kg/hm²）、4年（大豆）平均产量（kg/hm²）；OV=产值（美元/hm²）；IV=投入（美元/hm²）；O/I=投入/产出；EB=经济效益（美元/hm²）；BFD=效益差（美元/hm²）。

† 处理包括：T=常规耕作；TS=常规耕作+秸秆覆盖；NT=免耕；NTS=免耕+秸秆覆盖；§ OV=产值（美元/hm²），根据市场籽粒价格计算（玉米=0.15美元/千克，小麦=0.18美元/千克，大豆=0.36美元/千克）；※ EB=经济效益（美元/hm²），等于OV-IV；†† O/I=OV/IV；‡‡ BDF=EB与T处理的差。

3.4 讨论

3.4.1 保护性耕作对作物产量的影响

免耕对大豆或玉米产量的影响不如作物残茬覆盖明显。例如，在 T vs. NT 和 TS vs. NTS 之间比较差异时，只有 2005 年的大豆产量和 2007 年的小麦产量有统计学差异。但将 T vs. TS 和 NT vs. NTS 进行比较时，2007 年的小麦产量以及 2003 年、2005 年和 2007 年的大豆产量有统计学差异。在整个试验期内，采用秸秆覆盖技术（TS 和 NTS）产生的粮食产量始终比 T 和 NT 处理高或相当，不论作物种类，这主要是由于作物残茬覆盖的土壤表面具有较好的渗透能力和较低的蒸发。此外，大研究表明，保护性耕作结合秸秆覆盖可以增强土壤的保水效果，从而确保即使在干旱的气候条件下也能保持稳定的作物产量（Mrabet et al.，2012；Zhang et al.，2014）。在其他研究中也发现了类似的结果，例如，Huang 等（2006）指出，NTS 处理下作物产量显著增加主要是由生长季节内土壤蒸发减少和有机物质积累加快引起。而 Su 等（2007）证明了 NTS 处理可以提高播种阶段的土壤含水量和水分利用率，增加作物产量。Huang 等（2006 年）的一项研究表明，单一的免耕措施并不能提高作物产量，但在黄土高原半干旱气候条件下，免耕与秸秆覆盖相结合可以取得良好的经济效益和生态效益。同样，Shao 等（2016）指出，NTS 保护性耕作结合秸秆覆盖使玉米和小麦产量分别增加了 17% 和 10%。

2007 年，大豆生长季节降水量低于平均值导致所有处理的产量较低，唯独 NTS 处理不仅保持了产量，甚至还超过了上一年的产量。与大豆和玉米相比，冬小麦对处理的响应相对较弱。直到 2007 年的最后一个轮作周期，小麦产量也没有显著差异。总体而言，随年份的增加三种作物的试验效果也更加明显，这表明在当地气候条件下，产量对各种耕作和秸秆覆盖方式的反应存在滞后效应，同时这也强调了在黄土高原半干旱地区进行长期轮作制度研究的重要性。

在本研究中，2005 年大豆生产和 2007 年小麦生产中，T 处理的产量比 NT 处理略有优势。此外，与 T 处理相比，NT 处理的小麦平均产量降低了 7%，尤其是在最后一年减产了 24%。这主要是由于在免耕条件下土壤紧实度增加，导致土壤结构受损，肥料利用效率降低。类似的趋势在玉米中也有所体现，但不如在冬小麦中显著，这表明在当地气候条件下，冬小麦可能更容易受到土壤压实的影响。

3.4.2 不同耕作处理下的土壤水分及水分利用率

土壤含水量受处理的影响不显著，这主要是因为本研究是基于旱地环境的研究。作物生长在水分亏缺的条件下，可以快速利用浅层土壤中的水分。此外，有限的降水显著限制了水分下渗和土壤水分渗透，导致试验期间的补给很少。我们预期在水分供应（降水）充足的情况下，各种耕作处理对土壤水分的影响更为显著。例如，在一项灌溉研究中，Hu 等（2016）指出，在中国河西走廊东部玉米—小麦轮作系统中，保护性耕作和改良的作物残茬管理措施成功地提高了播前土壤含水量，分别提高了 7%和 10%。有趣的是，在另一项黄土高原干旱地区的冬小麦单作研究中，Su 等（2007）观察到，与 T 相比，类似的 NTS 耕作处理可以显著改善当季/后季的土壤水分保持，并对作物产量产生积极响应。本研究认为，在本研究区域中土壤储水量的响应不足主要是由于轮作条件下土壤水分耗损增加，再加上降水有限。

作物水分利用效率（WUE）是一个定义广泛的术语，可以通过多种方法计算（Nair et al.，2013），其值受多种作物生理和环境因素的影响（Kurc and Small，2004）。在中国，大多数农学研究将作物 WUE 解释为单位水分利用的产量或利润（Huang et al.，2003a），而这一解释这与 Gregory（2004）最初提出的观点非常相似。在该地区开展了多项关于作物 WUE 的研究，包括探讨提高作物 WUE 的潜在机制和影响因素（Huang et al.，2002；Su et al.，2007）、选择高 WUE 的作物品种（Gregory，2004）、采用新的田间管理措施以及利用作物残茬覆盖和化学物质来提高作物 WUE（Woodhouse and Johnson，2001；Tong et al.，2009；Shao et al.，2016）。在本研究中，作物 WUE 对不同耕作和残茬管理措施表现出极大的响应。

特别是在玉米—小麦—大豆轮作系统中，秸秆覆盖（TS 和 NTS 耕作处理）能够有效地维持或提高水分利用率（WUE），且这种效应并不会受到作物种类的影响。本研究所得结果与以往大量研究结果一致（Huang et al.，2003a；Gilmour et al.，2004；Zhang et al.，2014）。这种耕作方式主要通过将田间水分消耗从物理过程（蒸发）转移到生物过程（蒸腾），从而提高了作物的 WUE（Li et al.，2002）。值得一提的是，Shao 等（2016）在华北平原玉米—冬小麦轮作研究中发现，NTS 耕作处理使冬小麦和玉米的 WUE 分别提高了 24%和 15%。尽管一些早期研究指出秸秆覆盖对 WUE 有一定负面影响，这种负面影响主要由间接影响造成的，如土壤病原体问题导致产量降低（Cook and Haglund，1991），但在本研究中并未观察到这些问题。

3.4.3 秸秆覆盖对土壤有机碳的影响

有机碳含量是土壤质量和土壤健康的重要指标。保护性耕作减少了土壤扰动并减缓了土壤有机物的矿化（Liu et al., 2014）。同时，秸秆覆盖可以有效地将有机底物还田到土壤中，以促进微生物活动，并随时间的推移增加土壤有机碳（SOC）储量（Sun et al., 2011）。本研究结果表明，在试验第六年末，两种措施相结合可有效提高0~5 cm土层SOC含量，其中NTS耕作处理效果最为显著。本研究结果与另一个在黄土高原地区进行的研究结果高度相似，Chen等（2009）发现类似的免耕秸秆还田处理相对比不覆盖的常规耕作增加14%的土壤有机碳。此外，耕作处理对0~10 cm表层土壤中SOC的影响仅在第四年末才显著，这与先前的研究一致，表明SOC对短期管理措施的响应需要较长时间（Cui et al., 2014），且这种响应通常先出现在表层土壤（Álvaro-Fuentes et al., 2014）。此外，NT和NTS耕作处理下，0~5 cm土层SOC含量显著高于5~10 cm土层。有趣的是，在TS耕作处理下，0~5 cm土层的SOC含量低于5~10 cm土层。这主要由于少耕或免耕措施条件下，土壤SOC分层增强，使土壤SOC积累主要集中在土壤剖面表层（Qin et al., 2006）。在较深的土壤剖面（5~10 cm），TS耕作处理与其他处理相比产生相当或更多的SOC，这种效应在第四年末开始显著。这是很有意义的，因为耕作会在土壤剖面中带入作物残茬，并提高微生物群落对这些物质的利用。

3.4.4 水分利用率与环境因子的关系

环境因子（太阳辐射、环境空气温度、降水量等）直接影响农业生态系统的碳、能量和水文动态，从而在决定作物水分利用率（WUE）方面发挥着重要作用（Rajan et al., 2013 and 2015）。要了解决定作物产量和WUE的不同外部因素的复杂相互作用和动态特征，就需要建立模型模拟的研究方法。路径分析是一种将预测变量和响应变量之间的相关性划分为直接和间接影响的统计方法（Bernstein et al., 1988），它通过采用基于多元相关分析的分析方法，克服了两个变量之间简单线性关系假设的限制性。此外，它还解决了在多元回归分析中由于回归系数中的单位通常不同而无法直接比较因果关系的问题。路径分析在农学研究中得到了广泛应用（Huxman et al., 2003；Okuyama et al., 2004；Li et al., 2006；Saito et al., 2009；Munawar et al., 2013；Mhoswa et al., 2016）。尽管许多研究使用它来评估谷类作物的产量形成，但很少有数据评估不同环境因子对中国黄土高原作物WUE的贡献。

本研究采用路径分析方法，研究了太阳辐射、土壤湿度变化、空气温度、降水和植物生物量对轮作系统水分利用率（WUE）的影响。结果表明，生物量是决定作物 WUE 的主导因素。换句话说，作物生产力本身是决定 WUE 的最关键因素，这与许多先前的研究结果一致（Osmond, 1980; Tanner et al., 1983）。相似环境条件下不同作物种类 WUE 的差异主要是由光合途径（一般情况下，CAM>C4>C3）的差异引起的。尽管种间 WUE 差异不是本研究的主要关注点，但我们的确观察到玉米（一种 C4 植物）的 WUE 始终高于大豆和小麦（均为 C3 植物）。TS 和 NTS 处理下生物量与 WUE 之间的 $R^2_{(j)}$ 值显著高于 T 和 NT 处理（图 3-6），这表明在 TS 和 NTS 耕作处理下生物量对 WUE 的影响更为显著。这也验证了秸秆覆盖措施有助于改善土壤水分状况，从而使土壤水分含量成为决定作物 WUE 的较小限制因素（生物量生产力更为重要）。

此外，路径分析还表明，在玉米—小麦—大豆轮作系统中，净辐射（R）是决定水分利用率（WUE）的主要限制因子，这与 Tong 等（2009）在夏季玉米研究和 Zhang 等（2011）在高寒灌丛草甸生态系统研究中的结果一致。R 与 WUE 呈负相关的原因是两方面的。一方面，较低的净太阳辐射和较低的光照强度实际上可以提高冠层内的散射辐射，使冠层底部的光合活性更有效，从而提高整体的辐射利用效率（Gu et al., 2003）。另一方面，在半干旱环境强太阳辐射条件下，随着净辐射能量的降低，以蒸发和蒸腾形式存在的潜热通量也会减少（Law et al., 2002），这导致在作物产量相近的情况下，液态水保持较高的 WUE（产量/蒸发）。在黄土高原半干旱的陇东地区，由于整个生长季节缺乏降水和云层覆盖，辐射通常不是作物生产的限制因素。然而，过多的辐射会导致作物水/热胁迫和强烈的土壤蒸发。因此，在本研究中，采用必要的土壤覆盖措施，如秸秆覆盖和免耕措施，可以减少土壤蒸发、保持水分，并提高作物的 WUE。

3.4.5 经济影响

在半干旱地区采用保护性耕作和秸秆覆盖措施的经济效益受种植密度、杂草有无或侵占、品种选择、气象条件以及劳动力等投入成本（Janosky et al., 2002; Cui et al., 2014）等诸多因素的影响较大。保护性耕作的使用通常被认为是有利可图的，因为产量适中，并减少了农业投入（Zentner et al., 2002; Lithourgidis et al., 2006）。在本研究中也观察到了这种经济效益，尤其是 NTS 处理，虽然其籽粒产量与 T 和 TS 处理相比居中，但其经济效益却最大，这主要是通过与免耕措施相关的适度的总能量消耗和令人满意的粮食产量相结合来实现。所有耕作处理中最大的支出是化肥成本（几乎占所有作物总生产成本的30%），这主要是由于近年来化石燃料价格的上涨。因此，提高养分利用率对于提高长期经济效益具有重要意义。总体而言，农田层面的经济分析为当地可能观察到的趋势提供了很好的见解。

3.5 小结

本研究长期评价了4种不同耕作×作物残茬覆盖措施对中国黄土高原地区玉米—冬小麦—大豆轮作系统的生产力、水分利用率（WUE）、土壤碳/土壤水和经济效益的影响。长期观察结果显示，免耕结合秸秆覆盖提供了相当甚至更高的产量和WUE。在最后一个生长周期中，除冬小麦外，免耕和常规耕作处理之间没有检测到显著的产量差异。在试验结束时，秸秆覆盖显著增加了浅层和深层土壤剖面的有机碳（SOC）。水分利用率受多种环境因素的影响较大。路径分析表明，作物产量和净太阳辐射是影响作物WUE的主要因素。因此，培育和选择具有高产潜力的品种，并在当地气候条件下采取能够提高土壤水分保持能力的管理措施是关键。通过结合免耕和秸秆覆盖措施，也发现了一致的经济优势，因此，需要更多的努力将研究结果传播给当地农民、利益相关者和政策制定者。从最初年份开始的有限处理反应了在半干旱环境中进行长期种植制度的重要性。未来的研究工作还应该在农业生态系统的基础上对全尺度碳收支、生命周期分析、温室气体排放、能量流动和分配进行评估。

参考文献

[1] ABENDROTH L J, ELMORE R W, BOYER M J, et al. Corn growth and development[M]. Ames: Iowa State Univ. Ext., 2011.

[2] ÁLVARO-FUENTES J, PLAZA-BONILLA D, ARRÚE J L, et al. Soil organic carbon storage in a no-tillage chronosequence under Mediterranean conditions[J]. Plant and Soil, 2014, 376 (1): 31-41.

[3] BERNSTEIN I H, GARBIN C P, TENG G K. Applied multivariate analysis[M]. New York: Springer-Verlag, 1988.

[4] CASSEL D K, NIELSEN D R. Field capacity and available water capacity[M]//KLUTE A (ed.). Methods of soil analysis: Part 1 Physical and mineralogical methods, 2nd ed. Madison:

ASA and SSSA, 1986.

[5] CHEN H Q, HOU R X, GONG Y S, et al. Effects of 11 years of conservation tillage on soil organic matter fractions in wheat monoculture in Loess Plateau of China[J]. Soil and Tillage Research, 2009, 106 (1): 85-94.

[6] COLLA G, MITCHELL J P, JOYCE B A, et al. Soil physical properties and tomato yield and quality in alternative cropping systems[J]. Agronomy Journal, 2000, 92 (5): 924-932.

[7] COOK R J, HAGLUND W A. Wheat yield depression associated with conservation tillage caused by root pathogens in the soil notphytotoxins from the straw[J]. Soil Biology and Biochemistry, 1991, 23 (12): 1125-1132.

[8] CUI S, ZILVERBERG C J, ALLEN V G, et al. Carbon and nitrogen responses of three old world bluestems to nitrogen fertilization or inclusion of a legume[J]. Field Crops Research, 2014, 164: 45-53.

[9] 邓浩亮, 周宏, 张恒嘉, 等. 气候变化下黄土高原耕作系统演变与适应性管理[J]. 中国农业气象, 2015, 36 (4): 393-405.

[10] GILMOUR A R, CULLIS B R, WELHAM S J, et al. ASReml Reference Manual 2nd edition, Release 2. NSW Agricultural Biometrical Bulletin 3, NSW Department of Primary Industries, Locked Bag, Orange, NSW, 2800 2nd edition[R]. Australia Biometrical Bulletin, 2004: 85-93.

[11] GRACE J, RAYMENT M. Respiration in the balance[J]. Nature, 2000, 404: 819-820.

[12] GREGORY P J. Agronomic approaches to increasing water use efficiency[M] //BACON M A. Water use efficiency in plant biology. Boca Raton: CRC Press, 2004: 142-170.

[13] GU S, TANG Y H, DU M Y, et al. Short-term variation of CO_2 flux in relation to environmental controls in an alpine meadow on the Qinghai-Tibetan Plateau[J]. Journal of Geophysical Research: Atmospheres, 2003, 108 (D21).

[14] HU F L, GAN Y T, CUI H Y, et al. Intercropping maize and wheat with conservation agriculture principles improves water harvesting and reduces carbon emissions in dry areas[J]. European Journal of Agronomy, 2016, 74: 9-17.

[15] GAO H. Effects of conservation tillage on soil moisture and crop yield in a phased rotation system with spring wheat and field pea in dryland[J]. Acta Ecologica Sinica, 2006, 26: 1176-1185.

[16] JIN J, ZHANG W H, CHANG B. Effects of water retaining agent on the growth and water use efficiency of hemarthria compressa[J]. Advanced Materials Research, 2013, 864/865/866/867: 2236-2239.

[17] HUANG M B, SHAO M G, ZHANG L, et al. Water use efficiency and sustainability of different long-term crop rotation systems in the Loess Plateau of China[J]. Soil and Tillage Research, 2003, 72 (1): 95-104.

[18] HUANG M B, DANG T H, GALLICHAND J, et al. Effect of increased fertilizer applications to wheat crop on soil-water depletion in the Loess Plateau, China[J]. Agricultural Water Management, 2003, 58 (3): 267-278.

[19] HUSSAIN G, AL-JALOUD A A. Effect of irrigation and nitrogen on water use efficiency of wheat in Saudi Arabia[J]. Agricultural Water Management, 1995, 27 (2): 143-153.

[20] HUXMAN T E, SNYDER K A, TISSUE D, et al. Precipitation pulses and carbon fluxes in semiarid and arid ecosystems[J]. Oecologia, 2004, 141 (2): 254-268.

[21] STOCKER T F, QIN D, PLATTNER G K, et al. Climate Change 2013: The Physical Science Basis. Contribution of Working Group I to the Fifth Assessment Report of the Intergovernmental Panel on Climate Change[R]. Cambridge: Cambridge University Press, 2013: 1535.

[22] JANOSKY J S, YOUNG D L, SCHILLINGER W F. Economics of conservation tillage in a wheat-fallow rotation[J]. Agronomy Journal, 2002, 94 (3): 527-531.

[23] KATSVAIRO T W, COX W J. Tillage × rotation × management interactions in corn[J]. Agronomy Journal, 2000, 92 (3): 493-500.

[24] KOMAREK A M, LI L L, BELLOTTI W D. Whole-farm economic and risk effects of conservation agriculture in a crop-livestock system in Western China[J]. Agricultural Systems, 2015, 137: 220-226.

[25] KURC S A, SMALL E E. Dynamics of evapotranspiration in semiarid grassland and shrubland ecosystems during the summer monsoon season, central New Mexico[J]. Water Resources Research, 2004, 40 (9): W09305.

[26] LAW B E, FALGE E, GU L, et al. Environmental controls over carbon dioxide and water vapor exchange of terrestrial vegetation[J]. Agricultural and Forest Meteorology, 2002, 113 (1/2/3/4): 97-120.

[27] LI F R, GAO C Y, ZHAO H L, et al. Soil conservation effectiveness and energy efficiency of alternative rotations and continuous wheat cropping in the Loess Plateau of Northwest China[J]. Agriculture, Ecosystems & Environment, 2002, 91 (1/2/3): 101-111.

[28] LI W, YAN Z H, WEI Y M, et al. Evaluation of genotype × Environment interactions in Chinese spring wheat by the AMMI model, correlation and path analysis[J]. Journal of Agronomy and Crop Science, 2006, 192 (3): 221-227.

[29] LITHOURGIDIS A S, DHIMA K V, DAMALAS C A, et al. Tillage effects on wheat emergence and yield at varying seeding rates, and on labor and fuel consumption[J]. Crop Science, 2006, 46 (3): 1187-1192.

[30] LIU C, LU M, CUI J, et al. Effects of straw carbon input on carbon dynamics in agricultural soils: A meta-analysis[J]. Global Change Biology, 2014, 20 (5): 1366-1381.

[31] MHOSWA L, DERERA J, QWABE F N P, et al. Diversity and path coefficient analysis of Southern African maize hybrids[J]. Chilean Journal of Agricultural Research, 2016, 76 (2): 143-151.

[32] MIDGLEY G F, ARANIBAR J N, MANTLANA K B, et al. Photosynthetic and gas exchange characteristics of dominant woody plants on a moisture gradient in an African savanna[J]. Global Change Biology, 2004, 10 (3): 309-317.

[33] MRABET R, MOUSSADEK R, FADLAOUI A, et al. Conservation agriculture in dry areas of Morocco[J]. Field Crops Research, 2012, 132: 84-94.

[34] MUNAWAR M, SHAHBAZ M, HAMMADA G, et al. Correlation and path analysis of grain yield components in exotic maize (zea mays L.) hybrids[J]. International Journal of Sciences: Basic and Applied Research, 2013, 12: 22-27.

[35] NAIR S, JOHNSON J, WANG C G. Efficiency of irrigation water use: A review from the per-

spectives of multiple disciplines[J]. Agronomy Journal, 2013, 105 (2): 351-363.

[36] OKUYAMA L A, FEDERIZZI L C, BARBOSA NETO J F. Correlation and path analysis of yield and its components and plant traits in wheat[J]. Ciência Rural, 2004, 34 (6): 1701-1708.

[37] OSMOND C B, WINTER K, POWLES S B. Adaptive significance of carbon dioxide cycling during photo-synthesis in water-stressed plants[C] //TURNER N C, KRAMER PJ. Adaptation of plants to water and high temperature stress. New York: Wiley, 1980: 139-154.

[38] QIN R J, STAMP P, RICHNER W. Impact of tillage on maize rooting in a Cambisol and Luvisol in Switzerland[J]. Soil and Tillage Research, 2006, 85 (1/2): 50-61.

[39] RAJAN N, MAAS S J, CUI S. Extreme drought effects on carbon dynamics of a pasture in the semi-arid Southern High Plains of Texas[J]. Agronomy Journal, 2013, 105 (6): 1749-1760.

[40] RAJAN N, MAAS S J, CUI S. Extreme drought effects on summerevapotranspiration and energy balance of a grassland in the Southern Great Plains[J]. Ecohydrology, 2015, 8 (7): 1194-1204.

[41] RIEDELL W E, OSBORNE S L, PIKUL J L Jr. Soil attributes, soybean mineral nutrition, and yield in diverse crop rotations under No-till conditions[J]. Agronomy Journal, 2013, 105 (4): 1231-1236.

[42] SAITO M, KATO T, TANG Y H. Temperature controls ecosystem CO_2 exchange of an alpine meadow on the northeastern Tibetan Plateau[J]. Global Change Biology, 2009, 15 (1): 221-228.

[43] SHAN L, CHEN G L. The theory and practice of Dryland agriculture in the Loess Plateau[J]. Acta Bot. Boreal. -Occident. Sin., 1993: 23-46.

[44] SHAO Y H, XIE Y X, WANG C Y, et al. Effects of different soil conservation tillage approaches on soil nutrients, water use and wheat-maize yield in rainfed dry-land regions of North China[J]. European Journal of Agronomy, 2016, 81: 37-45.

[45] SHEN Y Y, LI L L, CHEN W, et al. Soil water, soil nitrogen and productivity of lucerne-wheat sequences on deep silt loams in a summer dominant rainfall environment[J]. Field Crops Research, 2009, 111 (1/2): 97-108.

[46] SU Z Y, ZHANG J S, WU W L, et al. Effects of conservation tillage practices on winter wheat water-use efficiency and crop yield on the Loess Plateau, China[J]. Agricultural Water Management, 2007, 87 (3): 307-314.

[47] SUN B H, HALLETT P D, CAUL S, et al. Distribution of soil carbon and microbial biomass in arable soils under different tillage regimes[J]. Plant and Soil, 2011, 338 (1): 17-25.

[48] TANNER C B, SINCLAIR T R. Efficient water use in crop production: Research or re-search? [M] //Limitations to Efficient Water Use in Crop Production. Madison, WI, USA: American Society of Agronomy, Crop Science Society of America, Soil Science Society of America, 2015: 1-27.

[49] TRUMBORE S E, CHADWICK O A, AMUNDSON R. Rapid exchange between soil carbon and atmospheric carbon dioxide driven by temperature change[J]. Science, 1996, 272 (5260): 393-396.

[50] TONG X J, LI J, YU Q, et al. Ecosystem water use efficiency in an irrigated cropland in the North China Plain[J]. Journal of Hydrology, 2009, 374 (3/4): 329-337.

[51] WOODHOUSE J, JOHNSON M S. Effect of superabsorbent polymers on survival and growth of crop seedlings[J]. Agricultural Water Management, 1991, 20 (1): 63-70.

[52] 晏利斌. 1961—2004 年黄土高原气温和降水变化趋势[J]. 地球环境学报, 2015, 6 (5): 276-282.

[53] ZENTNER R P, WALL DD, NAGY C N, et al. Economics of crop diversification and soil tillage opportunities in the Canadian prairies[J]. Agronomy Journal, 2002, 94 (2): 216.

[54] ZHANG M, YU G R, ZHUANG J, et al. Effects of cloudiness change on net ecosystem exchange, light use efficiency, and water use efficiency in typical ecosystems of China[J]. Agricultural and Forest Meteorology, 2011, 151 (7): 803-816.

[55] ZHANG S L, SADRAS V, CHEN X P, et al. Water use efficiency of dryland maize in the Loess Plateau of China in response to crop management[J]. Field Crops Research, 2014, 163: 55-63.

[56] ZHANG W, WANG B, LIU B, et al. Performance of new released winter wheat cultivars in yield: a case study in the North China Plain[J]. Agronomy Journal, 2016, 108 (4): 1346-1355.

[57] ZHANG Z Q, QIANG H J, MCHUGH A D, et al. Effect of conservation farming practices on soil organic matter and stratification in a mono-cropping system of Northern China[J]. Soil and Tillage Research, 2016, 156: 173-181.

第4章 黄土高原可持续种植制度（轮作结合保护性耕作）研究

4.1 研究背景与意义

为满足中国等快速发展的发展中国家对粮食丰裕和安全日益增长的需求，同时保持不同农业生态系统的社会、经济和环境可持续性，农业创新和综合系统方法势在必行。黄土高原是我国农业生产最为密集的地区之一，粮食作物播种面积大，降水稀少，气候条件多变以及生态环境退化严重（Shan，1993）。为解决社会、生态和农业方面对人口增长的担忧，国内的生产者采用了大量的替代或创新的生产措施，这些措施包括轮作和保护性耕作（Li et al.，2007；Wang et al.，2009；Liu et al.，2014b；He et al.，2016；Niu et al.，2016；Lu and Lu，2017）。其中，采用土壤扰动最小化、秸秆覆盖还田和轮作一体化为特征的保护性耕作或轮作（特别是利用豆科植物）的耕地面积达 6.67×10^7 hm^2（Kassam et al.，2015）。

大量研究表明，保护性耕作措施具有改善土壤结构、提高土壤有机含量、减少地表径流和土壤侵蚀、改善土壤养分状况、提高作物产量和水分利用率等良好的生态效益（Tabaglio et al.，2009；Mazzoncini et al.，2016；Somasundaram et al.，2017）。同时，明确证据表明，在保护性耕作措施中结合秸秆覆盖可以减少耕作中的温室气体排放，还能节约生产成本，并进一步提高盈利（Sharma et al.，2011；Jin et al.，2017；Lu & Lu，2017）。然而，由于许多作物品种和土著做法在空间和时间上被分割，在生产力和经济影响方面也存在很大的异质性，这极大地影响了与保护措施有关的某些试验效应的解释和结论。例如，许多研究也表明，不管是免耕还是秸秆覆盖，实际上都不能提高作物产量或盈利（Pittelkow et al.，2015；Ernst et al.，2016；Seddaiu et al.，2016）。因此，获取特定地点的结果至关重要。

黄土高原位于我国西北半干旱气候区，千百年来，常规耕作和劳动密集型农业的盛行养活了数百万人，同时也使生态恢复力和可持续性负担过重。尤其在中国半干旱的黄土高原，相关的代替耕作措施和长期相关研究信息极度缺乏，只有少数关于农业创新和可持续耕作措施的长期研究，如保护性耕作和作物轮作。例如，Li 等（2007）在黄土高原东部进行的 15 年研究表明，免耕和秸秆覆盖改善了土壤结构、土壤肥力、作物产量和水分利用率。在另一项研究中，Wang 等（2009）认为，作物产量与保护性耕作处理相关的土壤健康效果至少需要七年的时间才能检测到。

同时，在试验期结束时，保护性耕作所带来的盈利相较于常规耕作提高了一倍。Liu 等（2014b）研究发现，长期免耕作（>17 年）能够显著提高土壤有机碳各组分的含量，并提高了黄土高原冬小麦的籽粒产量。He 等（2016）进行的一项为期五年的研究表明，秸秆覆盖能够增加土壤含水量和蒸腾作用，但不能提高作物产量。同样，在 Li 等（2018）在玉米—冬小麦轮作系统的研究中发现，免耕结合秸秆覆盖也能获得与常规耕作相似的籽粒产量，但具有更好的经济效益。

毫无疑问，该地区农业的未来取决于更长期的研究工作及科学证据和数据的可获得性。同时，需要先进的分析工具，如模拟建模，以使对当前数据进行更好的理解，并在更大的尺度上实现对未来结果的可预测能力。以高度耦合的方式模拟农艺和生态生理过程可以为理解不同残茬管理措施和环境条件如何影响作物生产（如籽粒产量和水分利用率）提供重要的见解（Luo et al., 2011；Schipanski et al., 2014；Basche et al., 2016）。它还可以通过将模拟结果尺度升到更大的区域或年际尺度来帮助解决农艺数据的时空变化性质问题。

在农学研究中使用各种现有的基于过程模型的信息非常丰富，如农业生产系统模拟器（APSIM）、STICS 作物模型、农业技术转移决策支持系统（DSSAT）、侵蚀生产力影响计算器（EPIC）等（Salmerón, et al., 2014, Yeo et al., 2014, Plaza-Bonilla et al., 2015）。然而，几乎所有这些现有的模型都需要花费大量的精力进行参数校准，并且严重依赖于线性回归等简单的数学算法，因此很容易导致模型过拟合、稳定性差和精度低等问题（Cui et al., 2014a, b, Mirik et al., 2014a, b）。在本研究中，使用了最先进的机器学习算法（支持向量机；Boser et al., 1992；Cortes and Vapnik, 1995；Cui et al., 2014a, b；Lin et al., 2018；Ramcharan et al., 2018），并实现了新的特定地点模型，这些模型提供了准确的结果，从而更深入地了解不同环境条件和管理措施对作物生产力的影响。值得注意的是，本研究所提出的建模范式可以很容易地适应不同种植制度或环境条件下的其他研究。

尽管作物轮作、保护性耕作和秸秆覆盖因其各自的农业效益早已为人所知，但涉及这三种管理方式的协同作用以及长期的模拟建模鲜为人知。本文研究了不同的保护性耕作和秸秆覆盖措施对：①作物生产力（籽粒产量和水分生产率）的影响；②土壤健康和养分状况（土壤湿度、有机碳、全氮）的影响；③半干旱黄土高原多序列长期（10年）的春玉米—冬小麦—大豆轮作系统的经济效益和化石燃料利用；④利用支持向量机（SVM）构建特定地点的预测模型的潜力，以及确定环境和管理因素对种植制度基础上的籽粒产量和水分生产率的贡献。

4.2 材料和方法

4.2.1 试验地概况和试验设计、作物管理

本试验2001年开始，试验年限11年，于2001~2011年在中国西北部兰州大学庆阳黄土高原野外科学观测试验站（35°39′N，107°51′E；海拔1298 m）进行。主要农作物的生长季节从3月延续至10月，约255d，平均无霜期110d。年均降水量为480~660 cm，60%以上的降雨集中在7~9月（图4-1）。平均田间持水量约为0.223 cm^3/cm^3，永久萎蔫点为0.07 cm^3/cm^3。土壤类型以沙壤土为主，气候属于半干旱气候，夏季干旱严重，冬季条件恶劣，不太有利于土壤有机物质的积累。中国黄土高原地区的主要农业生产具有规模小、严重依赖人工劳动投入的特点。农民通常在收获后收集作物残茬，将其在田间焚烧，或作为动物饲料或冬季取暖的燃料。极少数农户将作物残茬还田作为一种提高作物生产力和土壤健康的方式。此外，黄土高原地区许多农田面积较小，地形复杂，使用大型农业设备的难度较大。因此，人工精耕细作，如手工种植、收割以及人工除草和施用除草剂的做法很普遍。

在2001年试验开始前，同一地块被用于连续多年的玉米精耕细作系统，然后进行了为期三年的无覆盖休耕，以保持土壤水分。本试验为裂区试验设计，四个重复。处理采用了因子结构排列，因此包括两个序列（整区因子）×四个区组×两种耕作措施（裂区因子）×两种秸秆覆盖措施（裂区因子）= 32个小区。整个试验在大田内进行，每个小区的面积为52 m^2（4 m×13 m）。基于不同的耕作和秸秆管理措施，对两个现有的玉米—小麦—大豆轮作系统进行了处理，包括

第4章 黄土高原可持续种植制度（轮作结合保护性耕作）研究

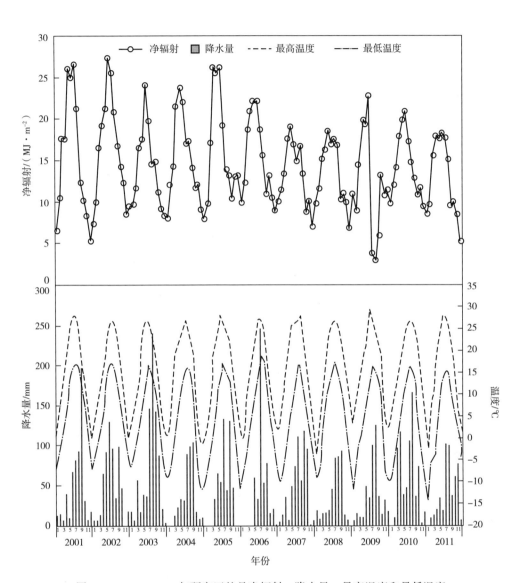

图 4-1 2001~2011 年研究区的月净辐射、降水量、最高温度和最低温度

常规耕作（T）、常规耕作+秸秆覆盖（TS）、免耕（NT）和免耕+秸秆覆盖（NTS）。作物轮作始于 2001 年春玉米（序列 1）和夏大豆（序列 2）生产之后，设计为 2 年的春玉米—冬小麦—夏大豆轮作周期（表 4-1）。每个周期跨度两年，并重复 5 次（每个序列有 5 个阶段），共十年（表 4-1）。

表 4-1　2001~2011 年兰州大学庆阳黄土高原研究站的作物序列和轮作周期

	阶段 1			阶段 2			阶段 3		
	玉米	小麦	大豆	玉米	小麦	大豆	玉米	小麦	大豆
序列 1	2001	2001~2002	2002	2003	2003~2004	2004	2005	2005~2006	2006
序列 2	2002	2002~2003	2003	2004	2004~2005	2005	2006	2006~2007	2007

	阶段 4			阶段 5		
	玉米	小麦	大豆	玉米	小麦	大豆
序列 1	2007	2007~2008	2008	2009	2009~2010	2010
序列 2	2008	2008~2009	2009	2010	2010~2011	2011

本研究中三种作物均采用中国农业大学设计的小地块播种专用播种机手动免耕播种。所有小区均按照当地农民采用的常规耕作方式进行采样和人工收获。除了特定处理外，所有小区的管理方式均一致。对于 T 和 TS 处理小区，每次播种前均使用 30 cm 深的凿形犁，然后通过手持工具（如铲子、锄头和耙）进行人工平整。NT 和 NTS 处理小区的土壤在整个试验期间均不受干扰。在每个轮作周期内，玉米（"中单 2 号"）于 4 月初以 30 kg/hm^2 的播种量（纯活种子，PLS）进行播种，同时人工撒施基肥（磷酸氢二铵，18-46-0），施用量为 300 kg/hm^2。当大部分玉米植株达到 V6（Feekes 1；Miller, 1999）发育阶段时，以 300 kg/hm^2 的尿素氮肥（46-0-0）的施入。冬小麦（"西峰 24 号"）在玉米收获后的 9 月下旬立即播种，播种量为 187 kg/hm^2 PLS，行距为 0.5 m。基肥（磷酸二氢铵，18-46-0）通过连接到播种机的肥料刀施用在种子下，施用量为 300 kg/hm^2。于返青期（Feekes 4-5）将尿素以 150 kg/hm^2 的施用量人工撒施于土壤表面。

"丰收 12 号"大豆于冬小麦收割后（6 月底或 7 月初）立即手工播种，播种量为 15 kg/hm^2 PLS。基肥（过磷酸钙，0-26-0）在种植过程中以 63 kg/hm^2 的施用量条状施入。所有大豆植株均于 10 月底收获。三种作物的残茬在 5 cm 的切割高度下通过人工剪除并完全去除（T 和 NT），或留在田间不受干扰（TS 和 NTS）。在各个生长季节定期对所有小区进行人工除草和施用除草剂，并于 2003 年在两个轮作序列中一次性施用 3 kg/hm^2 的三唑醇，以防治病虫害暴发。

4.2.2 数据收集

4.2.2.1 气象测量和作物数据采集

气象数据采用现场气象监测系统连续记录，该系统由HMP-50探头、CNR-I净辐射仪、TE525MM雨量计和CR5000数据记录仪组成。作物籽粒产量、秸秆产量和地上部分生物量通过在每个处理区块的中心位置随机抽取三个样方进行测定。玉米、小麦和大豆样地的样方面积分别为0.76 m²、0.3 m²和0.25 m²。所有样品均经人工收获、脱粒和风选处理。收获后立即记录每个作物的鲜籽粒重量，然后在40℃的烘箱中干燥至恒定重量，以计算籽粒产量。脱粒后将剩余的秸秆在40℃下干燥至恒定重量，用于计算秸秆产量。每个小区的籽粒和秸秆产量之和用于计算地上总生物量。

4.2.2.2 土壤水分状况与作物水分生产力

每两周使用中子探测器（NMM，Campbell Pacific，HP503）测量9个连续的土层（0~10 cm、10~20 cm、20~30 cm、30~60 cm、60~90 cm、90~120 cm、120~150 cm和150~200 cm）的土壤水分。利用田间水量平衡公式（4-1）计算季节蒸发量（ET，以mm计算）：

$$ET = P - \Delta SWS \tag{4-1}$$

式中，P为降水量（mm），ΔSWS为特定土壤剖面内土壤水分的变化量（mm）。这种简化的田间水分平衡公式省略了灌溉投入、上升水流、地表径流和向下水流。这一简化有4点原因。第一，在黄土高原地区，最低地下水位通常保持在土壤表层50 m以下，因此通常可以忽略向上的水流。第二，由于该地区降水极其有限且地形平坦，径流水在水文过程中也被排除（Li et al., 2018）。第三，试验期间未观测到暴雨或洪涝事件，因此排水可忽略不计（Shen et al., 2009）。第四，由于整个研究是建立在旱地雨养系统的基础上，因此不考虑灌溉水。结合籽粒产量和计算的各作物蒸发量（ET），用式（4-2）计算水分生产力（Hussain and Al-Jaloud, 1995）：

$$WP = Y/ET \tag{4-2}$$

其中，Y表示作物籽粒产量（kg/hm²）。在本研究中，水分生产力（WP）的估算均转换为kg/m³ [可通过乘10转换为kg/(hm²·mm)]。

4.2.2.3 土壤采样、土壤有机碳和全氮测定

在每个作物的收获季节，使用土钻从两个不同深度范围（0~5 cm和5~10 cm）手动采集土壤样品。因此，在每个生长周期内采集了3组土样，其中两组在小麦和大豆的收获季节采集，另一组为玉米收获季节采集。在每一轮的取样

中，从每个样地的中心区域随机选取3个位置，每个样地（3个位置×2个深度）共6个土样。然后将同一土层（0~5 cm或5~10 cm）的三个样品混合为一个样品，均匀混合后进行化学分析。所有土壤样品运回实验室后立即在36℃下烘干48 h，并过2 mm的筛，以除去较大的植物残体、岩石等杂物。土壤有机碳含量采用外加热重铬酸钾氧化法测定（$K_2Cr_2O_7-H_2SO_4$；Page et al., 1982）。即将每个称量的土壤样品（0.25 g）放入试管中，加入重铬酸钾（0.167 mol/L，5 mL）和浓硫酸（5 mL），并在180℃的油浴中加热五分钟。反应结束后，用硫酸铁（1.0 mol/L）滴定过量的重铬酸钾，并计算使用的重铬酸钾总量以计算二氧化碳排放量，再用于估算有机碳含量。土壤全氮采用凯氏定氮法测定（氮/蛋白质测定仪，KDN-102C，上海奥威02仪器有限公司）（Parkinson and Allen, 1975）。

4.2.3 建模

基于使用MATLAB编程语言（The Math Works Inc. 2017, Natick, MA, USA）实现的支持向量机（SVM）回归算法，遵循标准的模型构建、预测和验证范式。除此之外，本研究运用高斯径向基函数（RBF）与贝叶斯优化程序相结合，有助于确定RBF核的最佳惩罚因子和核宽度值。所有特征（预测变量）的值通过将预测数据的每一列按加权列均值和标准差的值缩放来标准化。需要指出的是，当不同特征值之间存在显著的尺度差异时，这一步骤显得尤为关键。在下面解释了基于SVM回归的一般概念（Vapnik, 1995；Smola & Schölkopf, 2004）。对于任何给定的一组训练数据集 $\{(x_1, y_1), \cdots, (x_n, y_n)\}$，其中，$X=\mathbb{R}$表示输入空间，基于SVM回归的目标是找到一个尽可能平缓的函数$f(x)$，同时能够控制与实际目标值y_i的偏差小于ε。换句话说，本研究正在寻求一个函数$f(x)=\langle w, x\rangle+b$，其中$w \in X, b \in \mathbb{R}$，在以下凸优化约束条件下进行优化［式（4-3）］：

$$\text{minimize} \|w\|^2 \text{ subject to } \begin{cases} y_i - \langle w, x_i \rangle - b \leq \varepsilon \\ \langle w, x_i \rangle + b - y_i \leq \varepsilon \end{cases} \quad (4-3)$$

在本研究中，研究人员分别对每种作物的产量和水分利用率进行建模。对于任何给定的作物，特征包括处理方式（用1~4的整数表示，分别代表T、TS、NT和NTS处理）、使用第4.2.2.2节提供的公式测定的可用水量（mm）、整个生长季节内的总降水量（mm）以及累积太阳净辐射（MJ/m^2）、月最高温度和最低温度（℃）、月降水量和月累积太阳净辐射。值得注意的是，由于每种作物的生长季节不同，不同作物的特征数量不同。例如，在黄土高原，玉米的生长季节通常从4月开始，到9月结束，共有28个特征。冬小麦通常从10月开始，到次年6月结束，共40个特征；而大豆的生长季节通常从7月到10月，共有20个特征。将月值纳入建模过程中，以捕捉温度/净辐射动态和降雨分布对籽粒产量和水分利用率的影响。序列和阶段标签不包括在内，因为在不同的序列和阶段组合中，标记相同的样地仍然具有不同的总可利用水和其他环境条件。整个数据集包括 $\{(x_1, y_1), \cdots, (x_n, y_n)\}$，其中 $n=160$（2个序列×5个阶段×4个处理方式×4个区组），$X = \mathbb{R}$（其中，$\mathbb{R}$ 为28、40或20）。

模基于十折交叉验证（10-fold CV）方法进行模拟训练和测试。对于每种作物，将整个数据集随机均匀地划分为10个互不相交的子集，最后的回归结果由10个训练-测试试验的组合得到。在每个试验中，根据其他9个子集训练的模型，使用不同的子集进行测试。因此，训练集和测试数据之间重叠。整个10折过程重复100次，每次以不同的方式进行拆分。记录各项性能指标的平均值，包括决定系数（R^2）和均方根误差（RMSE）。

在对模型整体性能评估的同时，本研究还实现了自己的基于 R^2 的特征排序算法。也就是说，对于每个特征，通过10折交叉验证（10-fold CV）将其从模型训练和测试阶段中省略来评估其重要性。该过程重复进行100次，每次使用不同的拆分方式。每个特征的平均 R^2 值被储存在一个排序列表中，然后使用排序列表对所有特征的重要性进行排序。因此，最重要且信息量最大的特征应该是 R^2 值最小的特征。

4.2.4 能源

整个试验的能源支出主要由三个部分组成：①耕作和播种设备使用的柴油燃料；②常规农业作业的投入，包括种子、化肥和除草剂；③用于施肥、喷洒除草剂以及处理植物残体（如秸秆收割、切割和施用）的人工劳动投入。为了准确量化和比较不同类别的能源输入值，采用了能源当量（表4-2）。每个类别的能量当量是通过将每个输入的数量乘以其相应的能量转换系数来计算的。人工劳动投入的能量当量是通过将其能量系数乘以完成特定工作所需的工时数来计算的。这些能量等效系数的详细信息可以在 Clements 等（1995）及 Lu（2017）的研究中找到。同样，能源输出是根据作物籽粒产量和秸秆产量以及它们相应的转换系数计算的。且玉米、冬小麦、大豆与籽粒产量相关的能量输出计算系数分别为 14.7 MJ/kg、14.48 MJ/kg 和 14.7 MJ/kg。同时，秸秆生产转换为能量输出的系数分别为 12.7 MJ/kg、9.25 MJ/kg 和 18 MJ/kg。这些转换系数可以参考 Tabatabaeefar等（2009）、Mandal等（2009）以及Lu和Lu（2017）进行的类似种植系统研究。

表4-2 2001~2011年玉米—冬小麦—大豆轮作系统的作物生产投入（实际值）和能量系数

作物	类别	项目	单元	T	TS	NT	NTS	能值（MJ·Unit^{-1}）
玉米	燃料	耕作	L/hm²	120	120			56.31
		播种	L/hm²	12	12	12	12	56.31
	种子		kg/hm²	30	30	30	30	15.7
	肥料	P$_2$O$_5$	kg/hm²	138	138	138	138	13.07
		N	kg/hm²	192	192	192	192	75.46
	除草剂	2-4-D丁酯	kg/hm²	1.08	1.08	1.08	1.08	84.91
	劳动投入时间		h/hm²	180	217	180	217	1.95
小麦	燃料	耕作	L/hm²	60	60			56.31
		播种	L/hm²	9	9	9	9	56.31
	种子		kg/hm²	187	187	187	187	20.1
	肥料	P$_2$O$_5$	kg/hm²	138	138	138	138	13.07
		N	kg/hm²	123	123	123	123	75.46
	除草剂	2-4-D丁酯	kg/hm²	0.324	0.324	0.324	0.324	84.91
	劳动投入时间		h/hm²	138	168	138	168	1.95
大豆	燃料	耕作	L/hm²	60	60			56.31
		播种	L/hm²	7.5	7.5	7.5	7.5	56.31
	种子		kg/hm²	15	15	15	15	14.7
	肥料	P$_2$O$_5$	kg/hm²	8.82	8.82	8.82	8.82	12.44
	除草剂	Paraquat	kg/hm²	0.6	0.6	0.6	0.6	460
	劳动投入时间		h/hm²	69	77	69	77	1.95

注：T=常规耕作；TS=常规耕作+秸秆覆盖；NT=免耕；NTS=免耕+秸秆覆盖。

4.2.5 经济分析

本研究的经济分析基于预算记录，该记录充分考虑了系统层面上与每个作物相关的生产投入和产出的价值。对于以大型设备为基础的农业作业，我们使用了石社镇区域或农民合作社和推广服务机构提供的农业机械服务（如播种和耕作）。小时服务费用包括人工劳动/操作成本、化石燃料消耗、设备资本回收（折旧和利息）、保险以及与每台设备的存储、维修和维护相关的成本。材料成本（种子、化肥、除草剂和秸秆残留物）是根据当地农业供应公司或区域农民合作社和推广服务机构的实际购买记录计算的。进行标准田间作业（如施肥、除草剂施用、秸秆残体处理、收获等）的劳动力成本是根据当前市场每年的时薪和完成任务所需小时数计算的（表4-3）。单位土地产值是根据每个周期内观察到的籽粒产量（kg/hm^2）和从中国国家农业市场服务数据库获得的每种作物的收获月市场价格计算的。

4.2.6 统计分析

作物产量、水分利用率和土壤数据通过SAS软件中MIXED程序进行分析（SAS V9.3；SAS Institute，Cary，NC）。整体作物和土壤数据作为完全随机区组设计，采用分割处理和析因处理。所有全区因子（种植序列）和次区因子（耕作×茬秸覆盖）均被视为固定效应，而区组则被视为随机效应。阶段（每2年周期重复）被认为是重复测量，并选择一阶自回归协方差矩阵以控制随时间的自相关性。使用PDMIX800宏进行均值分离，该宏根据LSMEANS语句的PDIFF选项创建的成对差异使用字母分组对每个最小二乘均值进行标记。此外，当检测到涉及处理的双向或三向交互作用时，使用SAS中使用BY语句进一步分析交互因素的每个水平内的处理效应。除特殊说明外，$P<0.05$表示差异有统计学意义。

4.3 结果

4.3.1 籽粒产量、秸秆、地上生物量和WP

2010~2011年，两个序列共完成了五个轮作周期（阶段）。针对于不同作物、序列、阶段以及序列—阶段互作对籽粒产量、秸秆产量、地上生物量和WP均有显著影响（表4-4，$P<0.05$）。裂区处理对三种作物的籽粒产量、地上生物量和WP以及大豆的秸秆产量均有显著影响。玉米和冬小麦的籽粒产量、秸秆产量和WP均无显著的双向互作（序列×处理，阶段×处理）。因此，为了简化呈现和分析，不同序列和不同阶段的数据取平均值。

表 4-3 2001~2011 年玉米—冬小麦—大豆轮作系统在不同耕作处理下的 11 年平均成本（元/kg）

作物	处理	耕作	种子	播种	肥料	施肥	除草剂	喷除草剂	秸秆粉碎	秸秆覆盖	收获	合计
玉米	T	1242	1203	366	1457	53	336	53			525	5235
	TS	1242	1203	366	1457	53	336	53	83	40	525	5358
	NT		1203	366	1457	53	336	53			525	3993
	NTS		1203	366	1457	53	336	53	83	40	525	4116
小麦	T	621	345	233	918	36	98	26			408	2685
	TS	621	345	233	918	36	98	26	63	32	408	2780
	NT		345	233	918	36	98	26			408	2064
	NTS		345	233	918	36	98	26	63	32	408	2159
大豆	T	651	741	240	788	6	167	29			228	2850
	TS	651	741	240	788	6	167	29	19	12	228	2881
	NT		741	240	788	6	167	29			228	2199
	NTS		741	240	788	6	167	29	19	12	228	2230

注：处理包括：T=常规耕作；TS=常规耕作+秸秆覆盖；NT=免耕；NTS=免耕+秸秆覆盖。

表4-4 全区处理、(序列、SE) 处理、裂区设计（TR）、重复因子（阶段、pH）主效应及其交互作用对玉米、小麦和大豆籽粒产量、秸秆产量、地上总生物量和 WP 的影响重复测量方差分析结果

效应	Num DF	籽粒产量						秸秆产量						地上生物量						水分生产力					
		玉米		小麦		大豆		玉米		小麦		大豆		玉米		小麦		大豆		玉米		小麦		大豆	
		F	P值	F	P值	F	P值	F	P值	F	P值	F	P值	F	P值	F	P值	F	P值	F	P值	F	P值	F	P值
SE	1	25.27	0.003	20.42	0.0028	33.52	0.0006	75.43	0.0001	37.65	0.0031	54.11	<0.0001	10.04	0.021	25.38	0.0015	31.3	<0.0001	29.18	<0.0001	107.18	0.0011	50.79	
TR	3	7.32	0.0015	4.45	0.022	13.46	0.0002	1.36	0.2909	3.2	0.0683	6.13	0.003	5.16	0.0083	4.28	0.0321	11.23	0.0001	4.82	0.0096	9.64	0.0002	15.36	
SE×TR	3	0.89	0.464	0.96	0.4382	1.96	0.1643	0.55	0.6538	1	0.4313	1.35	0.2807	0.55	0.6531	1.06	0.4057	1.13	0.3584	0.49	0.6946	1.95	0.1446	4.36	
pH	4	42.67	<0.0001	56.98	<0.0001	25.99	<0.0001	100.57	<0.0001	39.66	<0.0001	8.98	<0.0001	85.29	<0.0001	52.4	<0.0001	34.74	<0.0001	51.79	<0.0001	30.75	<0.0001	52.41	
SE×pH	4	117.4	<0.0001	160.35	<0.0001	13.17	<0.0001	122.1	<0.0001	59.36	<0.0001	37.29	<0.0001	191.42	<0.0001	110.3	<0.0001	15.24	<0.0001	50.44	<0.0001	291.5	<0.0001	20.68	
pH×TR	12	1.32	0.2588	2.08	0.0639	3.35	0.0059	1.02	0.4623	1.83	0.1128	2.7	0.0117	1.64	0.1342	2.01	0.0832	3.39	0.0031	1.53	0.1645	1.79	0.0907	3.95	
SE×pH×TR	12	1.31	0.2638	1.76	0.1172	1.42	0.2255	1.29	0.2849	2.21	0.0577	2.02	0.0549	1.25	0.2974	2.39	0.0421	1.55	0.1601	0.63	0.8001	3.02	0.0057	1.08	

对于大豆,籽粒产量、秸秆产量以及水分利用率(WP)表明阶段和处理之间存在显著的交互作用,因此,以阶段表示。TS 处理下的玉米平均产量为 9.1 t/hm², 显著高于 NT 和 NTS 处理 [$P<0.05$;图 4-2(a)]。不同处理的玉米秸秆产量差异不显著($P=0.29$)。TS 处理下的玉米平均地上部生物量为 18.2 t/hm², 比 NT 显著增加 10% ($P<0.05$)。同样,TS 处理下的玉米水分利用率为 2.14 kg/m³, 比 NT 高 12% [$P<0.05$;图 4-2(c)]。TS(3.2 t/hm²)、T(3.2 t/hm²)和 NTS(3.0 t/hm²)处理下的冬小麦籽粒产量相近 [图 4-2(b)],

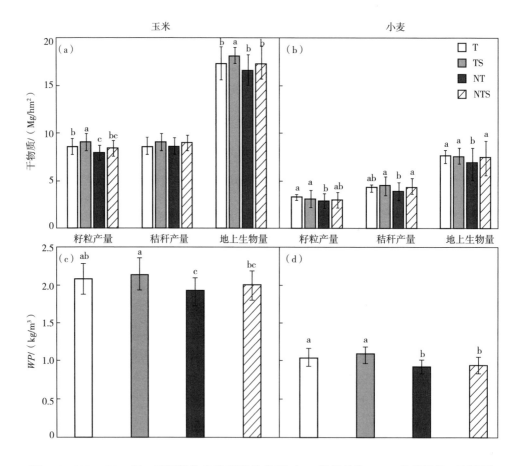

图 4-2 2001~2011 年,不同耕作和秸秆覆盖处理(T=常规耕作;TS=常规耕作+秸秆覆盖;NT=免耕;NTS=免耕+秸秆覆盖)的籽粒产量、秸秆产量、玉米(a)和小麦(b)的地上总生物量、玉米(c)和冬小麦(d)的水分利用率在不同顺序和阶段(完成每个轮作周期)的平均值

注:不同字母表示不同处理间差异显著($P<0.05$)。

而 T 和 TS 处理间差异显著。TS 和 NTS 处理的秸秆产量显著高于 NT 处理（$P<0.05$）。TS 处理后冬小麦的平均地上生物量为 7.7 t/hm²，比 NT 处理增加了 13%［$P<0.05$；图 4-2（b）］。冬小麦的水分利用率在 TS 和 T 处理之间以及在 NT 和 NTS 处理之间相似［图 4-2（d）］。TS 和 T 处理的平均水分利用率均高于 NT 和 NTS 处理（$P<0.05$）。

大豆产量在 1-5 阶段受到不同处理的影响［$P<0.05$；图 4-3（a）］。总体而言，NTS 处理的大豆产量与 TS 处理（1 和 3~5 阶段）相当，但显著高于 NT（2~5 阶段，$P<0.05$）处理。此外，在 2 和 3 阶段，NTS 处理的产量显著高于 T 处理（$P<0.05$），但在 4 阶段和 5 阶段，NTS 处理的产量与 T 处理相当。有趣的是，大豆秸秆产量和地上生物量产量密切相关［图 4-3（b），（c）］。在第 1 阶段，NT 处理的秸秆和地上总生物量产量最低，显著低于 T、TS 和 NTS 处理（$P<0.05$）。在第 2 阶段，TS 处理下的秸秆产量和地上生物量均显著高于其他处理（$P<0.05$）。此外，NTS 处理的地上生物量显著高于 NT 和 T 处理（$P<0.05$）。在第 3 阶段，NTS 处理的秸秆产量和地上生物量均显著高于 NT 和 T 处理（$P<0.05$）。此外，TS 处理的地上生物量显著高于 NT 处理（$P<0.05$）。在第 4 阶段，T 和 TS 处理的秸秆和地上生物量显著高于 NT 处理（$P<0.05$）。在第 5 阶段，无论是秸秆产量还是地上生物量均无统计学差异。在第 1 阶段，TS 和 T 处理下的大豆 WP 显著高于 NT（$P<0.05$）。大豆 WP 在 1、2 和 4 阶段呈现与籽粒产量相似的趋势［图 4-3（d）］。有趣的是，NTS 处理在第 3 阶段的 WP 高于 T 处理（$P<0.05$），而在第 5 阶段，TS 处理的 WP 高于 T 或 NT（$P<0.05$）。

4.3.2 土壤有机碳

对于土壤有机碳（SOC），除大豆种植下 5~10 cm 土层外，序列对 0~5 cm 和 5~10 cm 土层土壤有机碳含量的影响较小（$P=0.043$；表 4-5）。这主要是由响应幅度的差异造成的。因此，所有 SOC 数据在序列上进行了平均。相反，在两种土层里，阶段对 SOC 的影响很大（$P<0.05$；所有阶段效应均显著，并且大多数阶段—处理交互作用也显著的），这是有意义的，因为 SOC 对不同的耕作管理措施的缓慢响应可能需要数年才能检测到（Cui et al.，2014c）。因此，数据按阶段呈现（图 4-4）。总体而言，采用 NTS 的有利影响会随时间的推移而增加，且在 0~5 cm 的影响比 5~10 cm 土层的影响更为显著。

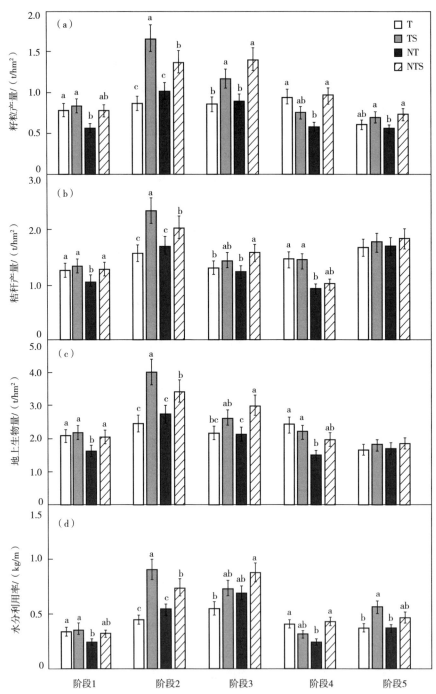

图 4-3 2001~2011 年不同耕作和秸秆覆盖处理下大豆籽粒产量（a）、秸秆产量（b）、地上生物量（c）和水分利用率（d）

注：不同字母表示不同处理间差异显著（$P<0.05$）。

表 4-5 重复测量方差分析结果全区处理（序列、ES）、裂区设计（TR）、重复因子（阶段、pH）主效应及其交互作用对土壤有机碳和全氮的影响

土层深度	Effect	Num DF	土壤有机碳						全氮					
			玉米		小麦		大豆		玉米		小麦		大豆	
			F值	Pr>F	F值	Pr>F	F值	Pr>F	F值	Pr>F	F值	Pr>F	F值	Pr>F
0~5cm	SE	1	0.23	0.6537	0.06	0.8167	1.75	0.292	1.43	0.2871	6.03	0.0527	4.97	0.0809
	TR	3	57.79	<0.0001	65.99	<0.0001	52.79	<0.0001	20.06	<0.0001	28.27	<0.0001	27.71	<0.0001
	SE×TR	3	1.54	0.2226	1.26	0.3061	1.35	0.2801	0.34	0.797	1.87	0.1595	1.14	0.3479
	pH	4	59.27	<0.0001	37.39	<0.0001	29.43	<0.0001	45.77	<0.0001	36.87	<0.0001	35	<0.0001
	SE×pH	4	4.45	0.0049	9.68	<0.0001	6.7	0.0004	4.41	0.0048	4.46	0.0053	2.6	0.0504
	pH×TR	12	5.91	<0.0001	4.17	0.0004	1.78	0.0916	3.84	0.0007	3.93	0.0008	2.85	0.0066
	SE×pH×TR	12	1.14	0.3591	0.87	0.587	1.2	0.3253	0.79	0.6535	0.63	0.8018	0.83	0.6214
5~10cm	SE	1	0	0.9605	1.74	0.2407	0.26	0.6508	0.1	0.7685	0.37	0.5662	0.51	0.5035
	TR	3	14.23	<0.0001	10.53	<0.0001	22.37	<0.0001	1.05	0.389	2.47	0.0846	5.51	0.004
	SE×TR	3	1.94	0.148	0.95	0.4325	3.1	0.043	0.95	0.433	1.13	0.3547	4.48	0.0105
	pH	4	21.52	<0.0001	20.81	<0.0001	31.77	<0.0001	22.56	<0.0001	15.81	<0.0001	48.84	<0.0001
	SE×pH	4	4.97	0.0029	6.7	0.0004	6.12	0.0008	1.76	0.1622	1.33	0.2778	5.04	0.0025
	pH×TR	12	1.57	0.148	2.07	0.0483	1.74	0.0999	0.3	0.9842	1.18	0.3376	0.86	0.5948
	SE×pH×TR	12	0.47	0.9205	0.43	0.9404	1.44	0.1949	0.54	0.873	0.68	0.7598	1.1	0.3879

对于玉米田的 0~5 cm 土层，NTS 处理在第 2 阶段的土壤有机碳（SOC）含量高于 T 处理，在第 3 阶段也高于其他处理 [$P<0.05$；图 4-4（a）]。在第 4 阶段，NTS 和 TS 处理下的 SOC 均显著高于 T 处理（$P<0.05$）。在第 5 阶段，NT 和 NTS 处理的 SOC 显著高于 T 处理（$P<0.05$）。对于 5~10 cm 土层，直到第 4 阶段才检测到 TS 比 T 具有更高的 SOC [$P<0.05$；图 4-4（d）]。在第 5 阶段，TS 的 SOC 显著高于 T 和 NTT 处理（$P<0.05$）。在小麦田 0~5 cm 土层中，NTS 处理的土壤有机碳含量显著高于其他处理，TS 和 NT 处理的 SOC 在 2、3 和 5 阶段均显著高于 T 处理 [$P<0.05$；图 4-4（b）]。第 4 阶段，NTS 的 SOC 显著高于 T 和 TS 处理（$P<0.05$）。对于 5~10 cm 土层，只有第 3、4 和 5 阶段有由于耕作处理而引起的统计学意义 [图 4-4（e）]。其中，在第 3 和 5 阶段，TS 和

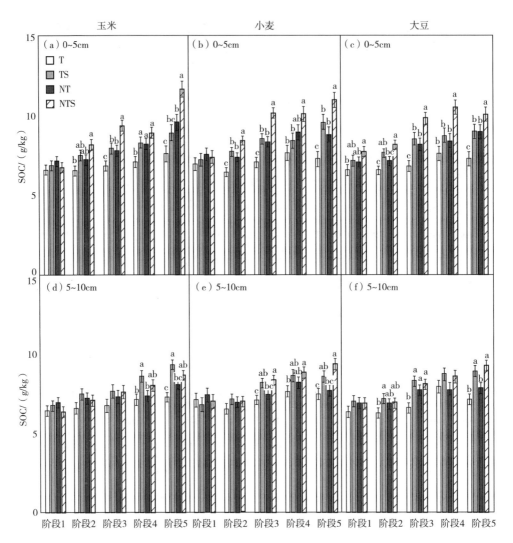

图 4-4 2001~2011 年，玉米—冬小麦—大豆轮作系统下不同耕作和秸秆覆盖（T=常规耕作；TS=常规耕作+秸秆覆盖；NT=免耕；NTS=免耕+秸秆覆盖）下，不同阶段下 0~5 cm 土层的玉米（a）、小麦（b）和大豆（c）的土壤有机碳（g/kg）及 5~10 cm 土层的玉米（d）、冬小麦（e）和大豆（f）的有机碳（g/kg）

注：不同字母表示不同处理间差异显著（$P<0.05$）。

NTS 处理的 SOC 均比 T 处理的更高，且 NTS 的 SOC 含量高于 NT 处理（$P<0.05$）。在第 4 阶段，NTS 处理下的 SOC 显著高于 T 处理（$P<0.05$）。在大豆田 0~5 cm 土层中，NTS 处理在所有阶段的 SOC 含量均显著高于 T 处理 [$P<0.05$；图 4-4（c）]。此外，NTS 处理在第 2 至第 5 阶段的 SOC 均显著高于 NT 处理

（$P<0.05$）。在第 2、3 和 5 阶段，TS 处理的 SOC 显著高于 T 处理（$P<0.05$）。在第 3 和 5 阶段，NT 处理的 SOC 显著高于 T 处理（$P<0.05$）。对于 5~10 cm 土层，TS 处理在第 2 阶段的 SOC 比 T 处理更高［$P<0.05$；图 4-4（f）］。在第 3 阶段，T 处理的 SOC 含量显著低于其他处理（$P<0.05$）。在第 5 阶段，NTS 和 TS 处理的 SOC 含量均显著高于 T 和 NT 处理（$P<0.05$）。

4.3.3 土壤全氮

与 SOC 相似，序列对土壤全氮（TN）的影响几乎没有，因为在所有三种作物和两个不同土层深度中均没有序列效应（表 4-5）。在大豆田的 5~10 cm 土层中，仅检测到处理与序列的双向互作。然而，这种交互仅仅是由响应大小引起的。因此，所有土壤 TN 数据通过序列平均呈现（图 4-5）。除此之外，阶段对土壤 TN 有显著影响，而处理效果取决于 0~5 cm 土层内的阶段。因此，为了保持一致，所有数据均按阶段呈现，包括 5~10 cm 土层的数据。从第 3 阶段到第 5 阶段，NTS 的效果随时间的推移而逐渐增加。有趣的是，与前文 SOC 结果相比，TS 处理的影响似乎不太明显。此外，与 SOC 结果相比，在 5~10 cm 土层中观察到的统计显著性相对较少。

对于玉米地 0~5 cm 土层，NTS 处理在第 3 阶段的土壤总氮（TN）含量显著高于其他处理［$P<0.05$；图 4-5（a）］。在第 4 和第 5 阶段，NTS 和 NT 处理的土壤 TN 均显著高于 T 或 TS 处理（$P<0.05$）。5~10 cm 土层差异不显著。对于小麦田，第 3 阶段 NTS 处理在 0~5 cm 土层中的土壤 TN 高于 T 处理［$P<0.05$；图 4-5（b）］。在第 3 阶段，NTS 处理的土壤 TN 含量显著高于其他耕作方式，而 NT 处理的土壤 TN 含量显著高于 T 处理（$P<0.05$）。在第 4 和第 5 阶段，NTS 和 NT 对土壤 TN 的增加效应相似，且均显著高于 T 和 TS 处理（$P<0.05$）。除此之外，在 5~10 cm 土层中，第 3 阶段下 NTS 处理的土壤 TN 均比其他处理高［$P<0.05$；图 4-5（e）］。在大豆田表层 0~5 cm 土层中，NTS 处理的土壤 TN 高于 T 和 TS 处理，而在第 3~5 阶段，NT 处理的土壤 TN 高于 T 处理［$P<0.05$；图 4-5（c）］。在 5~10 cm 土层中，NTS 处理在第 3 阶段的 TN 高于 T 和 NT 处理［$P<0.05$；图 4-5（f）］。此外，在第 5 阶段，所有非控制处理的土壤 TN 高于 T 处理（$P<0.05$）。

4.3.4 建模

本研究所构建的最佳模型在预测小麦产量时获得的 R^2 值为 0.83、RMSE 值

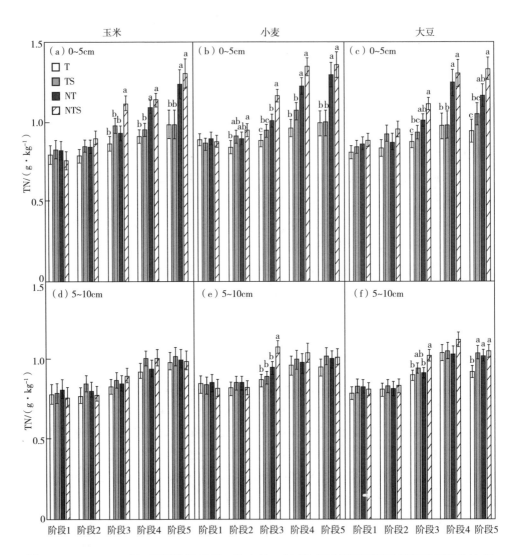

图 4-5 2001~2011 年，不同阶段玉米—冬小麦—大豆轮作系统下不同耕作和秸秆覆盖处理（T=常规耕作；TS=常规耕作+秸秆覆盖；NT=免耕；NTS=免耕+秸秆覆盖）下 0~5 cm 土层中的玉米（a）、小麦（b）、大豆（c）的土壤全氮（g/kg）；以及在 5~10 cm 土层中的玉米（d）、小麦（e）、大豆（f）的土壤全氮（g/kg）

注：不同字母表示不同处理间差异显著（$P<0.05$）。

为 0.43 t/hm^2。对于玉米产量的预测同样取得令人满意的结果（$R^2=0.76$，RMSE=0.97 t/hm^2）。而大豆模型的精准度较低，相应的 R^2 值为 0.56、RMSE 值为 0.21 t/hm^2。这一趋势在 WP 建模中同样存在。另外，小麦模型表现最好，其

R^2 值为 0.84,RMSE 值为 0.15 kg/m^3,其次是玉米($R^2 = 0.71$,RMSE = 0.24 kg/m^3)和大豆($R^2 = 0.68$,RMSE = 0.13 kg/m^3)。值得一提的是,与大豆籽粒产量结果相比,大豆 WP 的显著性增加。与每种作物和目标值相关的详细二维散点图见图 4-6。

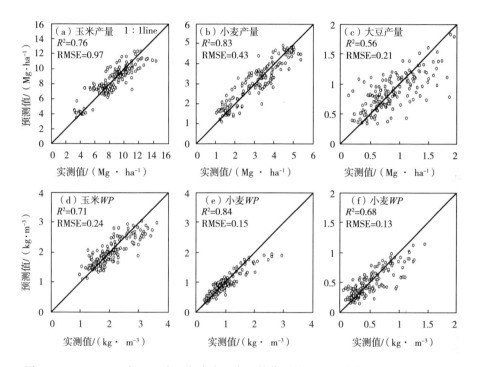

图 4-6　2001~2011 年,玉米—冬小麦—大豆轮作系统下的玉米产量(a)、小麦产量(b)、大豆产量(c)的决定系数和 FMSE,以及玉米 WP(d)、小麦 WP(e)、大豆 WP(f)

注:采用支持向量机(SVM)回归算法和十折交叉验证。实线对角线表示 1∶1。

每种作物最大的前三个特征和最小信息量的前三个特征见表 4-6。有趣的是,季节内温度动态(月最低气温/月最高气温)对预测籽粒产量和水分利用率(WP)方面均有较强的影响。同时,近收获季节的净辐射强度对决定玉米和冬小麦的籽粒产量和 WP 都至关重要。正如预期那样,每个生长季内的总有效水对于 WP 的确定影响最大,而与作物无关。令人惊讶的是,处理方法和总可利用水在预测玉米和冬小麦籽粒产量方面影响较小。但处理方法对大豆产量和 WP 的预测有较大的影响。

表 4-6 在黄土高原地区，预测玉米、冬小麦和大豆 11 年轮作体系的
籽粒产量和水分利用率最大的前三个和最小的前三个信息特征

特征排序	玉米		冬小麦		大豆	
	籽粒产量	水分生产力	籽粒产量	水分生产力	籽粒产量	水分生产力
1	Jun MinT[a]	TAW	Apr MaxT	TAW	处理	TAW
2	Sept Rad[b]	Aug Preci[f]	May Preci	Mar MaxT	Sept MaxT	处理
3	Aug MaxT[c]	Apr Rad	Mar Rad	Oct MinT	Oct MaxT	Oct MinT
……	……	……	……	……	……	……
倒数第三	Jul Rad	Sept Preci	Dec Rad	Total[g] Rad	Oct MinT	Jul Preci
倒数第二	TAW[d]	Aug Rad	处理	Feb Min T	Aug Preci	Total Rad
倒数第一	处理[e]	处理	TAW	处理	TAW	Aug MinT

注：[a] MinT 代表给定月份记录的最低温度；[b] Rad 代表给定月份的累计太阳辐射；[c] MaxT 代表给定月份记录的最高温度；[d] TAW 代表整个生长季节的总可利用水；[e] 处理包括：T、TS、NT 和 NTS；[f] Preci 代表给定月份的累计降水量；[g] Total 代表与每种作物相关的整个生长季。

4.3.5 能源与经济

在系统水平上，T 和 TS 处理之间以及 NT 和 NTS 处理之间的能量输入值相似（表 4-7）。总能量输出值趋势为：TS>NTS>T>NT。对于系统净能，TS 处理和 NTS 处理非常接近，但 T 处理的净能增益略高于 NT 处理。对于不同类型的作物，玉米的能源投入、能源输出和净能源分别占整体系统值的 51%、65% 和 67% 以上。在每种作物内，常规耕作（T 和 TS）的能源投入通常比免耕处理（NT 和 NTS）更高。同时，籽粒和秸秆生物量对最终能量输出均有显著贡献。有关详细的经济分析结果见表 4-8。

表 4-7 耕作和秸秆覆盖处理对玉米—冬小麦—大豆轮作
系统作物生产的能源输入、输出和净能的影响

作物	处理	投入（GJ·hm^{-2}）	产出（GJ·hm^{-2}）			净能值（GJ·hm^{-2}）
			籽粒	秸秆	生物量	
玉米	T	24.64	126.17	110.36	236.53	211.89
	TS	24.71	133.11	116.10	249.21	224.5
	NT	17.88	117.75	109.37	227.12	209.24
	NTS	17.95	123.44	113.51	236.95	219

续表

作物	处理	投入（GJ·hm^{-2}）	产出（GJ·hm^{-2}）			净能值（GJ·hm^{-2}）
			籽粒	秸秆	生物量	
小麦	T	19.03	46.74	39.53	86.27	67.24
	TS	19.08	46.76	40.65	87.41	68.33
	NT	15.65	41.96	36.07	78.03	62.38
	NTS	15.71	44.15	40.05	84.20	68.49
大豆	T	4.54	11.94	22.86	34.80	30.26
	TS	4.56	15.04	25.76	40.80	36.24
	NT	1.16	10.60	20.65	31.24	30.08
	NTS	1.18	15.39	23.80	39.19	38.01
轮作	T	48.21	184.85	172.75	357.60	309.39
	TS	48.35	194.90	182.52	377.42	329.07
	NT	34.69	170.31	166.08	336.39	301.7
	NTS	34.84	182.98	177.36	360.34	325.5

注：处理包括：T=常规耕作；TS=常规耕作+秸秆覆盖；NT=免耕；NTS=免耕+秸秆覆盖。

表4-8 2001~2011年，不同耕作和秸秆覆盖处理下玉米—冬小麦—大豆轮作系统的投入与输出价值

作物	处理	AV	AP	OV	IV	NB[a]	O/I[b]	BFD[c]
玉米	T	8583	1.44	12359	5235	7124	2.36	0
	TS	9055	1.44	13039	5358	7681	2.43	557
	NT	8010	1.44	11534	3993	7541	2.89	417
	NTS	8397	1.44	12091	4116	7975	2.94	851
小麦	T	3228	1.61	5181	2685	2496	1.93	0
	TS	3229	1.61	5182	2780	2402	1.87	−94
	NT	2898	1.61	4652	2064	2588	2.26	92
	NTS	3049	1.61	4894	2159	2735	2.27	239

续表

作物	处理	AV	AP	OV	IV	NB[a]	O/I[b]	BFD[c]
大豆	T	811	3.27	2652	2850	−198	0.93	0
	TS	1022	3.27	3342	2881	461	1.16	659
	NT	721	3.27	2358	2199	159	1.07	357
	NTS	1047	3.27	3422	2230	1192	1.54	1390
合计	T			20192	10770	9422	1.87	0
	TS			21563	11019	10544	1.96	1122
	NT			18544	8256	10288	2.25	866
	NTS			20408	8505	11903	2.40	2481

注：AY=10 年平均产量（玉米、冬小麦、大豆）（kg/hm^2）；AP=10 年平均价格（玉米、冬小麦、大豆）（元/hm^2）；OV=产值（元/hm^2）；IV=投入值（元/hm^2）；O/I=输入/输出；NB=净经济效益（元/hm^2）；BFD=效益差（元/hm^2）。

处理包括：T=常规耕作；TS=常规耕作+秸秆覆盖；NT=免耕；NTS=免耕+秸秆覆盖；[a] $NB=OV-IV$；[b] O/I 为 OV 与 IV 比；[c] BFD 等于 NB 与 T 处理的差值。

无论作物种类如何，TS 和 NTS 处理通常有最大的产值（TS 在大多数情况下略大于 NTS），但与耕作措施相关的高成本导致 TS 处理的投入成本显著高于 NTS 处理，从而导致净经济效益低于 NTS 处理。此外，在本研究的半干旱环境条件下，基于净效益/产出—投入比，玉米被视为整个轮作系统中最具经济效益的作物，其次是小麦和大豆。最后，尽管净效益值存在差异，但 NT 和 NTS 处理倾向于提供相似的产出—投入比。

4.4 讨论

4.4.1 保护性耕作对籽粒产量和水分利用率的影响

研究结果表明，与 NT 处理相比，TS 处理提供了更高（玉米、小麦、大豆第 2 阶段）或相当的籽粒产量（大豆第 1、3~5 阶段），这表明与免耕相比，常规耕作与秸秆覆盖相结合可以提高籽粒产量。除此之外，在 T 和 NT 处理下玉米和大豆籽粒产量以及 TS 和 NTS 处理下冬小麦和大豆之间均无显著性，NTS 处理下的玉米和 NT 处理下的小麦平均籽粒产量分别比 TS 和 T 处理略低（10%）。这

第4章 黄土高原可持续种植制度（轮作结合保护性耕作）研究

表明免耕措施可能产生与常规耕作相当或略低的籽粒产量。这一结果与以往的许多研究结果一致，例如，Pittelkow 等（2015）进行的一项荟萃分析表明，轮作体系中采用免耕措施会导致平均产量降低 6.2%。类似地，在另一项针对地中海气候的旱地研究中，Seddaiu 等（2016）比较了硬粒小麦—向日葵—玉米轮作系统的常规和保护性耕作处理地区的籽粒产量差异。结果表明，免耕会导致三种作物平均减产 30%。关于保护性耕作如何影响籽粒产量的基本机制已有许多研究进行了探讨。如 Lal 等（2004）指出，保护性耕作措施由于对土壤扰动较小，可能导致田间排水不畅、土壤压实度增加，春季土壤回温缓慢，从而导致作物产量降低。而本研究也观察到类似的趋势，但相比于中国黄土高原上的冬小麦，玉米和大豆受到的这些负面影响较小。普遍认为，秸秆覆盖措施可以减少水分蒸发，通过有机质的矿化提供额外的碳和氮源，提高水分入渗，减少土壤侵蚀，并为土壤微生物提供底物和多样化的微生境。这些综合效应可能在长期内改善土壤健康，最终提高作物生产力（Govaerts et al., 2007; Jemai et al., 2013）。例如，Sharma 等（2011）在印度查谟进行了为期 4 年的连续保护性耕作试验，结果表明，与不覆盖处理相比，秸秆覆盖显著提高了玉米和小麦的产量，分别提高了 47% 和 31%。同样，在本研究中，与无覆盖处理（T 或 NT）相比，秸秆覆盖处理（TS 或 NTS）提供了相当的甚至更高的籽粒产量。因此，本研究认为，使用秸秆覆盖的优势将随着时间的推移变得更加明显，因为培育健康的土壤是一个缓慢的过程。

三种作物的秸秆生物量、地上总生物量和 WP 与籽粒产量的结果相似。这是因为作物的地上部/冠层通常与其种子生产力呈正相关（Gardner et al., 1985），且所有作物都处于旱地生产条件下，因此，更高的产量将导致更高的 WP。值得注意的是，玉米和冬小麦的秸秆生物量响应不如大豆。本研究将这种效应归因于大豆品种（"丰收 12 号"）更高的不确定性，它会持续产生营养和生殖组织直至收获，从而导致比其他两种作物更匀称的响应。同时，与 T 处理相比，NTS 和 NT 处理具有更大的土壤储水能力（土壤含水量数据未显示，但用于计算 WP）。但在黄土高原上的另一项研究表明，保水能力的增加未能使籽粒产量显著增加（He et al., 2016）。与 T 处理相比，NTS 处理对 WP 的影响在不同作物中不同。本研究认为，一方面，保留秸秆可以通过增加活性有机碳（SOC）来提高土壤的养分供应能力。另一方面，免耕也可能对土壤结构产生一些潜在的负面影响（如增加土壤紧实度、降低渗透性等）。这两种效应可能会相互抵消。此外，这两个因子（耕作和覆盖秸秆）之间的相互作用可能非常复杂，涉及与其他因子间的复杂交互作用，如作物种类、品种和土壤微生物群落和活性等。因此，需要进行更多高通量作物表型分析和土壤微生物分析的长期研究，以深入了解这些相互作用的复杂性。

4.4.2 耕作和秸秆覆盖对土壤有机碳的影响

土壤有机碳（SOC）含量被认为是评估土壤质量和健康的关键指标之一。SOC 含量的变化不仅会影响土壤肥力和持水能力的变化，还会影响土壤微生物对 CO_2 的呼吸作用，从而影响全球气候变化（Lal，2004）。SOC 输入主要来自动物粪便和植物残体（秸秆和根系生物量）。一般认为，秸秆覆盖可以有效地提高 SOC 含量，而免耕措施则减少了土壤有机物（SOM）的表面暴露，最大限度地减少对土壤结构的破坏，降低 SOM 的分解的速度（Ussiri & Lal，2009），这与本研究的结果一致。例如，在连续 10 年的保护性耕作后，TS 和 NTS 处理下的 0～5 cm 土壤深度的 SOC 含量显著高于常规耕作（T）处理。这些结果与 Somasundaram 等人 2017 年在澳大利亚昆士兰半干旱地区进行的为期 47 年的研究结果非常相似。在本研究中，所有处理下的 NTS 处理对土壤 SOC 的影响最大，这与在黄土高原进行的其他研究结果一致（Li et al.，2007；Liu et al.，2014a；Niu et al.，2016）。在种植制度水平上，经过五个两年的轮作周期，NTS 处理的土壤 SOC 含量分别比 T、TS 和 NT 处理提高了 39%、12% 和 13%。

本研究还观察到，免耕和秸秆覆盖的影响随时间推移而逐渐增加，与 0～5 cm 土层相比，深层土壤剖面（5～10 cm）SOC 的预期滞后效应更明显，此外，在 0～5 cm 土层中，与 NTS 处理相比，TS 处理通常导致相似或更低的 SOC，这一趋势也在 Niu 等（2016 年）的研究中得到了证实。然而，在 5～10 cm 土层中，TS 和 NTS 处理之间没有检测到差异。这表明相较于免耕，耕作有助于将活性有机物质（SOM）整合到更深的土层，从而使深层土壤剖面的微生物能够迅速获取额外的底物来源。此外，值得注意的是，尽管采用不同的处理方法，总的 SOC 含量随时间的推移而增加。例如，在 T 处理下，SOC 含量在 0～5 cm 和 5～10 cm 土层中分别比试验开始时增加了 8% 和 11%。这可能是由于作物轮作对土壤养分状况、作物生物量生产和土壤碳固定潜力产生了长期的互补效应，从而导致 SOC 随时间逐渐增加（Gregorich et al.，2001）。此外，免耕（NT 和 NTS）比其他处理更容易促使 SOC 的积累。在另一项研究中，Liu 等（2014a）证实，在秸秆还田 12 年后，SOC 含量将达到饱和点。这在一定程度上解释了大豆在第 4 到第 5 阶段 SOC 趋于平稳甚至略有下降的原因。然而，本研究在玉米和小麦的 SOC 变化趋势中并未观察到类似的情况，表明 SOC 的饱和点可能存在物种—持续时间的相互作用。尽管本研究未进行跨深度的比较，但在所有耕作处理中，从较浅到较深的土层，SOC 总体呈下降趋势。同样，Blanco-Canqui 和 Lal（2008）在研究中提出保护性耕作可以提高表层（0~10 cm）SOC 含量，但对深层土壤碳含量影响较小甚至为负。因此，进一步研究种植制度对深层土壤剖面 SOC 长期积累的影响具有重要意义。

4.4.3 保护性耕作对全氮的影响

普遍认为，保护性耕作可以提高表层土壤中的全氮（TN）含量。然而，关于 TN 含量是否随着作物轮作年限的增加而增加，各方意见不一。在连续 28 年的研究中，Mazzoncini 等（2016）研究表明，在免耕条件下土壤有机质（SOM）和 TN 含量随作物轮作年限的增加而增加。相反，Dalal 等（2011）指出，土壤 TN 含量不一定会随着免耕年限的增加而增加。而在本研究中，0~5 cm 土层的 TN 含量在试验第 5 年才有统计学差异。许多研究表明，免耕和秸秆覆盖措施可以维持甚至提高半干旱地区种植制度下的土壤 TN（Aziz et al., 2013；Mazzoncini et al., 2016）。本研究观察到，与免耕和秸秆覆盖处理相关的 TN 含量在多年来持续增加。除此之外，本研究表明，浅层土壤中的 TN 浓度增加的趋势比深层更为显著，这与许多研究结果一致（Li et al., 2007；Tabaglio et al., 2009；Melero et al., 2011）。

总体而言，免耕或秸秆覆盖措施促进土壤全氮增加的机制可以通过增加有机质归还和提高与固氮相关的微生物活动来解释。首先，秸秆覆盖和较少的土壤扰动通常会促使更多活性有机质被纳入整体 SOM 库（Melero et al., 2011）。其次，在 NTS 处理下，良好的土壤结构、多样化的土壤微生境以及改善的底物投入可以为自由生活的固氮菌和健康微生物群落提供良好的环境。这有利于植物—微生物共生，从而改善共生固氮（Kladivko, 2001）。在本研究中，NT 处理下的 TN 含量通常与 T 处理相当或显著增加。相反，TS 处理下的 TN 含量与 T 处理相似，这表明免耕对 TN 累积的影响大于秸秆覆盖。最后，TN 含量的变化很可能主要是由生物过程驱动，这些生物过程可能导致系统水平上的净氮增益，如 N_2 固氮。另外，秸秆覆盖会导致氮循环的复杂变化，对 TN 含量的影响在很大程度上取决于残留物质的性质（如碳氮比，分解速率等）（Frye et al., 1993）。

在研究过程中，有一个引人注目的现象，在 0~5 cm 和 5~10 cm 的土层中，全氮（TN）含量（19%~76%，18%~38%）比有机碳（SOC）（8%~47%，11%~45%）增加更快。这是因为与大豆生产相关的 N_2 固定在系统水平上显著增加氮输入，且豆科植物体的分解最终也促使土壤 TN 含量的增加（Torbert et al.,

1996）。最后，在 5~10 cm 的土层中，与 SOC 相比，保护性耕作和秸秆覆盖对 *TN* 含量的影响不显著，说明保护性耕作和秸秆覆盖对 *TN* 含量的影响不会像 SOC 那样扩散到土壤深层。

4.4.4 建模

使用基于非参数核算法（如 SVM）对作物产量和水分利用率（*WP*）进行建模，不仅可以揭示影响作物生产的关键特征，还有助于构建高精度模型，这些模型优于传统方法。与其他研究领域（如遗传学、工程学等）不同的是，其特征数量可能非常庞大，通常需要复杂的特征选择算法来提高性能。在本研究中，最复杂的模型仅涉及 40 个特征。因此，本研究较少的预计特征数量和有限的训练数据可能会影响模型性能。大豆模型的性能指标较低，这可能是由于特征数量较少。同时，在黄土高原地区普遍使用的大豆品种"丰收 12 号"是一种早熟春播品种，通常在 5 月播种，9 月收获。然而，在本研究中，为了适应冬小麦的收获季节（6 月下旬），大豆的种植通常推迟（7 月中旬）。大豆生长季节的缩短可能影响累积热量单位（度日）、累积净太阳辐射、籽粒产量和 *WP*。因此，将大豆模型精度较低的原因归结于特征数量少和生产效率低两方面。本研究中使用的冬小麦品种"西峰 24 号"是该地区广泛种植的长生长季品种，为模型构建过程提供了更多的特征。该品种具有较高的水分利用率和较强的环境适应性（Li et al., 2018），在本研究中表现出稳定的产量。因此，在籽粒产量和 *WP* 中观察到更高的建模性能。值得注意的是，玉米是唯一一个在模拟籽粒产量方面（R^2 = 0.76）比 *WP*（R^2 = 0.71）更正确的作物。与籽粒产量相比，冬小麦和大豆 *WP* 的建模精度相当或更好。这可能是由于玉米（C4）和其他两种作物（C3）经历了不同的光合途径，使玉米更好地适应黄土高原地区炎热干燥的半干旱气候条件。同时，玉米对干旱和高温胁迫的固有适应性和恢复力使其难以精确模拟其对 *WP* 等水分可利用性的生产响应。

特征排序结果表明，各种耕作处理对玉米和冬小麦的籽粒产量和 *WP* 影响最小。这一发现表明，尽管不同耕作和秸秆覆盖处理在试验单元间产生了显著的统计学差异，但控制产量和生产力的主要驱动因素始终是生长季观测到的基本生理生态因子（如太阳净辐射、与温度相关的单位热量积累）。对于玉米籽粒产量而言，生长季前期和中期的温度范围是预测产量的关键。这是很有意义的，因为这些早季玉米植株（Feekes 1）对热冷应激特别敏感。季末太阳净辐射对特征排序结果的籽粒硬化过程也非常重要。对于冬小麦而言，影响产量的主要信息特征包括返青期（Feekes 4~5）太阳净辐射、孕穗期（Feekes 10）最高温度和开花期（Feekes 10.51）降水。另一方面，大豆产量受处理的影响，这与第4.3.1节呈现的田间数据一致。此外，季末最高温度对大豆产量的影响较大，因为它对荚果成熟和收获前的干燥有重要影响。最后，在整体模型中忽略大多数特征后（范围在0.5~0.7之间），产生了相似的 R^2 值。这表明在模型构建过程中，不同特征之间存在强烈的相互效应。因此，不同环境因子（温度、净辐射和降水）及其动态变化可能以高度耦合的方式共同影响不同作物的产量和 WP。这需要今后在不同种植制度研究中使用高通量数据进行建模。

4.4.5 对能源和经济的影响

从能源角度来看，处理间的差异主要源于是否采取耕作/秸秆覆盖。平均而言，耕作占轮作系统中 T 和 TS 处理总输入能源的28%，而肥料占57%。对于免耕处理（NT 和 NTS 处理），与肥料生产相关的能源占总投入的79%。这与 Lu 和 Lu（2017）的研究结果高度一致，表明在黄土高原所有保护性耕作处理中，肥料投入占能源消耗的50%以上。在本研究中，与常规耕作处理（T 和 TS 处理）相比，免耕处理（NT 和 NTS 处理）下较低的能源输入和较低的产量导致了对总体净能平衡的抵消作用。在数量尺度上，NTS 处理在小麦和大豆中的净能增益方面表现最好，且其值与 TS 处理的玉米生产下的值非常相似。这一发现与 Lu 和 Lu（2017）以及 Tabatabaeefar 等（2009）的研究结果相似，两个研究小组均发现免耕处理比常规耕作产生了更大的净能。

对于整个系统，玉米和小麦的 T 和 TS 处理的经济产出值均高于 NT 和 NTS 处理。对于大豆生产，NTS 处理取得了最大的净效益，突显其在维持种植制度水平上的经济效益和稳定性方面的卓越能力。这些研究结果为在区域范围内广泛推行气候智能型和低能耗农业实践提供了重要的参考和信息。

4.5 小结

本研究为中国半干旱黄土高原设计和评价改进的种植制度提供了丰富的机会。本研究是为数不多的长期种植制度研究之一，在中国黄土高原地区基于11年的玉米—小麦—大豆轮作系统采用了详细的田间数据，包括产量、水分利用率（WP）、土壤有机碳（SOC）、全氮（TN）、能源和经济效益，并结合模拟建模进行了论证。总体而言，常规耕作与秸秆覆盖相结合似乎是维持籽粒产量最有利的处理方法。

连续轮作下免耕和秸秆覆盖措施对土壤有机碳（SOC）和全氮（TN）储量的有利影响最为显著。此外，耕作+秸秆覆盖处理（TS）的总能源、净能源和经济效益最高，而免耕+秸秆覆盖处理（NTS）的净经济效益最高。所选用大豆品种的有限生产力表明，选择对辐射较不敏感的不同品种或生长季较短的其他豆科牧草品种可能更为合适。土壤响应表明其他保护性耕作措施，如条带耕作或垄作，可能有助于更好地维持产量和增加 SOC，特别是在更深的土壤剖面，且比免耕措施更迅速。建模结果表明，基于机器学习的方法在农学研究中具有很大的应用潜力。最后，倡导进行更多的长期研究，包括高通量的作物表型分析和土壤微生物分析，以便更好地了解系统水平上控制作物生产和土壤健康的潜在机制。

参考文献

[1] AZIZ I, MAHMOOD T, ISLAM K R. Effect of long term no-till and conventional tillage practices on soil quality[J]. Soil and Tillage Research, 2013, 131: 28-35.

[2] BASCHE A D, ARCHONTOULIS S V, KASPAR T C, et al. Simulating long-term impacts of cover crops and climate change on crop production and environmental outcomes in the Midwestern United States[J]. Agriculture, Ecosystems & Environment, 2016, 218: 95-106.

[3] BLANCO-CANQUI H, LAL R. No-tillage and soil-profile carbon sequestration: An on-farm assessment[J]. Soil Science Society of America Journal, 2008, 72 (3): 693.

[4] BOSER B, GUYON I, VAPNIK V. A training algorithm for optimal margin classifier[C] //Proceedings of the Fifth Annual Workshop on Computational Learning Theory. Pittsburgh: Association for Computing Machinery, 1992: 144-152.

[5] CLEMENTS D. Energy analysis of tillage and herbicide inputs in alternative weed management systems[J]. Agriculture, Ecosystems & Environment, 1995, 52 (2/3): 119-128.

[6] CORTES C, VAPNIK V. Support-vector networks[J]. Machine Learning, 1995, 20 (3): 273-297.

[7] CUI S, RAJAN N, MAAS S J, et al. An automated soil line identification method using relevance vector machine[J]. Remote Sensing Letters, 2014, 5 (2): 175-184.

[8] CUI S, YOUN E, LEE J, et al. An improved systematic approach to predicting transcription factor target genes using support vector machine[J]. PLoS One, 2014, 9 (4): e94519.

[9] CUI S, ZILVERBERG C J, ALLEN V G, et al. Carbon and nitrogen responses of three old world bluestems to nitrogen fertilization or inclusion of a legume[J]. Field Crops Research, 2014, 164: 45-53.

[10] DALAL R C, ALLEN D E, WANG W J, et al. Organic carbon and total nitrogen stocks in a

Vertisol following 40 years of no-tillage, crop residue retention and nitrogen fertilisation[J]. Soil and Tillage Research, 2011, 112 (2): 133-139.

[11] ERNST O R, KEMANIAN A R, MAZZILLI S R, et al. Depressed attainable wheat yields under continuous annual no-till agriculturesuggest declining soil productivity[J]. Field Crops Research, 2016, 186: 107-116.

[12] VARCO J J, FRYE W W, SMITH M S, et al. Tillage effects on legume decomposition and transformation of legume and fertilizer nitrogen-15[J]. Soil Science Society of America Journal, 1993, 57 (3): 750-756.

[13] GARDNER F P, PEARCE R B, MITCHELL R L. Physiology of Crop Pants[M]. Ames: Iowa State University Press, 1985: 31-46.

[14] GREGORICH E G, DRURY C F, BALDOCK J A. Changes in soil carbon under long-term maize in monoculture and legume-based rotation[J]. Canadian Journal of Soil Science, 2001, 81 (1): 21-31.

[15] GOVAERTS B, FUENTES M, MEZZALAMA M, et al. Infiltration, soil moisture, root rot and nematode populations after 12 years of different tillage, residue and crop rotation managements [J]. Soil & Tillage Research, 2007, 94: 209-219.

[16] HE G, WANG Z H, LI F C, et al. Soil water storage and winter wheat productivity affected by soil surface management and precipitation indryland of the Loess Plateau, China[J]. Agricultural Water Management, 2016, 171: 1-9.

[17] HUSSAIN G, AL-JALOUD A A. Effect of irrigation and nitrogen on water use efficiency of wheat in Saudi Arabia[J]. Agricultural Water Management, 1995, 27 (2): 143-153.

[18] JEMAI I, BEN AISSA N, BEN GUIRAT S, et al. Impact of three and seven years of no-tillage on the soil water storage, in the plant root zone, under a drysubhumid Tunisian climate[J]. Soil and Tillage Research, 2013, 126: 26-33.

[19] JIN V L, SCHMER M R, STEWART C E, et al. Long-term no-till andstover retention each decrease the global warming potential of irrigated continuous corn[J]. Global Change Biology, 2017, 23 (7): 2848-2862.

[20] KASSAM A, FRIEDRICH T, DERPSCH R, et al. Overview of the worldwide spread of conservation agriculture[J]. Field Actions Science Reports, 2015.

[21] KLADIVKO E J. Tillage systems and soil ecology[J]. Soil and Tillage Research, 2001, 61 (1/2): 61-76.

[22] LAL R, GRIFFIN M, APT J, et al. Managing soil carbon[J]. Science, 2004, 304 (5669): 393.

[23] LAL R. Soil carbon sequestration impacts on global climate change and food security[J]. Science, 2004, 304 (5677): 1623-1627.

[24] LI H W, GAO H W, WU H D, et al. Effects of 15 years of conservation tillage on soil structure and productivity of wheat cultivation in Northern China[J]. Soil Research, 2007, 45 (5): 344.

[25] LI Z, LAI X F, YANG Q, et al. In search of long-term sustainable tillage and straw mulching practices for a maize-winter wheat-soybean rotation system in the Loess Plateau of China[J]. Field Crops Research, 2018, 217: 199-210.

[26] XING L, PITTMAN J J, INOSTROZA L, et al. Improving predictability of multisensor data with nonlinear statistical methodologies[J]. Crop Science, 2018, 58 (2): 972-981.

[27] LIU C, LU M, CUI J, et al. Effects of straw carbon input on carbon dynamics in agricultural soils: A meta-analysis[J]. Global Change Biology, 2014, 20 (5): 1366-1381.

[28] LIU E K, TECLEMARIAM S G, YAN C R, et al. Long-term effects of no-tillage management practice on soil organic carbon and its fractions in the Northern China[J]. Geoderma, 2014, 213: 379-384.

[29] LOU Y L, XU M G, CHEN X N, et al. Stratification of soil organic C, N and C: N ratio as affected by conservation tillage in two maize fields of China[J]. CATENA, 2012, 95: 124-130.

[30] LU X L, LU X N. Tillage and crop residue effects on the energy consumption, input-output costs and greenhouse gas emissions of maize crops[J]. Nutrient Cycling inAgroecosystems, 2017, 108 (3): 323-337.

[31] LUO Y Q, OGLE K, TUCKER C, et al. Ecological forecasting and data assimilation in a data-rich era [J]. Ecological Applications: a Publication of the Ecological Society of America, 2011, 21 (5): 1429-1442.

[32] MANDAL K G, HATI K M, MISRAA K. Biomass yield and energy analysis of soybean production in relation to fertilizer-NPK and organic manure[J]. Biomass and Bioenergy, 2009, 33 (12): 1670-1679.

[33] MAZZONCINI M, ANTICHI D, DI BENE C, et al. Soil carbon and nitrogen changes after 28 years of no-tillage management under Mediterranean conditions[J]. European Journal of Agronomy, 2016, 77: 156-165.

[34] MELERO S, LÓPEZ-BELLIDO R J, LÓPEZ-BELLIDO L, et al. Long-term effect of tillage, rotation and nitrogenfertiliser on soil quality in a Mediterranean Vertisol[J]. Soil and Tillage Research, 2011, 114 (2): 97-107.

[35] MIRIK M, ANSLEY R J, STEDDOM K, et al. High spectral and spatial resolutionhyperspectral imagery for quantifying Russian wheat aphid infestation in wheat using the constrained energy minimization classifier[J]. Journal of Applied Remote Sensing, 2014, 8 (1): 083661.

[36] MIRIK M, EMENDACK Y, ATTIA A, et al. Detecting musk thistle (carduus nutans) infestation using a target recognition algorithm[J]. Advances in Remote Sensing, 2014, 3 (3): 95-105.

[37] NIU Y N, ZHANG R Z, LUO Z Z, et al. Contributions of long-term tillage systems on crop production and soil properties in the semi-arid Loess Plateau of China[J]. Journal of the Science of Food and Agriculture, 2016, 96 (8): 2650-2659.

[38] PARKINSON J A, ALLEN S E. A wet oxidation procedure suitable for the determination of nitrogen and mineral nutrients in biological material[J]. Communications in Soil Science and Plant Analysis, 1975, 6 (1): 1-11.

[39] PITTELKOW C M, LIANG X Q, LINQUIST B A, et al. Productivity limits and potentials of the principles of conservation agriculture[J]. Nature, 2015, 517: 365-368.

[40] PLAZA-BONILLA D, NOLOT J M, RAFFAILLAC D, et al. Cover crops mitigate nitrate leaching in cropping systems including grain legumes: Field evidence and model simulations[J].

Agriculture, Ecosystems & Environment, 2015, 212: 1-12.

[41] RAMCHARAN A, HENGL T, NAUMAN T, et al. Soil property and class maps of the conterminous United States at 100-meter spatial resolution [J]. Soil Science Society of America Journal, 2018, 82 (1): 186-201.

[42] SALMERÓN M, CAVERO J, ISLA R, et al. DSSAT nitrogen cycle simulation of cover crop-maize rotations under irrigated Mediterranean conditions [J]. Agronomy Journal, 2014, 106 (4): 1283-1296.

[43] SAXTON A. A macro for converting mean separation output to letter groupings in PROC MIXED [J]. Computer Science, Mathematic, 1998: 1243-1246.

[44] SCHIPANSKI M E, BARBERCHECK M, DOUGLAS M R, et al. A framework for evaluating ecosystem services provided by cover crops inagroecosystems [J]. Agricultural Systems, 2014, 125: 12-22.

[45] SEDDAIU G, IOCOLA I, FARINA R, et al. Long term effects of tillage practices and N fertilization inrainfed Mediterranean cropping systems: Durum wheat, sunflower and maize grain yield [J]. European Journal of Agronomy, 2016, 77: 166-178.

[46] SHAN L, CHEN G L. The theory and practice ofDryland agriculture in the Loess Plateau [J]. Acta Bot. Boreal. -Occident. Sin., 1993: 23-46.

[47] SHARMA P, ABROL V, SHARMA R K. Impact of tillage and mulch management on economics, energy requirement and crop performance in maize-wheat rotation inrainfed subhumid inceptisols, India [J]. European Journal of Agronomy, 2011, 34 (1): 46-51.

[48] SHEN Y Y, LI L L, CHEN W, et al. Soil water, soil nitrogen and productivity of lucerne-wheat sequences on deep silt loams in a summer dominant rainfall environment [J]. Field Crops Research, 2009, 111 (1/2): 97-108.

[49] SMOLA A J, SCHÖLKOPF B. A tutorial on support vector regression [J]. Statistics and Computing, 2004, 14 (3): 199-222.

[50] SOMASUNDARAM J, REEVES S, WANG W J, et al. Impact of 47 years of No tillage and stubble retention on soil aggregation and carbon distribution in avertisol [J]. Land Degradation & Development, 2017, 28 (5): 1589-1602.

[51] TABAGLIO V, GAVAZZI C, MENTA C. Physico-chemical indicators and microarthropod communities as influenced by no-till, conventional tillage and nitrogen fertilisation after four years of continuous maize [J]. Soil and Tillage Research, 2009, 105 (1): 135-142.

[52] TABATABAEEFAR A, EMAMZADEH H, VARNAMKHASTI M, et al. Comparison of energy of tillage systems in wheat production [J]. Energy, 2009, 34 (1): 41-45.

[53] TORBERT H A, REEVES D W, MULVANEY R L. Winter legume cover crop benefits to corn: Rotation*vs.* fixed-nitrogen effects [J]. Agronomy Journal, 1996, 88 (4): 527-535.

[54] YEO I Y, LEE S, SADEGHI A M, et al. Assessing winter cover crop nutrient uptake efficiency using a water quality simulation model [J]. Hydrology and Earth System Sciences, 2014, 18 (12): 5239-5253.

[55] USSIRI D A N, LAL R. Long-term tillage effects on soil carbon storage and carbon dioxide emissions in continuous corn cropping system from analfisol in Ohio [J]. Soil and Tillage Research, 2009, 104 (1): 39-47.

[56] VAPNIK V N. The Nature of Statistical Learning Theory[M]. New York, NY: Springer New York, 1995.

[57] WANG Q J, CHEN H, LI H W, et al. Controlled traffic farming with no tillage for improved fallow water storage and crop yield on the Chinese Loess Plateau[J]. Soil and Tillage Research, 2009, 104(1): 192-197.

第5章 黄土高原地区保护性耕作及秸秆覆盖对作物产量、水分利用效率、固碳和经济效益的影响

5.1 研究背景与意义

黄土高原是中国北方主要的旱地农业的重要区域,其以小麦(*Triticum aestivum*)、玉米(*Zea mays*)、大豆(*Glycine max*)和豌豆(*Pisum sativum*)为主要作物(Xiao et al., 2019)。水资源短缺和降雨不稳定给农业生产带来了巨大的挑战(Ma et al., 2021),年均降水明显低于主要作物生长所需水平(Khan et al., 2021)。因此,提高作物生长期内水分利用效率(WUE)已成为缓解水分胁迫、提高作物产量的关键策略。同时,该地区的土壤持水能力较差,严重制约了作物的水分利用效率和生产力(Zhang et al., 2013),导致作物产量会随着时间发生显著下降(Khan et al., 2021)。此外,该地区土壤颗粒结合松散,极易受到侵蚀,这就意味着其有机质也较低(Ping et al., 2013; Li et al., 2018)。土壤退化在密集的单一农业种植和过度放牧的双重影响下进一步恶化(Ping et al., 2013)。特别是传统的田间耕作方式,包括频繁的耕作和秸秆去除,极大地破坏了土壤的物理结构,增加了土壤侵蚀的风险(Gao et al., 2019),并不断消耗土壤有机碳(Kuhn et al., 2016)。

与传统耕作不同,保护性耕作强调采用最小耕作(免耕)和秸秆覆盖措施(即在实施后地表残体覆盖至少为30%)(Su et al., 2007)。这种方法不仅能有效减少土壤流失和水分蒸发(Zhang et al., 2022),还能改善土壤结构和土壤微生物群落的健康(Lal et al., 2019)。研究表明,免耕主要通过减少土壤扰动进而降低土壤有机碳矿化速率来增加土壤固碳能力(Huang et al., 2015)。例如,在玉米种植系统中,Hu 等(2021)研究表明,秸秆覆盖后土壤有机碳含量可提高32%。尽管已经对黄土高原免耕的固碳效益进行了一些研究(Tang and

Nan，2013），但阐明耕作措施、残体管理措施及其交互效应对作物产量、固碳和经济效益的基本影响和贡献的系统研究仍然缺乏（Kuhn et al.，2016）。免耕可以显著提高干旱年份的土壤储水量，通过增加细根和根长来提高植株的水分利用效率，最终实现产量的提高（Kan et al.，2020；Shao et al.，2016）。秸秆覆盖作为一种传统的水土流失治理和保墒措施，能够显著降低土壤水分蒸发（Li et al.，2021），改变作物生长过程中土壤含水量与植物蒸腾之间的相互作用。这些秸秆覆盖引起的变化通常表现为增加植物蒸腾和促进植物干物质积累，从而提高了作物产量和水分利用效率（Du et al.，2022）。然而，先前的研究也显示了不一致的结果，表明免耕或秸秆覆盖对作物产量和水分利用效率的影响存在不同的趋势和（或）幅度（Xiao et al.，2019；Qin et al.，2021；Lu et al.，2015）。关于哪些因素对这些研究中观察到的差异贡献最大，目前尚无确切的答案，而处理效果往往受到地理空间差异和气候影响的干扰，这表明需更针对特定地区或气候进行系统综述。

近几十年来，围绕保护性耕作的保水保墒效应（Su et al.，2007）、作物产量（Niu et al.，2016）、经济效益（Mvumi et al.，2017）、碳平衡（He et al.，2019）以及能量利用效率（Khan et al.，2021）开展了一系列研究，这些研究为特定地点提供了宝贵的数据。然而，尽管在特定地点收集了丰富的信息，但在区域尺度上仍缺乏共识，并鲜有涉及数据综合或扩展的工作。早先在黄土高原地区进行了一些 meta 分析，然而其范围通常仅限于一两种作物或特定的管理措施，进而导致推论范围和影响程度受到限制。例如，Chimsah 等（2020）和 Wang 等（2015）重点研究了不同覆盖措施对小麦产量的影响。同样，在另一项 meta 分析中，Kuhn 等（2016）仅关注了 23 篇涉及黄土高原保护性耕作下小麦生产的论文，并与全球平均数据进行了比较。Zhang 等（2023）一项更全面的文献综述（超过 171 篇论文）发现，氮肥、覆盖和灌溉方式是决定黄土高原地区水分利用效率的首要影响因素；但缺乏有关土壤碳平衡和经济效益的信息。此外，许多研究已经通过 meta 分析探讨了保护性耕作措施对整个中国大陆地区作物产量和（或）土壤碳状况的影响（Zheng et al.，2014；Li et al.，2016；Du et al.，2017；Zhao et al.，2017；Wang et al.，2018；Wang et al.，2020）。然而本研究认为如果不关注特定的地理空间区域，扩大的异质性和在 meta 分析中引入过多的混杂变量可能会极大地影响汇总估计的准确性。

因此，本研究采用 meta 分析方法，全面分析了秸秆覆盖、免耕措施及其组合对中国黄土高原主要粮食作物产量、水分利用效率以及土壤有机碳的影响，包括量化保护性耕作的固碳能力,并参照碳交易市场的 CO_2 价格进行了评估(Galinato et al., 2011)。具体而言,分析比较了三种保护性耕作处理的投入和产出值,以便:①研究免耕和秸秆覆盖及其组合对黄土高原地区四种主要作物产量、水分利用效率和土壤有机碳的影响;②系统评估免耕、无覆盖秸秆覆盖及其组合对中国黄土高原地区主要作物的固碳能力和经济效益的影响。

5.2 材料与方法

5.2.1 数据搜索与收集

通过使用中文词汇如"免耕""秸秆覆盖""保护性耕作""作物产量""水分利用效率"和"有机碳",及其的英文对应词如"no-till""straw mulching""residue retention""stubble retention""conservation tillage""yield""water use efficiency"和"soil organic carbon",从中国知网和ISI Web of Science以2021年12月31日为数据收集截止日期,共检索到3134篇同行评审的期刊论文。为避免数据收集和文献筛选过程中的遗漏和偏倚,本研究采用了以下四个具体标准:①研究区位于黄土高原地区;②本研究涉及一个或多个免耕处理,包括免耕秸秆覆盖和耕作秸秆覆盖,以传统耕作为对照;③在作物生长期间不使用灌溉水;④研究中的相关参数(包括对照组和处理组)、标准差和样本量可以直接从图、表或文字中提取,也可以直接从呈现的结果中计算获得上述数据。图中的数据通过Get-Data Graph Digitizer(Ver. 2.24, Russian Federation)数字化工具进行提取。

经过筛选,本研究共得到符合要求的文献57篇,其中包括1849个数据点。这些数据来自内蒙古、山西、陕西、河南、宁夏和甘肃等黄土高原地区的省份的研究(图5-1)。同时,本研究记录了试验地的经纬度、年均气温和年均降水量。此外,在所选研究中未提供年均降水和气温信息的情况下,本研究通过查询全球气候数据库,根据试验地的经纬度和已提供的试验周期,获取了相应数据。

中国黄土高原地区的农田面积普遍较小,且远离公路和交通要道,这使大型农业设备(如联合收割机)的运输和操作变得困难。主要常见的农业措施更多地依赖于人工劳动,如手工种植和收获(Shao et al., 2016)。该地区最常见的作物残体管理方式包括直接将秸秆混入表层土壤或将秸秆覆盖在土壤表面,这两种

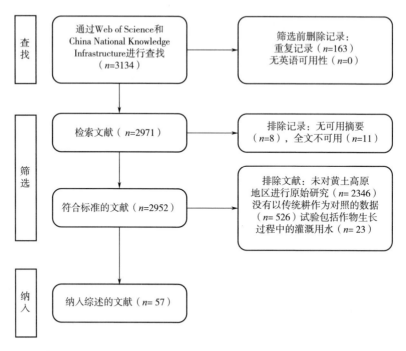

图 5-1 采用 PRISMA（系统综述和荟萃分析优先报告的条目）规范，对黄土高原地区小麦、玉米、大豆和豌豆的研究文献进行识别、筛选和纳入

方式均在人工收割后将作物残体全部还田。因此，在本研究筛选的文献中，研究人员通常选择将所有收割后的残体都归还到土壤中，这更符合该地区最普遍的农业措施。

5.2.2 数据分析

为了系统比较处理组和对照组之间作物产量、水分利用效率和有机碳的变化，本研究采用加权均数差［WMD；式（5-3）］来分析处理均值与对照组均值之间的差异（Samantaray et al.，2022）。加权均数差是通过 R 统计软件的 meta 分析组件获得（R Development Core Team，2012），权重被视为一个贡献因子。权重因子越大，表明该指标对综合评价过程越显著。该权重因子是合并方差的倒数（$w=1/v$），效应值的方差（v）通过式（5-2）计算得出。

$$MD = \overline{X_E} - \overline{X_C} \tag{5-1}$$

$$v = \frac{S_E^2}{n_e X_E^2} + \frac{S_C^2}{n_c X_C^2} \tag{5-2}$$

第5章 黄土高原地区保护性耕作及秸秆覆盖对作物产量、水分利用效率、固碳和经济效益的影响

$$\text{WMD}_{\text{ovall}} = \sum_{i=1}^{i=n}(\text{weight}_i \times MD) / \sum_{i=1}^{i=n}\text{weight}_i \tag{5-3}$$

其中，X_E 和 X_C 分别表示处理组和对照组的均值。S_E、S_C、n_e 和 n_c 分别代表处理组和对照组的标准差，以及处理组和对照组的重复次数（例如，区块设计中的区组数）。95%置信区间（95%CI）通过式（5-4）计算获得：

$$95\%CI = mean_{all} \mp (1.96 \times v^{0.5}) \tag{5-4}$$

如果处理组的作物产量、蒸散量（ET）、水分利用效率（WUE）和土壤有机碳的95%CI 与0没有重叠，则试验处理与对照处理相比具有显著的正效应（>0）或负效应（<0）（Luo et al., 2006）。

$$ET(\text{mm}) = P - \Delta S \tag{5-5}$$

蒸散量采用式（5-5）计算，其中 P 代表降水量，ΔS 为收获期和播种期土壤含水量的差值。水分利用效率采用以下公式（Hussain & Al-Jaloud, 1995）计算：

$$WUE = Y/ET \tag{5-6}$$

其中，Y 代表作物籽粒产量（kg/hm^2），蒸散量代表作物整个生长季的总耗水量（mm）。

$$SOCA = SOCC - SOCO \tag{5-7}$$

式中，$SOCA$ 代表土壤有机碳的增量。$SOCC$ 为对照处理土壤有机碳含量（g·kg^{-1}），$SOCO$ 则表示其他处理中的土壤有机碳含量（g·kg^{-1}）。土壤固碳量的计算公式如下所示（Lu & Liao, 2017）：

$$SOCS = 10 \times SOCA \times \rho \times H \tag{5-8}$$

式中，$SOCS$ 代表土壤有机碳累积量（g·m^{-2}），$SOCA$ 代表土壤有机碳增量（g·kg^{-1}），ρ 代表土壤容重（g·cm^{-3}），H 代表土壤深度（cm）。

$$SOCV = C_p \times \frac{SOCS}{n} \tag{5-9}$$

式中，$SOCV$ 代表单位面积年固碳价值（CNY），C_p 为 CO_2 交易价格（CNY·t^{-1}），通过碳市场获得的收益以北京碳交易所当前价格85CNY·t^{-1}进行计算，n 表示两次采样之间保护性耕作实施的年数。

能量和碳排放投入是通过不同的投入与其相应的能量转换系数或碳排放系数相乘来计算获得。农业投入主要包括种子、化肥、农药、劳动时间和燃料（Lu & Lu, 2017）。这些能量当量系数是利用发表在同行评审期刊中的一般数据确定的（Clements et al., 1995；Lu & Lu, 2017）。同样，能量产出和碳排放因子是根据作

物产量和相应因子进行转换的。在经济效益的计算中，养殖成本包括与劳动力、燃料、保险、机器存储以及维修和保养有关的成本。种子、化肥、农药和秸秆的成本以当地市场价格为准。施药、除草和收割的成本是根据使用劳动力的当地日薪和完成工作所需天数进行计算所获得。

$$E = \sum E_i = \sum (K_i \times V_i) \tag{5-10}$$

式中，E 代表碳排放或能量投入和产出总量；E_i 代表每种农业生产材料的碳排放量或能量投入量（Lu & Liao，2017）。能量产出通过将作物产量乘以相应的能量因子得出（Lu & Lu，2017）。K_i 代表农业生产材料的投入，V_i 是碳源或能量的排放因子。

5.3 结果

5.3.1 免耕和秸秆覆盖措施对作物产量、蒸散量和水分利用效率的影响

传统耕作秸秆覆盖、免耕秸秆覆盖和免耕对小麦产量的效应值分别为 0.69（0.15~1.23）、0.87（0.64~1.11）和 0.38（-0.15~0.85），传统耕作秸秆覆盖和免耕秸秆覆盖处理的效应值在不包括 0 的 95% 置信区间内（图 5-2）。这表明传统耕作秸秆覆盖和免耕秸秆覆盖处理对小麦产量有显著正效应，而免耕处理对小麦产量无显著影响。传统耕作秸秆覆盖、免耕秸秆覆盖和免耕处理对大豆产量的效应值分别为 0.52（-0.12~1.16）、0.04（-0.96~1.03）和 -0.22（-0.7~0.27）。这表明免耕措施对大豆产量没有显著影响。

通过分析图 5-2（a）可知，传统耕作秸秆覆盖、免耕秸秆覆盖和免耕处理对小麦蒸散量的效应值分别为 0.12（-0.36~0.61）、0.25（0.01~0.43）和 -0.14（-0.06~0.23），免耕秸秆覆盖处理对小麦蒸散量有显著正效应。传统耕作秸秆覆盖、免耕秸秆覆盖和免耕处理对小麦水分利用效率的效应值分别为 0.55（0.02~1.08）、0.63（0.4~0.87）和 0.4（-0.15~0.95），传统耕作秸秆覆盖和免耕秸秆覆盖处理对小麦水分利用效率有显著正效应。

由图 5-2（a）至图 5-2（d）可知，传统耕作秸秆覆盖、免耕秸秆覆盖和免耕处理对玉米水分利用效率的效应值分别为 0.88（0.13~1.62）、0.44（-0.02~0.89）和 0.32（-0.29~0.9），传统耕作秸秆覆盖处理对玉米水分利用效率有显著正效应。免耕秸秆覆盖和免耕处理对大豆水分利用效率的效应值分别为 0.47

第5章 黄土高原地区保护性耕作及秸秆覆盖对作物产量、水分利用效率、固碳和经济效益的影响

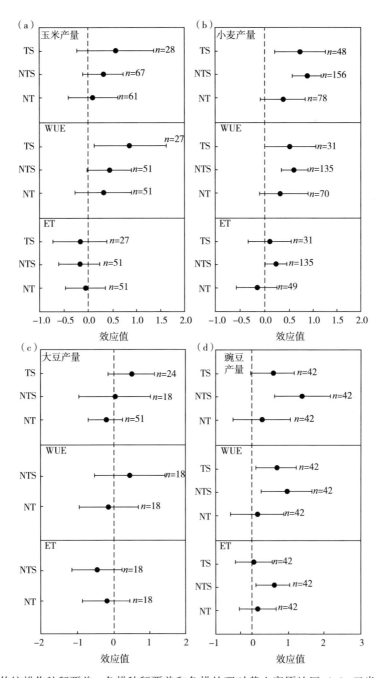

图 5-2 传统耕作秸秆覆盖、免耕秸秆覆盖和免耕处理对黄土高原地区（a）玉米、（b）小麦、（c）大豆和（d）豌豆的作物产量、水分利用效率和蒸散量的效应值

注：TS=传统耕作+秸秆覆盖；NT=免耕；NTS=免耕秸秆覆盖。效应值表示处理和对照之间的加权响应比。误差棒表示95%的置信区间。每个条形图旁边注明了每个变量的样本量。

（-0.49~1.44）和-0.12（-0.94~0.7）。传统耕作秸秆覆盖、免耕秸秆覆盖和免耕处理对豌豆水分利用效率的效应值分别为0.68（0.13~1.22）、0.96（0.28~1.64）和0.15（-0.56~0.85），传统耕作秸秆覆盖和免耕秸秆覆盖对豌豆水分利用效率具有显著正效应。

5.3.2 传统耕作/免耕秸秆覆盖措施对作物产量、蒸散量和水分利用效率的影响

如图5-3所示，传统耕作秸秆覆盖对小麦、玉米、大豆和豌豆的产量、水分利用效率和蒸散量的影响存在差异。图5-3（a）表明，传统耕作秸秆覆盖对小麦、玉米、大豆和豌豆四种不同作物产量影响的效应值分别为0.69（0.15~1.23）、0.57（-0.21~1.36）、0.52（-0.12~1.16）和0.58（-0.03~1.19），传统耕作秸秆覆盖对这四种不同作物的产量均有显著正效应，对小麦、玉米和豌豆三种不同作物水分利用效率有显著正效应，效应值分别为0.55（0.02~1.08）、0.88（0.13~1.62）和0.68（0.13~1.22）。

免耕处理[图5-3（b）]对小麦、玉米、大豆和豌豆四种不同作物产量的效应值分别为0.38（-0.15~0.85）、0.10（-0.41~0.62）、-0.22（-0.7~0.27）和0.28（-0.5~1.06），免耕处理对作物产量有不显著的负效应，对小麦、玉米、大豆和豌豆的效应值分别为0.4（-0.15~0.95）、0.32（-0.29~0.9）、-0.12（-0.94~0.7）和0.15（-0.56~0.85）。免耕措施对小麦、玉米、大豆和豌豆的水分利用效率影响不显著。四种作物的效应值大小依次为小麦>玉米>豌豆>大豆。

由图5-3（c）可知，免耕秸秆覆盖对小麦、玉米、大豆和豌豆四种不同作物的产量效应值分别为0.87（0.64~1.11）、0.32（-0.1~0.74）、0.04（-0.96~1.03）和1.4（0.64~2.15）。免耕秸秆覆盖对小麦和玉米作物产量均有显著正效应，免耕秸秆覆盖对四种作物水分利用效率的效应值分别为0.63（0.4~0.87）、0.44（-0.02~0.89）、0.47（-0.49~1.44）和0.47（-0.49~1.44）。免耕秸秆覆盖对小麦和豌豆的水分利用效率有显著正效应。

5.3.3 免耕处理和秸秆覆盖对土壤有机碳的影响

如图5-4所示，传统耕作秸秆覆盖、免耕秸秆覆盖和免耕处理下土壤有机碳含量的变化范围分别为0.25%~1.57%，0.77%~1.74%和0.24%~1.53%。免耕秸秆覆盖对土壤有机碳含量的增加有显著正效应。尽管免耕处理的效应值超过了0，但在95%的置信区间内仍然包含0，表明免耕处理对土壤有机碳的正效应不显著。与传统耕作相比，传统耕作秸秆覆盖下土壤有机碳增加了0.072%，免耕

第5章 黄土高原地区保护性耕作及秸秆覆盖对作物产量、水分利用效率、固碳和经济效益的影响

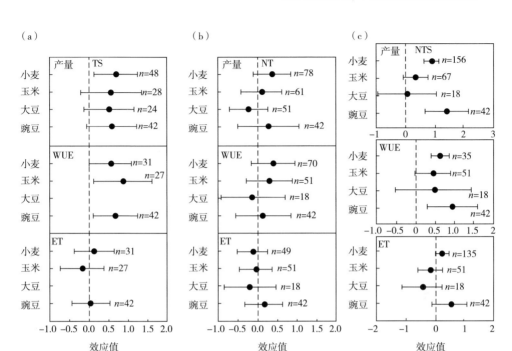

图 5-3 黄土高原地区玉米、小麦、大豆和豌豆在（a）传统耕作秸秆覆盖、（b）免耕和（c）免耕秸秆覆盖处理下作物产量、水分利用效率和蒸散量的效应值

注：TS＝传统耕作+秸秆覆盖；NT＝免耕；NTS＝免耕秸秆覆盖。效应值表示处理和对照之间的加权响应比。误差棒表示95%的置信区间。每个条形图旁边注明了每个变量的样本量。

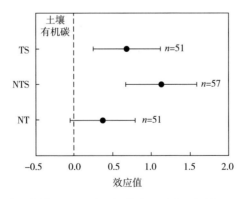

图 5-4 黄土高原地区传统耕作秸秆覆盖、免耕秸秆覆盖和免耕处理下土壤有机碳的效应值

注：TS＝传统耕作+秸秆覆盖；NT＝免耕；NTS＝免耕秸秆覆盖。效应值表示处理和对照之间的加权响应比。误差棒表示95%的置信区间。每个条形图旁边注明了每个变量的样本量。

119

秸秆覆盖下增加了 0.172%，而免耕处理下仅增加了 0.005%，分别提高了 11.7%、20.2% 和 7.1%。

5.3.4 免耕和秸秆覆盖对黄土高原主要农作物碳排放、固碳价值、能量平衡和经济效益的影响

如图 5-5 所示，在黄土高原传统耕作处理中，所有土层中的土壤有机碳均没

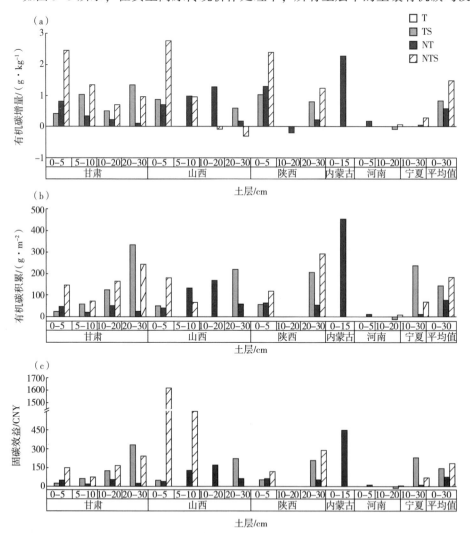

图 5-5 中国黄土高原不同耕作和秸秆覆盖处理增加了 0~30 cm 土层的土壤有机碳和固碳效益

注：TS=传统耕作+秸秆覆盖；NT=免耕；NTS=免耕秸秆覆盖。

第5章 黄土高原地区保护性耕作及秸秆覆盖对作物产量、水分利用效率、固碳和经济效益的影响

有增加。传统耕作秸秆覆盖、免耕秸秆覆盖和免耕处理 0~30 cm 土壤有机碳增加量分别为 0.83、0.58 和 1.48 g·kg^{-1}。保护性耕作下传统耕作秸秆覆盖、免耕秸秆覆盖和免耕处理土壤有机碳的年平均积累量分别为 146.25 g·m^{-2}、77.31 g·m^{-2} 和 182.23 g·m^{-2}。免耕秸秆覆盖处理下固碳效益最高。

在所有耕作和秸秆覆盖处理中,碳排放主要来自种子、化肥、劳动力和柴油的投入(图 5-6)。在四种作物中,免耕处理的碳排放量低于传统耕作,传统耕作秸秆覆盖的处理碳排放量高于免耕处理。此外,除豌豆以外,三种作物在传统耕作秸秆覆盖下的碳排放量均低于传统耕作,而无覆盖耕作下的碳排放量低于免耕处理[图 5-6(c)]。

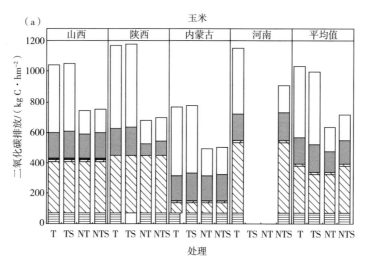

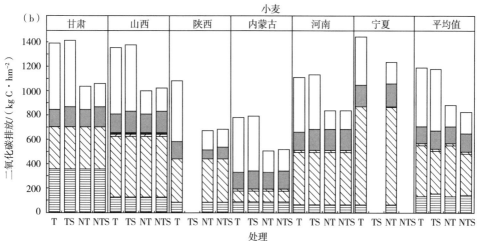

图 5-6

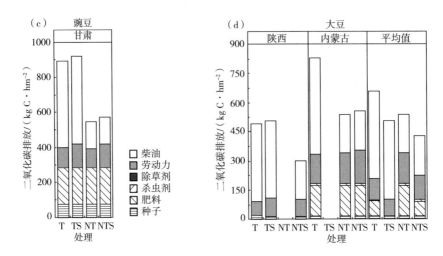

图 5-6 中国黄土高原不同耕作和秸秆覆盖处理下主要农作物
相关农业投入的碳排放（kg C·hm^{-2}）

注：TS=传统耕作+秸秆覆盖；NT=免耕；NTS=免耕秸秆覆盖。

如图 5-7 所示，在同一处理下，黄土高原的能量平衡随不同作物能量投入而变化，在系统水平上，传统耕作和传统耕作秸秆覆盖以及免耕和免耕秸秆覆盖之间的能量投入值相似。在每个作物品种中，与免耕处理（免耕和免耕秸秆覆盖）相比，涉及耕作（传统耕作和传统耕作秸秆覆盖）通常导致更高的能量投入成本。

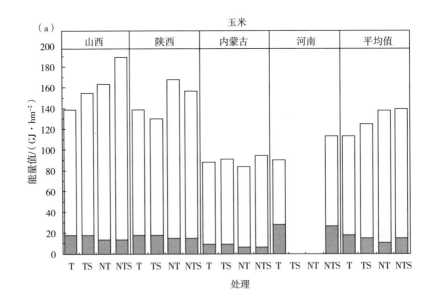

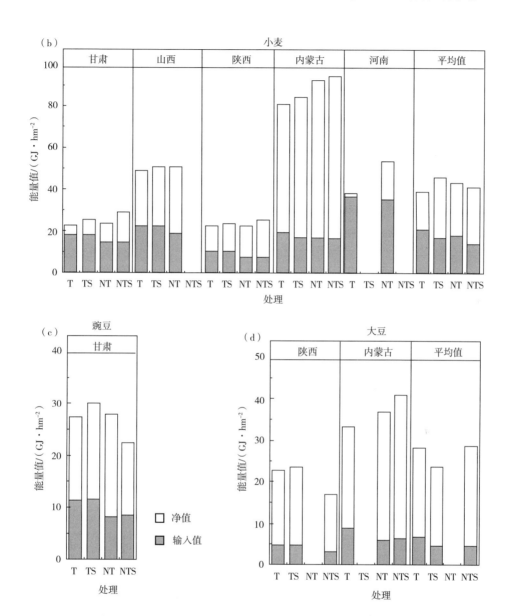

图 5-7 受耕作和秸秆覆盖处理的影响,黄土高原的输入能量、输出能量和净能量

注:TS=传统耕作+秸秆覆盖;NT=免耕;NTS=免耕秸秆覆盖。

平均而言,玉米在四种作物中表现出最高的产量和利润(图 5-8),免耕秸秆覆盖下的玉米产值为 20682 CNY/hm², 免耕处理下的利润最高,为 18672.5 CNY/hm²。小麦传统耕作秸秆覆盖的投入最高,为 4250.5 CNY/hm², 但产出最低,仅为 9341.34 CNY/hm²。而豌豆传统耕作和传统耕作秸秆覆盖处理的投入也

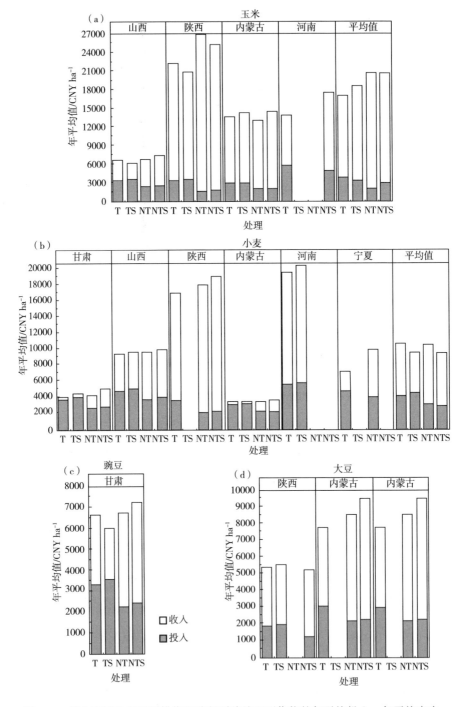

图 5-8 黄土高原各省不同耕作和秸秆覆盖处理下作物的年平均投入、年平均产出、平均收入和比较收益（CNY/hm²）。

较高，分别为 3291.5 CNY/hm² 和 3501.5 CNY/hm²，但与传统耕作相比，传统耕作秸秆覆盖的净收益降低了 860 CNY/hm²。

5.4 讨论

5.4.1 免耕处理和秸秆覆盖对作物产量的影响

通过最小化土壤干扰取得的持续高产，很好地反映了土壤质量的保持和耕作制度的可持续性（Li et al.，2021）。此外，减少/保护性耕作结合秸秆覆盖已成为一种普遍的耕作措施，对改善土壤健康和提高作物生产力具有重要作用（Li et al.，2007）。在本研究中，在黄土高原实施传统耕作秸秆覆盖和免耕秸秆覆盖，玉米、小麦、大豆和豌豆的产量响应存在显著差异。然而，免耕处理对不同作物的影响并不一致，对豌豆产量的负面影响与 Niu 等（2016）的研究结果一致。总体而言，传统耕作秸秆覆盖和免耕秸秆覆盖对产量的积极影响可归因于蒸发量的减少和植物可利用水分的提高。本研究认为，在降水充沛的环境中可能无法观察到类似的益处。例如，Sarkar 等（2007）研究表明在湿润年份，保护性耕作的作物产量比传统耕作低 5%~20%，而在相对干旱的年份，保护性耕作的作物产量比传统耕作高 10%~100%。其他研究表明，在黄土高原干旱或湿润地区，秸秆覆盖对玉米产量没有显著影响，尤其在降雨较多的季节，土壤热性质的改变似乎是罪魁祸首（Zhang et al.，2013）。同样，正如 Zhang 等（2011）研究表明，秸秆覆盖可能会降低春播玉米苗期的产量，这一现象在黄土高原地区可通过延迟秸秆覆盖来缓解。本研究对于玉米的研究结果与 Zhang 等（2013）的研究结果部分一致，缺乏统计显著性可由 Qin 等（2021）发现的机制来解释，即玉米的产量响应受到年降水量和温度范围的高度影响。

尽管评估特定环境因素对玉米产量的影响不是本研究的重点，但本研究发现，在黄土高原地区，秸秆覆盖对提高产量更有效，特别是当玉米、小麦、大豆和豌豆的生长季平均降水量分别低于 550 mm、310 mm、335 mm 和 434 mm 时。秸秆覆盖对产量的主要负面影响之一是在播种期间土壤的缓慢升温。尽管在本研究中这种影响较少见，主要是因为研究区域云量较少且太阳辐射充足（Li et al.，2015）。尽管如此，仍然有必要将秸秆覆盖限制在一定范围内，以防止对幼苗生长、氮素有效性和病原菌问题产生负面影响（Du et al.，2022）。

在本研究中，免耕处理对黄土高原部分作物增产效果不显著，甚至导致了产量的降低，这与许多在中国北方旱作地区开展的研究结果相矛盾（Shao et al., 2016）。这表明在干旱/半干旱环境中，秸秆覆盖比免耕更有利于作物生产。此外，一项使用来自610篇研究收集的5463份产量数据进行的全球尺度的meta分析表明，免耕处理平均降低了9.9%的作物产量，而秸秆覆盖减轻了4.8%的免耕处理对产量的负面影响（Pittelkow et al., 2015）。Zhang等（2022）和Machado等（2008）进行的其他长期研究也发现类似的减产结果。

免耕对产量降低的影响可以理解为增加了土壤紧实度、降低了渗透，最终导致根系发育和生长受阻（Anapalli, et al., 2018）。与其他作物相比，小麦产量对秸秆覆盖的响应更为显著，这与Du等（2022）的研究结果一致。这主要归因于小麦在秸秆覆盖下的水分利用效率比其他作物提高得最多（Wang et al., 2019）。关于耕作和秸秆覆盖对夏季豌豆生产影响的研究信息有限。少耕可以通过维持更大的共生固氮能力来极大地提高豌豆产量（Faligowska et al., 2022）。本研究表明，作为夏季C3植物，秸秆覆盖在黄土高原地区所提供的较大土壤水分状况超过了少耕所提供的产量效益，表现为免耕秸秆覆盖比传统耕作秸秆覆盖或免耕处理更大和更显著的效应。

5.4.2 免耕处理和秸秆覆盖对水分利用效率的影响

在黄土高原的干旱/半干旱地区，雨养农业在作物生产中占主导地位（Lu & Lu, 2017）。因此，保持土壤水分和提高作物的水分利用效率对确保农业盈利至关重要。土壤水分气候变化、地形地貌、土壤质地、耕作措施和作物水分利用差异等多种不同因素的影响，导致土壤水分在时空分布不均匀（Ren et al., 2018）。在本研究中，免耕处理对所有作物的水分利用效率几乎没有影响，而所有作物的覆盖秸秆显著提高了水分利用效率，尤其是在小麦和豌豆中，这与先前的研究结果一致（Xiao et al., 2019；Qin et al., 2021）。总体而言，免耕覆盖减少了水分蒸发，增加了植株根区的土壤贮水量，部分抵消了年度生产中的水分亏缺（Li et al., 2004；Ramcharan et al., 2018），从而提高了作物产量和水分利用效率，这在Su等（2007）的研究结果中也得到了验证。在大豆生产方面，Li等（2018）在黄土高原地区进行的一项研究表明，秸秆覆盖提高了水分利用效率。本研究综合结果表明，在区域尺度上评估大豆水分利用效率性能时，依赖大豆的单一地点数据可能是不可靠的。本研究结果还表明，在极端天气事件下，大豆生产可能更容易受到秸秆覆盖造成的负面后果的影响，例如，春季土壤表面温度较低和地表降雨排水不畅。大豆水分利用效率响应的另一个潜在原因可能是来自内蒙古地区长期试验数据的偏差，其中长期干旱事件导致大豆产量减少了 80.3%。

5.4.3 免耕和秸秆覆盖对土壤有机碳、碳排放和固碳价值的影响

本研究种，传统耕作秸秆覆盖、免耕秸秆覆盖和免耕处理 0~30 cm 土层土壤全碳和有机碳含量均高于传统耕作处理，其中免耕秸秆覆盖下的土壤全碳和有机碳含量增加最显著，说明秸秆覆盖和免耕措施对土壤有机碳含量的增加有积极影响。这与庆阳地区的研究结果一致（Li et al.，2018）。显然，与传统耕作相比，无论哪种作物类型，保护性耕作都会随着时间的推移增加土壤有机碳（Liu et al.，2014），这与 Tang 和 Nan（2013）发现的区域碳储量变化因子的估计结果一致。本研究还发现，与浅层土壤相比，受免耕和秸秆覆盖影响的深层土壤有机碳随时间的增加具有滞后性。免耕对于土壤总有机碳储量的影响可能会随着土壤深度的增加和保护性耕作措施持续时间的延长而降低（Kuhn et al.，2016）。此外，在 0~5 cm 土层中，传统耕作秸秆覆盖的有机碳含量通常与免耕秸秆覆盖相似或较低，这导致在碳汇值方面存在显著差异，正如 Niu 等（2016）的研究所示。然而，在较深的土层中（10~20 cm，20~30 cm），传统耕作秸秆覆盖和免耕秸秆覆盖处理的土壤有机碳没有显著差异，而固碳值相当。免耕处理对有机碳的固定似乎被高估了（Kuhn et al.，2016），而秸秆覆盖似乎是（Xiao et al.，2021）固定潜力的关键。本研究发现，免耕和免耕秸秆覆盖均减少了碳排放，这与以前的研究结果一致（Wang et al.，2021）。免耕可以显著降低土壤碳排放，缓解土壤碳足迹的变化（Lu & Liao，2017）。在本研究中，耕作处理占潜在碳排放量的 43%，这与其他学者的研究结果一致，即耕作消耗的柴油量是导致碳排放量（Lal et al.，2019；Lu & Liao，2017）增加的主要原因。此外，秸秆覆盖还田排放量占比高达 52%。这可能是由于在中国的黄土高原地区，大多数粮食作物都是通过人工收获的，这涉及近地面切割和人工脱粒。因此，秸秆覆盖通常会增加额外的人工/机器成本（Li et al.，2020），这与美国等其他国家采用联合收割机将秸秆还田的重型机械操作存在明显差异。

5.4.4 免耕和秸秆覆盖对能量平衡和经济效益的影响

随着环境恶化和土地资源日益减少，当前农业系统越来越注重可持续发展，强调有效控制能量消耗以及环境的可持续性。在本研究中，主要作物的最大能量投入成本是耕作，这一发现在亚洲其他地区（Lal et al.，2019）和欧洲（Calcante & Oberti，2019）也得到了证实。因此，本研究认为基于土壤耕作的作业最耗

能的是农业管理措施。Afshar 和 Dekamin（2022）的研究结果也表明，在北美南部，免耕措施相较于传统耕作可使能量投入减少 16.50%。一项研究表明，在玉米种植中，免耕的能量利用效率比传统耕作处理高 5%，能量产出高，而比能低。在另一项研究中，Yadav 等（2018）研究表明，肥料投入（尤其是氮肥）和种子类型是影响能量投入值的两个主要因素。本文的研究与之类似，化肥和种子投入分别占总投入值的 20% 和 5%。

  本研究中，小麦和豌豆在传统耕作秸秆覆盖下的经济投入最高，分别为 4250.50 CNY/hm^2 和 3501.50 CNY/hm^2。其经济效益最也低，分别为 5090.84 CNY/hm^2 和 2463.50 CNY/hm^2。免耕和免耕秸秆覆盖由于其较低的投入成本而产生了最佳的经济效益。本研究表明，耕作投入占所有选定品种总生产投入成本的 13%~30%，其中玉米和小麦的生产成本高于大豆和豌豆。在中国陕西省的一项试验中，通过减少投入，保护性耕作比传统耕作增加了 1754 CNY/hm^2 的经济效益（Su et al., 2007）。同样，Pittelkow 等（2015）的研究表明，保护性耕作降低了作物产量，但由于减少了与耕作措施相关的劳动力和石油成本，农民的经济回报显著增加（Afshar & Dekamin, 2022）。而本研究也得出了类似的结果，尽管与传统耕作和传统耕作秸秆覆盖处理相比，免耕秸秆覆盖处理的产量并不一定是最高的，但减少的投入成本超过了加权减产，最终为所有作物品种提供了最大的经济效益。

5.5 结论

  通过对黄土高原地区多个保护性耕作研究的数据综合分析发现，在中国黄土高原地区 4 种主要粮食作物（玉米、大豆、豌豆、小麦）的耕作制度水平上，免耕与秸秆覆盖相结合对产量、水分利用效率和土壤有机碳具有积极影响。长期保护性耕作后，免耕秸秆覆盖显著提高了土壤固碳能力。免耕的能量投入显著低于传统耕作，免耕和免耕秸秆覆盖的净能量回报值最高。从经济成本角度来看，传统耕作高于免耕。传统耕作秸秆覆盖的经济产值高于其他处理，但免耕秸秆覆盖的纯收益回报最好。耕作制度生产力、水分利用效率和土壤有机碳储量对不同耕作和秸秆还田方式的响应不同。总体而言，在中国黄土高原地区，小麦和豌豆的生产力以及总体有机碳对秸秆覆盖（特别是与耕作结合）呈现积极响应，但单独免耕对生产的影响仍然存在争议。免耕和免耕秸秆覆盖在所有四种作物中均表现出卓越的节能能力和盈利能力。总的来说，免耕结合秸秆覆盖是提高黄土高原地区作物产量、水分利用效率、固碳和农民收入的最佳措施。最后，聚焦于田间尺度土壤温室气体排放和长期耕作制度数据的深度数据综合研究应是未来的重要方向。

参考文献

[1] AFSHAR R K, DEKAMIN M. Sustainability assessment of corn production in conventional and conservation tillage systems[J]. Journal of Cleaner Production, 2022, 351 (1): 131508.

[2] ANAPALLI S S, REDDY K N, JAGADAMMA S. Conservation Tillage Impacts and Adaptations in Irrigated Corn Production in a Humid Climate [J]. Agronomy Journal, 2018, 110 (6): 2673-2686.

[3] CALCANTE A, OBERTI R. A technical-economic comparison between conventional tillage and conservative techniques in paddy-rice production practice in northern Italy [J]. Agronomy, 2019, 9 (12): 886.

[4] CHIMSAH F A, CAI L, WU J, et al. Outcomes of Long-Term Conservation Tillage Research in Northern China[J]. Sustainability, 2020, 12 (3): 1062.

[5] CLEMENTS D. Energy analysis of tillage and herbicide inputs in alternative weed management systems [J]. Agriculture, Ecosystems & Environment, 1995, 52 (2/3): 119-128.

[6] DU C L, LI L L, EFFAH Z. Effects of straw mulching and reduced tillage on crop production and environment: A review [J]. Water, 2022, 14 (16): 2471.

[7] DU Z L, ANGERS D A, REN T S, et al. The effect of no-till on organic C storage in Chinese soils should not be overemphasized: A meta-analysis [J]. Agriculture, Ecosystems & Environment, 2017, 236: 1-11.

[8] FALIGOWSKA A, KALEMBASA S, KALEMBASA D, et al. The nitrogen fixation and yielding of pea in different soil tillage systems [J]. Agronomy, 2022, 12 (2): 352.

[9] GALINATO S P, YODER J K, GRANATSTEIN D. The economic value of biochar in crop production and carbon sequestration [J]. Energy Policy, 2011, 39 (10): 6344-6350.

[10] GAO L L, WANG B S, LI S P, et al. Soil wet aggregate distribution and pore size distribution under different tillage systems after 16 years in the Loess Plateau of China [J]. CATENA, 2019, 173: 38-47.

[11] HE L Y, ZHANG A F, WANG X D, et al. Effects of different tillage practices on the carbon footprint of wheat and maize production in the Loess Plateau of China [J]. Journal of Cleaner Production, 2019, 234: 297-305.

[12] HU Y J, SUN B H, WU S F, et al. Soil carbon and nitrogen of wheat-maize rotation system under continuous straw and plastic mulch [J]. Nutrient Cycling in Agroecosystems, 2021, 119 (2): 181-193.

[13] HUANG M X, LIANG T, WANG L Q, et al. Effects of no-tillage systems on soil physical properties and carbon sequestration under long-term wheat-maize double cropping system [J]. CATENA, 2015, 128: 195-202.

[14] HUSSAIN G, AL-JALOUD AA. Effect of irrigation and nitrogen on water use efficiency of wheat in Saudi Arabia [J]. Agricultural Water Management, 1995, 27 (2): 143-153.

[15] KAN Z R, LIU Q Y, HE C, et al. Responses of grain yield and water use efficiency of winter wheat to tillage in the North China Plain [J]. Field Crops Research, 2020, 249: 107760.

[16] KHAN S, ANWAR S, SUN M, et al. Characterizing differences in soil water content and wheat yield in response to tillage and precipitation in the dry, normal, and wet years at the Loess Plateau [J]. International Journal of Plant Production, 2021, 15 (4): 655-668.

[17] KUHN N J, HU Y X, BLOEMERTZ L, et al. Conservation tillage and sustainable intensification of agriculture: Regional *vs.* global benefit analysis [J]. Agriculture, Ecosystems & Environment, 2016, 216: 155-165.

[18] LAL B, GAUTAM P, NAYAK A K, et al. Energy and carbon budgeting of tillage for environmentally clean and resilient soil health of rice-maize cropping system [J]. Journal of Cleaner Production, 2019, 226: 815-830.

[19] LI F M, WANG J, XU J Z, et al. Productivity and soil response to plastic film mulching durations for spring wheat on entisols in the semiarid Loess Plateau of China [J]. Soil and Tillage Research, 2004, 78 (1): 9-20.

[20] LI H W, GAO H W, WU H D, et al. Effects of 15 years of conservation tillage on soil structure and productivity of wheat cultivation in Northern China [J]. Soil Research, 2007, 45 (5): 344.

[21] LI H W, HE J, BHARUCHAZ P, et al. Improving China's food and environmental security with conservation agriculture [J]. International Journal of Agricultural Sustainability, 2016, 14 (4): 377-391.

[22] LI H Y, ZHANG Y H, ZHANG Q, et al. Converting continuous cropping to rotation including subsoiling improves crop yield and prevents soil water deficit: A 12-yr *in situ* study in the Loess Plateau, China [J]. Agricultural Water Management, 2021, 256: 107062.

[23] LI S X, WANG Z H, LI S Q, et al. Effect of nitrogen fertilization under plastic mulched and non-plastic mulched conditions on water use by maize plants in dryland areas of China [J]. Agricultural Water Management, 2015, 162: 15-32.

[24] LI Y, LI Z, CHANG S X, et al. Residue retention promotes soil carbon accumulation in minimum tillage systems: Implications for conservation agriculture [J]. Science of the Total Environment, 2020, 740: 140-147.

[25] LI Z, YANG X, CUI S, et al. Developing sustainable cropping systems by integrating crop rotation with conservation tillage practices on the LoessPlateau, a long-term imperative [J]. Field Crops Research, 2018, 222: 164-179.

[26] LIU C, LU M, CUI J, et al. Effects of straw carbon input on carbon dynamics in agricultural soils: A meta-analysis [J]. Global Change Biology, 2014, 20 (5): 1366-1381.

[27] LU X L, LU X N. Tillage and crop residue effects on the energy consumption, input-output costs and greenhouse gas emissions of maize crops [J]. Nutrient Cycling in

Agroecosystems, 2017, 108 (3): 323-337.

[28] LU X J, LI Z Z, SUN Z H, et al. Straw mulching reduces maize yield, water, and nitrogen use in northeastern China [J]. Agronomy Journal, 2015, 107 (1): 406-414.

[29] LU X L, LIAO Y C. Effect of tillage practices on net carbon flux and economic parameters from farmland on the Loess Plateau in China [J]. Journal of Cleaner Production, 2017, 162: 1617-1624.

[30] LUO Y Q, HUI D F, ZHANG D Q. Elevated CO_2 stimulates net accumulations of carbon and nitrogen in land ecosystems: A meta-analysis [J]. Ecology, 2006, 87 (1): 53-63.

[31] MA Y Z, KUANG N K, HONG S Z, et al. Water productivity of two wheat genotypes in response to no-tillage in the North China Plain [J]. Plant, Soil and Environment, 2021, 67 (4): 236-244.

[32] MACHADO S, PETRIE S, RHINHART K, et al. Tillage effects on water use and grain yield of winter wheat and green pea in rotation [J]. Agronomy Journal, 2008, 100 (1): 154-162.

[33] MVUMI C, NDORO O, MANYIWO S A. Conservation agriculture, conservation farming and conventional tillage adoption, efficiency and economic benefits in semi-arid Zimbabwe [J]. African Journal of Agricultural Research, 2017, 12 (19): 1629-1638.

[34] NIU Y N, ZHANG R Z, LUO Z Z, et al. Contributions of long-term tillage systems on crop production and soil properties in the semi-arid Loess Plateau of China [J]. Journal of the Science of Food and Agriculture, 2016, 96 (8): 2650-2659.

[35] ZHOU P, WEN A B, ZHANG X B, et al. Soil conservation and sustainable eco-environment in the Loess Plateau of China [J]. Environmental Earth Sciences, 2013, 68 (3): 633-639.

[36] PITTELKOW C M, LINQUIST B A, LUNDY M E, et al. When does no-till yield more? A global meta-analysis [J]. Field Crops Research, 2015, 183: 156-168.

[37] QIN X L, HUANG T T, LU C, et al. Benefits and limitations of straw mulching and incorporation on maize yield, water use efficiency, and nitrogen use efficiency [J]. Agricultural Water Management, 2021, 256: 107128.

[38] RAMCHARAN A, HENGL T, NAUMAN T, et al. Soil property and class maps of the conterminous United States at 100-meter spatial resolution [J]. Soil Science Society of America Journal, 2018, 82 (1): 186-201.

[39] REN Y J, GAO C, HAN H F, et al. Response of water use efficiency and carbon emission to no-tillage and winter wheat genotypes in the North China Plain [J]. Science of the Total Environment, 2018, 635: 1102-1109.

[40] SAMANTARAY S, NAYAK L, PADHY B P. On some classes of compact and matrix operators on the generalized weighted mean difference sequence spaces of fractional order [J]. The Journal of Analysis, 2022, 30 (2): 483-500.

[41] SARKAR S, PARAMANICK M, GOSWAMI S B. Soil temperature, water use and yield of yellowsarson (Brassica napus L. var. glauca) in relation to tillage intensity and mulch management under rainfed lowland ecosystem in eastern India [J]. Soil and Tillage Research, 2007, 93 (1): 94-101.

[42] SHAO Y H, XIE Y X, WANG C Y, et al. Effects of different soil conservation tillage approaches on soil nutrients, water use and wheat-maize yield in rainfed dry-land regions of North Chi-

na [J]. European Journal of Agronomy, 2016, 81: 37-45.

[43] SU Z Y, ZHANG J S, WU W L, et al. Effects of conservation tillage practices on winter wheat water-use efficiency and crop yield on the Loess Plateau, China [J]. Agricultural Water Management, 2007, 87 (3): 307-314.

[44] TANG Z, NAN Z B. The potential of cropland soil carbon sequestration in the Loess Plateau, China [J]. Mitigation and Adaptation Strategies for Global Change, 2013, 18 (7): 889-902.

[45] WANG L F, CHEN J, SHANGGUAN Z P. Yield responses of wheat to mulching practices in dryland farming on the Loess Plateau [J]. PLoS One, 2015, 10 (5): e0127402.

[46] WANG L L, LI L L, XIE J H, et al. Managing the trade-offs among yield, economic benefits and carbon and nitrogen footprints of wheat cropping in a semi-arid region of China [J]. The Science of the Total Environment, 2021, 768: 145280.

[47] WANG X, HE C, LIU B, et al. Effects of Residue Returning on Soil Organic Carbon Storage and Sequestration Rate in China's Croplands: A Meta-Analysis [J]. Agronomy, 2020, 10 (5): 691.

[48] WANG X K, FAN J L, XING Y Y, et al. The effects of mulch and nitrogen fertilizer on the soil environment of crop plants [M] //Advances in Agronomy. Amsterdam: Elsevier, 2019: 121-173.

[49] WANG Y Q, ZHANG Y H, ZHOU S L, et al. Meta-analysis of no-tillage effect on wheat and maize water use efficiency in China [J]. The Science of the Total Environment, 2018, 635: 1372-1382.

[50] XIAO L G, KUHN N J, ZHAO R Q, et al. Net effects of conservation agriculture principles on sustainable land use: A synthesis [J]. Global Change Biology, 2021, 27 (24): 6321-6330.

[51] XIAO L G, ZHAO R Q, KUHN N. Straw mulching is more important than no tillage in yield improvement on the Chinese Loess Plateau [J]. Soil and Tillage Research 2019, 194: 104314.

[52] YADAV G S, BABU S, DAS A, et al. Productivity, soil health, and carbon management index of Indian Himalayan intensified maize-based cropping systems under live mulch based conservation tillage practices [J]. Field Crops Research, 2021, 264: 108080.

[53] ZHANG G X, ZHANG Y, ZHAO D H, et al. Quantifying the impacts of agricultural management practices on the water use efficiency for sustainable production in the Loess Plateau region: A meta-analysis [J]. Field Crops Research, 2023, 291: 108787.

[54] ZHANG Q, WANGS L, SUN Y G, et al. Conservation tillage improves soil water storage, spring maize (Zea mays L.) yield and WUE in two types of seasonal rainfall distributions [J]. Soil and Tillage Research, 2022, 215: 105237.

[55] ZHANG S L, SADRAS V, CHEN X P, et al. Wateruse efficiency of dryland wheat in the Loess Plateau in response to soil and crop management [J]. Field Crops Research, 2013, 151: 9-18.

[56] ZHANG S L, LI P R, YANG X Y, et al. Effects of tillage and plastic mulch on soil water, growth and yield of spring-sown maize [J]. Soil and Tillage Research, 2011, 112 (1): 92-97.

[57] ZHAO X, LIU S L, PU C, et al. Crop yields under no-till farming in China: A meta-analysis [J]. European Journal of Agronomy, 2017, 84: 67-75.

[58] ZHENG C Y, JIANG Y, CHEN C Q, et al. The impacts of conservation agriculture on crop yield in China depend on specific practices, crops and cropping regions [J]. The Crop Journal, 2014, 2 (5): 289-296.

第6章 降水变化和保护性耕作对土壤水分、玉米青贮产量和品质的影响

6.1 研究背景与意义

玉米（Zea mays L.）作为全球粮食生产的主要贡献者，其产量对全球粮食安全方面至关重要（Zhang et al., 2022a）。对土壤水分和肥力条件的敏感（Jia et al., 2018），使玉米产量受生长季长短和降水量的影响较大（Calviño et al., 2003）。同时，降水变化对牧草品质（Li et al., 2020）、酸性洗涤纤维和中性洗涤纤维的减少有显著影响，从而影响牧草营养价值（Ahmad et al., 2022）。一般来说，水分胁迫会加速衰老，降低根系对养分的吸收，从而降低营养价值和粗蛋白含量。此外，它还影响生物量生产的水分利用效率（Ren et al., 2008）。但在降水充沛的地区，适度减少或增加灌溉水平下牧草营养价值相关的信息仍然匮乏。特别是在亚热带地区，由于全球变暖极端降水事件变得更加频繁，并且在未来会加剧（Norris et al., 2020）。这些地区不断变化的降水量及其分布对玉米生产提出了新的挑战。

喀斯特地区农业生产所面临的挑战一直是制约区域经济发展的重要因素，尤其是在中国西南地区（Bai et al., 2022）。脆弱的生态环境导致耕地严重短缺，迫使农民在土地边缘和斜坡种植玉米（Gao et al., 2022），而这些地方通常存在严重的土壤侵蚀和养分淋失问题（Herout et al., 2018）。同时，喀斯特地区独特的地貌也影响着土壤水文特性，表现为渗透率快、蓄水能力差以及对地表径流的抵抗能力低（Jiang et al., 2014）。因此，尽管该地区年均降水量超过1000 mm，但玉米的生长仍在很大程度上受土壤水分条件的制约。

保护性耕作在提高土壤理化性质和土壤质量方面的效应已经得到了广泛的论证（Dikgwatlhe et al., 2014; Turmel et al., 2015; Clay et al., 2019）。这些效应包括提高土壤贮水量（Lampurlanés et al., 2016）、减少蒸发和渗透、增加表层土壤含水量（Liu et al., 2013）。覆盖作物具有减少水分蒸发、提高土壤碳氮、减少

土壤侵蚀（Lal et al.，2004），提高土壤酶活性和增加土壤微生物数量的能力（Chen et al.，2014；Zhang et al.，2016）。然而，许多研究存在时空异质性，难以对保护性耕作的效果得出一致的结论。例如，许多研究报告表明，保护性耕作对玉米产量可能没有影响，甚至可能会产生负面影响（Peng et al.，2020；Zhang et al.，2022a）。此外，在喀斯特地区开展的许多研究往往只关注耕作措施的影响（Jia et al.，2019；Bai et al.，2022），而忽略了与其他因素可能存在的交互效应（Wang et al.，2018），如降水量及分布（Zhang et al.，2022b）、施肥、作物类型以及其他农艺措施。

因此，本试验研究了不同降水强度、耕作方式和覆盖措施共同作用下，玉米产量、品质和土壤含水量的变化。目的是发现：①在降水变化和耕作/覆盖措施的共同影响下，玉米生物量在不同生长阶段是否存在差异。②籽粒产量、品质和各土层土壤含水量之间如何响应这些变化。③玉米产量、品质和各土层土壤水分之间的相互关系是什么。这些问题的回答将为中国喀斯特地区玉米生产提供合理可行的解决方案。

6.2 材料与方法

6.2.1 研究区

该试验在贵州省毕节市大方县贵州大学栽培试验站（27°41′N，105°89′E；海拔1723）进行的。该地区属于湿润的亚热带季风气候，代表了典型的贵州喀斯特地形和气候条件。研究区的降水和温度如图6-1所示。根据国际土壤科学学会的标准，主要土壤类型为黄壤。该地区主要种植作物为玉米青贮（*Zea mays* L.）和黑麦草（*Lolium multiflorum* Lam.）。试验地管理为长期黑麦草干草地。主要的耕作方式包括20 cm深度的翻耕和免耕。本试验于2021年开始，在0~100 cm土层深度测定土壤性质和养分状况。

6.2.2 试验设计

本试验采用完全随机区组设计，设置降雨（P）、耕作（T）和作物覆盖（M）3个因素。其中降雨分别为：平雨（P，正常降雨）、减雨（P−，通过减雨设备减少30%的降水量）和增雨（P+，通过雨水收集设备从P−中收集的降水来增加）。耕作分别为：常规耕作（CT，翻耕深度约20 cm）和免耕（NT）。作物

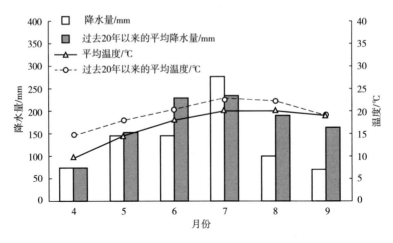

图 6-1 2021 年试验区玉米生长季降水量和平均气温

覆盖分别为：有作物覆盖（M，将黑麦草刈割至 5~10 cm，以 10 t/hm² 均匀覆盖在土壤表面）和无作物覆盖（NM）两个水平。最终的处理组合包括：平雨常规耕作覆盖（C_TMP）、平雨常规耕作无覆盖（C_TP）、平雨免耕覆盖（N_TMP）、平雨免耕无覆盖（N_TP）、减雨常规耕作覆盖（C_TMP-）、减雨常规耕作无覆盖（C_TP-）、减雨免耕覆盖（N_TMP-）、减雨免耕无覆盖（N_TP-）、增雨常规耕作覆盖（C_TMP+）、增雨常规耕作无覆盖（C_TP+）、增雨免耕覆盖（N_TMP+）、增雨免耕无覆盖（N_TP+）。每个处理设三个重复，共 36 个小区。

于 2021 年 4 月 24 日，播种了"黔青 446"青贮玉米。小区面积为 30.24 m²（7.2 m×4.2 m），每个小区按照宽（80 cm）—窄（40 cm）行进行种植。株距 30 cm，播种密度为 54000 株/hm²。播种前基施有机肥（发酵羊粪：N-0.8%，P_2O_5-0.5%，K_2O-0.5%）10000 kg/hm²，拔节期追施有机肥 5000 kg/hm²。在 2021 年 9 月 8 日进行收获（乳熟末期~蜡熟前期）。

每个小区内设有一个 3.0 m×2.0 m 的微区（位于小区的中央，包括 4 行 10 列的玉米），微区周围设置了一个三面的挡板隔开，但东侧没有设置隔离挡板。隔离挡板采用 0.1 cm 厚、20 cm 宽的透明 PVC 板制成，挡板插入土壤 10 cm，地表留 10 cm 以减少外界对微区的影响。每个 P-微区上方搭建一个 2 m×3 m 的减雨架。减雨装置分为两部分，下半部分为四角升降支架，不锈钢四角支架用钢钉固定在地面上呈直角梯形（地面呈直角，其余两个角度分别为 60°和 120°）形状。支架可在 1.0~3.0 m 手动调节，以便在玉米生长后期试验的正常进行。减雨架的上半部分主要由一个"U"形亚克力管、一个"U"形 PVC 集水槽和一个集水桶组成。"U"形亚克力管长 3 m、直径 10 cm，覆盖面积为 1.8 m²，能截取 30% 的降水。位于距离亚克力管 5 cm 处，以 30°角安装的"U"形 PVC 集水槽朝向亚克力管的方向呈 120°角，U 形管低端下方 5 cm 处安装一个"U"形集水槽，下置 100 L 集水桶收集槽中雨水。每次降雨后立即将收集到雨水通过喷壶均匀洒入 P+微区中，以达到在平雨基础上增加 30% 降水量的目的。透明的"U"形管可能会影响太阳辐射，但对作物生长几乎没有影响。

6.2.3 测量与计算

6.2.3.1 植物采集

在玉米幼苗期（5 月 26 日）、拔节期（7 月 4 日）、大喇叭口期（7 月 26 日）和抽雄期（8 月 5 日），每个微区选取三株代表性植株用于进行地上生物量计算。在收获期（9 月 8 日），从微区中选取另外三株具有代表性的植株，测量玉米株高（玉米在自然状态下垂直地面的高度）、叶长（从叶尖到叶底的长度）和叶宽（叶子最宽处的长度）。在 105℃烘干 30 min，然后 65℃烘至恒重，计算干物质产量（Lai et al., 2022）。将烘干后的样品用植物粉样机粉碎，通过 2 mm 筛后密封保存待测。样品用于测定全氮（TN）、中性洗涤纤维（NDF）和酸性洗涤纤维（ADF）的含量，分别用凯氏定氮法、水杨酸比色法、印三酮比色法和范氏纤维素含量测定法测定（Zhang et al., 2022a）。

叶面积指数（LAI）计算如式（6-1）和式（6-2）所示：

$$S_1 = L \times W \times 0.75 \tag{6-1}$$

$$\text{LAI} = \frac{S_1 \times n}{A} \tag{6-2}$$

式中，S_1 代表玉米单株叶面积（cm²），L 为叶长（cm），W 为叶宽，0.75 为叶面积系数（未展开叶面积系数为 0.5），n 为单位面积玉米株数，A 为单位土地面积（cm²）。

粗白质含量（CP）的计算方法如下所示：

$$CP = TN \times 6.25 \tag{6-3}$$

其中，TN 代表玉米植株的全氮含量（cm²），转换系数为 6.25。

相对饲喂价值（RFV）的计算方法如式（6-4）至式（6-6）所示：

$$\text{RFV} = \frac{\text{DMI} \times \text{DDM}}{1.29} \tag{6-4}$$

$$DMI = \frac{120}{NDF} \tag{6-5}$$

$$DDM = 88.96 - 0.779 \times ADF \tag{6-6}$$

式中，DMI 表示干物质随意采食量（%BW）；NDF 表示中性洗涤纤维含量（%）；DDM 表示可消化干物质含量（%）；ADF 表示酸性洗涤纤维含量（%）。

6.2.3.2 土壤含水量、水分利用和水分利用率

在微区内安装 0.8m 深的测量管。利用剖面土壤水分传感器（TRIME-PICO IPH 2）每 7 天测定 0~20 cm、20~40 cm、40~60 cm 土层的土壤体积含水量，每个土层测定 3 次取平均值（每次转动 120°）。然后进行了从体积含水量到质量含水量的转换。

土壤含水量（SWC）的计算方法如式（6-7）所示：

$$SWC = \frac{VWC}{BD} \tag{6-7}$$

式中，VWC 为体积含水量（cm^3/cm^3），BD 为容重（g/cm^3）。

水分利用（WU, mm）的计算如式（6-8）所示：

$$WU = P - \Delta S \tag{6-8}$$

式中，P 为降水量（mm），ΔS 表示土壤剖面贮水量的变化（mm）。考虑到地下水位、地形等因素，本研究省略了传统田间水量平衡公式的一些组分，包括灌溉、根区上行流量、地表径流和根区下行流量。

水分利用效率（kg/m^3）的计算如式（6-9）所示：

$$WUE = \frac{Y}{WU} \tag{6-9}$$

式中，Y 代表玉米干物质产量（kg/hm^2）。

6.2.4 数据分析

所有方差分析均采用 SPSS 26 统计软件进行。采用 T 检验比较两种耕作方式和两种作物覆盖之间在 $P<0.05$ 水平上的差异。采用单因素方差分析，在 $P<0.05$ 水平上比较三种降水情景和不同处理相同生育期内的生物量之间的差异。采用三因素方差分析比较系统、降水情景、作物覆盖及其交互作用在 $P<0.05$ 水平上的差异。使用 R "*corrplot*" 包用于计算指标之间的 Pearson 相关矩阵。采用 "*PerformanceAnalytics*" 包进行数据可视化处理。

6.3 结果

6.3.1 玉米生物量

在苗期，减雨常规耕作无覆盖和增雨免耕覆盖处理的生物量显著大于减雨免耕无覆盖，增雨免耕无覆盖，平雨免耕覆盖，减雨免耕覆盖（图6-2；$P<0.05$）。增雨免耕无覆盖处理的生物量明显低于平雨常规耕作无覆盖，平雨常规耕作覆盖，减雨常规耕作覆盖，增雨常规耕作覆盖，平雨免耕无覆盖。在拔节期，平雨常规耕作覆盖处理的生物量显著大于增雨常规耕作无覆盖，平雨免耕无覆盖，减雨免耕无覆盖，增雨免耕无覆盖，减雨免耕覆盖。增雨免耕无覆盖处理的生物量显著低于平雨常规耕作无覆盖，减雨常规耕作无覆盖，减雨常规耕作覆盖，增雨常规耕作覆盖，平雨免耕覆盖，增雨免耕覆盖。

在大喇叭口期，平雨免耕覆盖处理的生物量显著大于其他所有处理（图6-2；$P<0.05$）。平雨常规耕作覆盖处理的生物量显著大于减雨常规耕作覆盖、增雨常规耕作覆盖、减雨免耕无覆盖、增雨免耕无覆盖、减雨免耕覆盖和增雨免耕覆盖。减雨免耕无覆盖处理的生物量显著低于减雨免耕覆盖处理外的其他处理。在抽雄期，平雨常规耕作覆盖和增雨免耕覆盖处理的生物量显著大于除增雨免耕无覆盖处理外的其他所有处理，增雨常规耕作无覆盖处理的生物量显著低于平雨常规耕作无覆盖，平雨免耕无覆盖，减雨免耕无覆盖和平雨免耕覆盖，增雨常规耕作覆盖处理的生物量显著低于其他所有处理。在乳熟期，增雨免耕覆盖处理的生物量显著大于除平雨常规耕作覆盖和平雨免耕覆盖处理外的其他处理，减雨常规耕作覆盖处理的生物量明显低于减雨免耕无覆盖处理。

6.3.2 玉米产量和品质性状

结果表明，耕作对玉米产量有极显著影响（$P<0.001$；表6-1），降雨和作物覆盖存在显著的交互作用（$P<0.01$）。作物覆盖×降雨和耕作×作物覆盖×降雨的交互作用存在显著性（$P<0.05$）。降雨、作物覆盖、作物覆盖×降雨和耕作×作物覆盖×降雨的交互作用对玉米干物质产量影响显著（$P<0.05$），耕作对产量的影响极显著（$P<0.01$）。在株高方面，耕作表现出显著的影响（$P<0.01$）。降雨、耕作×作物覆盖、降雨×作物覆盖以及耕作×作物覆盖×降雨交互作用也存在显著性（$P<0.05$）。对于叶面积指数，降雨×作物覆盖表现出极显著影响（$P<$

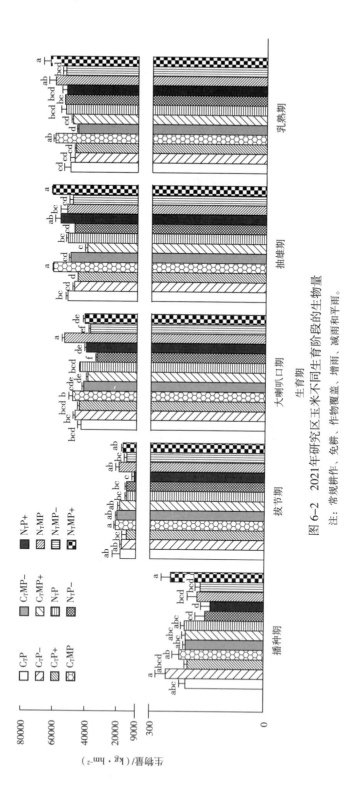

图 6-2 2021年研究区玉米不同生育阶段的生物量

注：常规耕作、免耕、作物覆盖、增雨、减雨和平雨。

0.001)。降雨和耕作×作物覆盖对其有显著影响（$P<0.01$），耕作×作物覆盖×降雨的交互作用也有显著影响（$P<0.05$）。

表 6-1 常规耕作、免耕、作物覆盖、无作物覆盖、增雨、减雨和平雨处理下生长季平均产量、干物质产量、株高和叶面积指数

处理		产量/kg	干物质产量/(kg/hm^2)	株高/cm	LAI
T	CT	49395.99±1404.94^b	11634.00±343.25^b	273.70±2.32^b	3.02±0.09^a
	NT	55742.94±1370.17^a	12912.00±369.39^a	283.02±2.19^a	3.03±0.06^a
M	NM	50483.51±1070.96^b	11715.00±238.27^b	276.38±2.25^a	3.01±0.05^a
	M	54655.42±1837.71^a	12831.00±457.07^a	280.34±2.68^a	3.05±0.09^a
P	P	55702.20±1776.91^a	12897.00±501.01^a	284.14±3.12^a	3.21±0.08^a
	P-	49628.91±1383.19^b	11535.00±342.15^b	274.44±2.32^b	2.88±0.09^b
	P+	52377.29±2218.60^{ab}	12387.00±496.64^{ab}	276.50±3.10^b	2.99±0.07^b
ANOVA					
T		***	**	**	NS
SM		**	*	NS	NS
P		**	*	*	**
T×SM		NS	NS	*	**
T×P		NS	NS	NS	NS
SM×P		*	*	*	***
T×SM×P		*	*	*	*

注：T，耕作；SM，秸秆覆盖；P，降雨。不同小写字母表示处理间差异显著（$P<0.05$）。*, **, *** 和 NS 分别表示耕作措施影响有显著（$P<0.05$）、极显著（$P<0.01$）、极显著（$P<0.001$）和无显著作用。

耕作和降雨对粗蛋白有极显著影响（$P<0.001$；表 6-2）。作物覆盖、耕作×作物覆盖×降雨交互作用显著（$P<0.05$）。各因素对中性洗涤纤维、酸性洗涤纤维和相对饲喂价值均无显著影响。

表6-2 常规耕作、免耕、作物覆盖、无作物覆盖、增雨、减雨和平雨各处理生长季的平均粗蛋白、中性洗涤纤维、酸性洗涤纤维和相对饲喂价值

处理		CP/(g·kg^{-1})	NDF/(g·kg^{-1})	ADF/(g·kg^{-1})	RFV/%
T	CT	61.22±0.98^b	483.87±7.70^a	300.78±5.40^a	126.60±2.60^a
	NT	64.66±0.99^a	492.45±11.00^a	309.76±4.60^a	123.40±2.70^a
M	NM	61.48±1.01^b	484.17±7.10^a	302.53±4.80^a	126.20±2.40^a
	M	64.40±1.01^a	492.15±11.00^a	308.00±5.40^a	123.90±2.90^a
P	P	64.77±1.14^a	496.78±9.50^a	312.17±7.70^a	121.60±3.10^a
	P-	64.47±0.88^a	486.84±7.80^a	299.79±6.10^a	125.80±2.80^a
	P+	59.59±1.31^b	480.86±16.00^a	303.84±4.40^a	127.60±3.80^a
ANOVA					
T		**	NS	NS	NS
SM		*	NS	NS	NS
P		**	NS	NS	NS
T×SM		NS	NS	NS	NS
T×P		NS	NS	NS	NS
SM×P		NS	NS	NS	NS
T×SM×P		*	NS	NS	NS

注：T，耕作；SM，秸秆覆盖；P，降雨。不同小写字母表示处理间差异显著（$P<0.05$）。*，**，***和NS分别表示耕作措施影响有显著（$P<0.05$）、极显著（$P<0.01$）、极显著（$P<0.001$）和无显著作用。

6.3.3 土壤水分含量、水分利用和水分利用效率

耕作对苗期、抽穗期和全生育期0~20 cm土层的土壤含水量有极显著影响（$P<0.001$；表6-3）。在拔节期和大喇叭口期也观察到更显著的影响（$P<0.01$），在抽雄期观察到显著影响（$P<0.05$）。作物覆盖显著提高了0~20 cm土层土壤含水量，在苗期提高了2.75%（$P<0.05$）。降水对苗期、拔节期、结实期和全生育期0~20 cm土层土壤含水量均有极显著影响（$P<0.001$），对大喇叭口期影响极为显著（$P<0.01$），对抽雄期影响显著（$P<0.05$）。耕作×作物覆盖×

降雨交互作用对全生育期（$P<0.001$）、苗期（$P<0.01$）和其他生育期（$P<0.05$）0~20 cm 土层土壤含水量均有极显著影响。

表 6-3 常规耕作、免耕、作物覆盖、无作物覆盖、增雨、减雨和平雨处理 0~20 cm 土层生长季平均土壤含水量

处理		0~20 cm 土层土壤质量含水量/（g·g^{-1}）					
		播种期	拔节期	大喇叭口期	抽雄期	结实期	总生育期
T	CT	0.267±0.002^a	0.250±0.003^a	0.238±0.005^a	0.198±0.004^a	0.244±0.003^a	0.246±0.002^a
	NT	0.248±0.002^b	0.237±0.003^b	0.216±0.004^b	0.186±0.004^b	0.227±0.003^b	0.229±0.002^b
M	NM	0.254±0.002^b	0.241±0.003^b	0.227±0.005^a	0.190±0.004^a	0.236±0.003^a	0.236±0.002^a
	M	0.261±0.002^a	0.246±0.003^a	0.227±0.005^a	0.194±0.004^a	0.235±0.003^a	0.240±0.002^a
P	P	0.273±0.002^a	0.256±0.003^a	0.236±0.005^a	0.203±0.004^a	0.244±0.003^a	0.250±0.002^a
	P-	0.247±0.003^b	0.230±0.004 c	0.211±0.006^b	0.182±0.005^b	0.223±0.004^b	0.226±0.002^c
	P+	0.252±0.003^b	0.245±0.004^b	0.235±0.006^a	0.191±0.006^{ab}	0.240±0.005^a	0.238±0.002^b
ANOVA							
T		***	**	**	*	***	***
SM		*	NS	NS	NS	NS	NS
P		***	***	**	*	**	**
T×SM		NS	NS	NS	NS	NS	NS
T×P		NS	NS	NS	NS	NS	*
SM×P		***	**	**	*	*	*
T×SM×P		**	*	*	*	*	***

注：T，耕作；SM，秸秆覆盖；P，降雨。不同小写字母表示处理间差异显著（$P<0.05$）。*，**，*** 和 NS 分别表示耕作措施影响有显著（$P<0.05$）、极显著（$P<0.01$）、极显著（$P<0.001$）和无显著作用。

耕作对幼苗期、拔节期、大喇叭口期、结实期和全生育期 20~40 cm 土层土壤含水量均有极显著影响（$P<0.001$；表 6-4），对抽穗期土壤含水量有极显著影响（$P<0.01$）。与无作物覆盖相比，作物覆盖使苗期的 20~40 cm 土层土壤含水量显著增加 2.75%（$P<0.01$），全生育期的 20~40 cm 土层土壤含水量极显著

增加 5.57%（$P<0.001$）。在苗期、拔节期、结实期和全生育期，降水对 20~40 cm 土层土壤含水量的影响极显著（$P<0.001$），对大喇叭口期土壤含水量的影响极显著（$P<0.01$），对抽雄期土壤含水量的影响显著（$P<0.05$）。耕作×作物覆盖×降雨交互作用对全生育期的 20~40 cm 土层土壤含水量有极显著影响（$P<0.001$），对苗期影响极显著（$P<0.01$），对其他生育期均有显著影响（$P<0.05$）。

表 6-4 常规耕作、免耕、作物覆盖、无作物覆盖、增雨、减雨和平雨处理 20~40 cm 土层的平均土壤含水量

处理		20~40 cm 土层土壤质量含水量/（g·g^{-1}）					
		播种期	拔节期	大喇叭口期	抽雄期	结实期	总生育期
T	CT	0.332±0.001^a	0.330±0.001^a	0.325±0.002^a	0.298±0.003^a	0.314±0.002^a	0.323±0.001^a
	NT	0.312±0.002^b	0.313±0.003^b	0.308±0.004^b	0.280±0.004^b	0.297±0.003^b	0.305±0.001^b
M	NM	0.318±0.002^b	0.318±0.003^a	0.312±0.004^b	0.286±0.004^b	0.303±0.003^b	0.311±0.001^b
	M	0.326±0.001^a	0.324±0.002^a	0.321±0.002^a	0.292±0.003^a	0.308±0.002^a	0.318±0.001^a
P	P	0.334±0.002^a	0.331±0.002^a	0.323±0.003^a	0.297±0.004^a	0.314±0.003^a	0.324±0.001^a
	P-	0.315±0.002^b	0.313±0.003^b	0.305±0.004^b	0.281±0.004^b	0.294±0.003^b	0.305±0.001 c
	P+	0.318±0.002^b	0.320±0.003^b	0.321±0.004^a	0.290±0.005^{ab}	0.308±0.004^a	0.313±0.001^b
ANOVA							
T		＊＊＊	＊＊＊	＊＊＊	＊＊	＊＊＊	＊＊＊
SM		＊＊	NS	NS	NS	NS	＊＊＊
P		＊＊	＊＊	＊＊	＊	＊＊＊	＊＊＊
T×SM		＊＊＊	＊＊＊	＊	＊＊	＊＊	＊＊＊
T×P		＊＊＊	＊	NS	NS	＊	＊＊＊
SM×P		＊＊＊	＊＊＊	＊	NS	＊＊	＊＊＊
T×SM×P		＊＊	＊	＊	＊	＊	＊＊＊

注：T，耕作；SM，秸秆覆盖；P，降雨。不同小写字母表示处理间差异显著（$P<0.05$）。＊，＊＊，＊＊＊和 NS 分别表示耕作措施影响有显著（$P<0.05$）、极显著（$P<0.01$）、极显著（$P<0.001$）和无显著作用。

耕作处理对各生育时期 40~60 cm 土层土壤含水量均无显著影响（$P<0.001$；

表6-5）。作物覆盖使全生育期40~60 cm土层土壤含水量显著增加1.16%。降水量对抽雄期的影响显著（$P<0.01$），对其他生育期的影响极为显著（$P<0.001$）。耕作×作物覆盖×降雨交互作用对40~60 cm土层土壤含水量的影响在抽雄期达到显著水平（$P<0.05$），在苗期达到极显著水平（$P<0.01$），在其他生育期均达到极显著水平（$P<0.001$）。

表6-5 常规耕作、免耕、作物覆盖、无作物覆盖、增雨、减雨和平雨处理 40~60 cm土层生长季平均土壤含水量

处理		40~60 cm土层土壤质量含水量/（g·g^{-1}）					
		播种期	拔节期	大喇叭口期	抽雄期	结实期	总生育期
T	CT	0.355±0.001^a	0.355±0.001^a	0.353±0.002^a	0.329±0.003^a	0.334±0.002^a	0.348±0.021^a
	NT	0.354±0.002^a	0.353±0.002^a	0.351±0.003^a	0.324±0.004^a	0.332±0.003^a	0.346±0.032^a
M	NM	0.353±0.002^a	0.353±0.002^a	0.349±0.003^a	0.324±0.004^a	0.332±0.003^a	0.345±0.031^b
	M	0.356±0.001^a	0.355±0.001^a	0.354±0.002^a	0.329±0.003^a	0.334±0.002^a	0.349±0.023^a
P	P	0.360±0.002^a	0.359±0.002^a	0.357±0.003^a	0.332±0.003^a	0.338±0.003^a	0.352±0.025^a
	P-	0.347±0.002^b	0.346±0.003^b	0.342±0.004^b	0.315±0.005^b	0.320±0.003^b	0.337±0.031^b
	P+	0.357±0.001^a	0.357±0.002^a	0.357±0.002^a	0.334±0.004^a	0.341±0.002^a	0.351±0.022^a
ANOVA							
T		NS	NS	NS	NS	NS	NS
SM		NS	NS	NS	NS	NS	*
P		***	***	***	**	***	***
T×SM		*	NS	NS	NS	NS	**
T×P		**	*	NS	NS	NS	**
SM×P		***	***	***	**	***	***
T×SM×P		***	***	***	*	**	***

注：T，耕作；SM，秸秆覆盖；P，降雨。不同小写字母表示处理间差异显著（$P<0.05$）。*，**，***和NS分别表示耕作措施影响有显著（$P<0.05$）、极显著（$P<0.01$）、极显著（$P<0.001$）和无显著作用。

水分利用主要受到降水的极显著影响（$P<0.001$；图6-3）。降水对水分利用效率有极显著影响（$P<0.001$）。耕作和作物覆盖对水分利用效率有极显著影

响（$P<0.01$）。减雨免耕覆盖的水分利用效率显著高于其他处理（除减雨常规耕作无覆盖和减雨免耕无覆盖）。减雨常规耕作无覆盖、减雨常规耕作覆盖、平雨常规耕作覆盖、减雨免耕无覆盖、平雨免耕覆盖的水分利用效率显著高于其他处理（除了减雨免耕覆盖）。增雨常规耕作无覆盖的水分利用效率也显著高于平雨常规耕作无覆盖和平雨免耕无覆盖。

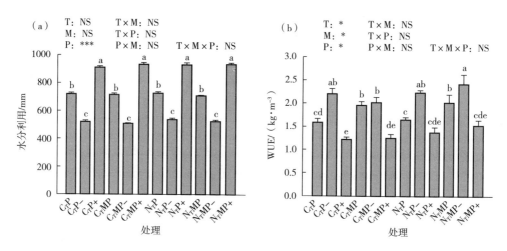

图6-3　叶面积指数、株高、产量、干重、相对饲喂价值、粗蛋白、中性洗涤纤维、酸性洗涤纤维与 0~20 cm、20~40 cm、40~60 cm 土壤含水量的相关矩阵图

注：置信区间95%。

6.3.4　土壤含水量、玉米产量和品质性状之间的关系

产量与干物质产量、株高、叶面积指数和相对饲喂价值之间存在极显著正相关（$P<0.001$；图6-4）。且产量与粗蛋白、三个土层中的土壤含水量存在极显著负相关（$P<0.001$）、与酸性洗涤纤维呈显著负相关（$P<0.05$）。干物质产量与株高、叶面积指数和相对饲喂价值之间存在极显著正相关（$P<0.001$），与粗蛋白、中性洗涤纤维、酸性洗涤纤维以及 0~20 cm 和 40~60 cm 土层的土壤含水量呈现极显著正相关（$P<0.001$）。此外，它还与 20~40 cm 土层的土壤含水量呈现极显著正相关（$P<0.01$）。株高与叶面积指数存在极显著正相关（$P<0.001$），与相对饲喂价值存在显著正相关（$p<0.05$）。同时，株高与粗蛋白、三个土层的土壤含水量以及酸性洗涤纤维之间呈现极显著负相关（$P<0.001$）。叶面积指数与粗蛋白以及三个土层的土壤含水量之间呈现极显著的负相关（$P<0.001$；图6-4），与中性洗涤纤维呈显著正相关（$P<0.05$）。粗蛋白与酸性洗涤纤维和土壤含水量

呈极显著正相关（$P<0.001$），与相对饲喂价值呈现极显著负相关（$P<0.01$）。中性洗涤纤维与酸性洗涤纤维呈极显著正相关（$P<0.001$），与相对饲喂价值存在极显著的负相关（$P<0.001$），与 0~20 cm 土层的土壤含水量存在极显著负相关（$P<0.01$）。酸性洗涤纤维与相对饲喂价值存在极显著负相关（$P<0.001$），与 0~20 cm 土层的土壤含水量呈显著负相关（$P<0.05$）。

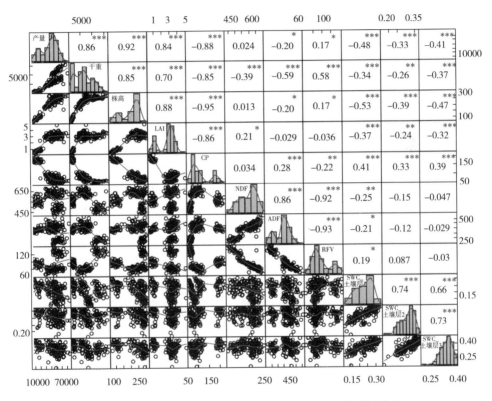

图 6-4　2021 年研究区不同处理的水分利用和水分利用效率

注：常规耕作（CT）、免耕（NT）、作物覆盖（M）、增雨（P+）、减雨（P-）和平雨（P）。

6.4　讨论

6.4.1　降水变化、耕作和覆盖对土壤水分、水分利用和水分利用效率的影响

土壤水分是限制玉米产量的主要因素之一（Wang et al., 2022）。春季降水量少和夏季土壤水分蒸发量高是导致玉米水分利用效率低和减产的主要原因

(Liu et al., 2013)。本研究发现,所有常规耕作处理的 0~40 cm 土层土壤含水量显著高于免耕处理,这与 Kitonyo 等(2018)的研究结果一致。这可能是由于免耕土壤压实较大以及优先流的让步,降低了水的渗透能力(Kitonyo et al., 2018),而常规耕作下疏松的土壤增加了水分入渗土壤的机会(Guto et al., 2012)。然而,常规耕作对 40~60 cm 土层的影响并不显著,显然,由于犁层的存在,其对土壤含水量的影响可能仅发生在耕作层。耕作对土壤含水量的影响存在争议,尽管一些研究表明免耕对土壤含水量有积极的影响(Liu et al., 2013; Wang et al., 2022),但另一些研究表明耕作措施对土壤含水量没有显著影响(Zhang et al., 2018)。免耕对土壤含水量的影响还受到其他因素的影响,如作物类型、气候条件和施肥等(Wang et al., 2018)。此外,不可否认的是,较短的试验持续时间(本研究中保护性耕作措施实施两年)可能导致处理间的差异有限;由于某些土壤性质(如土壤的物理结构、水文特性等)需要更长的实施时间才能检测到(Wang et al., 2018)。

在玉米苗期的 0~20 cm 和 20~40 cm 土层中,作物覆盖处理的土壤含水量显著高于无覆盖处理。对全生育期 20~60 cm 的两个土层也存在显著影响。这与 Zhang 等(2008)在黄土高原的研究结果一致。同时,在平雨处理中,有作物覆盖处理的水分利用效率均显著高于无作物覆盖处理,这与 Peng 等(2020)的研究结果一致。这表明作物覆盖在一定程度上可以减少土壤水分蒸发(Chen et al., 2020),增强降雨的集蓄水(Shao et al., 2016),增加土壤水分的渗透,从而提高土壤含水量和水分利用效率(Yang et al., 2016)。同时,作物覆盖可以形成物理屏障阻隔太阳辐射,调节土壤温度,促进植物根系生长和水分养分吸收(Wang et al., 2022)。此外,有助于增加土壤有机碳的来源,并间接提高土壤的保水性(Rawls et al., 2003)。

降水是直接影响土壤含水量和玉米耗水量的因素。本研究发现,与平雨处理相比,减雨处理导致玉米各生育期 0~60 cm 各土层的土壤含水量均显著降低。这表明,降水量的减少影响了整个玉米生育期的土壤含水量。值得注意的是,尽管增雨处理对 0~60 cm 各土层土壤含水量较减雨处理有显著影响,但对苗期和结实期 0~40 cm 两个土层的影响均不显著。这可能是由于研究区降水的季节性分布,在苗期和拔节期受到限制,因而增雨效果不显著。与平雨相比,增雨处理并没有显著增加土壤含水量,这可能与喀斯特地区特殊的地貌有关,降水通常以地下渗流的形式在土壤表面运移,而非入渗水分(Gao et al., 2022)。与土壤含水量不同,增雨并未显著提高玉米水分利用效率。这与 Lai 等(2022)的研究结论一致，即降雨增加不利于水分利用效率的提高。本研究还发现，免耕覆盖处理在减雨条件下显著提高了水分利用效率。这可能是由于与免耕覆盖相比，常规耕作的蒸发量更大（Peng et al.，2020），而免耕覆盖极大地减少了极端干旱天气下的蒸发损失。

6.4.2 降水变化、耕作和覆盖植物秸秆对玉米生产性能的影响

生物量的积累是产量形成的基础（Peng et al.，2020）。降水变化、耕作和覆盖是造成不同生育期青贮玉米生物量差异的三个关键因素。免耕的低温效应影响玉米的出苗和前期生长（Lal et al.，2004）。因此，与常规耕作相比，免耕在玉米生育前期（苗期至大喇叭口期）生物量积累较少，在生育后期（抽雄期和灌浆期）生物量积累逐渐增加。本研究发现 NTSP+处理在覆盖和增雨的情况下仍能在苗期保持较高的生物量，这表明秸秆覆盖和充足的降水可能缓解甚至抵消了免耕对玉米生产力的负面影响（Peng et al.，2020）。然而，在抽雄期和乳熟期，NTSP 和 NTSP+之间没有显著差异，这与 Orfanou 等（2019）的结果一致，这表明在玉米生育期增加水分输入对提高总生物量生产的影响较小。

关于耕作对作物产量影响的研究结果并不一致。Vita 等（2007）研究表明，免耕处理的小麦产量高于常规耕作。Wang 等（2018）在中国西北和华北地区的一项 Meta 分析表明，免耕对玉米产量没有影响，甚至在没有轮作的情况下导致产量降低。本研究在前人研究的基础上，结合作物覆盖和降水变化，发现耕作、降水和作物覆盖均对产量有影响，且三者互作效应显著。这与 Zhang 等（2022b）的研究结果一致，即在覆盖和适宜降水条件下，免耕对玉米产量也有增效作用。显然，耕作方式对干物质产量、株高和叶面积指数的影响也造成了产量差异，其显著的相关性（Yerli et al.，2023）证明了这一点。有趣的是，粗蛋白与产量、株高和叶面积指数之间呈显著负相关。这可能是由作物衰老程度与粗蛋白浓度之间的负相关关系造成的。

通过以上分析，本研究认为作物覆盖和降水变化对玉米生产的影响至关重要。Wang 等（2020）研究发现，玉米产量随着生长季节和降水量的增加先增加后减少，在降水量为 300~500 mL 时玉米产量较高。降水过多或过少都会引起作物的水分胁迫，导致产量降低（Ren et al.，2008；Jia et al.，2018）。在本研究中，随着降水量的增加，产量、株高或叶面积指数没有任何益处。这与产量及相关生理参数与土壤含水量呈负相关的结论一致，尤其是当土壤含水量超过一定阈值时（Rusinamhodzi et al.，2011）。这也可能是由于喀斯特地区的特殊地质特征，

高降水量和土壤渗透能力必然会携带更多的养分，这可能不利于作物生长（Gao et al.，2022），这与干旱半干旱地区的雨养农业相矛盾（Shao et al.，2016）。同样，这种养分流失不利于粗蛋白的积累，因此，雨养处理显著降低了粗蛋白含量（Li et al.，2020）。尽管如此，本研究发现土壤含水量与粗蛋白之间存在显著的正相关关系。这很好地解释了粗蛋白的积累过程，而粗蛋白的积累主要依赖于根系对氮的吸收，充足的土壤含水量非常有利于早期植株根系的生长，充足的土壤水溶液能够供应无机氮（Bi et al.，2020）。Chen 等（2020）认为覆盖降低了土壤温度，延缓了植株发育。相反，本研究发现覆盖对产量、干物质含量和粗蛋白均有显著的正效应。这与 Kerbouai 等（2022）在小麦中的研究结果一致。一方面，这可能是由于本研究的覆盖作物是黑麦草，其蛋白质含量较高，种植后分解较快。另一方面，黑麦草较长的须根和密集的冠层极大降低了通过渗透引起的养分流失的风险（Baets et al.，2011），并为玉米根系提供了低碳氮比-低有机质和较好的温度和水分环境（Shao et al.，2016）。对于保护性耕作措施，需要获得更长期的数据以进一步探讨其在不同降水变化条件下对青贮玉米产量的影响。此外，对土壤氮素的进一步探索将有助于更好地理解牧草质量与水分输入之间的关系。

6.5 结论

本研究探讨了降水变化和保护性耕作对喀斯特地区土壤水分、玉米产量和品质的影响。结果表明，在生育期增加土壤降水并未显著增加生物量和土壤含水量。但减少降水对玉米产量、粗蛋白含量和各土层土壤含水量均有显著影响。免耕对玉米产量、干物质产量、株高和粗蛋白含量均有显著影响。常规耕作处理显著提高了耕作层（0~40 cm）的土壤含水量，而作物覆盖仅对玉米苗期间的产量和土壤含水量有影响。在降水变化的条件下，免耕覆盖组合对提高玉米产量、粗蛋白含量和土壤含水量具有显著效应。因此，本研究认为，为应对与喀斯特地区地貌特征相关的降水变化和土壤状况，建议采用免耕和作物覆盖相结合的方式。

参考文献

[1] AHMAD I, YAN Z G, KAMRAN M, et al. Nitrogen management and supplemental irrigation affected greenhouse gas emissions, yield and nutritional quality of fodder maize in an arid region[J]. Agricultural Water Management, 2022, 269: 107650.

[2] DE BAETS S, POESEN J, MEERSMANS J, et al. Cover crops and their erosion-reducing effects during concentrated flow erosion[J]. Catena, 2011, 85 (3): 237-244.

[3] BAI L Z, KONG X Y, LI H, et al. Effects of conservation tillage on soil properties and maize yield in Karst regions, southwest China[J]. Agriculture, 2022, 12 (9): 1449.

[4] BI W X, WANG M K, WENG B S, et al. Effects of drought-flood abrupt alternation on the growth of summer maize[J]. Atmosphere, 2019, 11 (1): 21.

[5] CALVIÑO P A, ANDRADE F H, SADRAS V O. Maize yield as affected by water availability, soil depth, and crop management[J]. Agronomy Journal, 2003, 95 (2): 275-281.

[6] CHEN L, ZHANG J B, ZHAO B Z, et al. Effects of straw amendment and moisture on microbial communities in Chinesefluvo-aquic soil[J]. Journal of Soils and Sediments, 2014, 14 (11): 1829-1840.

[7] CHEN S Y, ZHANG X Y, SHAO L W, et al. Effects of straw and manure management on soil and crop performance in North China Plain[J]. CATENA, 2020, 187: 104359.

[8] CLAY D E, ALVERSON R, JOHNSON J M F, et al. Crop residue management challenges: A special issue overview[J]. Agronomy Journal, 2019, 111 (1): 1-3.

[9] DIKGWATLHE S B, CHEN Z D, LAL R, et al. Changes in soil organic carbon and nitrogen as affected by tillage and residue management under wheat-maize cropping system in the North China Plain[J]. Soil andTillage Research, 2014, 144: 110-118.

[10] GAO Z C, XU Q X, SI Q, et al. Effects of different straw mulch rates on the runoff and sediment yield of young citrus orchards with lime soil and red soil under simulated rainfall conditions in southwest China[J]. Water, 2022, 14 (7): 1119.

[11] GUTO S N, PYPERS P, VANLAUWE B, et al. Socio-ecological niches for minimum tillage and crop-residue retention in continuous maize cropping systems in smallholder farms of central Kenya[J]. Agronomy Journal, 2012, 104 (1): 188-198.

[12] HEROUT M, KOUKOLÍCEK J, KINCL D, et al. Impacts of technology and the width of rows on water infiltration and soil loss in the early development of maize on sloping lands[J]. Plant, Soil and Environment, 2018, 64 (10): 498-503.

[13] JIA Q M, CHEN K Y, CHEN Y Y, et al. Mulch covered ridges affect grain yield of maize through regulating root growth and root-bleeding sap under simulated rainfall conditions[J]. Soil and Tillage Research, 2018, 175: 101-111.

[14] JIA L Z, ZHAO W W, ZHAI R J, et al. Regional differences in the soil and water conservation efficiency of conservation tillage in China[J]. CATENA, 2019, 175: 18-26.

[15] JIANG Z C, LIAN Y Q, QIN X Q. Rocky desertification in Southwest China: Impacts, causes,

and restoration[J]. Earth-Science Reviews, 2014, 132: 1-12.

[16] KERBOUAI I, M' HAMED H C, JENFAOUI H, et al. Long-term effect of conservation agriculture on the composition and nutritional value of durum wheat grains grown over 2 years in a Mediterranean environment[J]. Journal of the Science of Food and Agriculture, 2022, 102 (15): 7379-7386.

[17] KITONYO O M, SADRAS V O, ZHOU Y, et al. Nitrogen fertilization modifies maize yield response to tillage and stubble in a sub-humid tropical environment[J]. Field Crops Research, 2018, 223: 113-124.

[18] LAL R, GRIFFIN M, APT J, et al. Managing soil carbon[J]. Science, 2004, 304 (5669): 393.

[19] LAI X F, SHEN Y Y, WANG Z K, et al. Impact of precipitation variation on summer forage crop productivity and precipitation use efficiency in a semi-arid environment[J]. European Journal of Agronomy, 2022, 141: 126616.

[20] LAMPURLANÉS J, PLAZA-BONILLA D, ÁLVARO-FUENTES J, et al. Long-term analysis of soil water conservation and crop yield under different tillage systems in Mediterranean rainfed conditions[J]. Field Crops Research, 2016, 189: 59-67.

[21] LI Y, SONG D P, DANG P F, et al. Combined ditch buried straw return technology in a ridge-furrow plastic film mulch system: Implications for crop yield and soil organic matter dynamics [J]. Soil and Tillage Research, 2020, 199: 104596.

[22] LIU S, ZHANG X Y, YANG J Y, et al. Effect of conservation and conventional tillage on soil water storage, water use efficiency and productivity of corn and soybean in Northeast China[J]. Acta Agriculturae Scandinavica, Section B-Soil & Plant Science, 2013, 63 (5): 383-394.

[23] NORRIS J, CHEN G, LI C. Dynamic amplification of subtropical extreme precipitation in a warming climate[J]. Geophysical Research Letters, 2020, 47 (14): e87200.

[24] ORFANOU, PAVLOU, PORTER. Maize yield and irrigation applied in conservation and conventional tillage at various plant densities[J]. Water, 2019, 11 (8): 1726.

[25] PENG Z K, WANG L L, XIE J H, et al. Conservation tillage increases yield and precipitation use efficiency of wheat on the semi-arid Loess Plateau of China[J]. Agricultural Water Management, 2020, 231: 106024.

[26] RAWLS W J, PACHEPSKY Y A, RITCHIE J C, et al. Effect of soil organic carbon on soil water retention[J]. Geoderma, 2003, 116 (1/2): 61-76.

[27] REN X L, JIA Z K, CHEN X L. Rainfall concentration for increasing corn production under semiarid climate[J]. Agricultural Water Management, 2008, 95 (12): 1293-1302.

[28] RUSINAMHODZI L, CORBEELS M, VAN WIJK M T, et al. A meta-analysis of long-term effects of conservation agriculture on maize grain yield under rain-fed conditions[J]. Agronomy for Sustainable Development, 2011, 31 (4): 657-673.

[29] SHAO Y H, XIE Y X, WANG C Y, et al. Effects of different soil conservation tillage approaches on soil nutrients, water use and wheat-maize yield in rainfed dry-land regions of North China[J]. European Journal of Agronomy, 2016, 81: 37-45.

[30] TURMEL M S, SPERATTI A, BAUDRON F, et al. Crop residue management and soil health: A systems analysis[J]. Agricultural Systems, 2015, 134: 6-16.

[31] DEVITA P, DIPAOLO E, FECONDO G, et al. No-tillage and conventional tillage effects on durum wheat yield, grain quality and soil moisture content in southern Italy[J]. Soil and Tillage Research, 2007, 92 (1/2): 69-78.

[32] WANG Y Q, ZHANG Y H, ZHOU S L, et al. Meta-analysis of no-tillage effect on wheat and maize water use efficiency in China[J]. The Science of the Total Environment, 2018, 635: 1372-1382.

[33] WANG P J, WU D R, YANG J Y, et al. Summer maize growth under different precipitation years in the Huang-Huai-Hai Plain of China[J]. Agricultural and Forest Meteorology, 2020, 285/286: 107927.

[34] WANG Z, SUN J, DU Y D, et al. Conservation tillage improves the yield of summer maize by regulating soil water, photosynthesis and inferior kernel grain filling on the semiarid Loess Plateau, China[J]. Journal of the Science of Food and Agriculture, 2022, 102 (6): 2330-2341.

[35] YANG H S, FENG J X, ZHAI S L, et al. Long-term ditch-buried straw return alters soil water potential, temperature, and microbial communities in a rice-wheat rotation system[J]. Soil and Tillage Research, 2016, 163: 21-31.

[36] YERLI C, SAHIN U, ORS S, et al. Improvement of water and crop productivity of silage maize by irrigation with different levels of recycled wastewater under conventional and zero tillage conditions[J]. Agricultural Water Management, 2023, 277: 108100.

[37] ZHANG S, LOVDAHL L, GRIP H, et al. Effects of mulching and catch cropping on soil temperature, soil moisture and wheat yield on the Loess Plateau of China[J]. Soil and Tillage Research, 2009, 102 (1): 78-86.

[38] ZHANG P, CHEN X L, WEI T, et al. Effects of straw incorporation on the soil nutrient contents, enzyme activities, and crop yield in a semiarid region of China[J]. Soil and Tillage Research, 2016, 160: 65-72.

[39] ZHANG Y J, WANG S L, WANG H, et al. Crop yield and soil properties of dryland winter wheat-spring maize rotation in response to 10-year fertilization and conservation tillage practices on the Loess Plateau[J]. Field Crops Research, 2018, 225: 170-179.

[40] ZHANG K P, LI Y F, WEI H H, et al. Conservation tillage or plastic film mulching? A comprehensive global meta-analysis based on maize yield and nitrogen use efficiency[J]. The Science of the Total Environment, 2022, 831: 154869.

[41] ZHANG Q, WANG S L, SUN Y G, et al. Conservation tillage improves soil water storage, spring maize (Zea mays L.) yield and WUE in two types of seasonal rainfall distributions[J]. Soil and Tillage Research, 2022, 215: 105237.

第7章 喀斯特地区不同耕作和秸秆还田措施对青贮玉米产量、品质及土壤磷的影响

7.1 研究背景与意义

玉米（Zea mays L.）作为全球重要粮食和饲料的来源，其在维护全球粮食安全和能源需求方面无疑担负着关键使命。磷作为植物生长和发育的必需营养物质，在作物的光合作用、转运和根系生长等关键过程中发挥着至关重要的作用。随着农业生态系统的退化，磷已经成为一种有限且不可再生的资源，其主要原因是原生矿物磷的风化损失以及二次积累过程中有机复合物的大量流失。磷在陆地生态系统中的局限性给全球玉米生产带来了巨大挑战。

由于喀斯特地区脆弱的生态条件，农业生产一直是制约该地区经济社会发展的最大限制因素。保水能力差、抗扰动能力弱、水土流失严重是限制农艺生产力的主要因素。此外，磷的有效性始终是影响喀斯特地区土壤生产力的限制因素之一。此外，石漠化的加剧、健康耕地面积的减少以及磷的利用效率不佳等问题进一步增加了该地区玉米产量和品质面临的困难。

保护性耕作措施，包括减少土壤扰动和覆盖作物，在农业生产中对维持土壤质量的重要作用已经得到广泛认可。具体而言，免耕措施可以改善土壤结构，维持大聚合体的稳定性，提高土壤有机质含量。这种改善还伴随着土壤生物功能的增强，包括酸性磷酸酶活性、微生物生物量及溶磷微生物群落的丰度。尽管有研究认为免耕有利于土壤磷素有效性，但免耕对土壤可溶性磷流失的影响仍存在争议。此外，免耕措施对玉米产量的负面影响也不容忽视。Pittelkow等（2015）认为，免耕措施必须与其他保护性农业措施相结合才能对作物产量产生积极影响。Chetan等（2022）认为将免耕与覆盖作物措施相结合，可以提高青贮玉米产量、粗蛋白和粗脂肪含量。毫无疑问，覆盖作物有助于土壤固碳和土壤氮储存。虽然

覆盖作物残体的分解在一定程度上可以作为土壤磷素积累的来源，但其对土壤磷素有效性，以及累积的磷素能否够抵消生产消耗以维持土壤肥力、提高作物产量和/或品质的影响尚不确定。

本研究探讨了喀斯特地区不同耕作和覆盖作物措施下玉米产量、品质和土壤磷素的变化。目的是探究①耕作措施对玉米产量、品质和土壤磷素的影响，②耕作与覆盖作物措施相结合对玉米产量、品质和土壤磷素的综合效应，以及③玉米产量、品质、土壤磷素和酸性磷酸酶活性之间的相互关系。解答这些问题对于更深入地了解喀斯特地区土壤磷动态至关重要，并为进一步阐明哪种保护性农业措施（耕作与秸秆还田）可以最大限度地提高青贮玉米生产力和缓解喀斯特地区土壤磷素限制提供初步的认识和科学依据。

7.2 材料与方法

7.2.1 试验地点

试验地点位于贵州省铜仁市思南县塘头镇贵州省油菜研究所试验基地（27°44′N，108°11′E），海拔 386 m。该地区属于中亚热带季风湿润气候，年均降水量约为 1142 mm，年平均温度约为 17.5℃（图 7-1）。试验区的土壤类型属于强淋溶土（FAO taxonomy），试验前土壤的基本理化性质见表 7-1。前茬作物为毛苕子（*Vicia villosa*）。

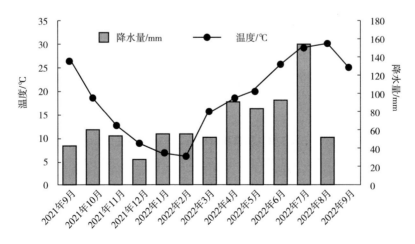

图 7-1 2021~2022 年研究区玉米生长季的降水量和平均气温

表 7-1 试验前土壤土层深度（0~100 cm）的基本性质

土层/cm	pH	SOC/(g·kg^{-1})	TN/(g·kg^{-1})	NO$_3$/(mg·kg^{-1})	NH$_4$/(mg·kg^{-1})	TP/(g·kg^{-1})	AP/(mg·kg^{-1})
0~5	5.29	20.71	1.74	52.00	2.82	0.74	35.64
5~10	5.39	20.52	1.52	36.75	1.23	0.66	30.92
10~20	5.37	18.39	1.49	23.60	0.50	0.67	35.17
20~30	5.73	16.10	1.17	12.01	0.30	0.61	25.08
30~45	5.93	14.73	1.07	9.73	0.26	0.53	18.65
45~60	5.91	13.76	0.94	9.31	0.25	0.62	18.28
60~80	5.80	15.24	1.13	7.49	0.91	0.48	19.70
80~100	5.68	16.03	1.21	11.78	1.09	0.48	19.41

注：土壤有机碳（SOC）、全氮（TN）、有效氮（NO3、NH4）、全磷（TP）、有效磷（AP）。

7.2.2 试验设计

试验于2021年建立，并在接下来的一年进行了重复。每个小区的面积为 8 m×7.8 m，但为避免边缘效应，采样区域包含在中心 6 m×5.4 m 的区域内。青贮玉米黔青446于2022年4月8日播种。试验采用裂区和完全随机区组设计相结合的方法。处理包括耕作和秸秆还田措施组合（表7-2）。每个处理设置三个重复，共24个小区。每个小区以宽（80 cm）—窄（40 cm）行模式种植于取样区。株距为 20 cm，播种密度为 92000 株/hm^2。播种前施用复合肥（N：P$_2$O$_5$：K$_2$O=15：15：15）150 kg/hm^2，拔节期和大喇叭口期分别施用尿素 73.5 kg/hm^2 和 122.25 kg/hm^2。生长期发现的杂草采用人工除草的方法进行管理，其他管理措施遵循当地的惯例进行。

表 7-2 耕作和秸秆还田措施的描述

处理	耕作	秸秆还田
CT	传统耕作（播种前用机械耕深 30 cm）	无毛苕子
CTH	传统耕作（播种前用机械耕深 30 cm）	毛苕子地上部收获及根茬保留
CTM	传统耕作（播种前用机械耕深 30 cm）	毛苕子地上部收获后覆盖

第7章 喀斯特地区不同耕作和秸秆还田措施对青贮玉米产量、品质及土壤磷的影响

续表

处理	耕作	秸秆还田
CTR	传统耕作（播种前用机械耕深 30 cm）	毛苕子粉碎和翻耕还田
NT	免耕	无毛苕子
NTH	免耕	毛苕子地上部收获及根茬保留
NTM	免耕	毛苕子地上部收获后覆盖
NTLM	免耕	活覆盖（毛苕子留茬 5 cm 保持地上部生长，直至青贮玉米收获）

7.2.3 植物采样与分析

苗期结束后，在每个小区随机选取 9 株相似且具有代表性的青贮玉米进行标记。在拔节期、大喇叭口期和乳熟期，测定青贮玉米株高（玉米在其自然状态下，从地面到最高部位的垂直距离）、叶长（从叶尖到叶基的长度）和叶宽（叶片最宽处的长度）。随后，在拔节期和大喇叭口期破坏性地选取 9 株玉米，测定生物量（除固定植物外），并在乳熟期对整个取样小区进行收获，测定其产量。具体而言，将取样的植株在 105℃下烘干 30 min，然后在 65℃烘干直至恒重，然后测定干物质含量。烘干后的样品用植物粉碎机进行粉碎，过 0.35 mm 筛后进行密封保存。根据 Pearsons 等（2022）的方法测定粗纤维、粗灰分和粗脂肪通过凯氏定氮法、水杨酸比色法、吲哚三酮比色法和范氏纤维素含量测定法测定全氮、中性洗涤纤维和酸性洗涤纤维含量。

叶面积指数的计算公式如式（7-1）和式（7-2）所示：

$$S_1 = L \times W \times 0.75 \tag{7-1}$$

$$\mathrm{LAI} = \frac{S_1 \times n}{A} \tag{7-2}$$

式中，S_1 为单株玉米叶面积（cm^2），L 为叶长（cm），W 为叶宽，叶面积系数为 0.75（未展开叶片的叶面积系数为 0.5），n 为单位面积玉米株数，A 为单位土地面积（cm^2）。

粗蛋白的计算公式则如式（7-3）所示：

$$CP = TN \times 6.25 \tag{7-3}$$

式中，TN 代表玉米植株的全氮含量（cm^2），转换系数为 6.25。

7.2.4 土样采集与分析

青贮玉米收获后，采用五点取样法分别在 0~5 cm 和 5~10 cm 深度采集土壤样本。将同一小区同一土层的样品混合均匀，去除沙砾和植物残体，自然风干、磨碎，过 2 mm 筛，以进行土壤性质分析和酶活性测定。全磷采用 H_2SO_4-$HClO_4$ 消解法测定。有效磷采用 $NaHCO_3$ 萃取/Mo-Sb 比色法进行测定。土壤微生物磷采用氯仿熏蒸法测定，酸性磷酸酶与钠的比值采用磷酸苯二钠比色法测定。

7.2.5 数据分析

本研究采用单因素方差分析（ANOVA，$P<0.05$）来评估不同处理对玉米产量、品质、土壤磷含量和酶活性的影响。均值分离采用了 Duncan 的多重比较法。采用 R 中的"corrplot"包计算植物和土壤指标之间的 Pearson 相关矩阵，采用"ggcorrplot"包进行数据可视化。

7.3 结果

7.3.1 玉米产量和品质

不同耕作和秸秆还田措施对株高的影响在所有时期都是一致的（表 7-3）。具体而言，传统耕作覆盖作物、传统耕作秸秆留茬、传统耕作秸秆还田和免耕覆盖作物处理显著大于传统耕作、免耕和免耕秸秆留茬处理的株高。免耕活体覆盖的株高显著大于免耕和传统耕作，传统耕作秸秆留茬的株高显著大于免耕。不同耕作和秸秆还田措施对拔节期叶面积指数没有显著影响。在大喇叭口期，传统耕作覆盖作物的株高显著大于传统耕作、免耕和免耕秸秆留茬。传统耕作秸秆还田的株高显著大于传统耕作和免耕处理。免耕覆盖作物和免耕活体覆盖的株高显著大于免耕处理。在乳熟期，传统耕作覆盖作物的株高显著大于除传统耕作秸秆还田外的其他所有处理。传统耕作秸秆还田的株高显著大于传统耕作秸秆留茬和免耕秸秆留茬。免耕覆盖作物的株高显著大于传统耕作、免耕和免耕秸秆留茬。免耕活体覆盖显著大于传统耕作和免耕。传统耕作秸秆留茬的株高显著大于免耕处理。

第7章 喀斯特地区不同耕作和秸秆还田措施对青贮玉米产量、品质及土壤磷的影响

表7-3 各处理不同生育时期的平均株高和叶面积指数（LAI）

指标	处理	生育期		
		拔节期	大喇叭口期	结实期
株高 (cm)	CT	88.17^{cd}	169.07^{cd}	231.83^{cd}
	CTH	100.43^{abc}	192.20^{abc}	264.12^{abc}
	CTM	114.33^{a}	219.90^{a}	301.30^{a}
	CTR	112.12^{a}	215.40^{a}	295.23^{a}
	NT	81.03^{d}	155.97^{d}	213.01^{d}
	NTH	92.22^{bcd}	176.07^{bcd}	241.92^{bcd}
	NTM	108.07^{a}	207.57^{a}	284.90^{a}
	NTLM	105.87^{ab}	202.37^{ab}	277.32^{ab}
LAI	CT	1.12^{a}	2.40^{cd}	4.64^{de}
	CTH	1.28^{a}	2.73^{abcd}	5.29^{bcd}
	CTM	1.46^{a}	3.12^{a}	6.03^{a}
	CTR	1.43^{a}	3.05^{ab}	5.91^{ab}
	NT	1.03^{a}	2.21^{d}	4.26^{e}
	NTH	1.17^{a}	2.50^{bcd}	4.84^{cde}
	NTM	1.38^{a}	2.95^{abc}	5.70^{b}
	NTLM	1.34^{a}	2.87^{abc}	5.55^{bc}

注：传统耕作（CT）、传统耕作+秸秆留茬（CTH）、传统耕作+覆盖作物（CTM）、传统耕作+秸秆还田（CTR）、免耕（NT）、免耕+秸秆留茬（NTH）、免耕+覆盖作物（NTM）、免耕+活体覆盖（NTLM）。不同字母表示同一处理不同土层间在 $P<0.05$ 水平上差异显著。

在拔节期，传统耕作覆盖作物和传统耕作秸秆还田的生物量（图7-2）和干物质（图7-3）均显著高于免耕处理；其余处理差异不显著。在大喇叭口期，传统耕作覆盖作物的生物量显著高于传统耕作、传统耕作秸秆留茬、免耕和免耕秸秆留茬（图7-2）。此外，免耕处理的生物量显著低于传统耕作秸秆留茬、传统耕作秸秆还田、免耕覆盖作物和免耕活体覆盖。在乳熟期，传统耕作覆盖作物和传统耕作秸秆还田的生物量显著高于传统耕作和免耕。免耕活体覆盖和免耕覆盖作物的生物量显著高于免耕处理。

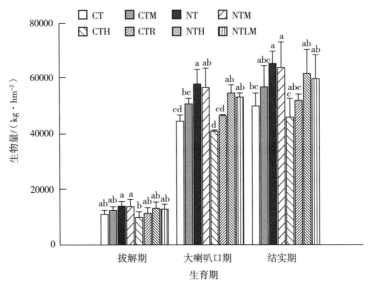

图 7-2 研究区玉米不同生育时期的生物量

注：传统耕作（CT）、传统耕作秸秆留茬（CTH）、传统耕作覆盖作物（CTM）、传统耕作秸秆还田（CTR）、免耕（NT）、免耕秸秆留茬（NTH）、免耕覆盖作物（NTM）、免耕活体覆盖（NTLM）。不同字母表示同一处理不同土层间在 $P<0.05$ 水平上差异显著。

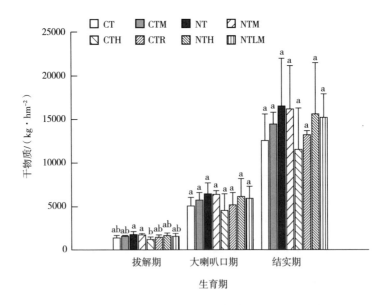

图 7-3 研究区玉米不同生育时期的干物质含量

注：传统耕作（CT）、传统耕作秸秆留茬（CTH）、传统耕作覆盖作物（CTM）、传统耕作秸秆还田（CTR）、免耕（NT）、免耕秸秆留茬（NTH）、免耕覆盖作物（NTM）、免耕活体覆盖（NTLM）。不同字母表示同一处理不同土层间在 $P<0.05$ 水平上差异显著。

对于粗蛋白含量而言，免耕处理及免耕处理下任何覆盖处理均显著大于传统耕作，其余处理间差异不显著（表7-4）。免耕覆盖作物处理的粗纤维百分比显著高于传统耕作和免耕处理，其余处理间差异不显著。传统耕作秸秆留茬、传统耕作覆盖作物及传统耕作秸秆还田的粗脂肪含量显著高于传统耕作，其余处理间差异不显著。耕作及秸秆还田措施对酸性洗涤纤维、中性洗涤纤维以及粗灰分无显著影响。

表7-4 在乳熟期，不同处理下的平均粗蛋白（*CP*）、粗纤维（*CF*）、酸性洗涤纤维（ADF）、中性洗涤纤维（NDF）、粗灰分（Ash）和粗脂肪

处理	CP/%	CF/%	ADF/%	NDF/%	Ash/%	Crude Fat/%
CT	7.38^b	23.91^b	30.27^a	50.43^a	6.76^a	1.66^b
CTH	8.13^{ab}	25.69^{ab}	32.17^a	54.12^a	6.38^a	2.85^a
CTM	8.09^{ab}	27.12^{ab}	30.69^a	49.63^a	7.17^a	2.96^a
CTR	8.18^{ab}	26.77^{ab}	30.65^a	52.34^a	7.20^a	3.08^a
NT	8.34^a	23.47^b	27.78^a	50.49^a	5.08^a	2.24^{ab}
NTH	8.53^a	26.10^{ab}	31.44^a	51.13^a	5.49^a	2.51^{ab}
NTM	8.91^a	29.71^a	32.76^a	53.61^a	5.61^a	2.98^{ab}
NTLM	8.69^a	28.57^{ab}	29.04^a	51.66^a	5.97^a	2.98^{ab}

注：处理分别为传统耕作（CT）、传统耕作秸秆留茬（CTH）、传统耕作覆盖作物（CTM）、传统耕作秸秆还田（CTR）、免耕（NT）、免耕秸秆留茬（NTH）、免耕覆盖作物（NTM）、免耕活体覆盖（NTLM）。不同字母表示同一处理不同土层间在 $P<0.05$ 水平上差异显著。

7.3.2 土壤磷含量及酸性磷酸酶活性

在0~5 cm的土层中，各处理间的土壤全磷含量无显著差异（表7-5），传统耕作覆盖作物的有效磷含量显著高于免耕和免耕活体覆盖，其余处理间没有显著差异。除免耕覆盖作物外，传统耕作覆盖作物的微生物磷含量显著高于其他处理。免耕覆盖作物和免耕活体覆盖的微生物磷含量显著高于传统耕作和传统耕作秸秆留茬。传统耕作覆盖作物的酸性磷酸酶活性显著高于其他处理，传统耕作秸秆还田和免耕活体覆盖的酸性磷酸酶活性显著高于免耕覆盖作物、免耕和传统耕作。免耕处理下的酸性磷酸酶活性显著低于其他处理，传统耕作显著低于其他处理。

表7-5 在生育期，不同处理下的平均全磷、有效磷、酸性磷酸酶和土壤微生物量磷

上层/cm	处理	TP/(g·kg^{-1})	AP/(g·kg^{-1})	ACP/(U·g^{-1})	MBP/(mg·kg^{-1})
0~5	CT	0.74^a	32.15^{ab}	73.63^d	22.03^c
	CTH	0.75^a	34.02^{ab}	105.79^{bc}	23.94^c
	CTM	0.65^a	41.12^a	156.99^a	45.18^a
	CTR	0.74^a	34.13^{ab}	121.53^b	28.86^{bc}
	NT	0.70^a	25.83^b	44.40^e	28.00^{bc}
	NTH	0.71^a	31.39^{ab}	117.79^{bc}	29.47^{bc}
	NTM	0.72^a	33.17^{ab}	100.32^c	40.02^{ab}
	NTLM	0.74^a	30.51^b	119.97^b	30.77^b
5~10	CT	0.67^c	24.91^c	67.11^e	18.26^c
	CTH	0.75^b	41.76^{ab}	94.34^d	18.98^c
	CTM	0.67^c	40.52^{ab}	150.77^a	25.26^b
	CTR	0.64^c	34.31^{abc}	129.32^b	19.23^c
	NT	0.72^{abc}	31.48^{bc}	40.64^f	21.76^{bc}
	NTH	0.71^{bc}	35.62^{abc}	97.67^d	27.27^{abc}
	NTM	0.65^c	38.99^{ab}	98.56^d	41.28^a
	NTLM	0.85^{ab}	46.08^a	113.57^c	25.34^b

注：TP为全磷（g·kg^{-1}），AP为有效磷（g·kg^{-1}），ACP为酸性磷酸酶（U·g^{-1}），MBP为土壤微生物量磷（mg·kg^{-1}）。

在5~10 cm的土壤层中，免耕活体覆盖的全磷含量显著大于传统耕作、传统耕作覆盖作物、传统耕作秸秆还田和免耕覆盖作物4个处理（表7-5）。传统耕作秸秆留茬的全磷含量显著大于传统耕作、传统耕作覆盖作物、传统耕作秸秆还田和免耕覆盖作物。免耕活体覆盖的有效磷含量显著高于传统耕作和免耕。免耕处理的有效磷含量显著低于传统耕作秸秆留茬、传统耕作覆盖作物和免耕覆盖作物。除免耕秸秆留茬外，免耕覆盖作物的土壤微生物量磷显著大于其他处理。传

统耕作覆盖作物和免耕活体覆盖的土壤微生物量磷含量均显著高于传统耕作秸秆留茬、传统耕作秸秆还田处理，其余处理间差异不显著。传统耕作覆盖作物的酸性磷酸酶活性最高，其次是传统耕作秸秆还田、免耕活体覆盖、免耕覆盖作物、免耕秸秆留茬、传统耕作秸秆留茬、传统耕作和免耕处理。传统耕作秸秆留茬、免耕秸秆留茬和免耕覆盖作物之间没有显著差异，其余处理间差异显著。

7.3.3 相关性分析

从相关性分析结果来看，全磷与粗灰分之间呈显著负相关（$P<0.05$；图 7-4）。粗灰分与有效磷、叶面积指数和生物量之间呈显著正相关关系（$P<0.05$）。有效磷与叶面积指数和生物量呈极显著正相关（$P<0.01$），与株高和酸性磷酸酶

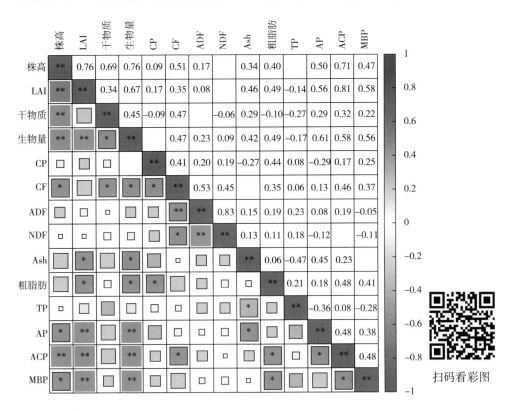

图 7-4 叶面积指数、株高、生物量、干物质、粗蛋白、中性洗涤纤维、酸性洗涤纤维、粗纤维、粗灰分、全磷、有效磷、土壤微生物量磷）、酸性磷酸酶之间的相关矩阵图

注：置信区间为95%。* 和 ** 分别表示通过 Pearson's 相关性确定的 $P<0.05$ 和 $P<0.01$ 的耕作措施的显著影响。

之间存在显著正相关（$P<0.05$）。干物质含量与株高呈极显著正相关关系（$P<0.01$），与生物量和粗纤维之间呈显著正相关（$P<0.05$）。叶面积指数与生物量、土壤微生物量磷和酸性磷酸酶之间呈极显著正相关关系（$P<0.01$），与粗脂肪呈显著正相关关系（$P<0.05$）。土壤微生物量磷与生物量之间呈极显著正相关关系（$P<0.01$），与高度、酸性磷酸酶和粗脂肪之间存在显著正相关关系（$P<0.05$）。粗脂肪与粗蛋白显著正相关（$P<0.05$）。粗纤维与酸性洗涤纤维之间呈极显著正相关关系（$P<0.01$），与粗蛋白和中性洗涤纤维之间存在显著正相关关系（$P<0.05$）。酸性洗涤纤维与中性洗涤纤维呈极高度显著正相关关系（$P<0.01$）。

7.4 讨论

7.4.1 不同耕作及覆盖措施对土壤磷素及磷酸酶的影响

不同的农业和覆盖作物管理措施会影响土壤理化性质、土壤磷含量和土壤酸性磷酸酶活性，从而影响作物对土壤磷的吸收和利用。Chen 等（2022）研究结果表明，与传统耕作相比，免耕显著提高了 0~10 cm 土层的全磷含量。同时，免耕可以显著增强表层土壤有效磷含量，提高微生物生物量、溶磷微生物丰度和酸性磷酸酶活性，这与本文研究结果不一致。本研究发现，尽管在免耕措施下，全磷、有效磷和土壤微生物量磷含量的平均值高于传统耕作（5~10 cm），但并未出现显著改善。一方面，耕作措施对土壤理化性质的影响可能因土壤类型的不同而存在差异。另一方面，这可能与试验持续时间（本研究为建立保护性耕作制度的第二年）有关，因为试验持续时间可以显著影响土壤养分含量和养分有效性。作物、土壤和微生物之间的关系错综复杂。免耕主要改善土壤物理结构，提高土壤有机质含量，减少因吸附而导致的磷损失，并为土壤生物功能创造有利条件，如适合微生物和酶的功能。因此，本研究认为短期内，免耕可能不会显著增加土壤磷含量和养分有效性。

有趣的是，本研究发现传统耕作显著提高了 0~10 cm 土层酸性磷酸酶活性。通常来说，酸性磷酸酶活性与微生物生物量呈正相关，这也得到了本研究所进行的相关性分析的验证。然而，本研究并未观察到传统耕作导致微生物生物量的显著增加。因此，本研究认为这可能与不稳定的土壤有机碳库和/或土壤有机质的损失有关。另外，也可以提出这样的观点，即传统耕作引起的土壤扰动和通气条件并不影响微生物生物量，而是改变了微生物群落的组成。这意味着一些好氧物种，如菌根真菌，可能提供更大的酸性磷酸酶活性。耕作引起的土壤大团聚体的破坏和有机质的损失会引起微生物胁迫，从而导致酶富集或代谢活性的增加。尽管如此，本研究仍聚焦于保护性耕作制度，其中免耕结合覆盖作物措施——尤其是秸秆还田和活体覆盖——显著提高了土壤全磷、有效磷和土壤微生物量磷的含量。其中涵盖了多方面的意义。首先，覆盖作物是关键的养分来源，而豆科植物的分解会释放磷。这表明毛苕子的根部吸引了特定的微生物，这些微生物负责有机质的降解和提高磷的有效性。此外，在低土壤 pH 条件下，真菌可能在微生物群落中发挥重要作用。其次，免耕通过最大限度地减少土壤扰动，维持稳定的物理结构，减少有效磷吸附损失，为提高磷有效性提供了条件。

7.4.2 不同耕作和覆盖措施对玉米产量及品质的影响

耕作措施对作物产量的影响受作物类型、气候条件等多种因素的影响。本研究发现，在无覆盖作物的条件下免耕处理的生物量、株高和叶面积指数均低于传统耕作，但差异并不显著。这与 Pittelkow 等（2015）的研究结果一致，他们认为免耕和传统耕作产量相当。这可能归因于免耕导致土壤板结，从而在一定程度上影响了作物根系的生长。此外，本研究发现传统耕作覆盖作物与免耕覆盖作物的产量相当。这与 Zhang 等（2018）的研究结果一致，表明免耕虽然增加了土壤大团聚体的比例，增强了表层土壤养分的积累，但在相同覆盖作物管理下并没有显著增加生物量。这表明耕作措施似乎并非玉米产量的决定性因素，并且对玉米产量的影响是可变的。此外，在免耕措施下，与休耕处理相比，免耕结合覆盖作物保留和（或）活体覆盖显著提高了作物产量。因此，免耕与覆盖作物措施相结合可能是保持甚至提高产量的有效途径。一方面，这可能是因为覆盖作物的分解在整个青贮玉米生长期间提供了一定的养分资源，从而提高了玉米产量。另一方面，在活体覆盖的条件下，覆盖作物的根系可以改善土壤结构，降低土壤紧实度，促进后茬作物的生长。同时，覆盖作物根系（活体覆盖）吸引的微生物群落可以提高土壤养分有效性和水分可利用性，产生刺激性物质，从而促进玉米的生长并提高生产力。Wang 等（2021）还发现免耕对玉米产量没有显著影响，然而，与覆盖作物保留相结合时，产量发生了变化。此外，本研究还发现覆盖作物的不同利用方式对青贮玉米产量的影响不同。这与 Coombs 等（2017）的研究结果一致，发现使用豆科覆盖作物可以改善玉米氮素状况，从而影响玉米的生长和产量。通过碾压和耕作引入覆盖作物后作物产量的增加可能是由于耕作促进了青贮玉米中氮、磷养分的积累。

本研究发现，免耕显著提高了玉米粗蛋白含量，而覆盖作物措施平衡了传统耕作对粗蛋白含量的负面影响。显然，免耕对土壤养分有积极影响，提高了玉米对氮素的利用率。然而，豆科覆盖作物对土壤氮素的贡献也不容忽视。本研究还发现，覆盖作物显著提高了青贮玉米的粗脂肪含量，免耕与覆盖作物相结合也提高了其粗脂肪含量（虽不显著）。此外，粗脂肪与土壤微生物量磷之间存在显著的正相关关系。这与 Harish 等（2022）的研究结果一致，他们发现免耕、额外磷输入（覆盖作物分解）以及高微生物生物量显著提高了青贮玉米的粗脂肪含量。尽管当前的研究结果表明，免耕和覆盖作物在促进玉米产量、品质以及各生长阶段土壤磷有效性方面没有显著影响，但保护性耕作制度对土壤健康的优势仍然明显。因此，我们可以从土壤微生物群落的角度进一步确定保护性耕作的优势。可以通过从毛苕子和玉米中分离根际微生物进行比较，以确定保护性耕作和秸秆还田措施带来的更关键或重要的微生物组，也可以通过微生物肥料替代有机肥来促进生产，从而显著提高玉米生产力。

7.5 结论

本研究探讨不同耕作和覆盖作物措施对喀斯特地区青贮玉米产量、品质和土壤磷的影响。为确定哪类保护性农业措施（包括耕作和残留物保留）能够最大限度地提高青贮玉米的生产力，为缓解喀斯特地区土壤磷限制提供了基础。结果表明，与传统耕作、免耕和免耕秸秆留茬相比，传统耕作覆盖作物、免耕覆盖作物、传统耕作秸秆还田和免耕活体覆盖显著提高了青贮玉米的株高和叶面积指数。传统耕作覆盖作物、传统耕作秸秆还田和免耕覆盖作物显著提高了玉米产量。与传统耕作相比，免耕对青贮玉米品质的改善更为显著，而秸秆还田对玉米品质的影响较小。此外，尽管免耕没有显著提高酸性磷酸酶活性，但与覆盖作物措施相结合时，通过增加土壤微生物量磷和有效磷含量表现出积极作用。因此，在中国喀斯特地区青贮玉米生产中应推广免耕与覆盖作物相结合的措施。尽管如此，还需要进行更长期的土壤磷素循环试验和进一步的探索，如土壤磷组分、同位素试验、覆盖作物分解试验等，以验证保护性耕作在青贮玉米种植制度中的优势。

参考文献

[1] KLOPFENSTEIN T J, ERICKSON G E, BERGER L L. Maize is a critically important source of food, feed, energy and forage in the USA[J]. Field Crops Research, 2013, 153: 5-11.

[2] PRATHAP V, KUMAR A, MAHESHWARI C, et al. Phosphorus homeostasis: Acquisition, sensing, and long-distance signaling in plants[J]. Molecular Biology Reports, 2022, 49 (8): 8071-8086.

[3] LOPEZ G, AHMADI S H, AMELUNG W, et al. Nutrient deficiency effects on root architecture and root-to-shoot ratio in arable crops[J]. Frontiers in Plant Science, 2023, 13: 1067498.

[4] HUANG L M, JIA X X, ZHANG G L, et al. Soil organic phosphorus transformation during ecosystem development: A review[J]. Plant and Soil, 2017, 417 (1): 17-42.

[5] WU Y J, TIAN X, ZHANG M Y, et al. A case study of initial vegetation restoration affecting the occurrence characteristics of phosphorus in Karst geomorphology in southwest China[J]. Sustainability, 2022, 14 (19): 12277.

[6] PENG X D, WANG X D, DAI Q H, et al. Soil structure and nutrient contents in underground fissures in a rock-mantled slope in the Karst rocky desertification area[J]. Environmental Earth Sciences, 2019, 79 (1): 3.

[7] DU E Z, TERRER C, PELLEGRINI A F A, et al. Global patterns of terrestrial nitrogen and phosphorus limitation[J]. Nature Geoscience, 2020, 13: 221-226.

[8] CHETAN F, CHETAN C, BOGDAN I, et al. Use of vegetable residues and cover crops in the cultivation of maize grown in different tillage systems[J]. Sustainability, 2022, 14 (6): 3609.

[9] LI Y, LI Z, CUI S, et al. Residue retention and minimum tillage improve physical environment of the soil in croplands: A global meta-analysis[J]. Soil and Tillage Research, 2019, 194: 104292.

[10] ZHANG X F, ZHU A N, XIN X L, et al. Tillage and residue management for long-term wheat-maize cropping in the North China Plain: I. Crop yield and integrated soil fertility index [J]. Field Crops Research, 2018, 221: 157-165.

[11] BOLO P, KIHARA J, MUCHERU-MUNA M, et al. Application of residue, inorganic fertilizer and lime affect phosphorus solubilizing microorganisms and microbial biomass under different tillage and cropping systems in a Ferralsol[J]. Geoderma, 2021, 390: 114962.

[12] LÓPEZ-GARRIDO R, MADEJÓN E, MURILLO J M, et al. Short and long-term distribution with depth of soil organic carbon and nutrients under traditional and conservation tillage in a Mediterranean environment (southwest Spain)[J]. Soil Use and Management, 2011, 27 (2): 177-185.

[13] SHAO Y H, XIE Y X, WANG C Y, et al. Effects of different soil conservation tillage approaches on soil nutrients, water use and wheat-maize yield in rainfed dry-land regions of North China[J]. European Journal of Agronomy, 2016, 81: 37-45.

[14] CHEN X M, ZHANG W, GRUAU G, et al. Conservation practices modify soil phosphorus sorption properties and the composition of dissolved phosphorus losses during runoff[J]. Soil and Tillage Research, 2022, 220: 105353.

[15] PAVINATO P S, MERLIN A, ROSOLEM C A. Phosphorus fractions in Brazilian Cerrado soils as affected by tillage[J]. Soil and Tillage Research, 2009, 105 (1): 149-155.

[16] PITTELKOW C M, LINQUIST B A, LUNDY M E, et al. When does no-till yield more? A global meta-analysis[J]. Field Crops Research, 2015, 183: 156-168.

[17] DIKGWATLHE S B, CHEN Z D, LAL R, et al. Changes in soil organic carbon and nitrogen as affected by tillage and residue management under wheat-maize cropping system in the North China Plain[J]. Soil and Tillage Research, 2014, 144: 110-118.

[18] LAI X F, SHEN Y Y, WANG Z K, et al. Impact of precipitation variation on summer forage crop productivity and precipitation use efficiency in a semi-arid environment[J]. European Journal of Agronomy, 2022, 141: 126616.

[19] PEARSONS K A, OMONDI E C, HEINS B J, et al. Reducing tillage affects long-term yields but not grain quality of maize, soybeans, oats, and wheat produced in three contrasting farming systems[J]. Sustainability, 2022, 14 (2): 631.

[20] JANČÍK F, KUBELKOVÁ P, LOUČKA R, et al. Shredlage processing affects the digestibility of maize silage[J]. Agronomy, 2022, 12 (5): 1164.

[21] ZHANG K P, LI Y F, WEI H H, et al. Conservation tillage or plastic film mulching? A comprehensive global meta-analysis based on maize yield and nitrogen use efficiency[J]. Science of the Total Environment, 2022, 831: 154869.

[22] MBUTHIA L W, ACOSTA-MARTÍNEZ V, DEBRUYN J, et al. Long term tillage, cover crop, and fertilization effects on microbial community structure, activity: Implications for soil quality [J]. Soil Biology and Biochemistry, 2015, 89: 24-34.

[23] JUG D, DURDEVIĆ B, BIRKÁS M, et al. Effect of conservation tillage on crop productivity and nitrogen use efficiency[J]. Soil and Tillage Research, 2019, 194: 104327.

[24] RAIESI F, BEHESHTI A. Microbiological indicators of soil quality and degradation following conversion of native forests to continuous croplands[J]. Ecological Indicators, 2015, 50: 173-185.

[25] GUAN Y P, XU B, ZHANG X M, et al. Tillage practices and residue management manipulate soil bacterial and fungal communities and networks in maize agroecosystems [J]. Microorganisms, 2022, 10 (5): 1056.

[26] LIU Y, ZHANG G H, LUO X Z, et al. Mycorrhizal fungi and phosphatase involvement in rhizosphere phosphorus transformations improves plant nutrition during subtropical forest succession [J]. Soil Biology and Biochemistry, 2021, 153: 108099.

[27] ESPINOSA D, SALE P, TANG C X. Effect of soil phosphorus availability and residue quality on phosphorus transfer from crop residues to the following wheat[J]. Plant and Soil, 2017, 416 (1): 361-375.

[28] DAMON P M, BOWDEN B, ROSE T, et al. Crop residue contributions to phosphorus pools in agricultural soils: A review[J]. Soil Biology and Biochemistry, 2014, 74: 127-137.

[29] LI F Y, LIANG X Q, LIU Z W, et al. No-till with straw return retains soil total P while reduc-

ing loss potential of soil colloidal P in rice-fallow systems[J]. Agriculture, Ecosystems & Environment, 2019, 286: 106653.

[30] LI Z, CUI S, ZHANG Q P, et al. Optimizing wheat yield, water, and nitrogen use efficiency with water and nitrogen inputs in China: A synthesis and life cycle assessment[J]. Frontiers in Plant Science, 2022, 13: 930484.

[31] CID P, CARMONA I, MURILLO J M, et al. No-tillage permanent bed planting and controlled traffic in a maize-cotton irrigated system under Mediterranean conditions: Effects on soil compaction, crop performance and carbon sequestration[J]. European Journal of Agronomy, 2014, 61: 24-34.

[32] COOMBS C, LAUZON J D, DEEN B, et al. Legume cover crop management on nitrogen dynamics and yield in grain corn systems[J]. Field Crops Research, 2017, 201: 75-85.

[33] LI P F, ZHANG H J, DENG J J, et al. Cover crop by irrigation and fertilization improves soil health and maize yield: Establishing a soil health index[J]. Applied Soil Ecology, 2023, 182: 104727.

[34] WANG H, WANG S L, YU Q, et al. Ploughing/zero-tillage rotation regulates soil physicochemical properties and improves productivity of erodible soil in a residue return farming system[J]. Land Degradation & Development, 2021, 32 (4): 1833-1843.

[35] HARISH M N, CHOUDHARY A K, KUMAR S, et al. Double zero tillage and foliar phosphorus fertilization coupled with microbial inoculants enhance maize productivity and quality in a maize-wheat rotation[J]. Scientific Reports, 2022, 12: 3161.

第 8 章 无投入免耕有机牧草系统的生产力与营养价值

8.1 研究背景与意义

有机农业是 20 世纪 90 年代初由生产者开发和采用的一种替代性农业系统（Francis & Van Wart, 2009），其包括一系列旨在消除无机化学输入，以维护地球环境的农业措施。与此同时，用于永久性牧草生产和动物放牧的土地急剧增加。迄今为止，基于草地的牧草生产和放牧家畜的农业在全球所有土地利用中排名第一（Willer & Lernound, 2016）。平均而言，反刍动物消耗 80% 以上的牧草饲料，且在有机管理下甚至更多（Mitchell & Nelson, 2003）。此外，许多有机方案要求反刍动物在一个放牧季节内以牧草为基础的干物质采食量必须达到最低（例如，在美国>30%）。因此，优质牧草是有机畜牧/乳品生产的关键组成部分，对认证牧草产品（如干草、青贮饲料等）的需求迅速增长。然而，关于有机牧草系统的研究基础信息匮乏，已成为发展和扩大生产规模的主要瓶颈（Oberholtzer et al., 2012）。例如，一些研究将有机牧草生产作为主要粮食作物系统的覆盖作物成分进行评估，因此，关于所选牧草种类的建立、生产力和营养价值的信息有限（Delate & Cambardella, 2004；Cavigelli et al., 2008）。同时，许多研究只关注特定的对有机乳品具有重要意义的牧草种类，如紫花苜蓿（*Medicago Sativa* L.；Mahoney et al., 2003；Archer et al., 2007；Delbridge et al., 2011）。与冷/暖季型禾本科以及禾本科—豆科混播的选择、管理和稳定性的知识差距仍然很大；特别是在气候条件变化多端、土壤性质差异很大的温带亚热带地区。

有机牧草生产最大的焦点之一是如何保持产量和品质（Tu et al., 2006；Dawson et al., 2008）。先前的研究已经证实，禾本科—豆科/杂草类混播可以通过豆科植物相关的共生固氮（Birkhofer et al., 2008；Cui et al., 2013）或提高磷有效性（Hinsinger, 2001）来提高牧草营养价值（如蛋白质含量）和生物量产量。有机作物生产的另一个挑战是如何在没有无机化学输入的情况下控制杂草，并将经济成本降到最低（Francis & Van Wart，2009；Liebman & Davis，2009）。某些小粒一年生牧草，如黑麦（Secale cereale L.），以通过化感作用产生的次生代谢产物来抑制杂草的能力而闻名（Li et al.，2013）。此外，多样性牧草系统（如禾本科和豆科植物的混合、冷季和暖季、多年生和一年生等）往往比单作系统（Schoofs & Entz，2000；Sanderson et al.，2012）具有效果更好的杂草控制效果。然而，关于有机管理的多年生牧草系统的植物成分动态和杂草抑制能力的信息几乎没有发表过，而植物成分通常是牧草营养价值和矿物质状况变化的主要驱动因素（Cui et al.，2014）。此外，鉴于许多温带地区的土壤风化程度高且酸性强，有机养分通常难以找到，并且在验查过程中可能会受到严格审查，因此，由豆科植物提供的氮素和适当的管理策略可能是提高有机牧草系统中养分有效性和再循环的最有效途径（Franzluebbers，2010）。Inwood 等（2015）在一项最新的过渡性牧草生产研究中发现，与美国东南部的多年生系统相比，一年生牧草系统可以提供出色的生产力以及类似的土壤碳贡献。然而，特别是在光能受限的美国东南部环境中，还未提供关于牧草营养价值和光能利用效率的信息，这是评估牧草生产力和品种选择的关键指标。在另一项研究中，Gelley 等（2016）系统地研究了几种牧草系统的营养价值，但都没有进行有机管理。同样，Nave 等（2020）评估了两种基于豇豆［Vigna unguiculata（L.）Walp.］的禾本科—豆科的混播系统，强调了豆科植物在常规管理下提供的营养贡献。此外，Cui 等（2014）指出禾本科—豆科双混播系统中优势牧草群体的根系结构和根系剖面深度差异可能会对土壤碳和水分状态产生显著影响，进而可能会对水资源有限环境中的牧草生产力产生反馈效应。然而，有关温带气候过渡带有机管理的混播牧草系统的信息仍然有限。

鉴于温带地区检验有机牧草系统关于生物量产量、牧草营养价值和土壤碳状况的信息极其有限，本研究的主要目的是在两年期间研究不同参数组对五种禾本科—豆科混播有机牧草系统在没有外界营养源的情况下的响应。参数组包括：①与生产力相关的参数，包括生物量、植物成分、光能利用效率（RUE）；②与品质相关的参数——混合草地整个生长季节牧草营养价值的动态；③与土壤相关的参数，包括土壤水分含量和全碳的变化；④经济响应——经济效益；以及⑤产量与品质的相互作用，表现为月刈割量与营养价值指标的相关性。本研究特别选择了四个多年生禾本科—豆科混播系统和一个一年生轮作系统。假设每年系统应该提供最高的牧草产量和杂草抑制能力，但由于更多的劳动投入和对耕作的依赖，其土壤碳贡献和经济收益有限。与一年生系统相比，多年生系统由于萌发较慢且建植时间较长，预计可提供较少的牧草产量，但其经济效益和营养价值可能超过一年生系统。土壤水分和全碳含量对不同牧草种类产生不同的响应，主要受优势牧草类群的根系构型和长度差异的驱动。许多牧草系统中已确定了常见的线性相关性，如月生物量产量与蛋白质含量（Philipp et al., 2005；Cui et al., 2013；Cui et al., 2014），但其他潜在的相关性（如蛋白质与纤维含量；消化率与含糖量）及其相应的显著性水平尚不清楚。

8.2 材料与方法

8.2.1 研究区概况

本研究在田纳西州中部拉斯卡萨斯州立大学实验研究与教学农场实验室进行（北纬35°53′，西经86°16′）。MTSU 的研究地点位于 Hillwood 砂质黏土壤上（平均含有25%的黏土、42%的砂土和33%的粉土）。田纳西地区中部（Koppen 系统 C 型湿润、中纬度气候，夏季湿热，冬季温和，春秋降水较多）代表典型的气候过渡带型天气，多年平均降水量和日平均气温分别为 1397 mm/yr 和 15℃（Li et al., 2021）。整个有机田约为 0.61 hm^2（周围有 20 m 宽的缓冲带），其几何中心位于北纬 35°53′2.45″ 和西经 86°16′23.55″，是 2008 年建立的大型干草田的一部分，主要用于冷季型牧草干草的生产，不施用化肥、杀虫剂或除草剂。整个有机位点（实体 ID：2990G）于 2018 年通过了美国国家有机计划 7 CFR Part 205 认证，此后一直保持认证状态。利用由 HMP60 探头组成的科学气象站系统测量相对湿度和气温（Campbell Scientific，Logan，UT 84321），安装在 5 cm 深处的 CS655 多参数智能传感器测量土壤湿度和温度（Campbell Scientific，Logan，UT 84321），014A 风速仪测量风速（Met One Instrument，Grants Pass，OR 97526），TE525 翻斗式雨量计测量日降水量（Texas Electronics，Dallas，TX 75237），以及 CR-1000 数据记录仪进行设备控制、数据检索和存储，对天气状况进行连续监测和记录（Campbell Scientific，Logan，UT 84321）。

秋季种植后，所有样地都成功观察到植物出苗。2018 年的日均气温和土壤温度分别为 14.9℃ 和 15.2℃，2019 年的日均气温和土壤温度分别为 15.6℃ 和 16.0℃。2018 年和 2019 年的累计降水量分别为 1488 mm 和 1631 mm。这两年的土壤湿度水平与降水模式相吻合。

8.2.2 作物管理与试验设计

试验采用完全随机区组设计，每个处理4次重复。处理包括五个有机牧草系统，其中一个为一年生牧草作物轮作系统（冷季型和暖季型禾本科—豆科的一年混播）和四个多年生系统（冷季型和暖季型禾本科—豆科混播）。一年生牧草作物轮作系统由同一样地内秋季复种（同时种植）普通小麦（*Triticum aestivum* L.）和豌豆（*Pisum sativum* L.），夏季复种高粱—苏丹草杂交种［*Sorghum bicolor*×*S. bicolor* var. *sudanense*（Piper）Stapf.］和豇豆组成。四个多年生牧草系统包括狗牙根［*Cynodon dactylon*（L.）Pers.］—紫花苜蓿，高羊茅（*Festuca arundinacea* L.）—白三叶（*Trifolium repens* L.），臭根子草［*Bothriochloa bladhii*（Retz）S. T. Blake］—驴食豆（*Onobrychis viciifolia* Scop.），鸭茅（*Dactylis glomerata* L.）—紫花苜蓿混播。每种禾本科—豆科的混播旨在解决在牧草—畜牧或干草综合生产系统的独特优势和挑战。例如，早先所选定的一年轮作系统的最优生物量产量已被证明（Inwood et al.，2015），然而，在有机生产下的营养价值动态和经济效益尚未研究。狗牙根作为常见的暖季型牧草品种，用于填补冷季型牧草生产的夏季低迷，但其对无机氮输入的高度依赖性和易受虫害的脆弱性使其在有机管理中的表现令人质疑。同时，在本试验的气候条件下，狗牙根—紫花苜蓿混播草地具有较好的持久性和氮素吸收量（Quinby et al.，2020），因此选择其为本研究的对象。高羊茅和白三叶在低温条件下都具有较高的牧草生产力，对持续放牧具有较强的耐受性，但高温胁迫会严重影响其夏季生产，尤其是在有机管理下。在半干旱环境中，臭根子草—驴食豆混播能提高土壤碳和足够的营养价值（Cui et al.，2013；2014）。然而，它们在温带环境中的适应性很少被证实。最后，鸭茅和紫花苜蓿都提供了优良的牧草品质，但两者都不适合频繁割伐。因此，从每月生物量生产来看，它们的生产力和营养价值（如蛋白质和纤维素含量）的变化非常引人关注，特别是在有机系统下。

共建立了20个独立小区（3.6×10 m²）。整个试验于2017年10月13日进行，采用圆盘耕地机（Kodiak 5800GR-72, Kodiak Manufacturing Inc. Charleston, TN 37310, USA），耕层深度为10~15 cm。播种前，所有豆科植物的种子用相应认证的有机根瘤菌属（Rhizobia spp.）源进行预接种。采用专门设计的牧草条播机（Eco-Drill KED-72, Kasco Manufacturing CO. Shelbyville, IN 46176, USA）进行播种。所有冷季型禾本科多年生系统于2017年10月20日种植，高羊茅（品种KY-31，未经处理）、白三叶（品种Alice，认证有机）、草地早熟禾（品种Echelon，未经处理）和紫花苜蓿（品种WL358LH，认证有机）的播种量分别为

16.8 kg/hm²、4.5 kg/hm²、13.4 kg/hm² 和 16.8 kg/hm²。暖季型禾本科多年生系统于 2018 年 3 月 22 日播种，狗牙根（未经处理的品种）、紫花苜蓿、臭根子草（品种 WW-B Dahl，未经处理）和紫花苜蓿（品种 Remont，未经处理）的播种量分别为 11.2 kg/hm²、16.8 kg/hm²、11.2 kg/hm² 和 16.8 kg/hm²。对于一年生系统，冬小麦（品种 L334，认证有机）和奥地利冬豌豆（未经处理的品种）分别于 2017 年 10 月 31 日和 2018 年 10 月 17 日以 134.4 kg/hm² 和 132.3 kg/hm² 的播种量播种；高粱—苏丹草杂交种（品种 AS6501，未经处理）和豇豆（品种 Iron & Clay，未经处理）分别于 2018 年 5 月 30 日和 2019 年 5 月 29 日以 28.0 kg/hm² 和 16.8 kg/hm² 的播种量播种。所有一年生系统小区在播种前翻耕至 10~15 cm 深度。所有种子均经过有机认证或未经处理，并根据区域适应性和种子可用性选择品种。

整个试验设计为最小耕作和无外界有机输入的保守系统。整个系统完全依赖豆科植物来增强土壤氮素。由于当地环境降水充沛，所以未使用灌溉水。整个试验期间未使用除草剂或杀虫剂。所有有机作物生产管理均按照美国农业部有机法规和国家有机标准委员会制定的准则和标准进行的。

8.2.3 植物采样与处理

牧草生物量采样时间表的编制依据如下：由于所有牧草处理系统都涉及多年生或一年生混播或混播轮作，且牧草类组分在混合物中明显占优势，因此大多数样品在禾本科的抽穗期取样；这通常介于伴生豆科植物的初蕾期至盛花期之间，为当地牧草生产者所普遍采用（Inwood et al., 2015；Mitchell & Nelson, 2017）。其中，冬小麦和奥地利冬豌豆混播一年采样一次（2018 年 4 月 22 日和 2019 年 4 月 25 日）。高粱—苏丹草杂交种和豇豆混播一年采样三次（2018 年 7 月 7 日、8 月 10 日、9 月 15 日；2019 年 7 月 12 日、8 月 15 日和 9 月 20 日）。所有多年生混播每年 5 月至 9 月每月采样一次（2018 年 5 月 21 日、6 月 10 日、7 月 7 日、8 月 10 日和 9 月 15 日；2019 年 5 月 19 日、6 月 11 日、7 月 12 日、8 月 15 日和 9 月 20 日），以模拟本地区常用的干草收获间隔（29~31 天）。在每次采样时，在每个处理重复的两个 1 m² 的样方内，以 5 cm 的刈割高度采集地上牧草生物量。考虑到有机系统中杂草入侵可能较为严重，所有混播样品在田间进行人工分离并分类为三组，包括播种的禾本科、播种的豆科植物和非播种的杂草，并在之后分别放入不同的纸袋中。此外，为了更好地评估杂草入侵，还在各采样点的每个样方内对主要杂草种类进行了目测估计。每次采样完成后，立即对整个取样地进行干草收获，以促进生物量产生（每月初实施一次刈割，并在次月评估生物量的再生性）。所有样品在60℃的研究型对流烘箱中烘干48 h，然后记录干物质基础上的牧草生物量产量。年累积牧草生物量产量用于计算牧草总产量。具体而言，对于一年生系统，是根据4月、7月、8月和9月牧草生物量样本的总和来计算牧草产量。对于多年生系统，它是根据5月至9月收集的每月生物量样本计算的。杂草不包括在产量计算中。

所有烘干的牧草样品（不包括杂草样品）按小区编号重新组合（禾本科加豆科）并用Wiley磨粉机（Comeau Technique Ltd., Vandreuil-Dorion, Quebec, Canada）粉碎，过1 mm筛后进行牧草营养价值分析。然后在Unity SpectraStar US-2600-XTR（Milford, MA）近红外光谱仪（NIRS）上使用NIRS Feed and Forage Consortium（Hillsboro, WI）开发的2018年Grass Hay校正模型对粉碎的样品进行扫描。为了获得准确结果，全球H统计检验将样本与模型和数据库中的其他样本进行比较，其中所有牧草样本都符合H<3.0的方程并相应地作出了报告（Murray & Cowe, 2004）。选择一部分样品通过传统湿化学程序进行校准（Van Soest, 1963; Goering & Van Soest, 1970）。中性洗涤剂纤维（NDF）校正决定系数$R^2=0.90$，酸洗涤剂纤维（ADF）$R^2=0.94$。根据ADF和NDF计算体外干物质消化率（IVDMD）（Van Soest, 1963）。在3∶1 HNO_3∶$HClO_4$化学消化后，采用电感耦合等离子体原子发射分光光度计测定钙、磷、钾和镁的浓度。在矿物分析过程中，通过the National Bureau of Standard Samples（Apple Leaves No. 1515 and Tomato Leaves No. 1573A）来确保准确性。

8.2.4 光能利用效率

太阳辐射的接收使用了LI-190R量子传感器（Li-Cor Inc., NE, 美国）和CR-1000数据记录仪（Campbell Scientific, Logan, UT 84321），其由12伏电池供电，每两周测量一次。在每个牧草系统生长季节的中午选择晴天进行6次测量（三次在冠层以上，三次在冠层以下）。牧草混播系统的传感器放置协议严格遵循Coll等（2012）所描述的技术。所有处理累积截获的光合有效辐射（PAR）是基于每日数值计算的（Coll et al., 2012），假设南北行朝向和围绕太阳最高点东西对称的冠层布局（Tsubo and Walker, 2002）。截获PAR的分数用$1-I/I_0$，太阳最高点前3 h（$R_{zenith-3h}$）和太阳最高点（R_{zenith}）来计算，其中I_0和I分别代表植物冠层上方和紧邻土壤层上方的入射PAR。每个小区进行四次测量，取平均值。每日截获PAR的加权分数使用$2R_{zenith-3h} \times I_{0\ at\ zenith-3h} + R_{zenith} \times I_{0\ at\ zenith}$计算。用线性插值法计算测量间的截获 PAR 分数。累积光合有效辐射是在相邻 2 次刈割之间计算的。最后，RUE 是通过地上牧草干物质产量与累积截获 PAR 的比值计算的。

8.2.5 土壤取样与处理

每个处理小区一年两次在晴天期间（夏末和晚秋）采集土壤样品，以评估土壤全碳状况。每次取样时，从两个不同深度（0~5 cm 和 5~15 cm）采集三次原状土（内径 1.75 cm）。原况土壤样本是在 2017 年 10 月实施任何处理布局之前，从整个干草田两个不同深度采集的 10 个原状土的混合物。土壤无机氮（铵态氮和硝态氮）使用微孔板分光光度计（Sims et al., 1995）进行比色测定，主要植物有效养分经 Mehlich-1 提取后使用电感耦合等离子体-光学发射光谱仪测定。土壤呈酸性，无机氮有限，低磷，高钾、钙、镁、锰和锌充足以支持一般牧草生产。所有土壤样品在室温下风干后过 2 mm 筛，以除去大量新鲜的有机植物残体。为测定土壤总有机碳浓度，所有样品经粉碎后，使用 Vario MAX cube（Elementar, Langenselbold, Germany）燃烧法进行分析。最终碳浓度通过分析样品的精准重量来计算。同时，在两个土层内（0~50 cm 和 50~100 cm）取一组不同的样品，用直径 6.35 cm，长 121 cm 的土钻测量土壤质量含水率（GWC）。取样后立即使用数字电子秤测量土壤湿重，并在 105℃ 下烘干 48 h 后记录干重。

8.2.6 统计分析和建模

使用 SAS release 9.4（SAS Institute, 2018）中的 MIXED 程序基于重复测量的完全随机区组设计分析处理效应。特别指出的是，一个线性混合效应模型，具有不同的响应变量（产量、每月产量、营养价值指数、RUE、TOC 和土壤 GWC）受处理（饲草系统）影响，以年份和季节为固定效应，区块为随机效应；因为每个季节不同的气象条件和植物生理条件（如成熟和衰老）较重要，预计会极大地影响牧草生物量产量和营养价值。此外，气候过渡带的年降水量和分布格局往往存在较大差异，这种天气格局可能对禾本科和豆科植物的生长和相互作用产生显著影响。因此，将年份作为固定效应进行分析。牧草总产量以年为单位进行分析，因此不包括季节因素。MIXED 程序中的 REPEATED 语句用于控制观察值随时间的自相关性。选择一阶自回归 AR（1）协方差结构作为方差—协方差结构模型，并在各年内嵌套季节修正的区块因子。均值分离是基于 Tukey 的 HSD

方法和 PDMIX800 宏指令产生的,该方法使用基于 PDIFF 选项的 LSMEANS 语句与 Tukey Adjustment 的成对比较创建的字母组合来分离和标记均值(Saxton,1998)。

结构方程建模(SEM)结合了基于单变量/多变量统计分析的因子和路径分析技术,用于评估不同产量(RUE,禾本科—豆科比)和环境(SWC)变量对生物量产量的主要直接和间接影响。特别是,使用基于 R 3.2.2 编程语言的"lavaan 0.6-7"版本包用于本次建模(Rosseel,2022)。根据 Chi2 统计、Akaike Information Criterion (AIC) 值和 the Standard Root Mean Square Residual (SRMSR) 进行评估,使用"Lavaan"包中的最大似然估计量来评估模型性能。

8.3 结果

8.3.1 牧草生物量产量、植物成分和牧草产量

根据每年地上牧草生物量产量累积计算每年的牧草产量(图 8-1)。其受牧草系统($P<0.001$)和年份($P<0.001$)显著影响,但未发现双因素交互作用

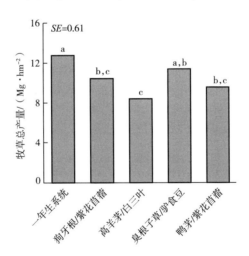

图 8-1 田纳西州拉斯卡萨斯不同牧草系统影响下 2018 年和 2019 年
生长季,年平均牧草干物质产量的平均值

注:不同字母的均值在 $P=0.05$ 上存在显著差异。标准误差(SE)是基于 Tukey 的 HSD 检验所用的群体标准差的合并估计值。

（$P=0.23$；表 8-1）。因此，随后的牧草产量数值是以两年平均值表示的。每个采样日的牧草生物量产量包括播种的禾本科和豆科植物。它受牧草系统显著影响（$P<0.001$），但不受年份（$P=0.13$）或年份—处理交互作用的影响（$P=0.46$）。采样日期（月刈割）对生物量产量有显著影响，并与牧草系统存在交互作用（$P<0.05$）。由于未检测到年—月（$P=0.41$）或三因素（$P=0.31$）交互作用，因此，随后的数据按月份呈现，但历年是平均的。多年平均来看，一年生系统的牧草产量高于多年生系统（36%）。

表 8-1 2018 年和 2019 年在田纳西州拉斯卡萨斯（Lascassas）进行的有机牧草试验中，不同牧草系统处理（T）、年份（Y）效应、每年土壤总碳（STC）或土壤质量含水率（GWC）下的月初（MI）或取样深度（D）及其交互作用对牧草总产量（Yield）、牧草生物量（生物量）、STC、光能利用效率（RUE）和 GWC 重复测量单因素方差分析的结果

效应	产量		生物量		STC		RUE		GWC	
	F	P 值	F	P 值	F	P 值	F	P 值	F	P 值
T	14.1	0.0002	38.9	<0.0001	1.46	027	27.67	<0.0001	36.8	<00001
Y	154.9	<00001	2.50	0.13	9.22	0.04	0.11	0.74	0.14	0.71
Y×T	151	023	0.80	0.46	1.98	0.03	0.81	053	1.75	0.19
MI OD)			8.48	0.001	215.5	<0.0001	14.20	<0.0001	96.30	<0.0001
M (D) ×T			3.56	0.03	5.36	0.03	9.81	0.02	1.78	0.18
MIOD) ×Y			1.06	0.41	1.90	0.16	0.89	0.62	1.86	0.43
MI (D) ×Y×T			1.16	0.31	11.5	0.01	0.57	0.84	1.11	0.07

冬小麦—奥地利冬豌豆混播的 4 月平均牧草生物量产量约为 4.0 t/hm²，其中冬小麦，奥地利冬豌豆，未播种的比例分别为 83.0%、12.4% 和 4.5%（图 8-2；表 8-2）。5 月的刈割，不同的牧草系统之间未发现差异，所有混播系统的平均生物量产量约为 1.2 t/hm²，其中平均播种的禾本科、播种的豆科和杂草的生物量分别为 65.5%，10.9 和 23.5%（表 8-2）。同样，6 月的平均产量约为 1.5 t/hm²，其中平均播种的禾本科、播种豆科和杂草的产量分别为 66.7%，8.9% 和 24.2%。高粱—苏丹草杂交种—豇豆混播的产量从 7 月开始显著高于高羊茅—白三叶（多 1.0 t/hm²）和草地早熟禾—紫花苜蓿混播（多 0.9 t/hm²）。8

月，狗牙根—紫花苜蓿混播的生物量产量高于高粱—苏丹草杂交种—豇豆（多 1.1 t/hm²）或高羊茅—白三叶混播（多 1.3 t/hm²）。从 7 月至 9 月，一年生系统以及高羊茅—白三叶混播一直有较低的杂草比例（分别为 8.6%和 8.5%）。狗牙根—紫花苜蓿混播在 7 月（31.9%）和 9 月（11.4%）杂草比例较高，8 月杂草比例较低（14.1%）。臭根子草—驴食豆混播在 7 月（5.2%）和 8 月（4.0%）表现较强抑制杂草的能力，但在 9 月有所下降（24.2%）。根据每个处理—年份在所有采样月份的平均值评估了最主要的杂草种类。利用每个样方内的地面盖度估计年平均杂草物种多样性和排名前三的优势物种如表 8-3 所示。

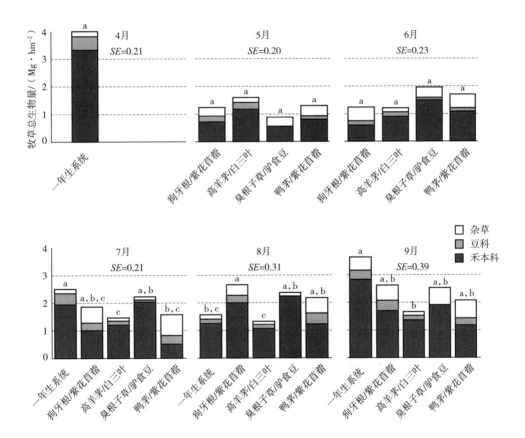

图 8-2　田纳西州拉斯卡萨斯不同牧草系统影响下 2018 年和 2019 年生长季，牧草生物量和植物组成（禾本科、豆科或杂类草）的月均变化

注：不含共同字母的均值在 $P=0.05$ 的显著性水平上存在差异。不同字母的均值在 $P=0.05$ 上存在显著差异。标准误差（SE）是基于 Tukey 的 HSD 检验所用的群体标准差的合并估计值。

表 8-2　田纳西州拉斯卡萨斯 2018 年和 2019 年生长季，不同牧草系统平均每月影响的植物组成（用禾本科、豆科和杂草的百分比表示）

月份	处理	%禾本科	%豆科	%杂草
4 月	AS†	83	12	5
5 月	BA‡	60	16	24
	TW§	75	15	10
	OS※	64	2	34
	OA††	63	9	28
6 月	BA	49	12	39
	TW	75	12	13
	OS	78	4	18
	OA	65	7	28
7 月	AS	78	16	6
	BA	54	14	32
	TW	81	10	9
	OS	92	2	6
	OA	33	18	49
8 月	AS	82	10	8
	BA	76	10	14
	TW	80	12	8
	OS	95	1	4
	OA	56	18	26
9 月	AS	78	9	13
	BA	66	14	20
	TW	81	10	9
	OS	75	1	24
	OA	57	12	31

注：† AS，一年生系统轮作与奥地利冬小麦—冬豌豆混播，随后是高粱—苏丹草杂交种与豇豆混播；‡ BA，狗牙根—紫花苜蓿混播；§ TW，高羊茅—白三叶混播；※ OS，臭根子草—驴食豆混播；††OA，鸭茅—紫花苜蓿混播。

表 8-3 根据植物和杂草多样性在平均每个采样月各处理—年份大于 3%盖度的物种数和排名前三的优势物种数进行估计

年份	处理	多样性	优势种	物种	（%盖度）
2018	AS†	0	乱子草属（2）	白三叶（1）	大戟（1）
	BA‡	4	皱叶酸模（12）	宝盖草（8）	马唐（5）
	TW§	2	马唐（5）	皱叶酸模（4）	大戟（4）
	OS※	4	宝盖草（8）	油莎草（6）	原拉拉藤（6）
	OA††	7	马唐（22）	宝盖草（6）	乱子草属（4）
2019	AS	0	白三叶（2）	乱子草属（2）	宝盖草（1）
	BA	7	宝盖草（13）	皱叶酸模（7）	马唐（5）
	TW	2	油莎草（6）	马唐（4）	乱子草属（3）
	OS	5	宝盖草（7）	皱叶酸模（6）	小蓬草（6）
	OA	6	油莎草（28）	马唐（7）	药用蒲公英（5）

注：†AS，一年生系统轮作与奥地利冬小麦—冬豌豆混播，随后是高粱—苏丹草杂交种与豇豆混播；‡BA，狗牙根—紫花苜蓿混播；§TW，高羊茅—白三叶混播；※OS，臭根子草—驴食豆混播；††OA，鸭茅—紫花苜蓿混播。

8.3.2 牧草营养价值

使用与牧草生物量产量相同的统计模型对牧草营养价值进行分析，因为所有生物量样品（除杂草外）在记录干重后都进行了 NIRS 分析。由于缺乏年份—处理的交互作用（$P>0.05$），结果以两年平均值表示。在 4 月中，一年生混播的牧草平均粗蛋白（CP）含量接近 90.8 g/kg（冬小麦—奥地利冬豌豆混播），随着生长季过渡到高粱—苏丹草杂交种与豇豆混播后而逐渐增加，并在 8 月达到峰值 131 g/kg（表 8-4）。总体而言，高羊茅—白三叶混播的粗蛋白浓度高于其他混播（高羊茅混播和一年生系统均无差异，9 月除外）。除了高羊茅—白三叶混播以外，一年生系统与其他多年生混播具有相似的粗蛋白浓度。7 月，一年生系统的酸性洗涤剂纤维（ADF）浓度高于狗牙根—紫花苜蓿和高羊茅—白三叶混播，臭根子草—驴食豆和鸭茅—紫花苜蓿混播的 ADF 浓度高于高羊茅—白三叶混播。在中性洗涤剂纤维（NDF）浓度方面来说，狗牙根—紫花苜蓿和臭根子草—驴食豆混播高于高羊茅—白三叶以及鸭茅—紫花苜蓿混播。体外干物质消化率（IVDMD）结果表明，5 月和 6 月高羊茅—白三叶混播草地的可消化率均高于鸭茅—

紫花苜蓿混播；在7月，其可消化率高于其他任何牧草系统，但在9月与一年生系统相当，在8月与一年生系统和鸭茅—紫花苜蓿混播草地相当。在5月和6月高羊茅—白三叶混播的果聚糖浓度高于其他所有多年生的混播。木质素浓度遵循NDF和ADF的变化趋势，具体结果如表8-4所示。

表8-4 田纳西州拉斯卡萨斯2018年和2019年生长季，不同牧草系统影响下的月初平均营养价值

系统	月份						月份					
	4月	5月	6月	7月	8月	9月	4月	5月	6月	7月	8月	9月
	粗蛋白/(g·kg^{-1})						酸性洗涤纤维/(g·kg^{-1})					
AS†	90.8	NA§§	NA	99.0^a	131.0^a	116.4^{a,b}	290.0	NA	NA	407.4^a	420.7^a	386.8^{a,b}
BA‡	NA	124.0^a	116.7^{a,b}	111.6^a	101.8^a	88.4^b	NA	345.5^a	355.4^a	373.5^{b,c}	416.3^a	434.1^c
TW§	NA	177.3^b	171.0^c	190.5^b	194.2^b	143.6^a	NA	341.8^a	345.3^a	344.7^c	350.8^b	370.1^b
OS※	NA	103.6^a	97.7^a	93.0^a	99.5^a	82.5^b	NA	354.8^a	372.4^a	390.1^{a,b}	426.2^a	432.2^c
OA††	NA	134.0^a	126.8^b	111.5^a	11.31^a	97.0^a	NA	339.2^a	363.6^a	382.8^{a,b}	413.7^a	426.5^{a,c}
	中性洗涤纤维/(g·kg^{-1})						体外干物质消化率/(g·kg^{-1})					
AS	541.9	NA	NA	681.1^a	678.3^a	668.4^{a,b}	759.9	NA	NA	688.6^a	682.7^{a,b}	705.1^a
BA	NA	609.6^a	634.8^a	656.0^a	690.1^a	733.2^a	NA	776.5^{a,b}	731.1^{a,b}	693.2^a	643.8^b	590.0^b
TW	NA	527.4^b	553.1^b	541.5^b	569.5^b	620.7^b	NA	813.3^a	771.0^a	724.3^b	715.5^a	684.3^a
OS	NA	604.8^a	638.8^a	666.0^a	673.0^a	687.8^{a,b}	NA	771.9^b	724.7^{a,b}	671.1^a	650.6^b	595.6^b
OA	NA	519.1^b	557.7^b	609.8^{a,b}	641.1^{a,b}	680.3^{a,b}	NA	739.6^b	711.2^b	671.3^a	654.2^{ab}	581.3^b
	果聚糖/(g·kg^{-1})						木质素/(g·kg^{-1})					
AS	22.0	NA	NA	14.7^a	17.5^a	17.2^a	28.5	NA	NA	35.3^a	38.5^a	34.5^a
BA	NA	18.0^a	16.6^a	16.1^{a,b}	17.6^a	18.6^a	NA	36.6^a	39.1^a	40.5^a	47.3^{ab,c}	58.8^{b,c}
TW	NA	20.6^b	19.6^b	21.1^c	21.5^b	19.9^a	NA	45.6^b	49.2^b	60.0^c	50.7^b	
OS	NA	190^{a,b}	17.9^{a,b}	16.9^b	18.3^a	20.2^a	NA	39.6^{a,b}	41.2^{a,b}	42.3^{a,b}	43.2^{a,b}	56.4^{b,c}
OA	NA	18.5^{a,b}	17.7^b	17.8^b	18.5^{a,b}	20.4^a	NA	46.9^b	49.2^b	49.8^{b,c}	52.2^{b,c}	63.9^c

注：† AS, 一年生系统轮作与奥地利冬小麦—冬豌豆混播，随后是高粱—苏丹草杂交种与豇豆混播；‡ BA, 狗牙根—紫花苜蓿混播；§ TW, 高羊茅—白三叶混播；※ OS, 臭根子草—驴食豆混播；†† OA, 鸭茅—紫花苜蓿混播；‡‡ 代表在 $P=0.05$ 的显著性水平下，不同字母的各列（月）内均值存在差异；§§ 代表在5月和6月没有从一年生系统中取样。4月样品包括奥地利冬小麦和冬豌豆的混播，7~9月样品包括高粱—苏丹草杂交种和豇豆的混播。

简而言之，对于一年生系统来说，ADF 与 NDF、ADF 与 IVDMD、ADF 与果聚糖、ADF 与木质素、NDF 与 IVDMD、NDF 与果聚糖以及 IVDMD 与木质素之间存在显著相关性（$P<0.05$ 且 $R^2 \approx 0.5$）。数据直方图显示了复杂的分布模式。对于狗牙根—紫花苜蓿混作而言，除了包括果聚糖在内的变量对之外，所有线性拟合模型均具有统计学意义，且各变量的分布模式通常遵循高斯分布曲线。对于高羊茅—白三叶混播而言，只有 CP-NDF 模型被认为是显著的，并且解释了足够的变异性。所有营养价值和生产指标均呈正态分布。对于臭根子草—驴食豆混播而言，作为每月刈割衡量的生物量产量与 ADF 和 IVDMD 相关性较强（$P<0.05$ 且 $R^2 \approx 0.5$），且 ADF 与 IVDMD 相关性较强；所有营养价值指标呈正态分布。最后，对于鸭茅—紫花苜蓿混作而言，CP 与 ADF 和 NDF 均呈负相关，ADF 与 NDF 均呈正相关但与 IVDMD 呈负相关，木质素和 NDF 均与 IVDMD 呈负相关（$P<0.05$ 且 $R^2 \approx 0.5$）。

8.3.3 牧草矿质元素含量

在 $P<0.05$ 的显著性水平下，钙（Ca）、磷（P）、钾（K）、镁（Mg）浓度以及钙磷比受处理的影响显著。除 Ca 浓度（$P=0.23$）外，P、K、Mg 浓度和钙磷比在收获月份和处理间的交互作用均达显著水平。磷浓度和碳磷比的年效应与处理间存在微小的交互作用，但主要是由月份间的大小差异引起的。在其他处理中未发现年份间的交互作用（$P>0.05$），因此数据以平均值呈现。如表 8-5 所示，早春一年生系统的钙浓度低于高羊茅—白三叶和鸭茅—紫花苜蓿混播。同样，一年生系统在晚秋季节（9 月）表现出比鸭茅—紫花苜蓿混播更低的磷浓度。对于钾而言，多年生系统在早春始终表现出比一年生系统更高的浓度，但在晚秋收获季节这种效应发生逆转。牧草生物量中的 Mg 浓度仅在 5 月和 9 月不同处理间存在显著差异，一年生系统的 Mg 浓度最低，而草地鸭芽—紫花苜蓿的 Mg 浓度最高。在晚收获季节，草地鸭芽—紫花苜蓿混播的 Mg 浓度高于狗牙根—紫花苜蓿混播。对于钙磷比来说，除了 5 月至 7 月的鸭茅—紫花苜蓿混播以及 5 月至 8 月的狗牙根—紫花苜蓿混播之外，多年生系统的值始终大于一年生系统。在生长季中后期观察到鸭茅—苜蓿混播维持较高钙磷比的优势。

表 8-5 田纳西州拉斯卡萨斯 2018 年和 2019 年生长季, 5 种认证牧草系统 (处理-Trt) 的月平均矿物质浓度 (Ca、P、K、Mg 的百分含量) 和钙磷比

矿质元素	月份	处理				
		AS	RA	TW	OS	OA
Ca	na‡	0.42^a	0.48^a	$0.62^{b,c}$	$0.52^{a,c}$	0.65^b
P	5 月§	0.25^a	$0.26^{a,b}$	$0.28^{a,b}$	$0.26^{a,b}$	0.30^b
	6 月	na	0.28	0.29	0.27	0.31
	7 月	0.30	0.29	0.30	0.28	0.27
	8 月	0.30	0.26	0.30	0.27	0.28
	9 月	0.29^a	0.21^b	0.25^c	0.21^b	$0.22^{b,c}$
K	5 月	1.18^a	1.94^b	2.18^b	1.85^b	2.36^b
	6 月	na	2.03	231	1.92	2.53
	7 月	2.46^a	$2.17^{a,b}$	$2.05^{a,b}$	1.98^b	1.97^b
	8 月	2.09	1.78	1.97	1.59	1.99
	9 月	2.4^a	1.05^b	$1.67^{a,b}$	0.79^b	0.71^b
Mg	5 月	0.17^a	0.29^b	$0.31^{b,c}$	$0.30^{b,c}$	0.39^c
	6 月	na	0.32	0.32	0.33	0.40
	7 月	0.32	0.33	0.34	0.35	0.32
	8 月	0.31	0.36	0.37	0.34	0.38
	9 月	$0.29^{a,b}$	0.28^b	$0.30^{a,b}$	$0.30^{a,b}$	0.34^a
Ca : P	5 月	1.52^a	$1.72^{a,b}$	1.99^b	$1.78^{a,b}$	2.18^b
	6 月	na	1.64^a	2.07^b	$1.78^{a,b}$	2.17^b
	7 月	1.36^a	1.65^a	2.3^b	$1.76^{a,b}$	$2.13^{b,c}$
	8 月	1.60^a	$1.86^{a,b}$	2.30^b	2.14^b	2.37^b
	9 月	1.35^a	2.26^b	2.24^b	$2.68^{b,c}$	2.94^c

注:† AS,一年生系统轮作与奥地利冬小麦—冬豌豆混播,随后是高粱—苏丹草杂交种与豇豆混播;BA,狗牙根—紫花苜蓿混;TW,高羊茅—白三叶混播;OS,臭根子草—驴食豆混播;OA,鸭茅—紫花苜蓿混播。不同字母的均值在 $P=0.05$ 的显著性水平上存在差异。‡ 代表平均每月由于缺乏处理—月份之间的交互作用。§ 代表每年系统中 5 月份的数据实际上是在 4 月份采集的。

8.3.4 光能利用效率

RUE 受处理（$P<0.05$）和月份（$P<0.05$）的显著影响。此外，在 RUE 中观察到月份和处理之间的双因素交互作用（$P<0.05$），因此，RUE 通过月份所呈现出来，但历年是平均的。系统方面的 RUE 很大程度上取决于月份（表 8-1）。在整个生长季，除 9 月份外，狗牙根—紫花苜蓿混播始终比任何冷季型禾本科—豆科双混播的 RUE 要高（图 8-3）。同样，除 5 月（与狗牙根—紫花苜蓿混播无差异）和 9 月（仅大于鸭茅—紫花苜蓿混播）之外，臭根子草—驴食豆混播的 RUE 始终比其他任何牧草系统更高。与暖季型禾本科—豆科混播（7 月和 8 月与狗牙根—紫花苜蓿混播相似；9 月与臭根子草—驴食豆混播相似）相比，一年生系统具有非常相似的 RUE 模式。

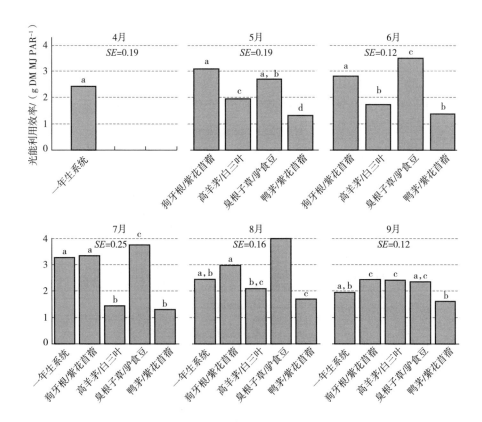

图 8-3 田纳西州拉斯卡萨斯 2018 年和 2019 年生长季，不同牧草系统的季节光能利用效率（RUE）的平均值如图所示

注：不同字母的均值在 $P=0.05$ 上存在显著差异。标准误差（SE）是基于 Tukey 的 HSD 检验所用的群体标准差的合并估计值。

8.3.5 土壤总碳和质量含水率

土壤总碳不受牧草系统的影响（$P=0.27$），但受年份（$P=0.04$）及其两者间交互作用的影响（$P=0.03$）；深度效应（$P<0.001$）及其与牧草系统的双因素交互作用（$P<0.05$）以及深度效应、牧草系统与年份的三因素交互作用（$P<0.01$）均达到显著水平。因此，土壤总碳数据随后按年份和采样深度呈现（图8-4）。2018年秋季，一年生系统0~5 cm土层的土壤总碳高于5~15 cm和多年生牧草系统下0~5 cm的土壤总碳。此外，狗牙根—紫花苜蓿和鸭茅—紫花苜蓿的混播在0~5 cm土层的土壤总碳高于狗牙根—紫花苜蓿混播5~15 cm土层的土壤总碳。2019年春季，鸭茅—紫花苜蓿混播在5~15 cm土层的土壤总碳高于其他任何牧草系统。此外，除了高羊茅—白三叶混播外，一年生系统0~5 cm土壤总碳均大于任何牧草系统5~15 cm土层的土壤总碳。高羊茅—白三叶混播在0~5 cm土层的土壤总碳大于狗牙根—紫花苜蓿、鸭茅—紫花苜蓿及其自身在5~15 cm土层的土壤总碳。所有牧草系统在0~5 cm土层的土壤总碳浓度均大于5~15 cm土层的土壤总碳浓度。本文还研究了年份对不同牧草系统下各土壤总碳的影响。如图8-5所示，2018~2019年，臭根子草—驴食豆混播的土壤总碳显著

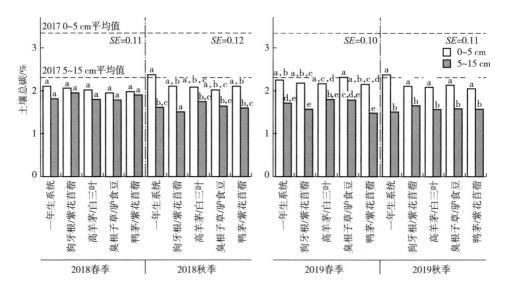

图8-4 拉斯卡萨斯2018年和2019年生长季，受不同牧草系统的影响下的土壤总碳平均值

注：不同字母的均值在$P=0.05$上存在显著差异。标准误差（SE）是基于Tukey的HSD检验所用的群体标准差的合并估计值。

增加（图8-5）。在土壤质量含水率（GWC）上未发现处理—深度间的交互作用（$P=0.18$），但为了更好地表示不同土层的水分变化，将数据按土层深度呈现。土壤质量含水率无显著的处理—年份交互作用，因此，呈现了跨年度的平均数据（图8-6）。一年生系统、高羊茅—白三叶或臭根子草—驴食豆混播的土壤质量含水率始终高于狗牙根—紫花苜蓿或鸭茅—紫花苜蓿混播的土壤质量含水率。

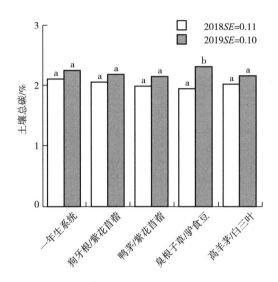

图8-5 拉斯卡萨斯2018年和2019年生长季，受不同牧草系统的影响下的土壤总碳平均值

注：不同字母的均值在$P=0.05$上存在显著差异。标准误差（SE）是基于Tukey的HSD检验所用的群体标准差的合并估计值。

8.3.6 不同生产和环境变量对产量的影响

整体结构模型表现出可接受的性能值（$X^2=39.1$，$P=0.13$，AIC$=81.3$，SRMSR$=0.04$）；分别解释了产量和禾本科—豆科比率变异的25%和40%（图8-7）。此外，光能利用效率对产量的直接通径系数和禾本科—豆科比率对光能利用效率的直接通径系数均达到显著水平，分别为0.8和13.1。土壤质量含水率（GWC）和禾本科—豆科比率之间也存在显著的协方差关系。

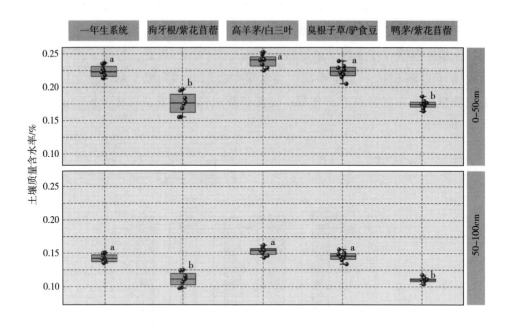

图 8-6 在 0~50 cm 和 50~100 cm 土层测量的平均土壤质量
含水率（GWC）受不同牧草系统的影响

注：不同字母的均值在 $P=0.05$ 上存在显著差异。误差棒表示均值的标准差。每个框的顶边和底边分别表示数据的第 75 百分位数和第 25 百分位数。中心棒表示平均中位数，高度表示四分位距。

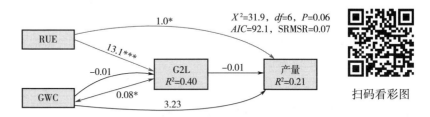

图 8-7 不同生产之间假设的相互关系（光能利用效率，RUE；禾本科—豆科植物比，G2L）
和平均土壤质量含水量（GWC，0~100 cm）对产量的影响

注：红色箭头表示显著的标准化路径系数（箭头上的值，$P<0.05$）。黑色箭头表示不显著的标准化路径系数（箭头上的值，$P>0.05$）。蓝色双箭头表示显著相关性（箭头上的协方差值，$P<0.05$）。星号表示每个路径模型的显著性水平（$*P<0.05$，$**P<0.01$，$***P<0.001$）。

8.4 讨论

8.4.1 一年生系统提供了更高产量，臭根子草—驴食豆混播表现出极强的适应性

与多年生系统相比，一年生系统的牧草产量较高（图8-1），部分原因是其建植和生长较快。多年生牧草在根系发育前2~3年能分配到大部分能量而不是地上生物量产量（Inwood et al., 2015）。此外，当地夏季和冬季适宜的温度与充足的降水的环境极大地促进了各一年生混播阶段的生产，分别包括C_3物种组合（如冬小麦—奥地利冬豌豆混播）和以C_4为主的系统（如高粱—苏丹草杂交种）（Fribourg, 1995；MacAdam & Nelson, 2018）。我们一年生系统的平均牧草产量（12.7 t/hm²）与田纳西州东部研究的一年生系统小麦/红三叶（*Trifolium incarnatum* L.）和高粱—苏丹草杂交种的产量（12 t/hm²）非常相似（Inwood et al., 2015）。我们使用与Inwood等（2015）相同的一年生物种选择/种植方法，但没有施用家禽粪肥。考虑到在整个试验期间，本研究的一年生系统未添加外界任何营养物质，因此，其产量水平是可观的。豇豆作为暖季型亚热带/热带豆科植物，具有丰富的蛋白质和生物量生产的潜力（Saidi et al., 2010；Nave et al., 2019），极大地提高了夏季牧草生物量产量和混播整体的营养价值。一般而言，一年生系统的生产力优于多年生系统，正如本文的结果所示（除了臭根子草—驴食豆混播）。然而，值得一提的是多年生作物通常需要2~3年以上时间才能达到其产量峰值（Kering et al., 2012），因此，这两年的研究可能低估了一些所选定的多年生系统的产量潜力。据了解，在热带/亚热带环境中有关臭根子草的生产信息极其有限，已发表的聚焦于有机生产的数据甚至不存在。作为半干旱地区引种的C_4多年生禾本科牧草的主要类群，臭根子草在水资源有限环境中表现出优良的抗旱能力和经济效益（Philipp et al., 2005；Philipp et al., 2007；Cui et al., 2013；Cui et al., 2014）。正如本研究所表明那样，其在有机管理的湿润亚热带环境中也表现得很好。其产量与一年生牧草混播轮作相当，且显著高于常见的禾本科—豆科组合（如高羊茅—白三叶混播；图8-1）。在整个生长季，驴食豆的生物量始终较低（表8-2）。这可能是由于这种不易生长（Jones & Lyttleton, 1971）、建植缓慢（Cui et al., 2014）的牧草更适应于寒冷的春季和较高pH的土壤条件（Bolger & Marches, 1990）。因此，我们推测，与臭根子草—驴食豆混播或传统的狗牙根单作或混播系统相比，臭根子草与其他豆科植物［如紫花

苜蓿或红三叶草（*Trifolium pretense* L.）]的结合使用，于暖季型多年生系统而言可能是更好的选择。最后，根据生产投入和产出值计算，一年生系统的经济效益较差，而暖季型多年生系统经济效益较高（表 8-S2）。

8.4.2 在整个生长季不同禾本科—豆科混播具有不同植物成分动态

由于缺乏无机化学输入（如除草剂），有机作物生产系统以杂草和害虫入侵而闻名（Francis & Van Wart，2009；Liebman & Davis，2009）。本文研究了未播种物种（杂草）的植物成分（表 8-2）。结果表明，一年生系统在整个生长季的杂草强度较低（杂草平均成分约 7.5%），与高羊茅—白三叶混播（约 9.7%）相似，但远低于其他多年生混播系统（狗牙根—紫花苜蓿混播，25.5%；臭根子草—驴食豆混播，17.0%；鸭茅—紫花苜蓿混播，31.8%）。这主要是由较高的牧草生物量产量和种植前实施的适度耕作所致。在鸭茅—紫花苜蓿和狗牙根—紫花苜蓿混播中均发现严重的杂草入侵。主要杂草种类有皱叶酸模（*Rumex crispus* L.）、匍枝毛茛（*Ranunculus repens* L.）、大车前（*Plantago major* L.）和宝盖草（*Lamium amplexicaule* L.）。鸭茅是一种高产且营养丰富的冷季型禾本科，广泛分布于北美和欧洲（Xue et al., 2020）。然而，鸭茅的持久性常受到选择性放牧、热胁迫、土壤肥力、昆虫、病害和刈割频率的挑战（Jones & Tracy, 2015）。本研究表明这些小区中有限的鸭茅建植和生长季早期皱叶酸模的严重爆发很有可能大大降低了鸭茅的比例。由于温带地区晚春播种的暖季型禾本科牧草常受到春季杂草严重爆发的干扰（Inwood et al., 2015），因此通常优先选择无性繁殖的狗牙根分株，因为其建植迅速且操作容易（de Barreda et al., 2013）。这一问题可能因在许多地区难以定位甚至发现认证有机/未处理的狗牙根分株而加剧。高羊茅—白三叶和臭根子草—驴食豆混播均表现出良好的控制杂草入侵的能力（<20%）。其次，与这些基于有机管理措施的牧草系统有关的信息极其有限，因此没有现有数据可供比较。高羊茅和白三叶的优异表现可归因于这两个物种对该地区良好的适应性，以及与高羊茅相关的内生毒素（Sleper & Buckner, 1995），在先前许多研究中都发现内生毒素极大地提高了其持久性（Chamblee & Lovvorn, 1953；Sheaffer, 1989）。

对于禾本科—豆科混播而言，由于禾本科和豆科叶片组织之间的化学成分存在显著差异，植物成分对牧草营养价值的影响众所周知（Collins & Newman, 2017）。然而，尤其是在有机措施下，很少关注系统层面的相互作用和行为。众所周知，豆科植物通过共生 N_2 固定提供氮素，如果管理不当可能会引起发育危机,但也可能导致大量氮素占据混播组合的成分（Jones & Lyttleton，1971）。在整个试验期间，所有牧草系统均表现出相对高的禾本科—豆科比（>5∶1）。其次,有限的驴食豆产量引发了极高的禾本科—豆科比率。预计随着时间的推移,特别是在没有无机氮肥输入的情况下,豆科植物的优势会增加。因此,两年的时间可能不足以发现这种豆科植物优势,长期的有机牧草生产应该是未来的一个重要研究方向。

8.4.3 优势牧草种类影响光能利用效率

光能利用效率是温带地区作物生产的重要生态生理学指标,而该地区充足的降水和频繁的多云条件极大地限制了光能的可用性。有机禾本科—豆科混播系统的光能利用效率很大程度上没有经过深入研究。一般来说,与 C_4 植物相比, C_3 植物如冷季型禾本科和豆科植物的光能利用效率较低（Giunta et al.，2009；Sandaña et al.，2012）。本研究发现,尽管缺乏年份—处理的交互作用,不同牧草混播系统的光能利用效率具有很强的季节变异性（图 8-3）,这与 Ojeda 等（2018）研究的结果类似。此外,正如所预期的那样,在整个生长季的大部分时间内, C_4 主导的系统通常比冷季型禾本科—豆科混播具有更高的光能利用效率。我们发现臭根子草—驴食豆混播始终具有最高的光能利用效率,表明其对夏季干旱季节具有很强的适应性和表现潜力。高羊茅系统的光能利用效率较低（范围在 $1.8 \sim 2.3 \text{ g DM} \cdot \text{MJ}^{-1}$ 之间）,但总体上与 Ojeda 等（2018）的研究结果一致。

8.4.4 牧草营养价值对成熟度和植物成分表现出复杂的响应

牧草营养价值反映了物种组成（禾本科/豆科）以及混播草地的生长、成熟程度。通常情况下,尤其是在混播系统中,不同物种之间的相互作用以及受环境条件影响的混播草地的复杂生长模式难以区分其对营养价值的贡献作用（Barker et al.，2010；Cui et al.，2013；Cui et al.，2014）。在本有机牧草研究中,冷季型多年生系统始终比暖季型系统（基于臭根子草—驴食豆混播的处理）表现出更高的粗蛋白（CP）浓度。其次,这些粗蛋白差异主要是由 C_3 和 C_4 物种之间的光合途径和细胞结构组成差异所致（Collins & Newman，2017）。Cui 等研究表明,豆科植物的添加有助于维持以 C_4 为基础的牧草系统中的粗蛋白水平,但与 C_3 相比,这种氮素贡献似乎不足以抵消 C_4 禾本科快速衰老的特性和更发达的维管组织（Belesky et al.，1991；Nave et al.，2014）。酸洗涤剂纤维（ADF）可作为牧草干物质消化率的估测指标（Linn & Martin，1989）。因此,基于酸洗涤剂纤维含量来说，在夏末和秋末，一年生和暖季型多年生牧草系统的消化率可能变得极低，很可能导致动物性能下降。同时，在相当的成熟阶段，在禾本科牧草系统中添加豆科植物可以有效降低中性洗涤纤维，从而增加草食动物的干物质摄入量（Van Soest 1965；Cui et al.，2013）。这与我们在有机系统中发现的结果一致，因为较低的禾本科—豆科比（表8-2）通常表现出较低的中性洗涤纤维浓度（表8-4）。体外干物质消化率的结果反映了牧草成熟度和植物成分的综合影响。一般来说，鸭茅和高羊茅应表现出非常相似的IVDMD，而鸭茅与高羊茅的总体优越的动物性能主要是由于没有内生毒素（Sleper & Buckner，1995），这种毒素无法使用近红外光谱仪检测。因此，5月和6月高羊茅—白三叶混播的IVDMD较高主要归因于豆科植物比例的差异。非结构性碳水化合物，特别是果聚糖，在冷季型牧草中占主导地位，会诱发马的肢蹄炎（Longland & Byrd，2006）。在有机管理下，以高羊茅为基础的系统比其他系统具有更高的果聚糖浓度，因此，马的生产者在以高羊茅为主的牧场放牧时，应谨慎行事。与 CP、ADF 或 NDF 不同，在任何成熟时期，豆科植物通常都比禾本科具有更高的木质素浓度（Collins & Newman，2017）。因此，本研究发现，植物成分与刈割月份的相互作用对木质素浓度产生了更大的影响（表8-4）。所有处理中发现 CP、ADF、NDF 和 IVDMD 的范围与已发表研究的混播牧草系统的范围相当（Burns & Fisher，2008；Cui et al.，2013；Tamu et al.，2014；Gelley et al.，2016）。此外，分析并预估各牧草系统内每月刈割期间的营养价值差异很大；因此，主要关注处理效应，没有对刈割月份进行比较。5个牧草系统中关键的矿物元素浓度表明，放牧肉牛不缺乏营养（National Research Council，2000）。总体而言，与其他系统相比，鸭茅和紫花苜蓿混播始终具有相似或更高的矿物质浓度和钙磷比。此外，禾本科—豆科多年生系统通常优于一年生系统，这在很大程度上可归因于多年生豆科植物的根部剖面更深，使其在更深层土壤中吸收更多的营养。所有钙磷比大于常规所用的1∶1水平，表明对放牧牛钙缺乏的关注程度很低。

杂草入侵是影响有机作物生产的最重要限制因素之一（Francis & Van Wart，2009；Liebman & Davis，2009）。因此，本文研究了杂草成分，为特定地点的有机管理提供了有用的信息。然而，由于缺乏 NIRS 估算方程，从营养价值分析中除去所有杂草成分。如表8-2所示，一年生系统表现出优良的杂草抑制能力，而以冷季型为主的牧草系统易受暖季型杂草爆发的影响（如在高羊茅或鸭茅—豆科混播中发现的马唐草、粉黛乱子草和油莎草），反之亦然（如在狗牙根或臭根子草—豆科混播中发现的皱叶酸模和宝盖草）。由于皱叶酸模和马唐草的适口性和营养价值都可以接受，本研究认为对于温带过渡区的有机牧草生产来说，最具挑战性的杂草应包括宝盖草（*Lamium amplexicaule* L.）、粉黛乱子草（*Muhlenbergia schreberi* L.）和油莎草（*Cyperus esculentus* L.）。

8.4.5 相关性分析揭示了不同生物量和营养价值指数之间的密切关系

本研究使用较为宽松的标准（$P<0.05$ 和 $R^2 \approx 0.5$）来评估生产/营养两个指标之间的相关性。这主要是因为用于 NIRS 分析的混播样品的样本量大小和成分的复杂性有限。正如预期的那样，在许多牧草系统中发现了许多典型的相关性，例如 ADF 与 NDF、ADF 与 IVDMD 以及 NDF 与 IVDMD 之间的配对。一年生系统生物量-营养指数相关性的缺乏可能主要是由物种组成、收获季节和轮作模式的复杂性造成的。直方图也显示了这一点。然而，在一年生系统中，生长季节短，管理制度更加统一，会导致一批样品更加均匀，这表明大量显著营养指数与较大的 R^2 值相关（图 8-S2）。对于以 C_4 草为主的系统狗牙根—紫花苜蓿混播下月刈割和 CP 之间有很强的相关性。这一结果与 Gelley 等（2016）的发现非常一致。同样，对于根子草—驴食豆混播而言，每月的生物量产量与 CP 显著相关，但 R^2 值较低。这两种暖季型多年生系统均表明每月的生物量产量与 ADF、NDF、IVDMD 之间有很强的相关性；这表明在某些暖季型多年生系统中，每月的生物量产量可以作为 CP、ADF、NDF 和 IVDMD 的可靠预测指标。对于以 C_3 牧草为主的系统，很难发现类似的生物量—营养指标关系，这与 Nave 等（2013）的结果研究一致，表明 C_3 牧草的成熟度/产量与营养响应之间存在更加复杂的相互作用。在显著的回归模型中发现了两个变量之间的相关性，这可以用于开发决策工具，生产者可以依靠这些工具使用生物量产量信息来估算难以测量的营养指标（如 CP、ADF、NDF、IVDMD 等）。

8.4.6 土壤总有机物质突出了试验期间耕作的效果

有机生产的本质是在生态系统基础上改善土壤的健康和功能。许多研究报告了土壤肥力/质量提高（Spargo et al.，2011；Cavigelli et al.，2013）以及已认证或正在进行认正的有机行播作物系统中碳和氮循环发生改变（Wander et al.，1994，2007）。然而，关于认证牧草系统的信息仍然有限。显然，与基准数据相比，初始场地的准备和耕作在不同深度上引起了显著的碳损失，如整体土壤总碳的减少（图 8-4）。在两个采样深度间一致发现土壤总碳的差异，但几乎未发现处理效应。本文的土壤总碳水平通常低于 Inwood 等（2015）在田纳西州东部发现的过渡牧草种植系统的研究结果，以及 Franzluebbers 等（2005）在得克萨斯州草原公园区进行的长期多年生牧草种植系统的综述结果。原因有两点：①Inwood 等（2015）在秋季使用家禽粪便作为有机营养源，根据 Franzluebbers 等（2005）和 Hernandez–Ramirez 等（2009）发现，这可以显著增加 15% 以上的总碳；②Franzluebbers 等（2005）进行的综合研究主要集中在长期（>5 年）的牧草研究上。预估多年生牧草大量供应的碳以新鲜或部分腐烂的根残体形式存在，通常从土壤实验室分析程序中去除这些残体。最后，频繁地清除干草可以显著延长被动土壤有机质库的稳定阶段（Rasmussen & Collins, 1991），从而导致对土壤总碳贡献进行更保守的估计。在臭根子草—驴食豆混播下发现，土壤总碳的快速增长速度（图 8-5）出乎意料。考虑到总产量（图 8-1）、每月生物量产量（图 8-2）以及一年生系统的有限土壤总碳响应，可以合理地将根子草—驴食豆混播下土壤总碳随时间的增加归因于地上生物量产量和地下根生物量的增加。对于未来的研究，有必要长期实施类似的牧草系统，并采用更敏感的土壤碳分级方法，如颗粒有机物质碳和/或高锰酸盐可氧化碳。

8.4.7 土壤质量含水率与植物成分模式一致

关于植物成分对土壤水分动态的影响存在广泛的共识（Alamdarloo et al., 2018; Xu et al., 2018; Wu et al., 2019）。除土壤总碳外，本文还量化了土壤 GWC，以研究在有机牧草系统下土壤水分动态是否会受到影响。一般而言，豆科植物的深层主根系统极有利于深层土壤水分的利用，但在长期缺水条件下也可能会降低产量并加速衰老（Alamdarloo et al., 2018）。因此，本文预估在混播系统中，更高的豆科比例可能会导致土壤水分在深层土壤（>15 cm）的更大吸收。如本研究的结果所示，两种紫花苜蓿混播（表 8-2）中较低的禾本科—豆科比率导致两个采样土层的 GWC 水平较低。然而，本研究认为这种程度的水分差异对产量差异的影响很小，因为即使在较深的土壤剖面中，最低的 GWC 仍然高于 10%。此外，温带地区充足的降水能够迅速补充土壤水分，这是因为草地的渗透能力更高，尤其是那些含有豆科的草地，这些草地的根系通道更发达，能增强优先流（Wu et al., 2017）。

8.4.8 光能利用效率对产量和禾本科—豆科比率有显著的正效应

使用系统建模研究不同生态生理和环境因素对产量的影响，可以更好地为理解生产关键驱动因素的行为提供重要见解。在本研究中，我们发现 RUE 确实是决定当地牧草产量的关键因素。与其他半干旱环境不同，温带地区的牧草系统主要受光能限制。此外，因为与豆科植物（C_3）相比，暖季型禾本科（C_4）可以显著提高 RUE，所以禾本科—豆科比率极大地影响了 SEM 所捕获的总 RUE。如第 4.7 节所示，预估禾本科—豆科比率与土壤 GWC 之间存在显著相关性，路径分析模型也捕捉到了这一点。本研究发现，与单独种植禾本科或豆科相比，混播系统中的禾本科和豆科植物对太阳光能利用的表现可能不同。然而，本研究没有单独研究不同的组分，而是量化了生物量生产力，这需要在未来的研究中解决。

8.5 结论

总之，本研究表明，一年生牧草系统可以提供更高的生物量产量/产量，但其营养价值和矿物质浓度迅速下降，并可能产生比多年生系统更高的生产投入成本和更小的利润空间。在有机农业下春季种植暖季型多年生牧草可能会受到杂草暴发的挑战，特别是在生长季中后期，外源氮输入似乎对于维持其营养价值是必要的。特别是，臭根子草在当地环境中表现出良好的适应性、光能利用效率和土壤碳能力增强。本研究结果还表明，每月生物量产量是一个易于测量的指标，可用于准确估算禾本科—豆科混播牧草的营养价值；因此，需告知生产者干草收获或放牧的最佳时间。另外值得一提的是，本研究中使用的采样程序是基于干草采样方法而不是放牧的样品。因此，营养结果可能高估了牧草的生产潜力，但低估了牧草对放牧动物的营养价值。最后，未来需要长期的研究和更好的土壤碳分级方法，以更好地评估各牧草系统的生态系统服务和长期行为。

参考文献

[1] ALAMDARLOO E H, MANESH M B, KHOSRAVI H. Probability assessment of vegetation vulnerability to drought based on remote sensing data [J]. Environmental Monitoring and Assessment, 2018, 190 (12): 702-713.

[2] ARCHER D W, JARADAT A A, JOHNSON J M F, et al. Crop productivity and economics during the transition to alternative cropping systems [J]. Agronomy Journal, 2007, 99 (6): 1538-1547.

[3] BARKER D J, FERRARO F P, LA GUARDIA NAVE R, et al. Analysis of herbage mass and herbage accumulation rate usinggompertz equations[J]. Agronomy Journal, 2010, 102 (3): 849-857.

[4] BELESKY D P, PERRY H D, WINDHAM W R, et al. Productivity and quality of bermudagrass in a cool temperate environment[J]. Agronomy Journal, 1991, 83 (5): 810-813.

[5] BIRKHOFER K, BEZEMER T M, BLOEM J, etal. Long-term organic farming fosters below and aboveground biota: Implications for soil quality, biological control and productivity[J]. Soil Biology and Biochemistry, 2008, 40 (9): 2297-2308.

[6] BOLGER T P, MATCHES A G. Water-use efficiency and yield of sainfoin and alfalfa[J]. Crop Science, 1990, 30 (1): 143-148.

[7] BURNS J C, FISHER D S. 'coastal' and 'tifton 44' bermudagrass availability on animal and pasture productivity[J]. Agronomy Journal, 2008, 100 (5): 1280-1288.

[8] CAVIGELLI M A, TEASDALE J R, CONKLIN AE. Long-term agronomic performance of organic and conventional field crops in the mid-atlantic region[J]. Agronomy Journal, 2008, 100 (3): 785-794.

[9] CAVIGELLI M A, MIRSKY S B, TEASDALE J R, et al. Organic grain cropping systems to enhance ecosystem services [J]. Renewable Agriculture and Food Systems, 2013, 28 (2): 145-159.

[10] CHAMBLEE D S, LOVVORN R L. The effect of rate and method of seeding on the yield and botanical composition of alfalfa-orchardgrass and alfalfa-tall Fescue^1[J]. Agronomy Journal, 1953, 45 (5): 192-196.

[11] COLL L, CERRUDO A, RIZZALLI R, et al. Capture and use of water and radiation in summer intercrops in the south-east Pampas of Argentina[J]. Field Crops Research, 2012, 134: 105-113.

[12] COLLINS M, NEWMAN Y C. Forage Quality[M] //COLLINS M, NELSON C J, MOORE K J, et al. Forages, volume 1: an introduction to grassland agriculture. 7th ed. Ames: Iowa State University. Press, 2017: 35-50.

[13] CROWDER D W, REGANOLD J P. Financial competitiveness of organic agriculture on a global scale[J]. Proceedings of the National Academy of Sciences of the United States of America, 2015, 112 (24): 7611-7616.

[14] CUI S, ALLEN V G, BROWN C P, et al. Growth and nutritive value of three old world bluestems and three legumes in the semiaridtexas high Plains[J]. Crop Science, 2013, 53 (1): 329-340.

[15] CUI S, ZILVERBERG C J, ALLEN V G, et al. Carbon and nitrogen responses of three old world bluestems to nitrogen fertilization or inclusion of a legume [J]. Field Crops Research, 2014, 164: 45-53.

[16] DAWSON J C, HUGGINS D R, JONES S S. Characterizing nitrogen use efficiency in natural and agricultural ecosystems to improve the performance of cereal crops in low-input and organic agricultural systems[J]. Field Crops Research, 2008, 107 (2): 89-101.

[17] GÓMEZ DE BARREDA D, REED T V, YU J L, et al. Spring establishment of four warm-season turfgrasses after fallindaziflam applications [J]. Weed Technology, 2013, 27 (3):

448-453.

[18] DELATE K, CAMBARDELLA C A. Agroecosystem performance during transition to certified organic grain production[J]. Agronomy Journal, 2004, 96 (5): 1288-1298.

[19] DELBRIDGE T A, COULTER J A, KING R P, et al. Economic performance of long-term organic and conventional cropping systems in Minnesota[J]. Agronomy Journal, 2011, 103 (5): 1372-1382.

[20] FRANCIS C, VAN WART J. History of organic farming and certification[M] //FRANCI C. Organic farming: the ecological system. Madison: ASA, CSSA, SSSA, 2009: 3-17.

[21] FRIBOURG H A. Summer annual grasses[M] // Forages, volume 1: an introduction to grassland agriculture. 5th ed. Ames: Iowa State University Press, 1995: 463-472.

[22] FRANZLUEBBERS A. Soil organic carbon sequestration and agricultural greenhouse gas emissions in the southeastern USA[J]. Soil and Tillage Research, 2005, 83 (1): 120-147.

[23] FRANZLUEBBERS A, ABBERTON M, CONANT R, et al. Soil organic carbon in managed pastures of the southeastern United States of America[M] //Grassland carbon sequestration: management, policy and economics. Rome: FAO, 2010: 163-175.

[24] GELLEY C, LA GUARDIA NAVE R, BATES G. Forage nutritive value and herbage mass relationship of four warm-season grasses[J]. Agronomy Journal, 2016, 108 (4): 1603-1613.

[25] GIUNTA F, PRUNEDDU G, MOTZO R. Radiation interception and biomass and nitrogen accumulation in different cerealand grain legume species[J]. Field Crops Research, 2009, 110 (1): 76-84.

[26] GOERING H K, VAN SOEST P J. Forage fiber analysis (apparatus, reagents, procedures and some applications) [M]. Washington, DC: Agricultural Research service, 1970.

[27] HARTWIG N L, AMMON H U. Cover crops and living mulches[J]. Weed Science, 2002, 50 (6): 688-699.

[28] HERNANDEZ-RAMIREZ G, BROUDER S M, SMITH D R, et al. Carbon and nitrogen dynamics in an eastern corn belt soil: Nitrogen source and rotation[J]. Soil Science Society of America Journal, 2009, 73 (1): 128-137.

[29] HINSINGER P. Bioavailability of soil inorganic P in the rhizosphere as affected by root-induced chemical changes: A review[J]. Plant and Soil, 2001, 237 (2): 173-195.

[30] INWOOD S EE, BATES G E, BUTLER D M. Forage performance and soil quality in forage systems under organic management in the southeastern United States[J]. Agronomy Journal, 2015, 107 (5): 1641-1652.

[31] JONES W T, LYTTLETON J W. Bloat in cattle[J]. New Zealand Journal of Agricultural Research, 1971, 14 (1): 101-107.

[32] JONES G, TRACY B. Orchardgrass die-off: How harvest management and heat stress may be reducing the persistence of orchardgrass hay stands[J]. Crops & Soils, 2015, 48 (3): 4-8.

[33] JOUZI Z, AZADI H, TAHERI F, et al. Organic farming and small-scale farmers: Main opportunities and challenges[J]. Ecological Economics, 2017, 132: 144-154.

[34] KERING M K, BUTLER T J, BIERMACHER J T, et al. Biomass yield and nutrient removal rates of perennial grasses under nitrogen fertilization[J]. BioEnergy Research, 2012, 5 (1): 61-70.

[35] LI Y, ALLEN V G, CHEN J, et al. Allelopathic influence of a wheat or rye cover crop on growth and yield of No-till cotton[J]. Agronomy Journal, 2013, 105 (6): 1581-1587.

[36] LI Z, CHEN C, NEVINS A, et al. Assessing and modeling ecosystem carbon exchange and water vapor flux of a pasture ecosystem in the temperate climate-transition zone [J]. Agronomy, 2021, 11 (10): 2071.

[37] LIEBMAN M, DAVIS A S. Managing weeds in organic farming systems: An ecological approach [M]//FRANCIS C, ed. Agronomy Monographs. Madison, WI, USA: American Society of Agronomy, Crop Science Society of America, Soil Science Society of America, 2015: 173-195.

[38] LINN J G, MARTIN N P. Forage quality tests andinterpretation (Revised 1989) [R]. University of Minnesota: Agricultural Extension Service, 1989.

[39] LONGLAND A C, BYRD B M. Pasture nonstructural carbohydrates and equine laminitis[J]. The Journal of Nutrition, 2006, 136 (7 Suppl): 2099S-2102S.

[40] MACADAM J W, NELSON C J. Physiology of forage plants[M]//COLLINS M, NELSON C J, MOORE K J, et al. Forages, volume 1: An introduction to grassland agriculture. 7th ed. Ames: Blackwell Publishing, 2018: 51-70.

[41] MAHONEY P R, OLSON K D, PORTER P M, et al. Profitability of organic cropping systems in southwestern Minnesota[J]. Renewable Agriculture and Food Systems, 2004, 19 (1): 35-46.

[42] MITCHELL L E, NELSON C J. Forages and Grassland in a Changing World[M]//BARNES R F, NELSON C J, COLLINS M, et al. Forages, volume. 1: An introduction to grassland agriculture. 6th ed. Ames: Blackwell Publishing, 2003: 3-24.

[43] MITCHELL R B, NELSON C J. Structure and Morphology of Legumes and Other Forbs[M]//COLLIN M, NELSON C J, MOORE K J, et al. Forages, volume 1: An Introduction to Grassland Agriculture. 7th ed. Ames: Iowa State University Press, 2017: 35-50.

[44] MURRAY I, COWE I. Sample preparation[M]//ROBERTS C A, WORKMAN J Jr, REEVES J B III, eds. Near-Infrared Spectroscopy in Agriculture. Madison, WI, USA: American Society of Agronomy, Crop Science Society of America, Soil Science Society of America, 2015: 75-112.

[45] BAGAVATHIANNAN M V, GULDEN R H, VAN ACKER R C. The ability of alfalfa (*Medicago sativa*) to establish in a seminatural habitat under different seed dispersal times and disturbance[J]. Weed Science, 2011, 59 (3): 314-320.

[46] National Research Council. 1996. Nutrient requirements of beef cattle[M]. 7th ed. Washington, DC: Natimal Academy Press, 1996.

[47] NAVE R L G, SULC R M, BARKER D J, et al. Changes in forage nutritive value among vertical strata of a cool-season grass canopy[J]. Crop Science, 2014, 54 (6): 2837-2845.

[48] NAVE R L G, QUINBY M P, GRIFFITH A P, et al. Forage mass, nutritive value, and economic viability of cowpea overseeded in tall fescue and sorghum-sudangrass swards[J]. Crop, Forage & Turfgrass Management, 2020, 6 (1): e20003.

[49] OBERHOLTZER L, DIMITRI C, SCHUMACHER G. Linking farmers, healthy foods, and underserved consumers: Exploring the impact of nutrition incentive programs on farmers and farmers' markets[J]. Journal of Agriculture, Food Systems, and Community Development, 2012:

63-77.

[50] OJEDA J J, CAVIGLIA O P, AGNUSDEI M G, et al. Forage yield, water- and solar radiation-productivities of perennial pastures and annual crops sequences in the south-eastern Pampas of Argentina[J]. Field Crops Research, 2018, 221: 19-31.

[51] PHILIPP D, ALLEN V G, MITCHELL R B, et al. Forage nutritive value and morphology of three old worldbluestems under a range of irrigation levels[J]. Crop Science, 2005, 45 (6): 2258-2268.

[52] PHILIPP D, ALLEN V G, LASCANO R J, et al. Production and water use efficiency of three old world bluestems[J]. Crop Science, 2007, 47 (2): 787-794.

[53] QUINBY M P, NAVE R L G, BATES G E, et al. Harvest interval effects on the persistence and productivity of alfalfa grown as a monoculture or in mixtures in the southeastern United States [J]. Crop, Forage & Turfgrass Management, 2020, 6 (1): e20018.

[54] RASMUSSEN P E, COLLINS H P. Long-term impacts of tillage, fertilizer, and crop residue on soil organic matter in temperate semiarid regions[M]//Advances in Agronomy. Amsterdam: Elsevier, 1991: 93-134.

[55] ROSSEEL Y. lavaan: An R Package for structural equation modeling[J]. Journal of Statistical Software, 2012, 48 (2): 1-36.

[56] Saidi, M., Itulya, F. M., Aguyoh, J. & Ngouajio, M. 2010. Leaf Harvesting Time and Frequency Affect Vegetative and Grain Yield of Cowpea. Agron. J., 102: 827-833. doi: 10. 2134/agronj2009. 0421

[57] SANDAÑA P, RAMÍREZ M, PINOCHETD. Radiation interception and radiation use efficiency of wheat and pea under different P availabilities[J]. Field Crops Research, 2012, 127: 44-50.

[58] SANDERSON M A, BRINK G, RUTH L, et al. Grass-legume mixtures suppress weeds during establishment better than monocultures[J]. Agronomy Journal, 2012, 104 (1): 36-42.

[59] SAS Institute Inc. 2018. SAS® 9. 4 In-Database Products: User's Guide: Eighth Edition. Cary, NC: SAS Institute Inc.

[60] SAXTON A M. A macro for converting mean separation output to letter groupings in PROC MIXED[C]. Proceedings of the 23rd SAS Users Croup International conference. Cary: SAS Institute, 1998: 1243-1246.

[61] SCHOOFS A, ENTZ M H. Influence of annual forages on weed dynamics in a cropping system [J]. Canadian Journal of Plant Science, 2000, 80 (1): 187-198.

[62] SHEAFFER C C. Effect of competition on legume persistence[M]//Persistence of forage legumes. Madison: ASA, CSSA, and SSSA, 1989: 327-334.

[63] SIMS G K, ELLSWORTH T R, MULVANEY R L. Microscale determination of inorganic nitrogen in water and soil extracts[J]. Communications in Soil Science and Plant Analysis, 1995, 26 (1/2): 303-316.

[64] SLEPER D A, BUCKNER R C. The fescues[M]//Forages, volume 1: An introduction to grassland agriculture. 5th ed. Ames: Iowa State University Press, 1995: 345-356.

[65] SPARGO J T, CAVIGELLI M A, MIRSKY S B, et al. Mineralizable soil nitrogen and labile soil organic matter in diverse long-term cropping systems[J]. Nutrient Cycling in Agroecosystems, 2011, 90 (2): 253-266.

[66] TEMU V W, RUDE B J, BALDWIN B S. Nutritive value response of native warm-season forage grasses to harvest intervals and durations in mixed stands [J]. Plants, 2014, 3 (2): 266-283.

[67] TSUBO M, WALKER S. A model of radiation interception and use by a maize-bean intercrop canopy[J]. Agricultural and Forest Meteorology, 2002, 110 (3): 203-215.

[68] TU C, LOUWS F, CREAMER N, et al. Responses of soil microbial biomass and N availability to transition strategies from conventional to organic farming systems[J]. Agriculture, Ecosystems \ & Environment, 2006, 113: 206-215.

[69] VAX SOEST P J. Use of detergents in the analysis of fibrous feeds. II. A rapid method for the determination of fiber and lignin[J]. Journal of AOAC INTERNATIONAL, 1963, 46 (5): 829-835.

[70] WANDER MM, TRAINA S J, STINNER B R, et al. Organic and conventional management effects on biologically active soil organic matter pools[J]. Soil Science Society of America Journal, 1994, 58 (4): 1130-1139.

[71] WANDER MM, YUN W, GOLDSTEIN W A, et al. Organic N and particulate organic matter fractions in organic and conventional farming systems with a history of manure application[J]. Plant and Soil, 2007, 291 (1): 311-321.

[72] WESTHOFF P. The economics of biological nitrogen fixation in the global economy[M] // EMERICH D W, KRISHMAN H B. Nitrogen fixation in crop production. Madison: ASA, CSSA, SSSA, 2009: 309-328.

[73] WU G L, LIU Y, YANG Z, et al. Root channels to indicate the increase in soil matrix water infiltration capacity of arid reclaimed mine soils[J]. Journal of Hydrology, 2017, 546: 133-139.

[74] WU G L, HUANG Z, LIU Y F, et al. Soil water response of plant functional groups along an artificial legume grassland succession under semi-arid conditions[J]. Agricultural and Forest Meteorology, 2019, 278: 107670.

[75] XU H J, WANG X P, ZHAO C Y, et al. Diverse responses of vegetation growth to meteorological drought across climate zones and land biomes in Northern China from 1981 to 2014[J]. Agricultural and Forest Meteorology, 2018, 262: 1-13.

[76] XUE Z L, LIU N, WANG Y L, et al. Combiningorchardgrass and alfalfa: Effects of forage ratios on *in vitro* rumen degradation and fermentation characteristics of silage compared with hay [J]. Animals: an Open Access Journal from MDPI, 2019, 10 (1): 59.

第9章 保护性耕作措施改善了全球尺度下农田土壤物理环境

9.1 研究背景与意义

保护性耕作措施在本研究中的定义是有/无残体保留的免耕（NT）或少耕（RT），该耕作措施已广泛用于抵消集约耕作系统造成的负面影响。保护性耕作措施因在降低投入成本、提高用水效率和保护土壤碳（C）等方面的优势而被认可（Beare et al., 1994；Liu et al., 2014），并已在全球范围内超过1.55亿公顷的农田上使用，占全球总耕地面积的11%（Kassam et al., 2014）。保护性耕作措施最显著的优势之一是改善土壤理化性质（Blanco-Canqui & Ruis, 2018；Johnson & Hoyt, 1999）。

保护性耕作措施通过增加残体保留、减少土壤扰动和C流失，直接影响土壤物理性质（Johnson & Hoyt, 1999；Sithole et al., 2016；Turmel et al., 2015）。大量研究综合分析了保护性耕作措施对作物产量（Pittelkow et al., 2014）、土壤酶活性（Zuber & Villamil, 2016）、土壤微生物丰度（Li et al., 2018）和温室气体（GHG）排放（Abdalla et al., 2016）的影响。然而，目前尚无专门针对保护性耕作措施如何影响土壤物理性质的全球综合分析。许多研究表明，土壤物理性质的变化会极大影响土壤提供的大多数生态系统服务，包括蓄水能力、土壤侵蚀、养分循环和作物生产力（Blanco-Canqui & Ruis, 2018；Fageria, 2002；Luo et al., 2018；Pittelkow et al., 2014）。因此，我们需要进行系统的综合，以强化我们对保护性耕作措施对耕地面积的管理如何在全球范围内影响土壤物理性质的理解，并更好地说明土壤物理性质变化如何与种植制度水平上的多种生态成分和环境驱动因素相联系。

关键的土壤物理性质包括土壤容重、团聚体大小和稳定性以及水力学特性，这些指标是评估农业生态系统中土壤质量和其他生态过程的重要指标（Fageria, 2002；Lipiec et al., 2006；Schmidt et al., 2018）。传统耕作（CT）主要是指在 200～250 mm 土层深度以下的重度耕作措施（Li et al., 2018；Pittelkow et al., 2014），这是一种被广泛采用的管理措施，历史记录表明该措施导致土壤容重降低、孔隙度增加并改善了杂草控制，从而显著提高了植物生长和种植制度生产力（Pagliai et al., 2004）。但 CT 也会对土壤结构产生不利影响，可能会显著影响土壤团聚体和水力学特性。土壤团聚粒径的敏感指标包括几何平均直径（GMD）和平均重量直径（MWD）（Bronick & Lal, 2005）。水稳性团聚体（WSA）是土壤结构质量的常用指标（Beare et al., 1994；Bronick & Lal, 2005；Six et al., 2000b）。不良的团聚体结构和稳定性最终会减少水分入渗、增强可蚀性（Bronick & Lal, 2005；Omondi et al., 2016）并减少大团聚体和微团聚体中土壤 C 和养分的保护（Six et al., 2000a）。通过保护性耕作和减少耕作增加残体保留可以实现更多的土壤集聚（Six et al., 2000a）。与此同时，以水分入渗和饱和导水率为测量指标的土壤水力学特性控制着土壤中水和养分的运输（Bormann & Klaassen, 2008；López-Fando & Pardo, 2009），且可能受到管理措施的影响，如耕作（Osunbitan et al., 2005）和/或残体保留（Turmel et al., 2015）。

土壤 pH 作为最重要的土壤化学指标之一，对土壤健康（Limousin & Tessier, 2007；López-Fando & Pardo, 2009）、养分可利用率/循环（Fageria, 2002）、微生物碳积累与多样性（Fierer & Jackson, 2006；Malik et al., 2018）和作物生产力（Li et al., 2019）有很大影响。化肥施用和土地利用变更是土壤 pH 值变化的关键驱动因素（Malik et al., 2018）。保护性耕作措施对土壤 pH 值的影响也得到了研究（López-Fando & Pardo, 2009；Turmel et al., 2015）；然而，近年来并无定量的全球分析或综合研究。此外，土壤物理性质如质地和有机质含量等也会对土壤的缓冲能力产生很大影响（Malik et al., 2018），因此，在种植制度水平上，土壤缓冲能力可能与土壤 pH 一起共同影响生产力和功能（Li et al., 2019）。

近年来，大量数据综合研究总结了不同保护性耕作措施在全国（Schmidt et al., 2018）、区域（Sithole et al., 2016）和全球尺度上对（Blanco-Canqui and Ruis, 2018）土壤物理性质的影响。但这些研究均未从整体上考虑不同残体和/或耕作管理措施组合的直接和相互影响。在这些研究中，要么集中于单独的耕作措施（Blanco-Canqui & Ruis, 2018），要么在有限时间和/或地理空间范围中汇总了不同保护性耕作措施的数据（Sithole et al., 2016），从而导致潜在的偏差和有限的解释范围。关于保护性耕作措施对土壤物理性质和土壤 pH 值的影响，目前尚未基于综合数据集进行最新的全球综合研究。我们预计保护性耕作措施应该能减少对土壤的干扰（Blevins et al.，1984；Johnson & Hoyt，1999；Sithole et al.，2016）并提高微生物丰度和多样性（Li et al.，2018；Zuber & Villamil，2016），从而改善各种土壤结构属性，如土壤团聚和水力学特性。我们还预计，保护性耕作措施应该能增加土壤容重并降低土壤 pH 值。为了验证我们的假设，本研究设计了全球范围的荟萃分析：①确定土壤物理性质和土壤 pH 对保护性耕作措施响应的方向和大小；②评估试验持续时间和保护性耕作措施对土壤物理性质变化的交互影响。

9.2 材料与方法

9.2.1 数据收集

为了收集相关数据，使用 ISI 科学网与中国知网综合数据库检索了 1987 年 1 月至 2018 年 4 月的期刊论文。具体关键词包括："土壤物理特性""水力传导系数""团聚体""有效水分""孔隙度""容重""保护措施""耕作"和"耕种"。为了尽量减少偏差，按照以下标准选择文献：

（1）所选文章包括比较有残体保留的传统耕作（CTS）或无残体保留的传统耕作（CT）的配对观察，以及基于田间试验的保护性耕作措施。本研究选择的具体保护性耕作措施为有残体保留的少耕（RTS）或无残体保留的少耕（RT），以及有残体保留的免耕（NTS）或无残体保留的免耕（NT）。如果一项研究在同一地点使用了多种保护性耕作措施，则该研究将不同保护性耕作措施与 CT 或 CTS 分别配对。此外，在选择过程中，种植密度、肥料管理、试验持续时间和灌溉等其他农艺措施在配对对照（CT 或 CTS）和处理（NT、RT、NTS 或 RTS）之间必须相似。

（2）荟萃分析采用重复田间小区试验结果的平均值和标准误差（重复次数≥3 次）。

（3）残体保留和耕作措施被认为是主要的处理方式。

根据上述标准，此次荟萃分析中包含了 264 篇同行评审的出版物，覆盖全球各大洲。从已发表文章的表格和正文中直接获取数据，并使用 Get-data-GraphDigitalizer 软件（版本 2.24，俄罗斯）从图形中间接获取数据。用于分析不同保护性耕作措施的最终数据集包括 994 个土壤容重数据对、377 个总孔隙度数据对、72 个毛管孔隙度数据对、284 个 MWD 数据对、109 个 GMD 数据对、192 个 WSA

数据对、105 个渗透阻力数据对、155 个饱和导水率数据对、189 个有效持水量数据对、398 个土壤 pH 值数据对。所选研究和参考文献的详细信息见补充材料（作为参考文献列出）。本研究中，采用土壤中各粒级团聚体所占比例与中值粒径的乘积相加计算的 MWD 和 GMD 来估算团聚体粒径（Bronick & Lal, 2005；Nimmo, 2004）。WSA 采用湿筛法测定，用于表示团聚体的稳定性（Bronick & Lal, 2005；Nimmo, 2004）。本研究中，AWC 定义为田间持水量和永久性萎蔫点之间的含水量差异（Omondi et al., 2016）。毛管孔隙度被定义为主要依靠毛管力保持水分的细小孔隙的总尺寸（Lipiec et al., 2006；Sasal et al., 2006）。包括美国在内的一些国家，无论耕作方法如何，作物收获后的残体常被保留在田间，因此 NTS、RTS 或 CTS 成为全国主要的耕作处理方式。因此，本研究中大量观测都使用了残体保留。数据收集过程还记录了每篇已发表文章中每次试验的持续时间，文章选择还基于土壤采样深度：表层土（0~150 mm）和下层土（150~400 mm）样本分别占本研究中所使用数据点的 59% 和 41%。

9.2.2 数据分析

通过计算每个土壤性质指数的响应比（lnRR）的自然对数进行数据分析，比较均值（$\bar{X}_t$ -NT、RT、NTS、RTS 或 CTS）和对照均值（$\bar{X}_c$ -CT）（Osenberg et al., 1999；Li et al., 2018）。用公式 $v = S_t^2/n_t \times X_t^2 + S_c^2/n_c \times X_c^2$ 计算 lnRR 的方差（v），其中 S_t 和 S_c 分别表示处理组和对照组的标准差；而 n_t 和 n_c 分别表示处理组和对照组的重复数。对于未报告 SD 或 SE 的研究，SD 被估算为平均值的 0.1 倍（Luo et al., 2006）。为了得到处理组相对于对照组的总体响应效果，根据 Hedges 等（1999）、Luo 等（2006）计算了处理组和对照组之间的加权反应比（即 RR_{++}，又名效应量），如公式（9-1）所示：

$$RR_{++} = \frac{\sum_{i=1}^{m} \sum_{j=1}^{k} w_{ij} RR_{ij}}{\sum_{i=1}^{m} \sum_{j=1}^{k} w_{ij}} \quad (9-1)$$

式中，m 是指比较组的数量；w_{ij} 是指加权系数（$w_{ij} = 1/v_{ij}$）；k 是指相应组内比较的次数；而 i 和 j 分别指第 i 个和第 j 个处理。RR_{++} 的标准误差 $[s(RR_{++})]$ 通过公式（9-2）进行计算：

$$s(RR_{++}) = \sqrt{\frac{1}{\sum_{i=1}^{m} \sum_{j=1}^{k} w_{ij}}} \quad (9-2)$$

95%置信区间（95% CI）通过 $RR_{++} \pm 1.96 \times s(RR_{++})$ 计算而得。当响应变量的 95% CI 不包括零时，保护性耕作措施的影响被认为在对照组和处理组之间存在显著差异（Gurevitch & Hedges，2001）。处理组和对照组之间百分比变化的计算为 RR_{++}：$[\exp(RR_{++}) - 1] \times 100\%$。

采用 R 统计软件语言（3.4.2 版本）编程的"metafor"包的 rma.unl 模型中的限制性最大似然估计量（RMLE）估计进行的荟萃分析（Viechtbauer，2010）。平均效益量（lnRR）及其 95% CI 通过自举法生成的偏差校正进行计算。卡方检验确定了保护性耕作处理土壤性质变化的 lnRR 之间的异质性（Q_{total}）是否显著超过了预期的抽样误差。随机检验确定了组间异质性（Q_b）的显著性（Adams et al.，1997）。卡方检验也用于确定组内异质性（Q_w）的统计学显著性。

通过 Pearson 相关性分析，确定了土壤性质之间的相关性。此外，鉴于研究持续时间可能对土壤的各种理化性质产生重大影响（Johnson & Hoyt，1999；Li et al.，2018；Luo et al.，2010），使用 R 统计软件的"metafor"包进行了 Mate 回归分析，该分析是一种基于回归的强大技术，用于检查不同解释变量对效应大小的影响（Viechtbauer，2010）。具体而言，我们使用了 Mate 回归分析来研究土壤性质的响应比与试验持续时间之间的线性关系。通过采用 Knapp 和 Hartung（KH）调整的限制性最大似然法（RMLE）进行了 Mate 回归分析。通过赤池信息量准则（AIC）对模型进行比较。AIC 值最小的模型为最佳拟合模型（Anderson & Burnham，2002）。

9.3 结果与讨论

9.3.1 保护性耕作措施对土壤容重和渗透阻力的影响

土壤容重和渗透阻力常用于评价土壤紧实度。本研究发现，与对照组（CT）相比，NTS、NT 和 RT 的容重分别增加了 1.4%、2.6% 和 2.1%（基于效应量的百分比变化，$P<0.05$）[图 9-1（a）]，但近期一篇综述论文综合了 62 项研究的结果表明，基于 NT 管理下的持续时间，NT 可以提高或降低土壤容重（Blanco-Canqui & Ruis，2018）。与容重类似，与对照组（CT）相比，NT 显著提高了 36.5% 的渗透阻力 [图 9-1（b）]。

由于耕作措施并未疏松土壤，因此保护性耕作措施（尤其是 NT）可能会增加土壤紧实度（Blanco-Canqui et al.，2009；Osunbitan et al.，2005）。本荟萃分析

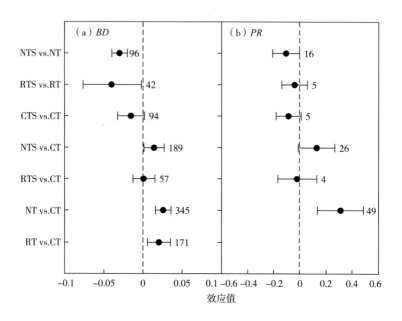

图 9-1 （a）土壤容重（BD）和（b）土壤渗透阻力在不同保护性农业措施下的效应量

注：效应量表示处理组和对照组之间的加权响应比。误差条表示 95% 的置信区间。每个误差棒旁边标注了每个变量的样本大小。缩写：无残体保留的免耕（NT）、少耕（RT）和翻耕（CT）；残体保留的免耕（NTS）、少耕（RTS）和翻耕（CTS）。

表明，保护性耕作措施切实提高了土壤容重，但从 NT 处理中观察到的最大容重低于可能影响作物生长的临界值。尤其是，本研究发现黏土、壤土、沙土和粉土的平均容重分别为 1.35 Mg/m^3、1.37 Mg/m^3、1.40 Mg/m^3 和 1.45 Mg/m^3。据报道，对植物生长产生不利影响的土壤容重阈值在黏土、壤土、沙土和粉土中分别为 1.40 Mg/m^3、1.70 Mg/m^3、1.70 Mg/m^3 和 1.50 Mg/m^3（USDA-NRCS，1996）。这表明，我们从文献中发现的保护性耕作措施导致的最大土壤紧实度值低于限制植物生长的阈值。

与 NT 相比，NTS 处理的土壤容重下降了 2.9%［$P<0.05$，图 9-1（a）］，与无残体保留的少耕处理相比，RTS 处理下的土壤容重下降了 3.9%（$P<0.05$）。Ghuman 和 Sur（2001）还报道，由于生物活动和土壤 C 水平的增加，残体保留降低了紧实 NT 土壤的容重。同样，与 NT 相比，NTS 降低了 10.1% 的渗透阻力［$P<0.05$，图 9-1（b）］。

Blanco-Canqui 和 Ruis（2018）报道，随着 NT 持续时间的增加，土壤容重和渗透阻力有所降低。Mate 回归结果还表明，随着试验持续时间的延长，NT 降低了容重（$P=0.02$，表 7-1）。随着研究持续时间的增加，残体保留进一步降低了容重（$P=0.001$，表 7-1）。随着试验持续时间的增加，NT 处理的渗透阻力效应量降低（$P=0.013$，表 7-1），但是残体保留扭转了这个局面（$P=0.05$，表 7-1）。这些发现表明，NT 和 CT 之间容重和渗透阻力的差异随着时间的推移而减小。其原因可能是土壤有机 C 随着时间而累积，进而提高了土壤抵抗压实的能力（Reynolds et al., 2007; Sithole et al., 2016; USDA-NRCS, 1996）。但由于小规模数据集（样本量≤5）导致了较高的 CI，因此解释这些结果需要审慎。

9.3.2 保护性耕作措施对土壤团聚大小和稳定性，以及孔隙度的影响

总体而言，由于土壤扰动的减少和残体保留，保护性耕作措施有望改善土壤结构（Johnson & Hoyt, 1999; Sithole et al., 2016）。一般而言，MWD 和 GMD 能够反映土壤中不同粒径团聚体所占比例的变化。与对照组（CT）相比，所有保护性耕作措施都提高了 GMD［图 9-2（a），$P<0.05$］。NTS（与 NT 相比）和 CTS（与 CT 相比）导致 GMD 分别提高了 6.3% 和 10.6%［$P<0.05$，图 9-2（b）］。NTS 与对照（CT）相比的效应量（0.22）显著高于 NTS 与 NT 相比的效应量（0.06）。与 CT 相比，无论残体保留或耕作强度如何，所有保护性耕作措施都显著提高了 MWD［图 9-2（b）］。与对照组（CT）相比，NTS（51.9%）和 NT（49.0%）的效应量最大。与 NT 相比，NTS 使 MWD 提高了 20.3%［$P<0.05$，图 9-2（a）］。此外，RTS（与 RT 相比）和 CTS（与 CT 相比）分别将 MWD 提高了 10.3 和 16.1%（$P<0.05$）。

团聚体稳定性是土壤结构最敏感的指标（Six et al., 2000b）。与 CT 相比，无论残体保留或耕作强度如何［图 9-2（c）］，所有保护性耕作措施都提高了 WSA（$P<0.05$）。与对照组（CT）相比，NTS 处理下的效应量最大（0.44）。与 NT 相比，NTS 将 WSA 提高了 42.3%（$P<0.05$）。与 CT 相比，NT 和 RT 导致 WSA 分别提高了 31.0% 和 20.6%（$P<0.05$）。类似地，在阿根廷潘帕斯的一个粉土案例研究发现，与对照组（CT）相比，NT 的团聚体稳定性提高了 30%（Sasal et al., 2006），此外，本研究表明，RTS（与 RT 相比）和 CTS（与 CT 相比）使 WSA 分别提高了 19.1 和 15.6%（$P<0.05$）。

诸多研究说明了保护性耕作措施提高团聚体大小和团聚体稳定性的机制。首先，与 CT 相比，残体保留的保护性耕作措施显著减少了土壤扰动，并增强了土壤表面附近有机质的积累。这也有利于土壤团聚体的形成，且微生物活动是团聚过程的主要驱动因素（Luo et al., 2010; Pagliai et al., 2004; Schmidt et

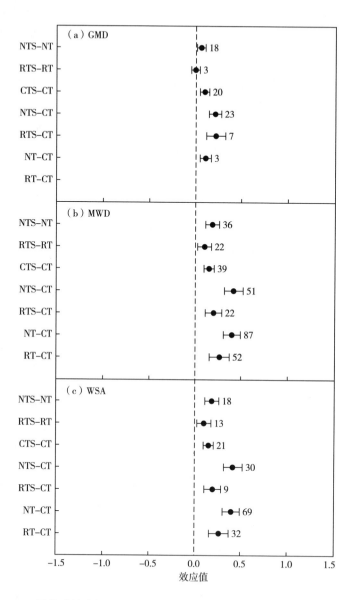

图 9-2 （a）平均重量直径（MWD），（b）几何重量直径（GMD）和（c）水稳性团聚体（WSA）在不同保护性农业措施下的效应量

注：效应量表示处理组和对照组之间的加权响应比。误差棒表示 95% 的置信区间。每个变量的样本量标注在每个误差棒旁边。缩写说明详见图 9-1 说明。

al., 2018；Six et al., 2000a）。其次，富含土壤有机质的稳定团聚体的润湿性较低，从而降低团聚体崩解（Blanco-Canqui et al., 2009）。此外，残体保留缓解地表附近的土壤湿度和温度波动,从而提供更好的保护,防止团聚崩解(Bronick & Lal, 2005; Six et al., 2000b)。反之,CT 直接破坏土壤团聚体,将团聚体内层保护的大部分 C 都暴露在大气中,并加速有机物分解(Schmidt et al., 2018; Six et al., 2000a)。CT 比保护性耕作措施更能促进土壤的垂直再分配,从而降低犁底层(200~250 mm)以上的土壤紧实度;但保护性耕作措施提供了更多残体覆盖,以保护土壤免受水蚀和风蚀的影响(Six et al., 2000a)。总体而言,这些发现表明保护性耕作措施提高了团聚体的稳定性并降低了团聚体的周转率(团聚形成和降解的速率)。

团聚体稳定性受到 NT 持续时间的影响,团聚体稳定性与 NT 持续时间呈正相关(Beare et al., 1994; Six et al., 2000a)。本研究还发现,在 NT 处理下,MWD($P=0.004$)和 WSA($P<0.001$)的效应量随着试验时长增加而增加(表 9-1),且残体保留进一步增强了影响($P=0.001$,表 9-1)。

表 9-1 不同保护性耕作措施(类型)下,土壤特性(y)对应实验持续时间(x)的效应量的荟萃回归

特性	类型	方程	P	R^2	n
土壤容重	NT	$y=-0.001\,x+0.402$	0.016	0.09	345
	NTS	$y=-0.004\,x+0.043$	0.001	0.15	189
抗渗透性	NT	$y=-0.016\,x+0.558$	0.013	0.10	49
	NTS	$y=0.04\,x-0.164$	0.046	0.12	26
平均重量直径	NT	$y=0.010\,x+0.23$	0.004	0.09	87
	NTS	$y=0.05\,x+0.021$	<0.001	0.28	51
水稳性团聚体	NT	$y=0.02\,x+0.13$	<0.001	0.27	69
饱和导水率	NT	$y=0.03\,x-0.092$	0.008	0.10	59
土壤有效水容量	RT	$y=0.003\,x+0.012$	0.007	0.21	48
	NT	$y=0.005\,x+0.006$	0.001	0.14	85
土壤 pH	RT	$y=-0.001\,x+0.01$	0.01	0.23	74
	NT	$y=-0.002\,x-0.003$	0.001	0.20	192

注:效应量表示处理组和对照组之间的加权响应比。缩写:免耕(NT)、少耕(RT)和有残体保留的免耕(NTS)。

保护性耕作措施通常会随着试验持续时间增加土壤紧实度。相比之下,CT

干扰了土壤,并立即增加了土壤孔隙空间。试验时间越长,NT 和 CT 之间的孔隙度差异越小,其主要原因是长期 CT 改善了土壤结构和团聚能力(Dolan et al.,2006)。据 Sasal 等(2006)报道,土壤团聚体稳定性的提高会增加总孔隙度。在我们的研究中,NT、RT 和 RTS 对总孔隙度的影响微乎其微[图 9-3 (a)],其原因可能是保护性耕作措施提高了团聚体稳定性。

与无残体保留的处理[CT,$P<0.05$,图 9-3(a)]相比,CTS 处理的土壤总孔隙度提高了 2.5%;NTS 分别提高了 2.3%(与 NT 相比,$P<0.05$)和 3.5%(与 CT 相比,$P<0.05$)的土壤总孔隙度[图 9-3(a)]。长期试验发现,基于残体保留的保护性耕作措施提高了总孔隙度,其主要原因是大孔隙和中孔隙的增加(He et al.,2009)。与对照组(CT)相比[$P<0.05$,图 9-3(b)],CTS 导致土壤毛管孔隙度提高了 1.8%。

9.3.3 保护性耕作措施对土壤饱和导水率和有效持水量的影响

随着干旱、涝害和土壤侵蚀事件的频繁发生,土壤水力特性的管理变得越来越重要(Bormann & Klaassen,2008;Omondi et al.,2016)。饱和导水率对耕作制度的响应比其他土壤物理性质的响应差异更大(Osunbitan et al.,2005)。Blanco-Canqui 和 Ruis(2018)发现,在一般的研究中,NT 并不影响饱和导水率。本研究发现,与对照组(CT)相比,NT 显著增加了 24.6%的饱和导水率[图 9-3 (a)]。

残体保留的保护性耕作措施可通过保留中型或大型土壤动物活动形成的大孔隙和腐烂根系来增加饱和导水率(Osunbitan et al.,2005)。然而,即使在同一块地内,导水率的空间变异性也可能相当大,可能会极大地混淆保护性耕作措施所造成的影响。这可能部分解释了 Blanco-Canqui 和 Ruis(2018)报道差异。此外,保护性耕作体系缺乏对土壤结构的扰动也会增加土壤大孔隙空间分布的异质性,从而增加饱和导水率和其他结构属性的可变性(Omondi et al.,2016;Osunbitan et al.,2005)。

总体而言,与对照组[CT,$P<0.05$,图 9-3(b)]相比,保护性耕作措施持续提高了土壤有效含水量。这说明了保护性耕作措施在提高植物有效持水量方面是有效的,尤其是在缺水地区。这可能是由于保护性耕作措施增加了 C 输入并减少了土壤扰动,进而导致土壤有机 C 随着时间而累积(Liu et al.,2014)。通过促进土壤团聚体的形成或为土壤微生物生长创造有利环境,土壤有机质累积量可以增加土壤中大小孔隙的数量(Bronick & Lal,2005;Six et al.,2000b)。改

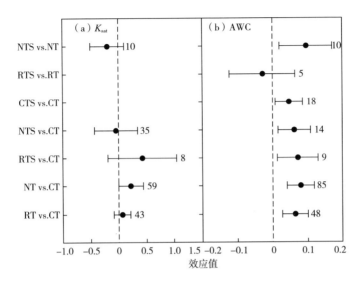

图 9-3 (a) 饱和导水率 (K_{sat}), (b) 不同保护性农业措施下土壤有效持水量 (AWC) 的效应量

注：效应量表示处理组和对照组之间的加权响应比。误差棒表示 95% 的置信区间。每个变量的样本量标注在每个误差棒旁边。缩写说明详见图 9-1 说明。

善的孔隙空间也提供了更好的水分渗透和更大的持水能力 (Reynolds et al., 2007)。此外，与 NT 相比，NTS 使土壤有效持水量提高了 10.2% ($P<0.05$) [图 9-3 (b)]。

Blanco-Canqui 和 Ruis (2018) 研究认为，与 CT 相比，NT 并不总是提高土壤持水能力，并且 NT 的影响似乎与处理持续时间无关。但我们的研究表明，在 NT 处理下，饱和导水率的效应量随着试验持续时间增加而增加 ($P = 0.008$, 表 9-1)。此外，随着试验持续时间的增加，RT 和 NT 处理的 AWC 的效应量显著增加 ($P = 0.007$, 表 9-1)。我们将这种差异归因于 Blanco-Canqui 和 Ruis (2018) 报道的有限空间数据来源和时间范围限制。

9.3.4 保护性耕作措施对土壤 pH 的影响

RTS 处理使土壤 pH 分别显著减少了 1.7% (与 RT 相比) 和 1.0% (与 CT 相比) (图 9-4)。与 CT 相比 ($P<0.05$), NT 处理降低了 2.8% 的土壤 pH。结果表明，与 CT 相比，NT 处理的表层土壤酸度增加幅度更大，这与许多先前的研究结果一致 (Fierer & Jackson, 2006; Johnson & Hoyt, 1999; Limousin &

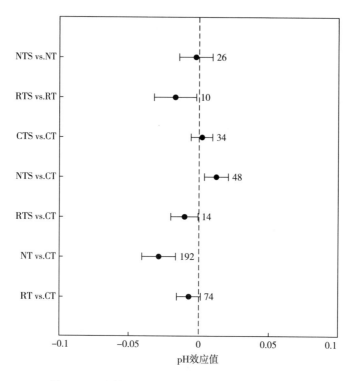

图 9-4 不同保护性农业措施对土壤 pH 的效应量

注：效应量表示处理组和对照组之间的加权响应比。误差棒表示 95% 的置信区间。每个变量的样本数标注在每个误差棒旁边。缩写说明详见图 9-1 说明。

Tessier，2007）。该影响可能是由于初始有机质含量较高或土壤有机质分解增加，进而导致与有机阴离子相关的氢离子释放增加，铵转化为硝酸盐的转化率（硝化作用）提高，且 NT 促进了根系生长并增加了根系分泌物（Duiker & Beegle，2006；Lampurlanés et al.，2001；Limousin & Tessier，2007；López-Fando & Pardo，2009；Sithole et al.，2016）。

此外，减少表层土壤扰动可能提供了一个屏障，阻止氮肥向深层土壤剖面的淋溶，从而增强了表层土壤的酸化（Fageria，2002；Malik et al.，2018）。另外，CT 处理有助于肥料在整个耕地区域均匀分配，从而减少表层土壤的酸化（Blevins et al.，1984）。在 RT（$P=0.01$，表 9-1）和 NT（$P=0.001$，表 9-1）处理下，土壤 pH 的效应量随着试验时长增加而减小。保护性耕作措施总体上降低了土壤 pH，但在 NT 处理下，土壤 pH 维持在 5.5 以上，即酸性土壤的阈值（Li et al.，2019）。

与 CT 相比，NTS 使表层土壤 pH 增加了 1.3%（$P<0.05$，图 9-5），其原因可能是大多数植物残体含有中等水平的碱性阳离子（如 Ca^{2+}、Mg^{2+} 等），这些碱性阳离子能够缓冲表面施肥后 pH 的快速变化（Blevins et al., 1984; Fageria, 2002; Johnson and Hoyt, 1999）。然而，RTS 处理并未产生与 NTS 相同的结果。一种潜在解释是：与 NTS 相比，RT 对土壤的适度扰动促进了植物残体的再分配和有机质的快速分解，进而降低了对表层土壤 pH 变化的缓冲能力（Limousin & Tessier, 2007; López-Fando & Pardo, 2009）。

9.4 结论

本研究采用了基于综合全球数据集的系统荟萃分析法，并强调了保护性耕作措施对土壤物理性质具有许多积极影响。与对照组（CT）相比，无论是否采用残体保留或耕作措施，保护性耕作措施均提高了 MWD、GMD、WSA 和 AWC。随着试验持续时间的延长，在 NT 处理下的 MWD、WSA 和 AWC 的效应量显著增大。保护性耕作措施持续增加了土壤容重，但增加的土壤容重仍低于可能影响作物生长的临界值。除了 NTS，其他保护性耕作措施均降低了土壤 pH，且 RT 和 NT 处理的效应量随着试验持续时间增加而减小。总体而言，保护性耕作措施对土壤物理性质具有积极影响，但影响的大小和趋势取决于试验持续时间以及是否采用残体保留措施。

未来研究在探讨保护性耕作措施对土壤物理性质的影响时，应考虑各种环境和管理因素，例如气候条件、土壤质地异质性或种植制度多样性。此外，鉴于保护性耕作措施导致的土壤容重增加和土壤 pH 降低，其上限值通常低于显著影响作物生产的阈值，且这种影响随着试验时间的增加而逐渐减小。最后，在保护性耕作结合种植制度研究的情况下，应该鼓励采用先进的数据收集技术和仪器方法，从而不断提供分辨率更高的数据，用于模拟建模工作。

参考文献

[1] ABDALLA K, CHIVENGE P, CIAIS P, et al. No-tillage lessens soil CO_2 emissions the most under arid and sandy soil conditions: Results from a meta-analysis [J].

Biogeosciences, 2016, 13 (12): 3619-3633.

[2] ADAMS D C, GUREVITCH J, ROSENBERG M S. Resampling tests for meta-analysis of ecological data[J]. Ecology, 1997, 78 (4): 1277.

[3] ANDERSON D R, BURNHAM K P. Avoiding pitfalls when using information-theoretic methods [J]. The Journal of Wildlife Management, 2002, 66 (3): 912.

[4] BEARE M H, HENDRIX P F, COLEMAN D C. Water-stable aggregates and organic matter fractions in conventional- and No-tillage soils[J]. Soil Science Society of America Journal, 1994, 58 (3): 777.

[5] BLANCO-CANQUI H, RUIS S J. No-tillage and soil physical environment [J]. Geoderma, 2018, 326: 164-200.

[6] BLANCO-CANQUI H, STONE L R, SCHLEGEL A J, et al. No-till induced increase in organic carbon reduces maximum bulk density of soils [J]. Soil Science Society of America Journal, 2009, 73 (6): 1871-1879.

[7] BLEVINS R L, SMITH M S, THOMAS G W. Changes in soil properties under No-tillage [M] //PHILLIPS RE, PHILLIPS SH. No-Tillage Agriculture. Boston, MA: Springer, 1984: 190-230.

[8] BORMANN H, KLAASSEN K. Seasonal and land use dependent variability of soil hydraulic and soil hydrological properties of two Northern German soils [J]. Geoderma, 2008, 145 (3/4): 295-302.

[9] BRONICK C J, LAL R. Soil structure and management: A review[J]. Geoderma, 2005, 124 (1/2): 3-22.

[10] DOLAN M S, CLAPP C E, ALLMARAS R R, et al. Soil organic carbon and nitrogen in a Minnesota soil as related to tillage, residue and nitrogen management [J]. Soil and Tillage Research, 2006, 89 (2): 221-231.

[11] DUIKER S W, BEEGLE D B. Soil fertility distributions in long-term no-till, chisel/disk and moldboard plow/disk systems[J]. Soil and Tillage Research, 2006, 88 (1/2): 30-41.

[12] FAGERIA N K. Soil quality vs. environmentally-based agricultural management practices[J]. Communications in Soil Science and Plant Analysis, 2002, 33 (13/14): 2301-2329.

[13] FIERER N, JACKSON R B. The diversity and biogeography of soil bacterial communities[J]. Proceedings of the National Academy of Sciences of the United States of America, 2006, 103 (3): 626-631.

[14] GHUMAN B. Tillage and residue management effects on soil properties and yields of rainfed maize and wheat in a subhumid subtropical climate[J]. Soil and Tillage Research, 2001, 58 (1/2): 1-10.

[15] GUREVITCH J, HEDGES L V. Meta-analysis: Combining the results of independent experiments[M] //Design and Analysis of Ecological Experiments. New York: Oxford University Press, 2001: 347-370.

[16] HE J, KUHN N J, ZHANG X M, et al. Effects of 10 years of conservation tillage on soil properties and productivity in the farming-pastoral ecotone of Inner Mongolia, China[J]. Soil Use and Management, 2009, 25 (2): 201-209.

[17] HEDGES L V, GUREVITCH J, CURTIS P S. The meta-analysis of response ratios in experi-

mental ecology[J]. Ecology, 1999, 80 (4): 1150.

［18］JOHNSON A M, HOYT G D. Changes to the soil environment under conservation tillage[J]. HortTechnology, 1999, 9 (3): 380-393.

［19］KASSAM A, FRIEDRICH T, SHAXSON F, et al. The spread of conservation agriculture: policy and institutional support for adoption and uptake[J]. Field Actions Science Reports, 2014, 7.

［20］LAMPURLANÉS J, ANGÁS P, CANTERO-MARTíNEZ C. Root growth, soil water content and yield of barley under different tillage systems on two soils in semiarid conditions[J]. Field Crops Research, 2001, 69 (1): 27-40.

［21］LI Y, CHANG S X, TIAN L, et al. Conservation agriculture practices increase soil microbial biomass carbon and nitrogen in agricultural soils: A global meta-analysis[J]. Soil Biology and Biochemistry, 2018, 121: 50-58.

［22］LI Y, CUI S, CHANG S X, et al. Liming effects on soil pH and crop yield depend on lime material type, application method and rate, and crop species: A global meta-analysis[J]. Journal of Soils and Sediments, 2019, 19 (3): 1393-1406.

［23］LIMOUSIN G, TESSIER D. Effects of no-tillage on chemical gradients and topsoil acidification [J]. Soil and Tillage Research, 2007, 92 (1/2): 167-174.

［24］LIPIEC J, KUŚ J, SŁOWIŃSKA-JURKIEWICZ A, et al. Soil porosity and water infiltration as influenced by tillage methods[J]. Soil & Tillage Research, 2005, 89 (2): 210-220.

［25］LIU C, LU M, CUI J, et al. Effects of straw carbon input on carbon dynamics in agricultural soils: A meta-analysis[J]. Global Change Biology, 2014, 20 (5): 1366-1381.

［26］LÓPEZ-FANDO C, PARDO M T. Changes in soil chemical characteristics with different tillage practices in a semi-arid environment[J]. Soil and Tillage Research, 2009, 104 (2): 278-284.

［27］LUO G W, LI L, FRIMAN V, et al. Organic amendments increase crop yields by improving microbe-mediated soil functioning of agroecosystems: A meta-analysis[J]. Soil Biology and Biochemistry, 2018, 124: 104-125.

［28］LUO Y Q, HUI D F, ZHANG D Q. Elevated CO_2 stimulates net accumulations of carbon and nitrogen in land ecosystems: A meta-analysis[J]. Ecology, 2006, 87 (1): 53-63.

［29］LUO Z K, WANG E L, SUN O J. Can no-tillage stimulate carbon sequestration in agricultural soils? A meta-analysis of paired experiments[J]. Agriculture, Ecosystems & Environment, 2010, 139 (1/2): 224-231.

［30］MALIK A A, PUISSANT J, BUCKERIDGE K M, et al. Land use driven change in soil pH affects microbial carbon cycling processes[J]. Nature Communications, 2018, 9: 3591.

［31］NIMMO J. Porosity and pore-size distribution[J]. Earth Systems and Environmental Sciences, 2013.

［32］OMONDI M O, XIA X, NAHAYO A, et al. Quantification of biochar effects on soil hydrological properties using meta-analysis of literature data[J]. Geoderma, 2016, 274: 28-34.

［33］OSENBERG C W, SARNELLE O, COOPER S D, et al. Resolving ecological questions through meta-analysis: Goals, metrics, and models[J]. Ecology, 1999, 80 (4): 1105.

［34］OSUNBITAN J A, OYEDELE D J, ADEKALU K O. Tillage effects on bulk density, hydraulic conductivity and strength of a loamy sand soil in southwestern Nigeria[J]. Soil and Tillage Research, 2005, 82 (1): 57-64.

[35] PAGLIAI M, VIGNOZZI N, PELLEGRINI S. Soil structure and the effect of management practices[J]. Soil and Tillage Research, 2004, 79 (2): 131-143.

[36] PITTELKOW C M, LIANG X Q, LINQUIST B A, et al. Productivity limits and potentials of the principles of conservation agriculture[J]. Nature, 2015, 517: 365-368.

[37] REYNOLDS W D, DRURY C F, YANG X M, et al. Land management effects on the near-surface physical quality of a clay loam soil[J]. Soil and Tillage Research, 2007, 96 (1/2): 316-330.

[38] SASAL M C, ANDRIULO A E, TABOADA M A. Soil porosity characteristics and water movement under zero tillage in silty soils in Argentinian Pampas [J]. Soil and Tillage Research, 2006, 87 (1): 9-18.

[39] SCHMIDT E S, VILLAMIL M B, AMIOTTI N M. Soil quality under conservation practices on farm operations of the southern semiarid pampas region of Argentina [J]. Soil & Tillage Research, 2018, 176: 85-94.

[40] SITHOLE N J, MAGWAZA L S, MAFONGOYA P L. Conservation agriculture and its impact on soil quality and maize yield: A South African perspective[J]. Soil and Tillage Research, 2016, 162: 55-67.

[41] SIX J, ELLIOTT E T, PAUSTIAN K. Soil macroaggregate turnover and microaggregate formation: A mechanism for C sequestration under no-tillage agriculture[J]. Soil Biology and Biochemistry, 2000, 32 (14): 2099-2103.

[42] SIX J, PAUSTIAN K, ELLIOTT E T, et al. Soil structure and organic matter I. distribution of aggregate-size classes and aggregate-associated carbon[J]. Soil Science Society of America Journal, 2000, 64 (2): 681-689.

[43] TURMEL M, SPERATTI A B, BAUDRON F, et al. Crop residue management and soil health: A systems analysis[J]. Agricultural Systems, 2015, 134: 6-16.

[44] USDA-NRCS, Soil quality resource concerns: Compaction, soil quality information sheet[C]. USDA Natural Resources Conservation Service, 1996.

[45] VIECHTBAUER W. Conducting meta-analyses in R with the metafor Package[J]. Journal of Statistical Software, 2010, 36 (3): 1-48.

[46] ZUBER S M, VILLAMIL M B. Meta-analysis approach to assess effect of tillage on microbial biomass and enzyme activities[J]. Soil Biology and Biochemistry, 2016, 97: 176-187.

第10章 全球不同环境条件下土壤物理性质对免耕的响应

10.1 研究背景与意义

免耕，即有或没有秸秆还田的免耕，可以认为比传统耕作（主要代表土壤深至20~25 cm的耕作措施）更具可持续性，因为传统耕作通常涉及深耕/圆盘耕作，从而导致严重的土壤扰动和碳损失（Powlson et al., 2014）。免耕作为提高土壤健康的主要管理策略之一，已在全球约155 M/hm² 农田上实施（Pittelkow et al., 2015）。采用免耕可以有效减少土壤侵蚀（Lal, 2004），降低能源/燃料消耗，减少时间和劳动力成本（Soane et al., 2012）。此外，免耕还可以改善土壤结构稳定性，增强土壤生物活性、养分循环、土壤持水能力、水分入渗和作物水分利用效率（Alvarez & Steinbach, 2009; Li et al., 2018; Zuber & Villamil, 2016）。

土壤物理性质的变化会影响土壤所能提供的所有生态系统服务，以及其他土壤化学和生物性质（Fageria, 2002; Johnson & Hoyt, 1999）。具体来说，土壤物理性质如容重和土壤渗透性的增加可以直接阻碍幼苗的生长且促进杂草的生长，最终降低作物产量（Alvarez & Steinbach, 2009; Rasmussen, 1999; Sithole et al., 2016）。平均重量直径是与土壤团聚体粒径相关的最广泛使用的指数（Bronick & Lal, 2005）。水稳性团聚体是土壤结构强度的常用指标（Bronick & Lal, 2005; Six et al., 2000b）。据研究，不良的团聚体结构和稳定性会减少水的渗透，提高可蚀性（Bronick & Lal, 2005; Omondi et al., 2016），并减少大团聚体和微团聚体中的土壤碳和养分保护能力（Six et al., 2000a）。土壤水力特性（即水分渗透率和饱和导水率）是衡量土壤中水分和养分迁移速率的指标（Bormann & Klaassen, 2008）。土壤有效水容量是反映土壤水分对植物可利用性的指标，较高的土壤有效水容量与充足的土壤持水量相关（Blanco-Canqui & Ruis, 2018; Omondi et al., 2016）。此外，尽管土壤pH值不是一种物理性质，但它可以强烈地影响土壤微生物多样性（López-Fando & Pardo, 2009）、土壤酶活性（Miao et al., 2019）、养分有效性（Malik et al., 2018），并最终影响作物生产力（Li et al., 2019a）。

许多研究以及一些综述（Alvarez & Steinbach, 2009；Rasmussen, 1999；Soane et al., 2012）表明使用免耕管理造成土壤物理性质的变化（Blanco-Canqui et al., 2009；Blevins et al., 1984；He et al., 2009；López-Fando & Pardo, 2009；Osunbitan et al., 2005；Soane et al., 2012）。然而，这些研究都存在一定的局限性。首先，每项研究的侧重点有很大差异；而且得出的结论有时是矛盾的。其次，以前发表的综述通常是在区域范围尺度上进行的，数据集是从有限的地点集合中收集的（Alvarez & Steinbach, 2009；Rasmussen, 1999）。最近，（Blanco-Canqui & Ruis, 2018）在综合汇编全球已发表研究的基础上，综述了免耕下土壤物理性质的变化。然而，它仅提供了受免耕影响的土壤物理性质变化的主要趋势的信息，而没有明确量化免耕与其他环境和管理因素之间的复杂相互作用。已有研究表明，免耕对土壤性质的影响取决于气候（García-Orenes et al., 2009；Sithole et al., 2016）、土壤性质（Bormann & Klaassen, 2008；Reynolds et al., 2007）、种植制度（Blanco-Canqui & Ruis, 2018）和间作种植方式（Mulumba & Lal, 2008；Nawaz et al., 2017）。然而，迄今为止，还没有基于大数据综合和系统分析算法对土壤物理性质和农艺/环境因素之间的相互关系进行全面的研究。

了解不同农艺和环境因素下土壤物理性质与免耕的相互作用对农田可持续管理至关重要。meta分析方法可以为综合多个数据集的结果提供一个很好的工具，以整体的方式考虑农艺、环境结果和变异来源（Gurevitch & Hedges, 2001）。先前的研究综合分析了免耕对某些农艺或环境指标的影响，如作物产量（Huang et al., 2015；Pittelkow et al., 2015）、固碳（Luo et al., 2010）、温室气体排放（van Kessel et al., 2013）、农田径流（Sun et al., 2015）和整体环境质量（Reicosky, 2003）。因此，从多方位、全球尺度的meta分析中获得的信息有助于揭示土壤物理性质和其他农艺/环境因素之间的重要相互作用关系。

在本研究中，我们基于全球数据集考虑了各种环境和管理因素，如气候条件、土壤质地异质性或种植制度多样性，以①确定免耕对土壤物理性质方向和强度变化的影响，以及②量化环境和农艺因素对土壤物理性质可变性来源的影响。

10.2 材料与方法

10.2.1 数据收集

文献和数据选择的标准与 Li 等（2019c）使用的标准相似。此 meta 分析共纳入 264 篇同行审议的文献。最终数据集包括土壤容重 534 个数据点、抗渗透性 76 个数据点、平均重量直径 138 个数据点、水稳性团聚体 192 个数据点、总孔隙度 204 个数据点、饱和导水率 94 个数据点、有效水容量 101 个数据点和免耕农业下土壤 pH 值 240 个数据点（表 S1-S8）。补充材料中介绍了所选研究的详细情况。本研究利用土壤中各粒级团聚体所占比例与各粒级团聚体中值直径相加计算的平均重量直径来估算团聚体粒径（Bronick & Lal, 2005; Nimmo, 2004）。使用 Yoder（1936）的湿筛方法，用水稳性团聚体表示团聚体的稳定性（Bronick & Lal, 2005; Nimmo, 2004）。使用原状土芯，采用基于达西定律（Bormann & Klaassen, 2008）的常定水头法对饱和导水率进行量化。有效水容量定义为田间持水量与永久萎蔫点之间的含水量差（Omondi et al., 2016）。

对于每个地点，我们还提取了有关试验和农艺因素的信息（如试验持续时间、气候参数、种植强度等）、土壤特性（如土壤质地、土壤初始有机碳和土壤初始 pH 值等），并通过分类定义了免耕措施（本研究中，免耕是指土壤从收获到种植过程中保持土壤不受干扰的耕作系统），即有秸秆还田的免耕和无秸秆还田的免耕。

10.2.2 数据分析

根据 Osenberg 等人（1999）计算了处理组（$\bar{X}_t$-NT）和对照组（$\bar{X}_c$-CT）之间土壤物理性质效应值（响应比，RR）的自然对数。而根据 Li et al.（2018）采用了以下方法：加权响应比（RR_{++}）、加权响应比的标准误差和 95% 置信区间（CI）是使用 R 统计软件（版本 3.4.2）编写的"metafor"软件包的 rma.uni 模型中使用限制性极大似然估计量（RMLE）计算的（Viechtbauer, 2010）。

根据试验持续时间（<6 年、6~12 年和>12 年）对各亚组进行 mata 分析；干旱（年均降水量，MAP<600 mm）、半湿润（600~1000 mm）、湿润（>1000 mm）（Dlamini et al., 2016）；寒冷（年均温度，MAT，<8℃）、暖和（8~15℃）和炎热（>15℃）区域（Knorr et al., 2005）；土壤质地（黏土、粉土、

壤土和砂土）（Zhang et al.，2017）；种植强度（某一年的单作、间作和复种）（Li et al.，2019b）；以及土壤取样深度（0~15 cm 的表土，>15 cm 的底土）。本研究在没有考虑残体管理的情况下，根据亚组数据进行 meta 分析。采用卡方检验判断免耕下土壤 pH 值和土壤物理性质变化的加权响应比之间的组间异质性（Q_B）是否显著超过预期的采样误差（Adams et al.，1997）（表 S1-S8）。此外，加权响应比百分比变化的计算公式为：$[\exp(RR_{++}) - 1] \times 100\%$。

采用一种非参数方法——随机森林模型（Liaw & Wiener，2002），该模型考虑了用于评估预测因子对土壤性质响应比变化之间关系的所有观测值，以评估各种农艺和环境因素的交互影响。该方法将观测值随机分配给不同的节点，其中分裂是基于数值的变量；然后，将结果树的均方误差与正确分配给每个分裂观测值的原始树的均方误差进行比较。随后，通过 R（3.4.2 版）中的"corrr"软件包（Jackson，2016）绘制了土壤性质、环境和管理条件响应比的相关性网络图以及相关数据框。

10.3 结果

10.3.1 免耕措施下土壤容重的变化

总体上，免耕增加了土壤容重（图 10-1）。总体而言，免耕的土壤容重显著高于传统耕作 2.3%（图 10-1），然而，在以下条件中，容重的变化不显著：①年均温度低于 8℃ 或高于 15℃，②年均降水大于 1000 mm，③种植强度大于两种作物，④在砂质土壤中进行试验。土壤容重的响应比随着试验时间的增加而降低。在短期（<6 年，百分比变化：3.65%，95% 置信区间：2.5%~4.8%，$P<0.001$）和中期（6~12 年，1.65%，95% 置信区间：0~3.3%，$P=0.05$）持续时间的研究中发现容重增加。然而，长期免耕处理的容重没有显著差异（>12 年，0.86%，95% 置信区间：-0.42%~2.17%）。

10.3.2 免耕措施下抗渗透性的变化

总的来说，与传统耕作相比，免耕在不同种植强度下均显著提高了耕层土壤的抗渗透性（图 10-2）。在以下条件中，免耕比传统耕作提高了 27.8%（$P<0.001$）：①试验持续时间在 6~12 年之间（43.4%，$P<0.001$）或大于 12 年（29.9%，$P=0.02$）；②年均温度低于 8℃（69.4%，$P<0.001$）；③年均降水低

第10章 全球不同环境条件下土壤物理性质对免耕的响应

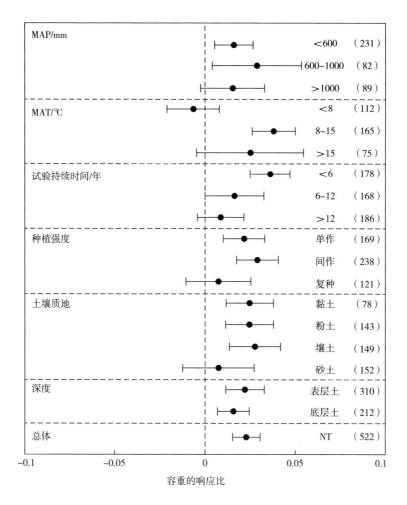

图 10-1 免耕下土壤容重的响应比（RR）

注：反应比表示处理和对照之间的加权效应值。误差棒表示95%的置信区间。每个误差棒旁边都标注了每个变量的样本量。缩写为年平均气温（MAT）和年平均降水量（MAP）。

于600 mm（60.0%，$P<0.001$）；④试验土壤类型为壤土（53.3%，$P<0.001$）。

10.3.3 免耕措施下土壤团聚体粒径和稳定性的变化

总体而言，免耕显著提高了平均重量直径（图10-3）。与传统耕作相比，在600至1000 mm（80.5%，95%置信区间：58.0%~106.1%）之间的年均降雨增幅最大，其次是试验时间超过12年的试验（70.7%，95%置信区间：50.5%~93.6%），以及在壤土中进行的试验（70.4%，95%置信区间：51.6%~91.6%）。

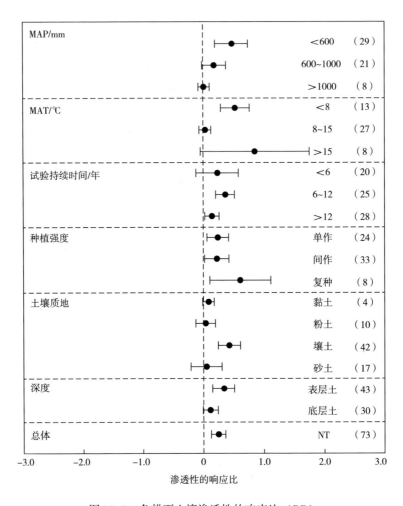

图 10-2　免耕下土壤渗透性的响应比（RR）

注：响应比表示处理和对照之间的加权效应值。误差棒表示95%的置信区间。每个误差棒旁边都标注了每个变量的样本量。缩写为年平均气温（MAT）和年平均降水量（MAP）。

此外，免耕下平均重量直径的响应比随着试验时间的增加而显著增加。而响应比随土壤取样深度的增加而显著降低。平均重量直径的响应比先随年均温度、年均降水的增加而增加，后随年均温度、年均降水的增加而降低。

总体而言，免耕下的水稳性团聚体显著高于传统耕作36%（图10-4）。在以下条件中，水稳性团聚体的变化不显著：①试验年限小于6年；②年均温度高于15℃；③年均降水量大于1000 mm；④单作除外。免耕下平均重量直径的响应比随着试验时间的增加而显著增加。与传统耕作相比，水稳性团聚体在试验时长超

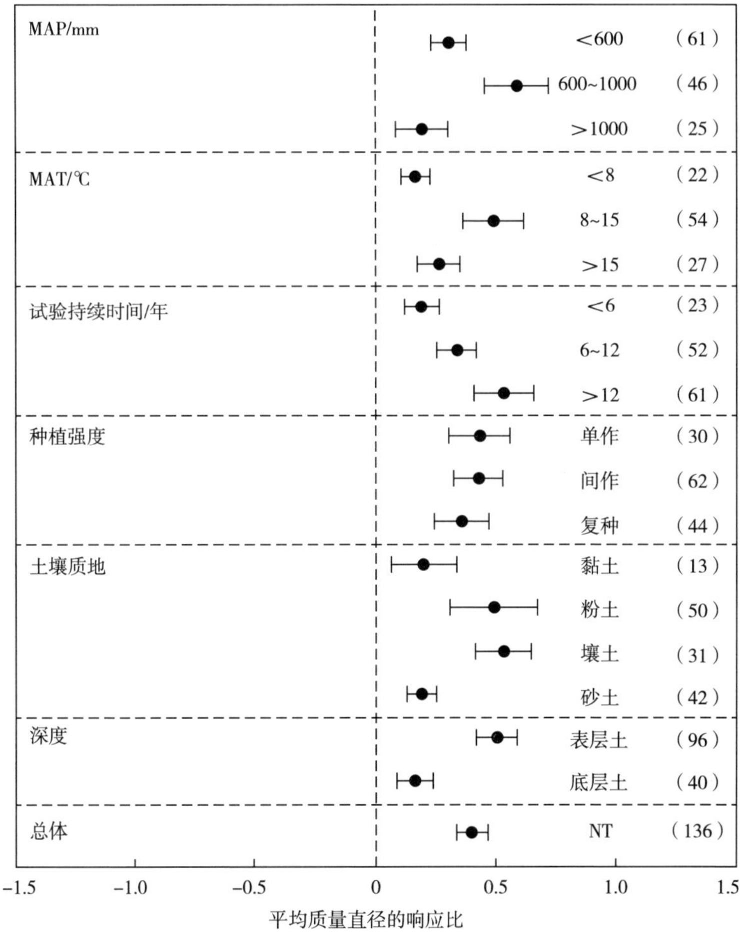

第10章 全球不同环境条件下土壤物理性质对免耕的响应

图 10-3 免耕下平均重量直径的响应比（RR）

注：响应比表示处理和对照之间的加权效应值。误差线代表95%的置信区间。每个误差棒旁边都标注了每个变量的样本量。缩写为年平均气温（MAT）和年平均降水量（MAP）。

过12年（71.5%，95%置信区间：38.7%~69.2%）时的增幅最大。

10.3.4 免耕措施下饱和导水率的变化

与传统耕作相比，免耕对饱和导水率没有显著影响（图10-5）。饱和导水率的响应比随着试验时间的增加而增加，在短期内（<3年）没有发现显著变化。在寒冷（<8℃，$P=0.004$）和暖和（8~15℃，$P<0.001$）地区，饱和导水率分别增加了16.5%和72.6%；然而，在炎热（>15℃，$P<0.001$）温度状况下，饱

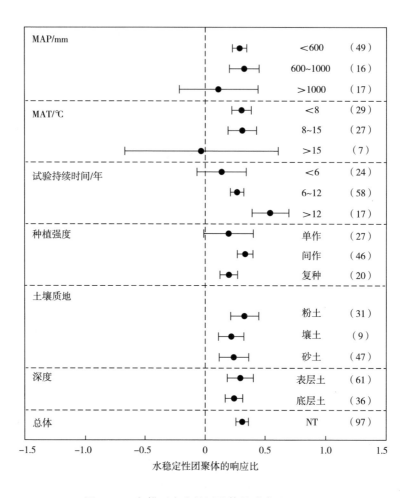

图 10-4 免耕下水稳性团聚体的响应比（RR）

注：响应比表示处理和对照之间的加权效应值。误差棒代表95%的置信区间。每个误差棒旁边都标注了每个变量的样本量。缩写为年平均气温（MAT）和年平均降水量（MAP）。

和导水率下降了58.2%。饱和导水率只有在年均降水量低于600 mm时才显著增加。此外，饱和导水率在粉质土壤中增加了108.4%（$P=0.001$）并且随着轮作次数的增加，饱和导水率增加了64.7%（$P=0.002$）。

10.3.5 免耕措施下有效水容量的变化

与传统耕作相比，免耕显著提高了8.7%的有效水容量（图10-6）。长期免耕增加了有效水容量（>12年：10.3%，95%置信区间：5.3%~15.3%）。然而，

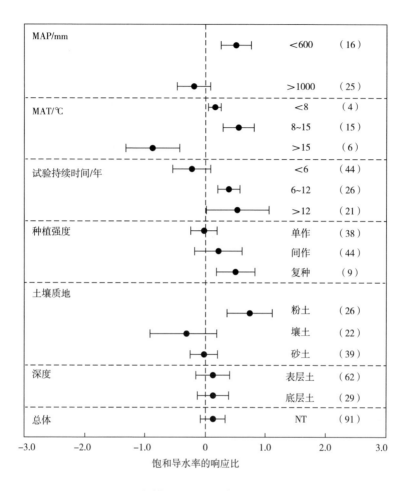

图 10-5 免耕下饱和导水率的响应比（RR）

注：响应比表示处理和对照之间的加权效应值。误差棒代表95%的置信区间。每个误差棒旁边都标注了每个变量的样本量。缩写为年平均气温（MAT）和年平均降水量（MAP）。

在炎热（>15℃，$P<0.001$）条件下，当年均降水量大于1000 mm、种植强度大于两种作物或在黏土中时，没有发现差异。

10.3.6 免耕措施下pH值的变化

与传统耕作相比，免耕在没有秸秆还田的情况下显著降低了土壤pH值2.8%（95%置信区间：-4.0%~1.6%），而在有秸秆还田的情况下显著增加了土壤pH值1.2%（95%置信区间：0.4%~2.0%）。在中期（6~12年，5.0%，$P<0.001$）或长期免耕（>12年，2.5%，$P=0.002$）、间作（1.0%，$P=0.02$）或

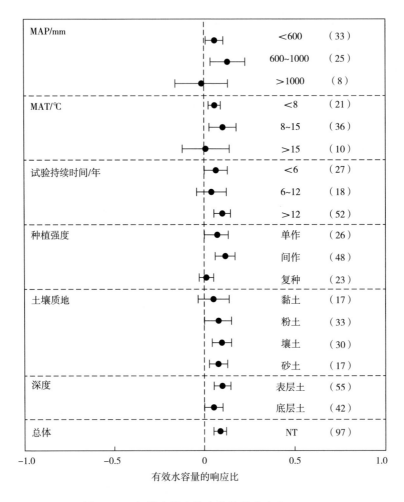

图 10-6 免耕土壤有效水容量的响应比（RR）

注：响应比表示处理和对照之间的加权效应值。误差棒代表95%的置信区间。每个误差棒旁边都标注了每个变量的样本量。缩写为年平均气温（MAT）和年平均降水量（MAP）。

粉质土壤（5.6%，$P<0.001$）下，pH 的响应比降低。与传统耕作相比，免耕显著降低了表层和底层土壤的 pH 值，分别降低了 1.2% 和 3.3%。

10.3.7 环境和管理因素在改变土壤性质方面的重要性

图 10-7 描述了不同变量在土壤性质响应比变化中的重要性。总体而言，以年均降水量和年均温度表示的气候条件和试验持续时间对土壤性质的影响比其他因素更重要，其次是土壤质地。土壤取样深度通常对土壤物理性质的影响较小。

第10章 全球不同环境条件下土壤物理性质对免耕的响应

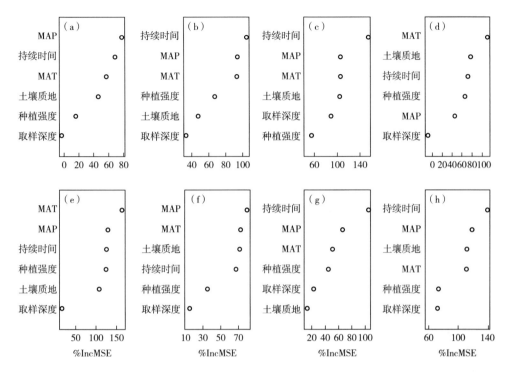

图 10-7 自变量对（a）容重（BD）、（b）抗渗透性（PR）、（c）平均重量直径（MWD）、（d）水稳性团聚体（WSA）、（e）总孔隙度（TP）、（f）饱和导水率（K_{sat}）、（g）有效水容量（AWC）和（h）土壤 pH 值响应比的相对重要性

注：IncMSE%越高意味着越重要。采用随机森林分析。变量包括试验持续时间、年平均降水量、年平均温度、种植强度、土壤质地、取样深度。请注意图中不同的比例。

基于随机森林模型生成的网络图揭示了交互变量的重要聚类以及它们之间的相关性（图10-8）。一般而言，树生成子树（聚类）可被识别，包括年均降水量—年均温度—饱和导水率—抗渗透力—pH—平均重量直径—水稳性团聚体—有效水容量—总孔隙度—容重的子树、持续时间的单节点子树和 pH 的单节点子树。这表明持续时间或土壤 pH 值的影响通常与其他物理/环境指数相关性较小，但可能对其自身（如图10-7所示的持续时间）非常重要。在一定程度上是因为土壤 pH 值不是一个物理指标。此外，年均降水量对饱和导水率（系数=-0.60）、总孔隙度（-0.22）和抗渗透性（-0.35）有直接负效应；年均温度对饱和导水率（-0.65）和水稳性团聚体（-0.27）有直接负效应。试验持续时间对饱和导水率（0.31）、平均重量直径（0.26）和有效水容量（0.31）有直接正效应。同时，饱和导水率与平均重量直径（0.67）、抗渗透性（0.80）和土壤 pH（0.53）呈正相关。此外，有效水容量（-0.73）、总孔隙度（-0.43）和土壤 pH 值（-0.40）与水稳性团聚体呈负相关，而与平均重量直径（0.80）呈正相关。土壤容重与平均重量直径（0.31）和抗渗透性（0.27）呈正相关，与总孔隙度呈负相关（-0.78）。

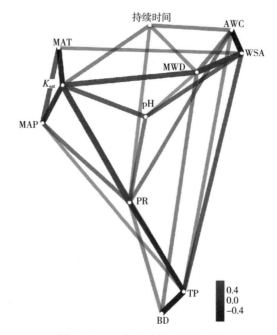

图 10-8 土壤性质的经验网络图

注：经验网络图包括容重（BD）、抗渗透性（PR）、平均重量直径（MWD）、水稳性团聚体（WSA）、总孔隙度（TP）、饱和导水率（K_{sat}）、有效水容量（AWC）和土壤 pH 值，环境因子包括年平均降水量（MAP）和年平均温度（MAT），管理因子包括实验持续时间。相关系数用颜色梯度来表示。

10.4 讨论

10.4.1 NT 对土壤物理性质的潜在负效应

土壤容重和抗渗透性是评估土壤紧实度常用的土壤物理性质指标（Blevins et al., 1984；Omondi et al., 2016；Schmidt et al., 2018）。本研究发现，免耕普遍增加了土壤容重。目前的研究表明，容重的快速增加通常发生在前 6 年，之后免耕和传统耕作之间没有差异。这一发现可以通过两种机制来解释。首先，与传统耕作相比，随着土壤容重的差异增加，土壤孔隙度在构建原生结构后会随之改变。其次，从田间和模型研究都得出结论，土壤碳含量是容重预测的最大贡献者（Heuscher et al., 2005），土壤有机质含量随着时间的积累（Lu et al., 2009; Luo et al., 2010）提高了土壤抗压实能力（Sithole et al., 2016; USDA - NRCS, 1996）。同样，与传统耕作相比，一项为期 2 年和 30 年的免耕研究表明土壤容重分别增加了 20% 和 4%（Fan et al., 2014; Guan et al., 2015）。年均降水量、土壤质地和种植强度对容重的贡献效应（图 10-1 和图 10-7）也可以通过它们对土壤碳的直接/间接影响来解释。例如，年均降水量和作物强度都可能对植被的总初级生产力产生巨大影响，这反过来又会影响归还到土壤中的潜在新鲜有机质。特别是，增加种植强度可以减缓土壤容重的增加。与免耕应用相关的更大的水源涵养使更密集的种植制度成为可能，其产生了更多的谷粒和作物残体，并使更多的作物残体留在土壤表面（Peterson et al., 1998）。另外，在对照处理条件下，高种植强度会大大增加种植或收获期间的土壤扰动，从而使土壤剖面变得疏松，这大大缓解了容重的增加。土壤质地很大程度上决定了土壤碳积累量（Fageria, 2002）和作物生产力，因此，可以很好地解释不同土壤类型容重预测的变化（Heuscher et al., 2005）。

虽然土壤 pH 值不是一个物理参数，但在免耕系统中，它是管理者考虑的一个重要因素。在本研究中，相对于传统耕作，免耕总体上降低了土壤 pH 值。这可能是由于初始有机质含量较传统耕作更高。分解过程中与有机阴离子相关的氢离子的释放、铵氧化成硝酸盐、根系生长较快产生的根系分泌物（López-Fando and Pardo, 2009; Sithole et al., 2016）在免耕下都会导致 pH 值低于传统耕作。这在一定程度上与间作种植强度下 pH 值显著降低相印证（图 10-9）。同时，尽管表层土壤 pH 值的降低幅度仅略高于底土（图 10-9），但表层土壤扰动的减弱可能为防止氮肥渗透入深层土壤剖面提供了一个屏障，从而加剧了表层土壤的酸化（Knorr et al., 2005; Malik et al., 2018）。相比之下，在田间保留的大量含有大量阳离子的作物残体（如免耕秸秆还田），对施肥引起的 pH 值的快速变化有很好的缓冲能力（López-Fando & Pardo, 2009; Malik et al., 2018）。先前的研究表明，免耕条件下土壤 pH 值的可变性较大（López-Fando & Pardo, 2009）。如本研究所示，在前 6 年内，免耕条件下的土壤 pH 值与试验年限总体呈正相关（图 10-7）。免耕 6 年后土壤 pH 的响应比降低可能是由土壤有机质随时间累积

（图10-2）（Lu et al.，2009；Luo et al.，2010）以及随后的土壤有机质分解所致。此外，免耕下随时间增加的土壤容重可能会阻止氮肥向更深的土壤剖面淋溶，从而加剧土壤酸化（Fageria，2002；Malik et al.，2018）。在湿热地区的土壤初始 pH 值通常较低（Li et al.，2019a），因此与传统耕作相比，免耕并没有降低这些地区的土壤 pH 值（图10-9）。相比之下，免耕下粉质土壤 pH 值的显著降低（图10-9），主要是由较高的土壤初始 pH 值之间存在的较大相关性造成的（Li et al.，2019a）。

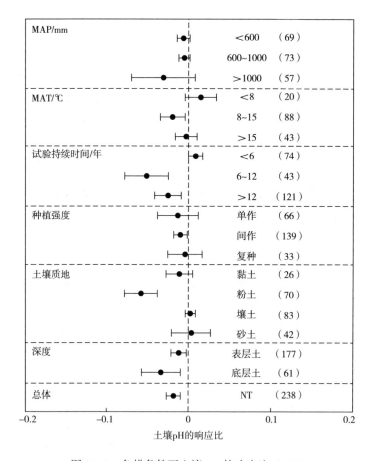

图 10-9　免耕条件下土壤 pH 的响应比（RR）

注：响应比代表处理和对照之间的加权效应值。误差棒代表 95% 的置信区间。每个误差棒旁边都标注了每个变量的样本量。缩写为年平均气温（MAT）和年平均降水量（MAP）。

本研究表明，免耕措施增加了土壤容重，其黏土、壤土、砂土和粉土的总平均容重分别约为 1.29±0.02 Mg/m^3（平均标准偏差，n 参见图 10-1）、1.29±0.02 Mg/m^3、1.34±0.01 Mg/m^3 和 1.34±0.02 Mg/m^3。而这些数值仍低于可能损害作物生产力的临界值（USDA-NRCS，1996）。这表明免耕下土壤紧实度的增加对于种子萌发、根系发育和植物生长的影响基本可以接受。事实上，轻微压实有利于改善土壤——根系接触和根系伸长（McKenzie et al.，2011）。同样，尽管免耕措施普遍降低了土壤 pH 值（图 10-9），但免耕的最低总平均土壤 pH 值（在黏土中，5.8±0.2，n=27）仍高于所定义酸性土壤的阈值（5.5）（Li et al.，2019a）。这表明，免耕下大部分土壤 pH 值下降不足以降低支持健康作物生产的养分有效性。

10.4.2 免耕对土壤物理性质的积极影响

总体而言，免耕分别使平均重量直径和水稳性团聚体提高了 50% 和 32%。许多研究提出了免耕增加团聚体粒径和团聚体稳定性的驱动机制。首先，免耕下的秸秆还田和土壤扰动的减少导致土壤表层附近有机质的积累增加（Schmidt et al.，2018；Sithole et al.，2016；Six et al.，2000b），土壤有机质（特别是真菌菌丝）的增加与润湿性的降低有关，这降低了团聚体的崩解并增加了水稳性团聚体的量（Blanco-Canqui et al.，2009；Six et al.，2000b）。平均重量直径和水稳性团聚体的数量在研究期间的显著增加（图 10-3、图 10-4 和图 10-7）在一定程度上支持了这一点，因为土壤碳含量（Luo et al.，2010）和微生物生物量碳（Li et al.，2018）随着免耕时长的增加而增加。基于全球数据集的 mata 分析发现，与传统耕作相比，免耕和免耕秸秆还田分别增加了 10% 和 29% 的土壤有机碳储量（Li et al.，2019b）；免耕的土壤碳含量随着时间的推移而增加。由于表层土壤具有较高的碳积累率（Knorr et al.，2005），因此，表土大于底土中的平均重量直径（图 10-3）可以作为另一个有力的证据。其次，秸秆还田也可归因于聚集过程的主要驱动因素（Schmidt et al.，2018；Six et al.，2000a）：土壤微生物种群数量的增加（Li et al.，2018），从而增加了团聚体粒径和强度（Sheehy et al.，2015）。中雨和暖和区域有望增加平均重量直径（图 10-3 和图 10-7），这可能是因为温和的环境条件极大促进了微生物的生长，并防止团聚体因干燥、再润湿或冻结以及解冻而受到物理损伤（Fageria，2002；Johnson & Hoyt，1999）。与土壤质地相关的平均重量直径响应比的差异（图 10-3 和图 10-7）可能是由于壤土的结构比砂质或黏土对免耕的变化更敏感。无论耕作方式如何，黏土往往具有较强的团聚体结构。砂质土壤通常抗逆性较差，但粉土和壤土的团聚体结构取决于管理措施（Li et al., 2018; Schmidt et al., 2018; Six et al., 2000b）。此外，当年均降水量超过1000 mm时，水稳性团聚体响应比的置信区间较大（图10-4），这可能是由数据不足造成的（Osenberg et al., 1999）。

土壤水力特性控制着与土壤水力循环的动态和平衡相关的几个重要过程，如降水后径流与入渗的分配比例、蒸散以及入渗过程后的地下水补给等（Bormann & Klaassen, 2008; Omondi et al., 2016; Osunbitan et al., 2005）。目前的研究表明，免耕总体上对饱和导水率没有影响，但本研究表明，与传统耕作相比，当将环境和农艺因素进行亚组分析时，免耕下的几个因素如高种植强度（大于两种作物）、粉质土壤类型、低降水量和温度，以及免耕措施持续时间的增加提高了饱和导水率。Blanco-Canqui及Ruis（2018）发现，免耕在多半情况下不影响饱和导水率。秸秆还田下的饱和导水率的高变异性可能是由于土壤生物或小气候条件的改善（图10-8）导致的更旺盛的大型动物活动和作物根系通道（Fageria, 2002; Johnson & Hoyt, 1999）。同样，高种植强度下饱和导水率的增加可能是由于前茬作物根系通道的增加（Bormann & Klaassen, 2008; Omondi et al., 2016）。有研究表明，温度增加了两种土壤类型在三个温度阶段的导水率（高和邵，2015）。与传统耕作相比，免耕下的土壤通常在春季种植季节升温较慢，这归因于表土残体的丰度（Johnson & Hoyt, 1999）。因此，传统耕作在炎热地区会导致更高的饱和导水率（图10-5）。此外，前人研究表明，饱和导水率是一个高度可变的参数，很大程度上受土壤大孔隙的均匀性和分布的影响。特别是，Tsegaye和Hill（1998）表明，饱和导水率的变异性通常很高，变异系数高达170%。因此，缺乏由免耕引起的土壤结构扰动可能会增加土壤大孔隙的空间异质性，导致饱和导水率和其他结构属性随时间发生更大变化（Bormann & Klaassen, 2008; Heuscher et al., 2005; Tsegaye & Hill, 1998）。正如预期的那样，短期的变化通常不显著且难以捕捉，饱和导水率的响应比随着免耕实施的增加而增加（图10-5）。此外，由于样本数据集的数量相对较少，存在一定的变异性，因此应谨慎进行解释（Gurevitch & Hedges, 2001; Miao et al., 2019）。

免耕下有效水容量的提高主要归因于碳输入的增加和土壤扰动的减少（Liu et al., 2014; Luo et al., 2010）。土壤有机碳含量的增加通过促进土壤团聚体的形成、提供更好的持水能力以及减少水分流失来促进土壤结构的改善（Reynolds et al., 2007）。由于土壤容重增加而减少的水渗透随着时间的推移而减少，而土壤碳含量和土壤团聚体稳定性也随着时间的推移而增加（Blanco-Canqui & Ruis, 2018; Six et al., 2000b）。这与Blanco-Canqui和Ruis（2018）的结论一致，他们认为免耕并不总是能提高土壤在耕作土壤上的保水能力。只有长期免耕增加了有效水容量的响应比（图10-6，图10-8）。此外，湿润和炎热地区的免耕对有效水容量没有影响（图10-6）。地区全年降水量高，常伴有较高的年平均气温（图10-8）且通常具有较浅的地下水位或相对较高的土壤含水量（Jia et al., 2016），从而削弱了免耕对有效水容量的积极影响（图10-6）。同样地，特别是通常发生在降水和温度较高地区的两次以上轮作的高种植强度，有效水容量随免耕增加的幅度相对较小（图10-6）。根据先前的研究表明（图10-6）（Blanco-Canqui & Ruis, 2018），黏土通常具有较高的初始有机碳含量，其似乎对免耕增加有效水容量的响应较小。

10.5 结论

不考虑残体的管理，免耕对土壤物理性质的影响相当复杂，其涉及多个相互作用的因素，可能导致截然不同的生态物理学后果。有些结果是积极的，如土壤结构质量、饱和导水率以及有效水容量的增加；有些结果是负面的，如土壤紧实度的增加以及土壤pH值的降低。尽管如此，考虑到土壤容重的增加或土壤pH值的降低尚未超过限制作物生长的临界值，并且大多数负面影响可以通过作物秸秆还田在很大程度上缓解甚至根除，与免耕相关的管理措施应被视为一种可持续的耕作措施，并在全球范围内推广。特别是，免耕是一种有前途的保护性农业措施，在长期（>12年）免耕措施下，可改善湿润（>1000 mm年均降水量）和寒冷（<8℃年均气温）地区间作的团聚体粒径和稳定性以及水分可利用性。但是，除非在高种植强度的湿润（>1000 mm）、寒冷（<8℃）或炎热（>15℃）地区的沙质土壤上实践，否则生产者应意识到土壤容重的增加（即短期<6年）和土壤pH值的降低（即>6年）与免耕有关。

目前的研究是基于我们课题组已发表的研究结果（Li et al., 2019c）进行的，但主要侧重于使用亚组mata分析和先进的数据分析算法研究土壤性质与其他环境/农艺因素之间的关系。本研究结果为在全球范围内不同试验时间、种植强度、土壤质地和气候条件下对免耕处理对土壤物理性质的交互影响提供了全面的证据。在所选择的变量中，气候条件（如年均降水量、年均气温）和试验持续时间可能是控制土壤性质对免耕措施响应的主要因素。综上所述，考虑到当地环境中信息丰富且普遍的环境和农艺因素，从这项试验中获得的信息将有助于特定地点设计的免耕管理策略。今后应针对其他具体的土壤物理性质开展相似类型的数据综合研究。最后，一项研究综合考虑免耕有/没有残体和不同覆盖种植策略对农业生态系统整体可持续性的影响是非常必要的。

参考文献

[1] ALVAREZ R, STEINBACH H S. A review of the effects of tillage systems on some soil physical properties, water content, nitrate availability and crops yield in the Argentine Pampas[J]. Soil and Tillage Research, 2009, 104 (1): 1-15.

[2] BLANCO-CANQUI H, MIKHA M M, BENJAMIN J G, et al. Regional study of No-till impacts on near-surface aggregate properties that influence soil erodibility[J]. Soil Science Society of America Journal, 2009, 73 (4): 1361-1368.

[3] BLANCO-CANQUI H, RUIS S J. No-tillage and soil physical environment[J]. Geoderma, 2018, 326: 164-200.

[4] BLEVINS R L, SMITH M S, THOMAS G W. Changes in soil properties under No-tillage [M] //PHILLIPS R E, PHILLIPS S H, eds. No-Tillage Agriculture. Boston, MA: Springer US, 1984: 190-230.

[5] BORMANN H, KLAASSEN K. Seasonal and land use dependent variability of soil hydraulic and soil hydrological properties of two Northern German soils [J]. Geoderma, 2008, 145 (3/4): 295-302.

[6] BRONICK C J, LAL R. Soil structure and management: A review[J]. Geoderma, 2005, 124 (1/2): 3-22.

[7] DLAMINI P, CHIVENGE P, CHAPLOT V. Overgrazing decreases soil organic carbon stocks the most under dry climates and low soil pH: A meta-analysis shows[J]. Agriculture, Ecosystems & Environment, 2016, 221: 258-269.

[8] FAGERIA N K. Soil quality *vs.* environmentally-based agricultural management practices[J]. Communications in Soil Science and Plant Analysis, 2002, 33 (13/14): 2301-2329.

[9] FAN R, YANG X, DRURY C, et al. Spatial distributions of soil chemical and physical properties prior to planting soybean in soil under ridge-, no-and conventional-tillage in a maize-soybean rotation[J]. Soil Use and Management, 2014, 30: 414-422.

[10] GAO H B, SHAO M G. Effects of temperature changes on soil hydraulic properties[J]. Soil and Tillage Research, 2015, 153: 145-154.

[11] GARCÍA-ORENES F, CERDÀ A, MATAIX-SOLERA J, et al. Effects of agricultural management on surface soil properties and soil-water losses in eastern Spain[J]. Soil and Tillage Research, 2009, 106 (1): 117-123.

[12] GUAN D H, ZHANG Y S, AL-KAISI M M, et al. Tillage practices effect on root distribution and water use efficiency of winter wheat under rain-fed condition in the North China Plain[J]. Soil and Tillage Research, 2015, 146 (PB): 286-295.

［13］ GUREVITCH J, HEDGES L V. Meta-analysis: Combining the results of independent experiments[M] //Design and Analysis of Ecological Experiments. New York: Oxford University Press, 2001: 347-370.

［14］ HE J, KUHN N J, ZHANG X M, et al. Effects of 10 years of conservation tillage on soil properties and productivity in the farming-pastoral ecotone of Inner Mongolia, China[J]. Soil Use and Management, 2009, 25 (2): 201-209.

［15］ HEUSCHER S A, BRANDT C C, JARDINE P M. Using soil physical and chemical properties to estimate bulk density[J]. Soil Science Society of America Journal, 2005, 69 (1): 51-56.

［16］ HUANG M, ZHOU X F, CAO F B, et al. No-tillage effect on rice yield in China: A meta-analysis[J]. Field Crops Research, 2015, 183: 126-137.

［17］ JACKSON S. corrr: Correlations in R[J]. R package version 0.2.1. R Project, 2016, 1.

［18］ JIA X, JIA X, ZHA T, et al. Carbon and water exchange over a temperate semi-arid shrubland during three years of contrasting precipitation and soil moisture patterns[J]. Agricultural and Forest Meteorology, 2016, 228: 120-129.

［19］ JOHNSON A M, HOYT G D. Changes to the soil environment under conservation tillage[J]. HortTechnology, 1999, 9 (3): 380-393.

［20］ KNORR M, FREY S D, CURTIS P S. Nitrogen additions and litter decomposition: A meta-analysis[J]. Ecology, 2005, 86 (12): 3252-3257.

［21］ LAL R. Soil carbon sequestration impacts on global climate change and food security[J]. Science, 2004, 304 (5677): 1623-1627.

［22］ LI Y, CHANG S X, TIAN L H, et al. Conservation agriculture practices increase soil microbial biomass carbon and nitrogen in agricultural soils: A global meta-analysis[J]. Soil Biology and Biochemistry, 2018, 121: 50-58.

［23］ LI Y, CUI S, CHANG S X, et al. Liming effects on soil pH and crop yield depend on lime material type, application method and rate, and crop species: A global meta-analysis[J]. Journal of Soils and Sediments, 2019, 19 (3): 1393-1406.

［24］ LI Y, LI Z, CHANG S X, et al. Residue retention promotes soil carbon accumulation in minimum tillage systems: Implications for conservation tillage[J]. bioRxiv, 2019, DOI: 10.1101/746354.

［25］ LI Y, LI Z, CUI S, et al. Residue retention and minimum tillage improve physical environment of the soil in croplands: A global meta-analysis[J]. Soil and Tillage Research, 2019, 194: 104292.

［26］ LIAW A, WIENER M. Classification and regression by randomForest[R]. R news, 2022, 2 (3): 18-22.

［27］ LIU C, LU M, CUI J, et al. Effects of straw carbon input on carbon dynamics in agricultural soils: A meta-analysis[J]. Global Change Biology, 2014, 20 (5): 1366-1381.

［28］ LÓPEZ-FANDO C, PARDO M T. Changes in soil chemical characteristics with different tillage practices in a semi-arid environment[J]. Soil and Tillage Research, 2009, 104 (2): 278-284.

［29］ LU F, WANG X K, HAN B, et al. Soil carbon sequestrations by nitrogen fertilizer application, straw return and no-tillage in China's cropland[J]. Global Change Biology, 2009, 15

(2): 281-305.

[30] LUO Z K, WANG E L, SUN O J. Can no-tillage stimulate carbon sequestration in agricultural soils? A meta - analysis of paired experiments[J]. Agriculture, Ecosystems & Environment, 2010, 139 (1/2): 224-231.

[31] MALIK A A, PUISSANT J, BUCKERIDGE K M, et al. Land use driven change in soil pH affects microbial carbon cycling processes[J]. Nature Communications, 2018, 9: 3591.

[32] BENGOUGH A G, MCKENZIE B M, HALLETT P D, et al. Root elongation, water stress, and mechanical impedance: A review of limiting stresses and beneficial root tip traits[J]. Journal of Experimental Botany, 2011, 62 (1): 59-68.

[33] MIAO F H, LI Y, CUI S, et al. Soil extracellular enzyme activities under long-term fertilization management in the croplands of China: A meta-analysis[J]. Nutrient Cycling in Agroecosystems, 2019, 114 (2): 125-138.

[34] MULUMBA L N, LAL R. Mulching effects on selected soil physical properties[J]. Soil and Tillage Research, 2008, 98 (1): 106-111.

[35] NAWAZ A, LAL R, SHRESTHA R K, et al. Mulching affects soil properties and greenhouse gas emissions under long-term No-till and plough-till systems in alfisol of central Ohio [J]. Land Degradation & Development, 2017, 28 (2): 673-681.

[36] NIMMO J R, KATUWAL S, LUCAS M. Porosity and pore-size distribution[M] //Encyclopedia of Soils in the Environment. Amsterdam: Elsevier, 2023: 16-24.

[37] OMONDI M O, XIA X, NAHAYO A, et al. Quantification of biochar effects on soil hydrological properties using meta-analysis of literature data[J]. Geoderma, 2016, 274: 28-34.

[38] OSENBERG C W, SARNELLE O, COOPER S D, et al. Resolving ecological questions through meta-analysis: Goals, metrics, and models[J]. Ecology, 1999, 80 (4): 1105.

[39] OSUNBITAN J A, OYEDELE D J, ADEKALU K O. Tillage effects on bulk density, hydraulic conductivity and strength of a loamy sand soil in southwestern Nigeria[J]. Soil and Tillage Research, 2005, 82 (1): 57-64.

[40] PETERSON G A, HALVORSON A D, HAVLIN J L, et al. Reduced tillage and increasing cropping intensity in the Great Plains conserves soil C[J]. Soil and Tillage Research, 1998, 47 (3/4): 207-218.

[41] PITTELKOW C M, LINQUIST B A, LUNDY M E, et al. When does no-till yield more? A global meta-analysis[J]. Field Crops Research, 2015, 183: 156-168.

[42] POWLSON D S, STIRLING C M, JAT M L, et al. Limited potential of no-till agriculture for climate change mitigation[J]. Nature Climate Change, 2014, 4: 678-683.

[43] RASMUSSEN K J. Impact of ploughless soil tillage on yield and soil quality: A Scandinavian review[J]. Soil and Tillage Research, 1999, 53 (1): 3-14.

[44] REICOSKY D C. Conservation agriculture: Global environmental benefits of soil carbon management[M] //GARCÍA-TORRES L, BENITES J, MARTÍNEZ-VILELA A, et al, eds. Conservation Agriculture. Dordrecht: Springer Netherlands, 2003: 3-12.

[45] REYNOLDS W D, DRURY C F, YANG X M, et al. Land management effects on the near-surface physical quality of a clay loam soil[J]. Soil and Tillage Research, 2007, 96 (1/2): 316-330.

[46] SCHMIDT E S, VILLAMIL M B, AMIOTTI N M. Soil quality under conservation practices on farm operations of the southern semiarid pampas region of Argentina[J]. Soil and Tillage Research, 2018, 176: 85-94.

[47] SHEEHY J, REGINA K, ALAKUKKU L, et al. Impact of no-till and reduced tillage on aggregation and aggregate-associated carbon in Northern European agroecosystems[J]. Soil and Tillage Research, 2015, 150: 107-113.

[48] SITHOLE N J, MAGWAZA L S, MAFONGOYA P L. Conservation agriculture and its impact on soil quality and maize yield: A South African perspective[J]. Soil and Tillage Research, 2016, 162: 55-67.

[49] SIX J, ELLIOTT E T, PAUSTIAN K. Soil macroaggregate turnover and microaggregate formation: A mechanism for C sequestration under no-tillage agriculture[J]. Soil Biology and Biochemistry, 2000, 32 (14): 2099-2103.

[50] SIX J, PAUSTIAN K, ELLIOTT E T, et al. Soil structure and organic matter I. distribution of aggregate-size classes and aggregate-associated carbon[J]. Soil Science Society of America Journal, 2000, 64 (2): 681-689.

[51] SOANE B D, BALL B C, ARVIDSSON J, et al. No-till in northern, western and south-western Europe: A review of problems and opportunities for crop production and the environment [J]. Soil and Tillage Research, 2012, 118: 66-87.

[52] SUN Y N, ZENG Y J, SHI Q H, et al. No-tillage controls on runoff: A meta-analysis[J]. Soil and Tillage Research, 2015, 153: 1-6.

[53] TSEGAYE T, HILL R L. Intensive tillage effects on spatial variability of soil physical properties [J]. Soil Science, 1998, 163 (2): 143-154.

[54] USDA-NRCS. Soil quality resource concerns: Compaction, soil quality information sheet[C]. USDA Natural Resources Conservation Service, 1996.

[55] VAN KESSEL C, VENTEREA R, SIX J, et al. Climate, duration, and N placement determine N_2O emissions in reduced tillage systems: A meta-analysis[J]. Global Change Biology, 2013, 19 (1): 33-44.

[56] VIECHTBAUER W. Conducting meta-analyses in R with the meta for Package[J]. Journal of Statistical Software, 2010, 36 (3): 1-48.

[57] YODER R E. A direct method of aggregate analysis of soils and a study of the physical nature of erosion Losses[1][J]. Agronomy Journal, 1936, 28 (5): 337-351.

[58] ZHANG Q P, MIAO F H, WANG Z N, et al. Effects of long-term fertilization management practices on soil microbial biomass in China's cropland: A meta-analysis[J]. Agronomy Journal, 2017, 109 (4): 1183-1195.

[59] ZUBER S M, VILLAMIL M. Meta-analysis approach to assess effect of tillage on microbial biomass and enzyme activities[J]. Soil Biology & Biochemistry, 2016, 97: 176-187.

第 11 章 秸秆还田增加了全球少免耕系统土壤碳储量

11.1 研究背景与意义

全球近 1.3% 的土地面积用于作物生产（FAO, 2015），而作物生产的集约化向大气中排放了大量的温室气体（如二氧化碳、一氧化二氮和甲烷）（Strassmann et al., 2008）。众所周知，农田土壤有机碳是确保作物生产可持续性和粮食安全的土壤肥力的核心，但农田因土地耕作而流失的碳已经从根本上改变了全球碳循环（Lal, 2004b; Smith et al., 2005）。农田碳的损失主要是由收获后作物残体的移除/损失，以及如收获或耕作措施的干扰导致的碳分布/分解过程的变化造成的（Lal, 2004a）。由于土壤有机碳对土壤肥力和减缓气候变化至关重要，全球已采用可替代的生产措施来提高土壤碳储量（Lal, 2004b; Sauvadet et al., 2018）。

保护性耕作措施是 Wall (2006) 最初提出的一个术语，包括三个管理组成部分，即有或没有作物秸秆还田的最小耕作（包括免耕和少耕）。据估计，通过在全球所有种植制度中采用保护性耕作措施，可以实现每年 $0.4 \sim 0.8$ Pg C 的土壤有机碳固定率，这可能占世界总土壤有机碳固定潜力的 33% ~ 100%（Lal, 2004a）。而且，从传统耕作转换为仅免耕可能会以每年 $0.1 \sim 1$ t C/hm^2 的速度增加土壤有机碳（Lal, 2004a）。此外，免耕可以减少土壤二氧化碳的排放（Abdalla et al., 2016），提高土壤结构稳定性、土壤养分有效性和持水能力（Li et al., 2019b; Schmidt et al., 2018），最终导致更高的作物生产力和土壤有机碳固定（Sun et al., 2020）。然而，2010 年（Luo et al., 2010）和 2020 年（Mondal et al., 2020）的全球分析表明，免耕仅有利于土壤表层 10 cm 的有机碳储存。中国的一项综合分析报告称，与传统耕作相比，免耕导致 30~40 cm 土壤中的有机碳耗竭（Du et al., 2017）。Iocola 等 (2017) 表明，尽管如此，使用来自长期实验数据校准和验证过的数据集的作物模型集合（APSIM – NWheat、DSSAT、EPIC、SALUS），保护性耕作措施可能是增加 0~40 cm 土壤有机碳的有效选择。

同样，中国的一项研究通过 95 个配对比较表明，与传统耕作相比，免耕平均显著提高了 0~20 cm 土壤中的有机碳储量（Du et al.，2017）。一份基于北美长期耕作研究的期刊表明，传统耕作下 21~35 cm 土壤中较高的土壤有机碳含量并没有完全抵消免耕下 0~20 cm 土壤中的有机碳含量，同时在 0~35 cm 的土壤剖面中，免耕下的土壤有机碳含量比传统耕作下多 4.9 t/hm^2（Angers & Eriksen-Hamel，2008）。因此，仍需进一步研究，以评估保护性耕作措施对土壤剖面有机碳含量变化的影响和机制，并且土壤表层 0~30 cm 的耕层应始终是重点（Angers & Eriksen-Hamel，2008）。

此外，秸秆还田可以直接增加土壤中的碳输入、改善土壤结构和养分有效性，并增加土壤微生物种群大小（Johnson & Hoyt，1999；Li et al.，2018）。改善种植强度可以增加地上和地下生物量的产量，这些生物量可以在以后纳入整个有机碳库（Luo et al.，2010）。据报道，免耕秸秆还田和间作有利于中国的土壤有机碳的固定（Du et al.，2017）。然而，土壤有机碳储量通过对单个保护性耕作措施的响应评估了免耕的影响（Luo et al.，2010；Mondal et al.，2020；Sun et al.，2020），秸秆滞留（Han et al.，2018；Lu et al.，2009），或覆盖作物（Jian et al.，2020；Poeplau & Don，2015）已经进行了定量评估，但并没有针对保护性耕作措施的组合进行评估。这些定量分析发现，在单一的保护性耕作措施下，响应的差异很大。例如，在中国，秸秆单独滞留比免耕的单独滞留能固定更多的土壤有机碳（Lu et al.，2009），免耕对固碳的效果受到种植制度的强烈调控（Luo et al.，2010）。持续时间（Mondal et al.，2020）、气候条件（Sun et al.，2020）和土壤质地（Wan et al.，2018）等其他因素也被证明是影响保护性耕作实践下土壤有机碳储量变化方向和幅度的关键因素（González-Sánchez et al.，2012；Lal，2004a）。

尽管与不同保护性耕作措施相关的农艺和生态效益已被广泛认可，但多种保护性耕作措施的综合效果尚未得到定量评估。这一认知差距阻碍了我们实施特定地点保护性耕作的措施的进展（这些措施可以提高土壤有机碳的储备），并阻碍研究人员更深入地了解不同保护性耕作措施的协同效应及其在不同农业生态系统中的整体复合效应。在该 meta 分析中，我们假设秸秆还田结合最小耕作比单一的秸秆还田或最小耕作能固定更多的有机碳。受数据可用性/质量以及统计推断的范围和复杂性的限制，我们主要关注保护性耕作措施的两个方面——秸秆还田和耕作类型，而种植强度被视为额外的管理因素。我们的目的是①确定秸秆还田和耕作措施的结合对土壤有机碳储量变化的方向和幅度的影响，以及②评估外部非生物（如土壤质地、气候因素）和管理措施（种植强度、保护性耕作措施的持续时间）对 0~30 cm 土壤中有机碳储量的影响。

11.2 材料与方法

11.2.1 数据收集

使用 ISI Web of Science 和知网搜索 1987 年 1 月至 2020 年 1 月发表的期刊文章，使用关键词："土壤有机碳"或"土壤有机质"或"碳储量"或"固碳"或"土壤质量"或"化学性质"和"保护措施"或"耕作"。为了最大限度地减少偏倚，遵循以下标准：①涉及有秸秆还田或无秸秆还田的传统耕作—传统耕作的配对观察，并且仅包括大田实验。选择用于比较的具体保护性耕作措施是少耕或少耕秸秆还田，以及免耕或免耕秸秆还田。如果一项研究在同一地点使用了一种以上的保护性耕作措施，不同的保护性耕作措施将分别与传统耕作对照配对；②meta 分析采用重复田间小区试验（>两次重复）所得结果的平均值和标准偏差或标准误差；③以秸秆还田和耕作措施为主要处理，其他农艺措施和种植强度、研究持续时间、肥料管理和灌溉等因素在主要处理中保持不变，如果一篇文章包含多个土壤深度的结果，我们使用常用的犁层深度，即 0~30 cm 的土壤。

总共包括 243 份涵盖全球同行评审的期刊。从文章的表格和正文中直接获取土壤容重以及土壤碳和氮储量的数据，或者使用 Get-Data Graph Digitizer software (ver. 2.24, Russian Federation) 从图中提取。最终数据集包括不同保护性耕作措施下土壤碳储量的 1928 个数据点。补充材料中介绍了选定研究和参考文献的详细情况。特别是，在某些国家，如美国，无论是哪种耕作方式，作物残体通常在收获后保留在田地中（Balkcom et al., 2013; Zuber & Villamil, 2016），其在本研究中仅被视为免耕秸秆还田、少耕秸秆还田或传统耕作秸秆还田。

对于每个地点，我们还提取了有关实验和管理因素（如实验持续时间、气候参数、种植强度）和土壤特性（如土壤质地、土壤 pH 值以及初始碳和氮的含量）的支撑信息。然后将数据按以下 5 个分组①土壤质地，即砂质土（砂土、壤砂土和砂壤土）、粉质土（粉壤土和粉土）、壤土（砂质黏壤土、壤土、黏壤土和粉质黏壤土）或黏质土（黏土、砂黏土和粉黏土）；②研究的持续时间（<6、6~12、>12 年，见图 S1）；③种植强度（特定一年的单作、间作和复种）；④气候参数（年平均温度 MAT 和年平均降水量 MAP）；⑤土壤取样深度，表土（0~

15 cm）和底土（15~30 cm）分别占本研究中使用的数据点的62%和38%。尤其是由等式 $AI = MAP/(MAT+10)$ 计算出的年平均温度值用于生成干旱指数（AI），其由等式 $AI=MAP/(MAT+10)$ 计算。干旱指数值 0~10、10~20、20~30 和>30 分别对应干旱或半干旱、半湿润、湿润环境（De Martonne，1926）。然而，由于有限数据造成的局限（表S1），少耕秸秆还田与秸秆还田耕作的比较被排除在亚组 meta 分析之外；由于干旱或半干旱地区的数据不足，只研究了半湿润、湿润和潮湿气候。此外，结果表明，除了对土壤取样深度的分析，保护性耕作措施影响 0~30 cm 范围内土壤有机碳储量的总体平均变化。

11.2.2 数据分析

对于没有报告土壤碳储量的研究，我们使用土壤容重和碳或土壤总氮含量来计算土壤碳储量：有机碳储量= C_{SOC}（或 C_{STN}）×BD×D，其中 C_{SOC} 分别是有机碳含量（g/kg）；BD 是相应土层的容重（g/cm³），D 是土层的厚度（cm）（Lal，2004a）。根据 Osenberg 等（1999）的方法，计算了平均值（$\bar{X}_t$-NT、RT、NTR 或 RTR）与对照平均值（$\bar{X}_c$-CT）之间土壤碳（Mg/hm²）的自然对数响应比（lnRR）。而 Li 等（2018）使用了以下的方法。

lnRR 的方差由等式 $v=S_t^2/n_t \times X_t^2 + S_c^2/n_c \times X_c^2$ 计算，其中 S_t 和 S_c 代表处理组和对照组的标准偏差，n_t 和 n_c 分别代表处理组和对照组的重复次数。为了得出处理组相对于对照组的总体响应效益，根据 Hedges（1999）和罗等（2006）计算了处理组和对照组之间的加权响应比（RR_{++}），如式（11-1）所述

$$RR_{++} = \frac{\sum_{i=1}^{m}\sum_{j=1}^{k} w_{ij} RR_{ij}}{\sum_{i=1}^{m}\sum_{j=1}^{k} w_{ij}} \tag{11-1}$$

其中 m 表示对照组的组数，k 表示处理组中的比较数，w_{ij} 表示加权因子（w_{ij} = $1/v_{ij}$）。使用式（11-2）计算 RR_{++} 的标准误差：

$$s(RR_{++}) = \sqrt{\frac{1}{\sum_{i=1}^{m}\sum_{j=1}^{k} w_{ij}}} \tag{11-2}$$

95%置信区间（95%CI）是由 $RR_{++} \pm 1.96 \times s(RR_{++})$ 计算。当响应变量的 95%置信区间值不与 0 重叠时，在对照组和处理组之间保护性耕作措施对变量的影响有显著差异（Gurevitch & Hedges，2001）。此外，用 RR_{++}：[exp（RR_{++}）-

1］×100%计算百分比变化。

使用 R statistical software（版本 3.4.2）中的"metafor"软件包（Viechtbauer, 2010）进行 meta 分析。研究 ID 被设置为随机效应，因为许多论文贡献了不止一个效应大小。对于每个因子（土壤质地、研究持续时间、种植强度、干旱指数、土壤取样深度），平均效应值（lnRR）及其 95%的置信区间通过自举法（4999 次迭代）产生的偏差校正进行计算。卡方检验用于确定保护性耕作处理下土壤有机碳储量变化的 lnRR 之间的异质性（Q_{total}）是否显著超过预期抽样的误差。随机化检验用于确定组间异质性（Q_b）的显著性（Adams et al., 1997）。卡方检验也用于确定剩余组内的异质性（Q_w）是否显著（表 S2-S6）。发表性偏倚是通过使用 Rosenthal's Fail-safe（Rosenthal and Rosnow, 2008）确定的（表S1）；如果这个数字大于 5n+10（n 是观察次数），则该结果被认为是对真实效应的可靠估计（Toth & Pavia, 2007）。

通过 R statistical software 中的"correlation"软件包（Lüdecke et al., 2019），使用 Pearson-correlation 分析检测了自变量、环境和管理因素与土壤有机碳储量响应比率（有无秸秆还田）之间的相关性。碳储量与土壤性质、环境和管理条件相关性的网络图是通过 R statistical software 中的"corrr"软件包（Jackson, 2016）绘制的。与碳储量有较强相关系数的确定变量进一步用于回归分析，以量化这些变量对碳储量的影响。使用"ggplot2"软件包进行相关回归分析和绘图（Wickham, 2016）。

11.3 结果

11.3.1 保护性耕作对碳储量的影响

相对于传统耕作，最小耕作（包括免耕和少耕）增加了土壤有机碳储量（图 11-1，$P<0.01$），并且免耕比少耕多增加了 9%的土壤有机碳储量（$P<0.001$，百分比变化是根据 RR_{++} 计算的）。无论耕作强度如何，仅是秸秆还田就显著增加了土壤有机碳储量，免耕秸秆还田和传统耕作秸秆还田的土壤有机碳储量分别比免耕和传统耕作高 13%和 10%。而免耕秸秆还田和少耕秸秆还田之间没有观察到差异。与传统耕作相比，最小耕作与秸秆还田相结合显著增加了土壤有机碳储量，免耕秸秆还田和少耕秸秆还田分别增加了 13%和 12%的土壤有机碳储量（$P<0.001$）。

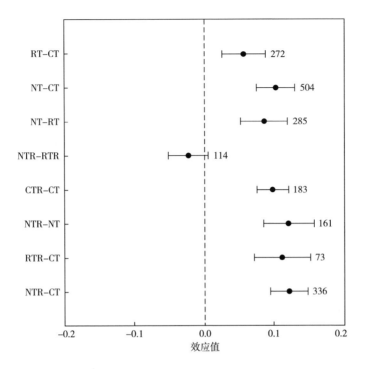

图 11-1　不考虑气候条件和管理措施情况下，不同保护性农业
措施下 0~30 cm 土壤有机碳（C）储量的效应值

注：效应值代表处理和对照之间的加权响应比。误差棒代表 95% 的置信区间。误差棒旁标注了每个变量的样本量。其中缩写为免耕（NT）、少耕（RT）、没有秸秆还田的传统耕作（CT）以及免耕秸秆还田（NTR）、少耕秸秆还田（RTR）和传统耕作秸秆还田（CTR）。

11.3.2　管理条件如何改变保护性耕作对碳储量的影响

除了少耕与传统耕作或者免耕秸秆还田，与少耕秸秆还田的组合相比较而言，在单一种植强度条件下，所有处理的土壤有机碳储量都增加了［图 11-2（a），$P<0.001$］。在间作制度下，所有处理的土壤有机碳储量都显著增加［图 11-2（b）］。在复种强度条件下，只有免耕秸秆还田与免耕相比，以及免耕秸秆还田和少耕与传统耕作相比分别增加了土壤有机碳储量［图 11-2（c），$P<0.01$］。而免耕秸秆还田与免耕或免耕秸秆还田与传统耕作的组合对比的置信区间非常宽，表明数据中仍存在大量可变性。

相对于传统耕作而言，当研究持续时间<6 年时，免耕而不是 RT 增加了土壤有机碳储量［图 11-3（a），$P<0.001$］，并且与少耕相比，免耕显著增加了土壤有机碳储量。与传统耕作相比，传统耕作秸秆还田、少耕秸秆还田或免耕秸秆还

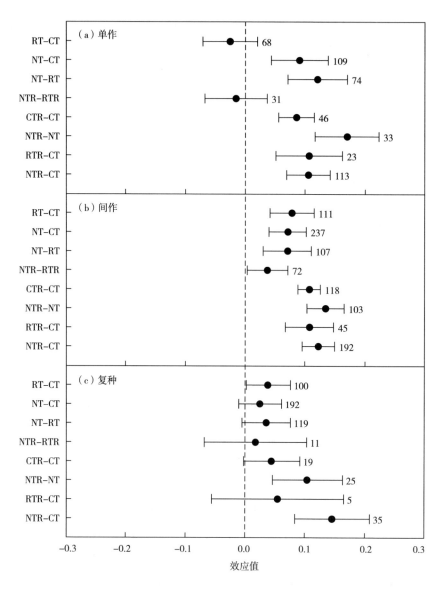

图 11-2 不考虑气候条件、研究持续时间和取样深度（0~30 cm），在不同的保护性农业
措施下，(a) 单作、(b) 间作和 (c) 复种对土壤有机碳储量的效应值

注：效应值代表处理和对照之间的加权响应比。误差棒代表 95% 的置信区间。误差棒旁标注了每个变量的样本量。有关缩写的描述，请参考图 11-1 的图注。

田都增加了土壤有机碳储量（$P<0.001$）。免耕秸秆还田导致土壤有机碳储量比免耕高 11%（$P<0.05$）。与传统耕作相比，除了免耕与少耕或免耕秸秆还田与少耕秸秆还田的组合相比较之外，当研究持续时间在 6 至 12 年之间时，所有保护

性耕作措施都显著增加了土壤有机碳储量［图 11-3（b）］。与传统耕作相比，在长期（>12 年）的研究中，免耕和少耕都显著增加了土壤有机碳储量［图 11-3（c）］，并且免耕的储量显著高于少耕。与传统耕作相比，传统耕作秸秆还田或免耕秸秆还田增加了土壤有机碳储量（$P<0.001$）。

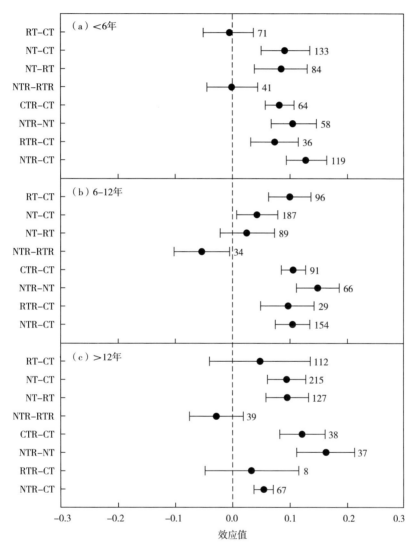

图 11-3 在研究期间，(a) <6 年，(b) <6~12 年，(c) >12 年（12~38 年），不考虑气候条件、种植措施和采样深度（0~30 cm），不同保护性农业措施下土壤有机碳储量的效应值

注：效应值代表处理和对照组之间的加权响应比。误差棒代表 95% 的置信区间。误差棒旁标注了每个变量的样本量。有关缩写的描述，请参考图 11-1 图注。

11.3.3 环境条件如何改变保护性耕作对碳储量的影响

除了免耕秸秆还田与少耕秸秆还田之外，表层土中土壤有机碳储量的变化在所有比较中都是显著的［图 11-4（a）］。然而，在底土中，保护性耕作措施没有显著增加土壤有机碳储量，而与传统耕作相比，少耕、免耕和免耕秸秆还田能导致土壤有机碳储量显著减少［图 11-4（b）］。相对于传统耕作而言，免耕秸秆还田比免耕减少了6%的土壤有机碳储量（$P<0.001$）。

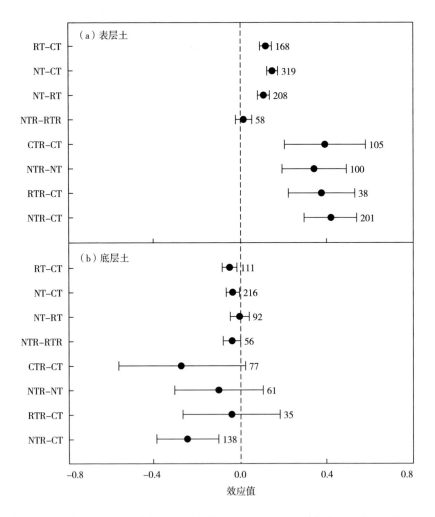

图 11-4　不考虑气候条件和管理措施的情况下，在不同保护性农业措施下不同土壤取样深度，（a）表土，（b）底土的土壤有机碳储量的效应值

注：效应值代表处理和对照组之间的加权响应比。误差棒代表95%的置信区间。误差棒旁标注了每个变量的样本量。有关缩写的描述，请参考图 11-1 图注。

第11章 秸秆还田增加了全球少免耕系统土壤碳储量

与传统耕作相比，在黏土中只有少耕、免耕和少耕秸秆还田对增加土壤有机碳储量有显著影响［图11-5（a）］。对于粉质土壤而言，除了少耕秸秆还田，所有处理相对于传统耕作显著增加了土壤有机碳储量［图11-5（b）］。除了免耕秸秆还田与免耕、免耕秸秆还田或少耕秸秆还田与传统耕作的比较，在壤土中没有检测到土壤有机碳储量的显著增加［图11-5（c）］。与传统耕作相比，在砂质土壤中免耕而非少耕显著增加了土壤有机碳储量［图11-5（d）］，与CT相比，传统耕作秸秆还田、少耕秸秆还田和免耕秸秆还田也显著增加了土壤有机碳储量。

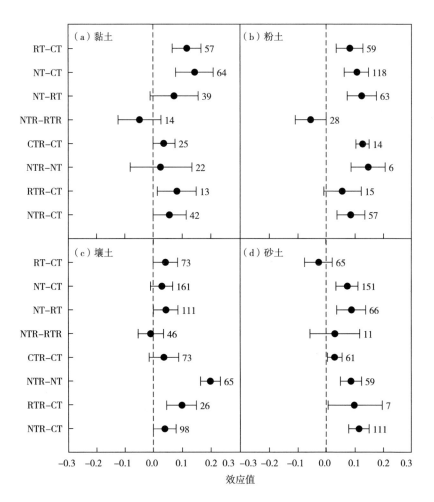

图11-5 不考虑气候条件和管理措施，不同保护性农业措施对土壤质地（a）黏土、（b）粉土、（c）壤土和（d）砂土土壤有机碳储量的效应值

注：效应值代表处理和对照组之间的加权响应比。误差棒代表95%的置信区间。误差棒旁标注了每个变量的样本量。有关缩写的描述，请参考图11-1图注。

在半湿润地区，除了免耕与传统耕作和免耕秸秆还田与免耕的组合相比较，所有比较中均未发现土壤有机碳储量的显著变化［图11-6（a）］。在潮湿地区，除了免耕、少耕与传统耕作和免耕与有无秸秆还田的少耕相比较，其他处理增加了土壤有机碳储量［图11-6（b），$P<0.01$］。与少耕秸秆还田相比，在潮湿地区免耕秸秆还田显著降低了土壤有机碳储量［图11-6（c）］，而其余保护性耕作措施增加了土壤有机碳储量（$P<0.01$）。

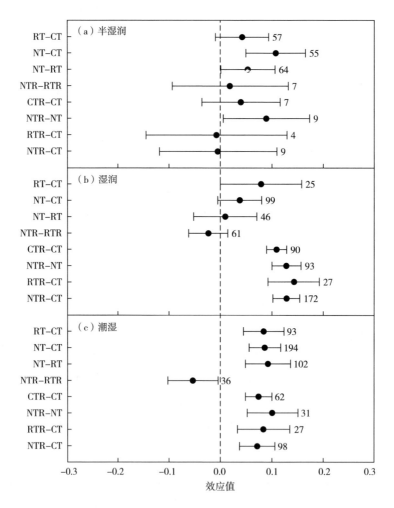

图11-6 不考虑研究持续时间、管理措施和采样深度（0~30 cm），用干旱指数（AI）
（a）半湿润，10~20，（b）湿润，20~30，（c）潮湿，>30表示不同气候
类型下不同保护性农业措施对土壤有机碳储量的效应值

注：效应值代表处理和对照组之间的加权响应比。误差棒代表95%的置信区间。误差棒旁标注了每个变量的样本量。有关缩写的描述，请参考图11-1图注。

11.3.4 决定保护性耕作措施下碳储量增加的关键驱动因素

网络图揭示了碳储量与土壤性质、环境和管理条件的相互作用（图 S2）。初始土壤有机碳储量（0.58，$P<0.01$）、总氮（0.53，$P<0.01$）和年平均降水量（0.38，$P<0.01$）与碳库存呈最高的正相关。此外，黏土含量（0.28，$P<0.01$）、年平均气温（0.21，$P<0.01$）和研究持续时间（0.10，$P<0.01$）与碳储量呈正相关。然而，初始土壤有效磷含量（AP，0.14，$P<0.01$）和土壤 pH 值（-0.26，$P<0.01$）与碳储量呈负相关。

相关性分析表明，与传统耕作相比，保护性耕作措施的土壤有机碳储量随土壤性质、环境和管理条件而变化（表 11-1）。在秸秆还田的情况下，储量的 lnRR 与土壤性质、环境和管理条件没有显著的相关性，而对于少耕来说，储量的 lnRR 与年平均气温（0.15，$P<0.01$）、初始土壤的 pH（0.14，$P<0.01$）和少耕持续时间（0.08，$P<0.01$）呈正相关。

11.4 讨论

11.4.1 最小耕作增加土壤有机碳储量

与传统耕作相比，本研究涉及所有的最小耕作措施都表明有更多的土壤有机碳储量（图 11-1），结果表明了 0~30 cm 土层中有机碳储量的总体平均值，这佐证了我们的部分假设。土壤有机碳的增加可能与团聚体内部土壤有机碳的再分配有关，其增加了最小耕作措施下土壤有机碳的稳定性（Sheehy et al., 2015）。在最小耕作的地块中，较大的土壤团聚体将减缓土壤有机质的分解速率（Balkcom et al., 2013；Luo et al., 2017；Sauvadet et al., 2018）。

表土（0~15 cm）中的有机碳储量比底土（15~30 cm）中的土壤有机碳储量增加得更多，这与免耕对土壤有机碳储量的积极影响主要局限于表层土壤的研究结果一致，这些影响主要限于各种研究中报告的表层土壤层（例如，Badagliacca et al., 2018；Balkcom et al., 2013；Hubbard et al., 2013；Luo et al., 2010；Sun et al., 2020）。Salome 等（2010）研究表明，有机碳对微生物的物理可达性是底土中主要控制碳动态的因素。因此，底土中土壤有机碳储量的结果可能是由于免耕和少耕措施中土壤扰动的减少，导致分解者和基质在底土中纵向分离（Li et al., 2018；Mondal et al., 2020）。Salome 等（2010）研究还表明，在田间尺度上，底土碳含量的空间异质性大于表土。总体而言，采用保护性耕作措施后，底土获得农田土壤有机碳储量的潜力较小（Mondal et al., 2020）。然而，我们一项与北美的 meta 分析一致的研究发现，与传统耕作相比，保护性耕作措施下 0～30 cm 土壤中的有机碳储量会增加。该 meta 分析表明，传统耕作下底土中较高的土壤有机碳含量并没有完全抵消免耕下表土中土壤有机碳含量的增加。最终结果是在整个土壤深度中，免耕下的土壤有机碳储量平均高于传统耕作（Angers and Eriksen-Hamel, 2008）。

此外，在半湿润地区，与少耕相比，免耕增加了更多的土壤有机碳储量。这一发现与西班牙的一项综合性研究一致，该研究表明免耕下的土壤碳储量是少耕的五倍（González-Sánchez et al., 2012）。这可能是由于免耕在水源涵养方面的能力强，并且免耕在半湿润地区的水源涵养方面更有效（Busari et al., 2015），这促进了作物根系生长、养分利用效率并最终提高了农艺产量（Pittelkow et al., 2014）。此外，在美国堪萨斯州的一项长期保护性耕作的田间研究表明，免耕下的碳损失率低于少耕（Fabrizzi et al., 2007），因此免耕的土壤有机碳储量高于少耕。

最小耕作措施的持续时间也对土壤有机碳储量有很大的影响（表 11-1）。我们的研究发现，不论措施施用年限的长短，免耕通常都会增加土壤有机碳，而少耕仅在施用年限大于 6 年时增加了土壤有机碳。尽管 González-Sánchez 等（2012）基于西班牙的 29 项研究发现，在最小耕作措施早期，少耕比免耕具有更高的土壤有机碳储量，但由于相对更多的土壤扰动，少耕需要更长时间来形成土壤有机碳储量增加的有利条件。其他案例研究也表明，碳储量的变化与土壤的储存能力有关，而土壤的储存能力与最小耕作的持续时间有关（Lu et al., 2009；Luo et al., 2010）。

表 11-1　土壤有机碳（SOC）储量对外界非生物因子（如气候因素、黏粒含量、土壤养分和土壤 pH 值）和管理措施（保护性耕作措施的持续时间、秸秆还田管理）响应比率的 Pearson-correlation 相关性

还田模式	MAT	Clay	SOCi	TN	AP	pH	Duration
秸秆保留	0.08	0.01	0.01	-0.03	-0.05	-0.04	-0.07
秸秆移除	0.15**	-0.09	-0.07	-0.03	-0.04	0.14**	0.08**

注：MAT，年平均温度；Clay，土壤黏粒含量；SOCi，初始土壤有机碳含量；TN，初始土壤全氮含量；AP，初始土壤磷含量；pH，初始土壤 pH；Duration，研究持续时间。** $P<0$.

11.4.2 少耕结合秸秆还田能有效提高土壤有机碳储量

我们的分析表明，无论气候和农艺因素以及取样深度如何，秸秆还田促进了少耕地块中土壤有机碳储量的增加。尽管先前的研究表明免耕仅增加表土中的土壤有机碳（Luo et al., 2010; Mondal et al., 2020; Sun et al., 2020）并论证了免耕在减缓气候变化中的作用（Powlson et al., 2014），但我们的研究表明，与单一的少耕措施相比，少耕与秸秆还田相结合增加了 0~30 cm 农田土壤有机碳储量的总体平均值。我们的结果与先前基于中国数据的 meta 分析一致，该 meta 分析表明免耕秸秆还田有效增加了土壤有机碳的固定（Du et al., 2017）。秸秆还田增加土壤有机碳存量的潜在机制已经得到了很好的证实。首先，秸秆还田除了通过直接向土壤中添加碳来增加土壤有机碳外，残体还改善了土壤理化性质（Johnson & Hoyt, 1999; Li et al., 2019b），最终增加了土壤碳储量（Liu et al., 2014）。事实上，与单一的少耕措施相比，秸秆还田和少耕相结合措施下土壤有机碳储量的响应比对土壤性质、环境和管理条件的变化不敏感（表11-1）。其次，秸秆还田通过调节凋落物降解过程中土壤碳和氮循环酶活性等微生物功能来增加碳的稳定性（Badagliacca et al., 2018; Luo et al., 2018; Sauvadet et al., 2018; Zuber & Villamil, 2016）、增加土壤微生物的生物量（Li et al., 2018）以及增强营养物质矿化（Cheng et al., 2017）。与单一的少耕措施相比，秸秆还田提高土壤有机碳储量（Han et al., 2018; Lu et al., 2009）。这也解释了为什么免耕比少耕增加了更多的土壤有机碳储量，而免耕秸秆还田和少耕秸秆还田在增加土壤有机碳储量方面没有差异。因此，有机碳投入越多，土壤扰动次数越少，土壤有机碳累积量越大（Hubbard et al., 2013; Liu et al., 2014）。此外，本研究表明，无论研究持续时间的长短，最小耕作秸秆还田在总体上增加了土壤有机碳储量。但值得注意的是，我们的 meta 分析无法区分秸秆还田的方法/形式和速率，这也会影响秸秆还田对土壤有机碳储量影响的方向和大小（Han et al., 2018）。

秸秆还田与少耕的结合效果在表土层表现更为明显。在表土中观察到显著的激发效应（Salome et al., 2010），这表明碳有效性是表土中碳动态的最重要的限制因子（图S3）。秸秆还田缓解了碳限制（Liu et al., 2014），从而增加了土壤微生物种群数量（Li et al., 2018），这可能会增强团聚体形成和稳定性（Novelli et al., 2017; Sheehy et al., 2015）。因此，通过秸秆还田有更多碳输入以及由于聚集保护而产生较少碳输出的保护性耕作措施下，表层土壤中自然存在较高的土壤有机碳储量。例如，在一项全球综合研究中，秸秆还田增加了表层土壤有机碳的积累，并且土壤深度与秸秆还田措施的土壤有机碳的 lnRR 呈负相关（Liu et al., 2014）。这在一定程度上解释了免耕秸秆还田相对于少耕秸秆还田措施下的土壤有机碳储量的减少，有限纵向的土壤有机碳储量再分配以及土壤有机碳积累能力随时间的减少导致免耕秸秆还田或少耕秸秆还田下的土壤有机碳的总储量低于传统耕作［图11-4（c）］，甚至免耕秸秆还田相对于少耕秸秆还田下的土壤有机碳储量减少［图11-3（b）］。值得注意的是，除了分析土壤取样深度对土壤有机碳储量的影响外，其他研究结果均被描述为0~30 cm剖面的总体平均值。因此，对不同研究结果的解释应谨慎，因为以前的研究报告表明，当研究的土壤深度降至60 cm时，免耕仅增加了0~10 cm土壤中的有机碳浓度（Luo et al., 2010; Mondal et al., 2020）。

与单作相比，间作系统在本研究中持续增加了土壤有机碳储量，而单作在增加土壤有机碳储量方面有很大的差异。可能的解释是，种植强度改变了秸秆还田的碳输入土壤的质量和数量，从而直接影响了土壤有机碳周转率（Cai et al., 2018; Liu et al., 2014; Novelli et al., 2017）并改变了有机碳形态，从而增加土壤微生物的生物量（Li et al., 2018; Somenahally et al., 2018）和土壤肥力（Luo et al., 2018; Schmidt et al., 2018）。然而，在复种强度（一年种植三茬以上）下，最小耕作或秸秆还田降低了土壤有机碳储量的积极影响，这可能是由于种植过程中的土壤扰动以及对水和养分的竞争（Novelli et al., 2017），从而通过分解土壤有机碳和移除生物量来增加碳输出。因此，可以得出结论，只有增加秸秆还田以及合理增加种植强度才能增加土壤碳储量。在不同的种植制度下对不同外界因素响应差异的内在机制有待研究。

11.4.3 土壤性质相比于气候条件和管理措施对土壤有机碳储量的变化更为关键

本研究与一些早期的研究一致（Luo et al., 2017; Smith et al., 2005; Sun et al., 2020; Swanepoel et al., 2018），与传统耕作相比，年平均温度、土壤pH值和研究持续时间对单一的少耕增加土壤有机碳储量非常重要（表11-1）。例如，南非的一项长期田间研究表明，季节性天气变化是保护性耕作措施对土壤有机碳影响的主要决定因素（Swanepoel et al., 2018），而与管理和土壤养分有效性无关。正如预期的那样（图S4），土壤有机碳在较湿润地区的积累速度快于较干旱地区的积累速度（Zhang et al., 2015），年平均温度与年平均降水呈强正相关关系（图S2）。例如，由于生物量生产有限，南部非洲保护性耕作措施下的土壤有机碳储量增幅低于预期值（Cheesman et al., 2016）。另外，土壤有机碳储量的分解速率随着年平均温度的增加呈指数增加（Zhang et al., 2015），土壤微生物活性在较温暖或较湿润地区也有所增加（Wu et al., 2011; Zhang et al., 2015），导致土壤有机碳储量增幅较小。然而，植物生产力也可能会增加，作物生长和对土壤的碳输入在较温暖或湿润的地区往往高于较寒冷或干旱的地区，这可能会抵消土壤碳的损失。因此，在大多数情况下，我们发现保护性耕作措施增加了湿润或潮湿气候条件下的土壤有机碳储量。在半干旱地区，有机碳储量通常在短期内变化较小，因为需要数年时间才能检测到微生物活动或有机质分解速率的显著变化（Novelli et al., 2017）。从单因子响应来看，生态系统对温度和降水变化结合的响应比预期的要小（Wu et al., 2011）。造成这种差异的部分原因是在我们的分析中基于干旱指数（这个指数由年平均温度和年平均降水衍生）对结果进行了分组/聚类，而不是使用采样时的土壤温度和含水量，其在此 meta 分析中使用的期刊中大多没有表明。

少耕对土壤有机碳积累的影响取决于土壤的初始 pH 值。土壤 pH 值通过调节作物地上生物量（Li et al., 2019a）和根系代谢（Hu et al., 2018）影响碳输入，通过直接调节微生物活动和酶活性影响碳输出（Jones et al., 2019），因此最终改变土壤有机碳储量。土壤微生物对土壤有机碳的周转和稳定至关重要（Salome et al., 2010; Sheehy et al., 2015），而土壤初始 pH 值在改变微生物群落组成和碳利用效率方面起着至关重要的作用（Sauvadet et al., 2018）。例如，Jones 等（2019）对 970 个农田土壤利用 ^{14}C 标记法的研究表明，保持土壤 pH 值在 5.5 以上可以提高微生物碳的利用效率。在目前的研究中，pH 值的总体平均值为 6.8。此外，土壤 pH 值对土壤有机质的激发也有显著影响。Keiluweit 等（2015）利用人工根系向土壤中添加有机酸，观察到草酸盐在降低土壤 pH 的同时增加了土壤有机质的分解。

少耕最大程度上增加了粉质或黏性土壤中的土壤有机碳储量［图 11-5（a）（b）］。较细的土壤颗粒在增加阳离子交换量和持水能力方面起着至关重要的作用，其通过为微生物生长提供水分和养分而对碳周转至关重要（Liu et al., 2014; Wan et al., 2018）。黏粒含量被认为是影响其储存碳能力的一个关键土壤性质（Novelli et al., 2017; Wan et al., 2018），高黏粒含量的土壤往往具有更大的增加土壤有机碳储量的能力（图 S2）。然而，与细质地土壤相比，粗质地土壤中秸秆还田对提高土壤有机碳储量的贡献更大（Wan et al., 2018），这一结果得到了我们研究的支持（图 11-5）。可能的原因有两个，首先，在保护性耕作措施下粗质地土壤可以减少土壤有机碳损失。例如，免耕在砂土中比在黏土中能更多减少二氧化碳的排放（Abdalla et al., 2016），并且在南非保护性耕作的长期田间研究中发现，与黏土相比，砂土的土壤有机碳受气候影响更大（Swanepoel et al.，2018）。其次，黏土土壤有机碳含量普遍较高（Lal，2004b）。因此，砂土的有机碳含量越低，最小耕作增加土壤有机碳储量的潜力越大。

目前研究的局限性之一是缺乏来自保护性耕作措施已被广泛采用的非洲和南美洲的可用研究数据（Cheesman et al.，2016；Swanepoel et al.，2018）。这阻碍了我们对农田管理（如少耕和秸秆还田）影响土壤有机碳储量的进一步理解。然而，我们认为，本研究的主要发现可能与其他农业生态系统的研究结果类似，其方法和数据分析范式应该可以从一个地区转移到另一个地区，甚至可以推广到全球范围。因此，需要更多地区性数据分析最小耕作有/没有秸秆还田对土壤有机碳储量的响应，并且综合全球尺度的数据应该是未来的重要方向。

11.5 结论

基于全球数据集的 meta 分析表明，保护性耕作措施总体上可以增加土壤有机碳储量。具体来说，少耕和秸秆还田结合比单一的少耕更有效地增加了 0~30 cm 土壤的总平均土壤有机碳储量，尽管这些效果在表层土中更为明显。然而，保护性耕作措施并不能有效地增加半湿润地区的土壤有机碳储量，因此需要采取其他管理措施。此外，年平均温度、土壤 pH 值和试验持续时间是增加最小耕作土壤有机碳储量的关键，而少耕和秸秆还田结合下的土壤有机碳储量的响应比对这些因素的变化不敏感。这些结果强调了在预测农田土壤碳损失的模型中纳入残体管理的必要性。此外，未来的研究还需要量化在应对农田管理措施或气候变化情景下土壤有机碳周转和秸秆还田的阻力。此外，与复种相比，间作通常会增加所有保护性耕作措施下的土壤有机碳储量。上述研究结果对可持续土壤管理具有重要意义，可持续土壤管理旨在提高农田土壤有机碳对集约化农业引起的气候变化和土壤退化的抵抗力。

参考文献

[1] ABDALLA K, CHIVENGE P, CIAIS P, et al. No-tillage lessens soil CO_2 emissions the most under arid and sandy soil conditions: Results from a meta-analysis[J]. Biogeosciences

Discussions, 2015, 12 (18): 15495-15535.

[2] ADAMS D C, GUREVITCH J, ROSENBERG M S. Resampling tests for meta-analysis of ecological data[J]. Ecology, 1997, 78 (4): 1277.

[3] ANGERS D A, ERIKSEN-HAMEL N S. Full-inversion tillage and organic carbon distribution in soil profiles: A meta-analysis [J]. Soil Science Society of America Journal, 2008, 72 (5): 1370.

[4] BADAGLIACCA G, BENÍTEZ E, AMATO G, et al. Long-term effects of contrasting tillage on soil organic carbon, nitrous oxide and ammonia emissions in a Mediterranean Vertisol under different crop sequences[J]. The Science of the Total Environment, 2018, 619/620: 18-27.

[5] BALKCOM K S, ARRIAGA F J, VAN SANTEN E. Conservation systems to enhance soil carbon sequestration in the southeast U. S. coastal plain [J]. Soil Science Society of America Journal, 2013, 77 (5): 1774-1783.

[6] BUSARI M A, KUKAL S S, KAUR A, et al. Conservation tillage impacts on soil, crop and the environment[J]. International Soil and Water Conservation Research, 2015, 3 (2): 119-129.

[7] CAI A D, LIANG G P, ZHANG X B, et al. Long-term straw decomposition in agro-ecosystems described by a unified three-exponentiation equation with thermal time[J]. Science of the Total Environment, 2018, 636: 699-708.

[8] CHEESMAN S, THIERFELDER C, EASH N S, et al. Soil carbon stocks in conservation agriculture systems of Southern Africa[J]. Soil and Tillage Research, 2016, 156: 99-109.

[9] CHEESMAN S, THIERFELDER C, EASH N S, et al. Soil carbon stocks in conservation agriculture systems of Southern Africa[J]. Soil and Tillage Research, 2016, 156: 99-109.

[10] CHENG Y, WANG J, WANG J Y, et al. The quality and quantity of exogenous organic carbon input control microbial NO_3-immobilization: A meta-analysis [J]. Soil Biology & Biochemistry, 2017, 115: 357-363.

[11] DE MARTONNE E. Regions of interior-basin drainage[J]. Geographical Review, 1927, 17 (3): 397.

[12] DU Z L, ANGERS D A, REN T S, et al. The effect of no-till on organic C storage in Chinese soils should not be overemphasized: A meta-analysis[J]. Agriculture, Ecosystems and Environment, 2017, 236: 1-11.

[13] FAO. Permanent cropland [Z]. World Bank Open Data, 2015.

[14] FABRIZZI K, RICE C W, IZAURRALDE R C. Soil carbon sequestration in Kansas: Long-term effect of tillage, N fertilization, and crop rotation[C]. The Fourth USDA Greenhouse Gas Conference, 2007.

[15] GONZÁLEZ-SÁNCHEZ E J, ORDÓÑEZ-FERNÁNDEZ R, CARBONELL-BOJOLLO R, et al. Meta-analysis on atmospheric carbon capture in Spain through the use of conservation agriculture [J]. Soil and Tillage Research, 2012, 122: 52-60.

[16] GUREVITCH J, HEDGES L V. Meta-analysis: Combining the results of independent experiments[M] //Design and Analysis of Ecological Experiments. New York: Oxford University Press, NY, 2001: 347-370.

[17] HAN X, XU C, DUNGAIT J A J, et al. Straw incorporation increases crop yield and soil organic carbon sequestration but varies under different natural conditions and farming practices in Chi-

na: A system analysis[J]. Biogeosciences, 2018, 15 (7): 1933-1946.

[18] HEDGES L V, GUREVITCH J, CURTIS P S. The meta-analysis of response ratios in experimental ecology[J]. Ecology, 1999, 80 (4): 1150.

[19] HU L F, ROBERT C A M, CADOT S, et al. Root exudate metabolites drive plant-soil feedbacks on growth and defense by shaping the rhizosphere microbiota [J]. Nature Communications, 2018, 9: 2738.

[20] HUBBARD R K, STRICKLAND T C, PHATAK S. Effects of cover crop systems on soil physical properties and carbon/nitrogen relationships in the coastal plain of southeastern USA[J]. Soil and Tillage Research, 2013, 126: 276-283.

[21] IOCOLA I, BASSU S, FARINA R, et al. Can conservation tillage mitigate climate change impacts in Mediterranean cereal systems? A soil organic carbon assessment using long term experiments[J]. European Journal of Agronomy, 2017, 90: 96-107.

[22] JACKSON S. corrr: Correlations in R[J]. R package version 0. 2. 1. R. Project, 2016, 1.

[23] JIAN J S, DU X, REITER M S, et al. A meta-analysis of global cropland soil carbon changes due to cover cropping[J]. Soil Biology and Biochemistry, 2020, 143: 107735.

[24] JOHNSON A M, HOYT G D. Changes to the soil environment under conservation tillage[J]. HortTechnology, 1999, 9 (3): 380-393.

[25] JONES D L, COOLEDGE E C, HOYLE F C, et al. pH and exchangeable aluminum are major regulators of microbial energy flow and carbon use efficiency in soil microbial communities[J]. Soil Biology and Biochemistry, 2019, 138: 107584.

[26] KEILUWEIT M, BOUGOURE J J, NICO P S, et al. Mineral protection of soil carbon counteracted by root exudates[J]. Nature Climate Change, 2015, 5: 588-595.

[27] LAL R. Soil carbon sequestration impacts on global climate change and food security[J]. Science, 2004, 304 (5677): 1623-1627.

[28] LAL R. Soil carbon sequestration to mitigate climate change [J]. Geoderma, 2004, 123 (1/2): 1-22.

[29] LI Y, CHANG S X, TIAN L H, et al. Conservation agriculture practices increase soil microbial biomass carbon and nitrogen in agricultural soils: A global meta-analysis[J]. Soil Biology and Biochemistry, 2018, 121: 50-58.

[30] LI Y, CUI S, CHANG S X, et al. Liming effects on soil pH and crop yield depend on lime material type, application method and rate, and crop species: A global meta-analysis[J]. Journal of Soils and Sediments, 2019, 19 (3): 1393-1406.

[31] LI Y, LI Z, CUI S, et al. Residue retention and minimum tillage improve physical environment of the soil in croplands: A global meta-analysis[J]. Soil and Tillage Research, 2019, 194: 104292.

[32] LIU C, LU M, CUI J, et al. Effects of straw carbon input on carbon dynamics in agricultural soils: A meta-analysis[J]. Global Change Biology, 2014, 20 (5): 1366-1381.

[33] LU F, WANG X K, HAN B, et al. Soil carbon sequestrations by nitrogen fertilizer application, straw return and no-tillage in China's cropland[J]. Global Change Biology, 2009, 15 (2): 281-305.

[34] LÜDECKE D, WAGGONER P, MAKOWSKI D. Insight: A unified interface to access informa-

tion from model objects in R[J]. The Journal of Open Source Software, 2019, 4 (38): 1412.

[35] LUO G W, LI L, FRIMAN V P, et al. Organic amendments increase crop yields by improving microbe-mediated soil functioning of agroecosystems: A meta-analysis[J]. Soil Biology and Biochemistry, 2018, 124: 105-115.

[36] LUO Y Q, HUI D F, ZHANG D Q. Elevated CO_2 stimulates net accumulations of carbon and nitrogen in land ecosystems: A meta-analysis[J]. Ecology, 2006, 87 (1): 53-63.

[37] LUO Z K, FENG W T, LUO Y Q, et al. Soil organic carbon dynamics jointly controlled by climate, carbon inputs, soil properties and soil carbon fractions [J]. Global Change Biology, 2017, 23 (10): 4430-4439.

[38] LUO Z K, WANG E L, SUN O J. Can no-tillage stimulate carbon sequestration in agricultural soils? A meta-analysis of paired experiments [J]. Agriculture, Ecosystems & Environment, 2010, 139 (1/2): 224-231.

[39] MONDAL S, CHAKRABORTY D, BANDYOPADHYAY K, et al. A global analysis of the impact of zero-tillage on soil physical condition, organic carbon content, and plant root response [J]. Land Degradation & Development, 2020, 31 (5): 557-567.

[40] NOVELLI L E, CAVIGLIA O P, PIÑEIRO G. Increased cropping intensity improves crop residue inputs to the soil and aggregate-associated soil organic carbon stocks[J]. Soil and Tillage Research, 2017, 165: 128-136.

[41] OSENBERG C W, SARNELLE O, COOPER S D, et al. Resolving ecological questions through meta-analysis: Goals, metrics, and models[J]. Ecology, 1999, 80 (4): 1105.

[42] PITTELKOW C M, LIANG X Q, LINQUIST B A, et al. Productivity limits and potentials of the principles of conservation agriculture[J]. Nature, 2015, 517: 365-368.

[43] POEPLAU C, DON A. Carbon sequestration in agricultural soils via cultivation of cover crops-A meta-analysis[J]. Agriculture, Ecosystems & Environment, 2015, 200: 33-41.

[44] POWLSON D S, STIRLING C M, JAT M L, et al. Limited potential of no-till agriculture for climate change mitigation[J]. Nature Climate Change, 2014, 4: 678-683.

[45] ROSENTHAL R, ROSNOW R L. Essentials of behavioral research: Methods and data analysis [M]. New York: McGraw-Hill, 1984.

[46] SALOMÉ C, NUNAN N, POUTEAU V, et al. Carbon dynamics in topsoil and in subsoil may be controlled by different regulatory mechanisms[J]. Global Change Biology, 2010, 16 (1): 416-426.

[47] SAUVADET M, LASHERMES G, ALAVOINE G, et al. High carbon use efficiency and low priming effect promote soil C stabilization under reduced tillage[J]. Soil Biology and Biochemistry, 2018, 123: 64-73.

[48] SCHMIDT E S, VILLAMIL M B, AMIOTTI N M. Soil quality under conservation practices on farm operations of the southern semiarid pampas region of Argentina [J]. Soil & Tillage Research, 2018, 176: 85-94.

[49] SHEEHY J, REGINA K, ALAKUKKU L, et al. Impact of no-till and reduced tillage on aggregation and aggregate-associated carbon in Northern European agroecosystems[J]. Soil & Tillage Research, 2015, 150: 107-113.

[50] SMITH P, ANDRÉN O, KARLSSON T, et al. Carbon sequestration potential in European crop-

lands has been overestimated[J]. Global Change Biology, 2005, 11 (12): 2153-2163.

[51] SOMENAHALLY A, DUPONT J I, BRADY J, et al. Microbial communities in soil profile are more responsive to legacy effects of wheat-cover crop rotations than tillage systems[J]. Soil Biology and Biochemistry, 2018, 123: 126-135.

[52] STRASSMANN K M, JOOS F, FISCHER G. Simulating effects of land use changes on carbon fluxes: Past contributions to atmospheric CO_2 increases and future commitments due to losses of terrestrial sink capacity[J]. Tellus B, 2008, 60 (4): 583-603.

[53] SUN W J, CANADELL J G, YU L J, et al. Climate drives global soil carbon sequestration and crop yield changes under conservation agriculture[J]. Global Change Biology, 2020, 26 (6): 3325-3335.

[54] SWANEPOEL C M, RÖTTER R P, VAN DER LAAN M, et al. The benefits of conservation agriculture on soil organic carbon and yield in southern Africa are site-specific[J]. Soil and Tillage Research, 2018, 183: 72-82.

[55] TOTH G B, PAVIA H. Induced herbivore resistance in seaweeds: A meta-analysis[J]. Journal of Ecology, 2007, 95 (3): 425-434.

[56] VIECHTBAUER W. Conducting meta-analyses in R with the meta for Package[J]. Journal of Statistical Software, 2010, 36 (3): 1-48.

[57] WALL P. Facilitating the widespread adoption of conservation agriculture and other resource conserving technologies (RCT's): Some difficult issues[J]. Science Week Extended Abstract, 2006, 2327: 61-64.

[58] WAN X H, XIAO L J, VADEBONCOEUR M A, et al. Response of mineral soil carbon storage to harvest residue retention depends on soil texture: A meta-analysis[J]. Forest Ecology and Management, 2018, 408: 9-15.

[59] WICKHAM H. ggplot2: Elegant Graphics for Data Analysis[M]. New York, NY: Springer New York, 2009.

[60] WU Z T, DIJKSTRA P, KOCH G W, et al. Responses of terrestrial ecosystems to temperature and precipitation change: A meta-analysis of experimental manipulation[J]. Global Change Biology, 2011, 17 (2): 927-942.

[61] ZHANG K R, DANG H S, ZHANG Q F, et al. Soil carbon dynamics following land-use change varied with temperature and precipitation gradients: Evidence from stable isotopes[J]. Global Change Biology, 2015, 21 (7): 2762-2772.

[62] ZUBER S M, VILLAMIL M B. Meta-analysis approach to assess effect of tillage on microbial biomass and enzyme activities[J]. Soil Biology and Biochemistry, 2016, 97: 176-187.

第12章 源自微生物的碳组分增加了全球免耕农田土壤有机碳

12.1 研究背景与意义

土壤是陆地上最大的有机碳库,据估计全球土壤有机碳(SOC)达到23440亿吨,位列前三(Jobbagy & Jackson, 2000)。由于土壤储存的碳比植物和大气的总和还要多(Schlesinger, 1977),因此,加强有机碳固存是缓解二氧化碳排放增加引起的全球变暖的一种潜在方法(Rumpel et al., 2018)。土壤有机碳直接影响土壤的物理、化学和生物性质,对提高土壤肥力和维持土壤生产力方面具有重要作用(Lal, 2004; Rumpel et al., 2018)。从这个意义上说,土壤有机碳可以作为评价不同管理/环境因素影响的土壤服务的替代指标,但由于有机碳的背景浓度较高,且顽固性(非不稳定)C的普遍存在(Stockmann et al., 2013),有机碳组分的变化很难测量(Six et al., 2002; Zhao et al., 2016)。

相比之下,有机碳各组分对管理措施的反应更快,因此,可用于在更短的时间内评估管理影响(Haynes, 2005; Kim et al., 2020; Li et al., 2019b; Liu et al., 2014b)。它们也被认为在与生产力和环境恢复力相关的众多土壤功能中发挥重要作用(Haynes, 2005)。有机碳的典型组分包括溶解有机碳(DOC)、微生物生物量碳(MBC)、颗粒有机碳(POC)、易氧化有机碳(EOC)和矿物结合有机碳(MOC)。特别是,DOC被认为是土壤微生物活动的主要能源,也是土壤微生物碳有效性的指标(Kalbitz et al., 2000)。微生物生物量C被定义为土壤有机质(SOM)的活性部位,代表了SOC的一小部分,但显著影响了许多微生物驱动的过程(Joergensen & Wichern, 2018)。颗粒有机碳定义为粒径在0.053 mm至2 mm之间的有机碳,由于其易于测定,已成为估算不稳定有机质的常用指标(Cambardella & Elliott, 1992)。如Blair等(1995年)将易氧化有机C定义为有机C的可氧化部分,而MOC与细小土壤粒级(<0.053 mm,粉土和黏土)有关,主要由来自植物和微生物活动的低分子量化合物组成(Lavallee et al., 2020)。

结合起来，这些共同的有机碳组分代表了土壤中重要的碳组分，反映了土壤中复杂的动态和关键过程，因此，它们被提议作为评估农业管理措施变化（如保护性耕作）效果的更敏感的措施。

在全球范围内，作为常规耕作（CT）集约化农业的替代措施，包括免耕（NT）或少耕（RT）在内的保护性耕作措施在有无残体保留的情况下，已被广泛采用于各种生产系统，并已成为土壤科学和农业领域的热门研究课题。大量研究报告了不同保护性耕作措施对典型土壤有机碳组分的影响（Bongiorno et al., 2019；Chen et al., 2009；Gao et al., 2019；Liu et al., 2014b；Sarker et al., 2018；Somasundaram et al., 2017；Tivet et al., 2013）。例如，基于10个欧洲长期田间试验，Bongiorno 等（2019）报道了 RT 处理显著增加了 EOC 和 POC 的浓度。在中国黄土高原的长期研究中，Chen 等（2009）发现与 CT 相比，NT 下的 SOC 组分显著增加；敏感性大小依次为 EOC>POC>DOC>MBC。在南半球进行的另一项研究中，研究人员调查了47年的 NT 对有机碳和相关碳分布的影响，发现保护性耕作下的有机碳浓度和储量显著高于 CT，而土壤表层0.3 m 处的 MOC 是 POC 的 5~12 倍（So masundaram et al., 2017）。同样，在巴西热带地区进行了23年的 CT 后，POC 和 MOC 在0.2 m 土层中的有机碳组分的损失率分别为每年0.25 t C/hm^2 和0.34 t C/hm^2（Tivet et al., 2013）。相比之下，采用 NT 处理在8年内使 POC 和 MOC 浓度分别增加了0.23~0.36 t C/hm^2 和0.52~0.70 t · C · hm^{-2} · year^{-1}（Tivet et al., 2013）。关于不同耕作措施对土壤有机碳组分的影响已有大量的研究。但据我们所知，在区域或全球范围内汇集不同种植制度的结果仍然缺乏荟萃分析。

之前的全球分析（Luo et al., 2010；Mondal et al., 2020）表明，无残体保留的 NT 仅有利于土壤表层100 mm 的有机碳储存。但在中国的一项综合分析报告指出，NT 加残体保留和双季种植有益于0~200 mm 的土壤有机碳（Du et al., 2017）。此外，利用长期试验数据的数据集校准和验证的作物模型集合（AP-SIM-NWheat、DSSAT、EPIC、SALUS），Iocola 等（2017）表明，保护性耕作措施可能是增加0~400 mm 土壤有机碳的有效选择。因此，根据已发表的证据表明 NT 是提高有机碳的有效保护性耕作措施，我们旨在进行全面的荟萃分析，以①确定保护性耕作措施影响土壤有机碳变化的方向和幅度，特别是在典型有机碳组分中的变化方向和幅度；②量化各种环境和农艺因素（如气候条件、土壤质地和养分条件、保护性耕作持续时间和种植强度等）在 NT 措施下影响这些有机碳组分的可变性和幅度的作用。

第 12 章 源自微生物的碳组分增加了全球免耕农田土壤有机碳

12.2 材料和方法

12.2.1 文献选择和数据提取

我们使用 ISI 科学网和中国知识资源综合数据库检索了 1975 年 1 月至 2019 年 7 月的同行评议文章，以收集相关数据。具体关键词包括："碳组分（carbon fraction）""碳组分（carbon component）""碳""保护措施""耕作"和"翻耕"。本研究中选择的具体保护性耕作措施进行比较，包括有或没有残体保留的少耕（RT）和有（NTR）或没有残体保留（NTR0）的免耕（NT）。为了最大限度地减少偏差，我们遵循以下几个标准：①该研究允许对传统耕作（CT）使用犁或耙将土壤耕作至 200~250 mm 深，有（<15%的耕作后剩余残留物）或没有残体保留和基于田间实验的保护性耕作措施进行两两比较；②试验设计包含三个以上重复的田间地块。如果一项研究在同一地点使用了一种以上的保护性耕作措施，则将不同的保护性耕作措施与 CT 分别配对。最终，全球范围内的 95 项研究符合选择标准，并用于本次荟萃分析。

数据要么直接从已发表文章中的表格和文本中手动获得，要么使用 Get-Data Graph 数字化软件（2.24 版本，俄罗斯）从图形中间接提取，然后进行人工验证。最终数据集包括 663 个 SOC 浓度数据对、253 个 DOC 浓度数据对、451 个 POC 浓度数据对、305 个 EOC 浓度数据对、232 个 MBC 浓度数据对和 288 个 MOC 浓度数据对。研究大小以及所选研究和参考文献的详细信息见补充材料（列举为参考文献）。

此外，我们还记录了土壤性质（如土壤质地、土壤有机碳初始浓度（SOCi）、初始土壤总氮（TN）、初始有效氮（AN）、初始有效钾（AK）、初始有效磷（AP）和初始土壤 pH 值、气候条件［即年平均降水量（MAP）、年平均温度（MAT）］、农艺措施（即试验持续时间和种植强度）和土壤取样深度等信息。

12.2.2 荟萃分析

通过计算每个有机碳组分的响应比（$\ln RR$）的自然对数，比较处理平均值（$\bar{X}_t$ -NT，RT）与对照平均值（$\bar{X}_c$ -CT），分析保护性耕作措施对有机碳组分的影响大小（Osenberg et al.，1999；Li et al.，2018）。使用等式 $v = S_t^2/n_t \times X_t^2 + S_c^2/n_c \times$

X_c^2 计算 $\ln RR$ 的方差（v），其中 S_t 和 S_c 分别代表处理组和对照组的标准偏差，n_t 和 n_c 分别是处理组和对照组的重复次数。为了得出处理组相对于对照组的总体反应效果，根据 Hedges 等（1999）及 Luo 等（2006）方法计算处理组和对照组的加权反应比（RR_{++}，也定义为效应量），如式（12-1）所述：

$$RR_{++} = \frac{\sum_{i=1}^{m}\sum_{j=1}^{k} w_{ij} RR_{ij}}{\sum_{i=1}^{m}\sum_{j=1}^{k} w_{ij}} \tag{12-1}$$

其中，m 是比较组的数量，w_{ij} 是加权因子（$w_{ij}=1/v_{ij}$），k 是相应组内的比较数量，i 和 j 分别是第 i 次和第 j 次处理。利用式（12-2）计算 RR_{++} [$s(RR_{++})$] 的标准误差：

$$s(RR_{++}) = \sqrt{\frac{1}{\sum_{i=1}^{m}\sum_{j=1}^{k} w_{ij}}} \tag{12-2}$$

利用 $RR_{++} \pm 1.96 \times s(RR_{++})$ 计算 95% 置信区间（95%CI）。当响应变量的 95%CI 不包括零时，保护性耕作的效果被认为在对照组和处理组之间有显著差异（Gurevitch and Hedges，2001）。处理组和对照组之间的变化百分比计算为 [exp（RR_{++}）−1]×100%。

根据试验持续时间（<6年、6~12年和>12年）、降水量（干燥，MAP<600 mm；中级，600~1000 mm；湿润，>1000 mm）（Dlamini et al.，2016）、温度区域（低温，MAT<8℃；中温，MAT 位于 8℃到 15℃之间；高温，MAT>15℃）、土壤质地（黏土、粉土、壤土和沙土）和种植强度（一年一次、两次和更多种植）进行分组。数据还根据土壤采样深度进行分组，包括表土层（0~150 mm）和下土层（150~400 mm），分别占本研究中使用的数据点的 71% 和 29%。

微生物生物量经常被用作各种农业措施下土壤健康的指标，此前的研究回顾了保护性耕作措施对土壤 MBC 的影响（Li et al.，2018），也对保护性耕作措施引起的有机碳变化进行了系统比较（Li et al.，2020a）。因此，在本研究中，没有对 SOC 和 MBC 进行亚组荟萃分析。

使用 R 统计软件语言（版本 3.4.2）的"metafor"包的 rma.uni 模型中的受限最大似然估计量（RMLE）进行了随机效应荟萃分析（Viechtbauer，2010）。研究 ID 被设置为随机效应，因为几篇论文贡献了不止一个效应量。平均效应量（$\ln RR$）及其 95%CI 通过辅助程序生成的偏差校正计算。通过卡方检验确定了保护性耕作处理下土壤性质变化的 $\ln RR$ 之间的差异性（Q）是否显著超过预期的抽样误差。随机检验确定了组间差异性（Q_B）的显著性（Adams et al.，1997）。我们还使用卡方检验来确定组内差异性（Q_W）的统计显著性。通过使用罗森塔尔失安全系数（Rosenthal and Rosnow，2008）确定发表偏差，如果这个数字大于$5n+10$（n是观测值个数），则该结果被认为是对真实效应的可靠估计（Toth and Pavia，2007）。

12.2.3　环境/农艺因素对土壤有机碳组分的影响分析

随机森林模型是生命科学领域常用的一种普遍的监督机器学习算法（Breiman，2001），它甚至可以以非参数的方式检测高阶相互作用之间的非线性关系（Ryo et al.，2018）。在本研究中，使用"randomForest"软件包（Breiman，2001）来评估环境/农艺因素对有机碳组分 RR 的相对重要性。随后，分别使用 R（版本3.4.2）中的"ggplot2"软件包（Wickham，2016）和"corrr"软件包（Jackson，2016）生成了 SOC 组分的 RR 与环境/农艺因素之间相关性的热图和基于相关性数据的网络图。

12.3　结果

12.3.1　保护性耕作措施对有机碳及其组分的影响

与 CT 相比，所有保护性耕作措施（NT 和 RT）均提高了 SOC 的 RR_{++}，NT 的 SOC 比 RT 高 7.4%（基于 RR_{++} 的百分比变化；$P<0.05$，表 12-1）。与 CT 相比，NT 显著增加了 DOC（17.6%）、POC（11.7%）、EOC（14.8%）、MBC（33.1%）和 MOC（16.0%），而 RT 显著增加了 EOC（26.5%）、MBC（17.0%）和 MOC（10.0%）。此外，NT 处理的 POC、MBC 和 MOC 分别比 RT 处理高 8.2%、34.1% 和 4.4%（$P<0.05$，表 12-1），而 DOC 的 RR_{++} 在 NT 处理和 RT 处理之间没有差异。

12.3.2　NT 对土壤有机碳组分的影响因环境/农艺因素而异

总的来说，NT 显著增加了 DOC 的 RR_{++}，与残体处理、NT 持续时间、种植强度和土壤深度无关（图 12-1）。复作系统中 DOC 的 RR_{++} 分别比单作和双作系统高 188% 和 140%（$P<0.05$，图 12-1）。但当 MAT 在 8℃至 15℃之间或高于

表 12-1　不同保护性农业措施下土壤有机碳（SOC）、土壤溶解有机碳（DOC）、土壤颗粒有机碳（POC）、土壤易氧化有机碳（EOC）、土壤微生物生物量碳（MBC）、土壤矿物结合有机碳（MOC）的效应量

成分	NT vs. RT			NT vs. CT			RT vs. CT		
	RR_{++}	CIs	n	RR_{++}	CIs	n	RR_{++}	CIs	n
SOC	0.0710	0.0164, 0.1255	29	0.1089	0.0811, 0.1367	56	0.0838	0.0382, 0.1294	26
DOC	0.1329	−0.0001, 0.2660	12	0.1624	0.0885, 0.2363	27	0.0672	−0.0062, 0.1407	15
POC	0.0789	0.0101, 0.1477	24	0.1105	0.0591, 0.1620	39	−0.0161	−0.1376, 0.1053	21
EOC	−0.0239	−0.0944, 0.0466	9	0.1378	0.0669, 0.2086	22	0.2347	0.0654, 0.4041	9
MBC	0.2933	0.1359, 0.4507	11	0.2861	0.1938, 0.3784	24	0.1572	0.0218, 0.2925	16
MOC	0.0432	0.0011, 0.0852	15	0.1480	0.0613, 0.2348	21	0.0955	0.0005, 0.1904	13

注：处理组与对照组的加权响应比，RR_{++}。误差线代表95%置信区间（CIs），当 CIs 不与零重叠时，处理组之间的效应量显著差异。每个变量的样本量标注在每条误差棒旁边。缩写为有或无残体保留的免耕（NT）、有或无残体保留的少耕（RT）、无残体保留的常规耕作（CT）和观测次数（n）。

1000 mm 时，DOC 变化不显著；另外，粉质土壤中 DOC 的 RR_{++} 较高。与高于15℃的 MAT 值相比，当 MAT<8℃时，DOC 的 RR_{++} 更高为157%（$P<0.05$，图 12-1）；在沙土中分别比黏土和壤土高169%和208%（$P<0.05$，图 12-1）。

由图 12-2 表明，与 CT 相比，NT 显著增加了 POC 的 RR_{++}，主要表现在以下条件：①无残体保留措施（12.6%）；②NT 持续时间>6 年（11.2%~16.7%）；③MAT 范围为8℃至15℃之间（15.5%）；④MAP<1000 mm（12.5%~13.4%）；⑤样品来自壤土（19.7%）或沙土（21.9%）；⑥样品来自表土（28.3%）。此外，无论种植强度如何，NT 都显著增加了 POC 的 RR_{++}（10.1%~19.5%）。然而，与 CT 相比，NT 显著降低了下层土的 POC 浓度（16.5%）。

由图 12-3 表明，不考虑残体处理，与 CT 相比，NT 显著增加了 6.5%~16.1%的 EOC 浓度。与 CT 相比，NT 在以下条件下显著增加了 EOC 浓度：①NT

第 12 章 源自微生物的碳组分增加了全球免耕农田土壤有机碳

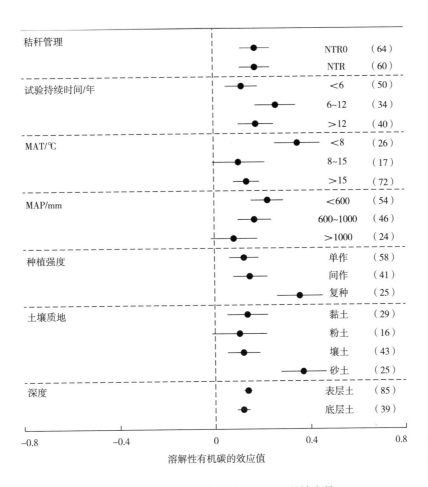

图 12-1 土壤溶解性有机碳（DOC）的效应量

注：效应量代表不考虑残体处理的免耕和不保留残体的常规耕作之间的加权响应比。误差线代表 95%置信区间（CIs），当 CIs 不与零重叠时，处理之间的效应量显著不同。每个变量的样本量在每条误差棒旁边显示。缩写为年平均温度（MAT）、年平均降水量（MAP）和有残体保留的免耕（NTR）、无残体保留的免耕（NTR0）。

持续时间在 6 至 12 年之间（16.2%）；②MAT<8℃（13.2%）或>15℃（8.7%）；③MAP<600 mm（13.5%）；④系统有两种以上的作物（10.0%~27.1%）；⑤样品取自壤土（7.8%）或沙土（13.3%）；⑥土壤取自表层土（16.0%）。此外，复作系统中 EOC 的 RR_{++} 比双作系统高 153%（$P<0.05$）。但当 MAP 为 600~1000 mm 时，NT 比 CT 显著降低 EOC 浓度的 7.9%。

总的来说，与 CT 相比，不管残体处理、NT 持续时间和种植强度如何，NT

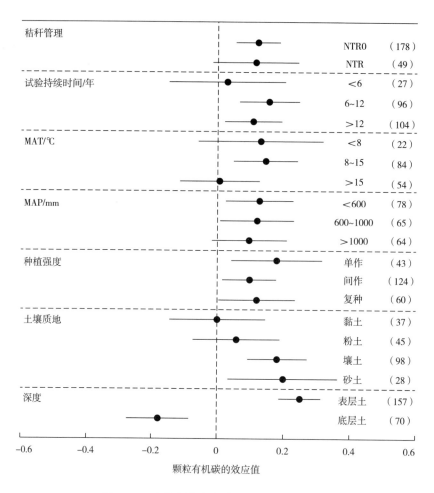

图 12-2 土壤颗粒有机碳（POC）的效应量

注：效应量代表不考虑残体处理的免耕和不保留残体的常规耕作之间的加权响应比。误差线代表 95% 置信区间（CIs），当 CIs 不与零重叠时，处理之间的效应量显著不同。缩写为年平均温度（MAT）、年平均降水量（MAP）和有残体保留的免耕（NTR）、无残体保留的免耕（NTR0）。

均显著增加了 MOC 的浓度（图 12-4）。但当 MAP<600 mm 时，在黏土、粉土和沙土中，或者当样品取自下层土时，这些变化没有统计学意义。特别，有残体保留的 MOC 的 RR_{++} 比没有残体保留的高 302%（$P<0.05$，图 12-4）。

12.3.3 SOC 组分对 NT 反应的环境/农艺因素的影响

从不同变量在 NT 处理下有机碳组分 RR_{++} 变化中的重要性来看（图 12-5），总体而言，土壤取样深度和 MAT 是影响有机碳组分 RR_{++} 的最主要因素，其次是

第12章 源自微生物的碳组分增加了全球免耕农田土壤有机碳

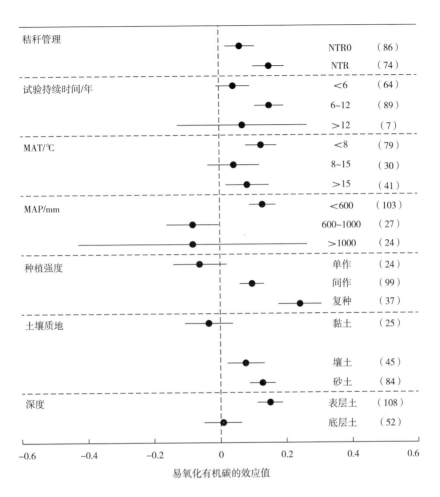

图 12-3 土壤易氧化有机碳（EOC）的效应量

注：效应量代表不考虑残体处理的免耕和不保留残体的常规耕作之间的加权响应比。误差线代表95%置信区间（CIs），当 CIs 不与零重叠时，处理之间的效应量显著差异。缩写为年平均温度（MAT）、年平均降水量（MAP）和有残体保留的免耕（NTR）或无残体保留的免耕（NTR0）。

试验时间。种植强度和残体处理对有机碳组分 RR_{++} 的影响不显著。具体而言，MAT 对 DOC（-0.34，$P<0.01$）、EOC（-0.23，$P<0.01$）和 MBC [-0.33，$P<0.01$，图 12-6（a）] 的 RR_{++} 产生消极影响。试验时间和 NT 均正向影响 DOC（0.12，$P<0.05$）、EOC（0.20，$P<0.05$）和 MBC（0.45，$P<0.01$）的 RR_{++}。同样，AK 对 DOC（0.17）、POC（0.43）、EOC（0.35）和 MBC（0.37）的 RR_{++} 有显著的正效应，而 AP 影响了 EOC（-0.17，$P<0.05$）和 MOC（0.26，

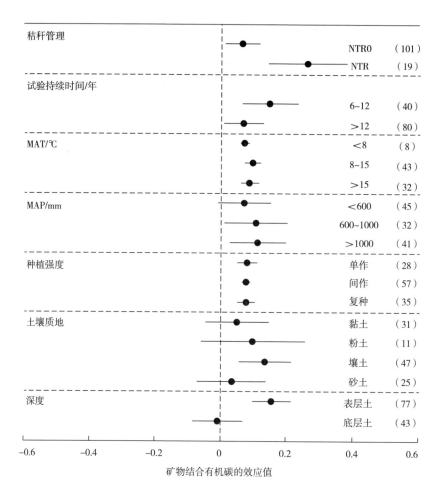

图 12-4 土壤矿物结合有机碳（MOC）的效应量

注：效应量代表不考虑残体处理的免耕和不保留残体的常规耕作之间的加权响应比。误差线代表 95% 置信区间（CIs），当 CIs 不与零重叠时，处理之间的效应量显著不同。每个变量的样本量显示在每条误差棒旁边。缩写为年平均温度（MAT）、年平均降水量（MAP）和有残体保留的免耕（NTR）或无残体保留的免耕（NTR0）。

$P<0.01$）的 RR_{++}。土壤 pH 值对 EOC（0.20）和 MBC（0.30）的 RR_{++} 有显著的正效应，TN 浓度对 POC（-0.22，$P<0.01$）、EOC（-0.26，$P<0.01$）和 MBC（-0.57，$P<0.01$）的 RR_{++} 有显著的负效应。

关于 SOC 的 RR_{++} 而言，试验持续时间、取样深度和气候条件比其他因素更重要（图 12-5）。TN 浓度对 SOC 的 RR_{++} 有负效应 [-0.51，$P<0.01$，图 12-6（a）]，而 AK（0.27，$P<0.01$）、pH（0.16，$P<0.05$）、MAT（0.16，$P<0.05$）

第12章 源自微生物的碳组分增加了全球免耕农田土壤有机碳

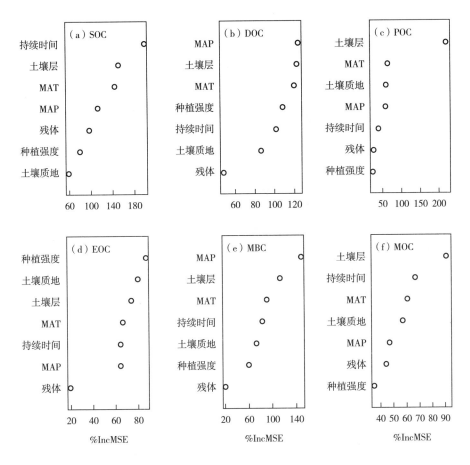

图12-5 自变量对响应比(不考虑残体处理的免耕与无残体
保留的常规耕作相比)的相对重要性

注:(a)土壤有机碳(SOC),(b)土壤溶解有机碳(DOC),(c)土壤颗粒有机碳(POC),(d)土壤易氧化有机碳(EOC),(e)土壤微生物生物量碳(MBC),(f)土壤矿物结合有机碳(MOC)。采用随机森林分析,IncMSE%越高意味着越重要。变量包括试验持续时间、年平均降水量(MAP)、年平均温度(MAT)、种植强度、土壤质地、取样深度和残体处理(清除或保留)。请注意图表中不同的比例。

和试验周期(0.40,$P<0.01$)对 SOC 的 RR_{++} 有正效应。

我们还观察到 SOC 的 RR_{++} 与 DOC 的 RR_{++}(0.26,$P<0.01$)、POC 的 RR_{++}(0.31,$P<0.01$)、EOC 的 RR_{++}(0.18,$P<0.01$)、MOC 的 RR_{++}(0.07,$P<0.05$)和 MBC 的 RR_{++}[0.32,$P<0.01$,表 S6 和图 12-6(b)]均呈正相关。相反,POC 的 RR_{++} 与 MOC 的 RR_{++} 呈正相关(0.30,$P<0.01$),而 MBC 的 RR_{++} 与 EOC 的 RR_{++} 呈正相关(0.22,$P<0.01$)。

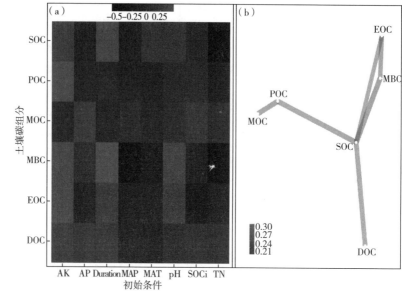

图 12-6 （a）土壤组分包括土壤有机碳（SOC）、土壤溶解有机碳（DOC）、土壤颗粒有机碳（POC）、土壤易氧化有机碳（EOC）、土壤微生物生物量碳（MBC）、土壤矿物结合有机碳（MOC）和气候［年平均降水量（MAP）、年平均温度（MAT）］、初始土壤性质［初始土壤有机碳（SOCi）、初始土壤 pH（pH）、初始土壤总氮（TN）、初始土壤速效钾（AK）和初始土壤速效磷（AP）］和试验持续时间之间的响应比（不考虑残体保留的免耕与无残体保留的常规耕作）和试验持续时间之间的皮尔逊相关性。（b）土壤组分响应比的经验网络

注：相关系数由颜色梯度表示。

12.4 讨论

在全球气候变化的背景下，通过气候智能型农业措施促进土壤固碳受到了广泛关注。来自公共领域和科学界的这一共识反映在区域和全球范围内的残体管理（Liu et al., 2014a）、NT 应用（Luo et al., 2006）或两者结合（Mondal et al., 2020）相关的丰富文献中。研究强调，特定的有机碳组分，而不是总的有机碳库，在影响土壤微生物群落、养分循环和有效性以及聚集方面发挥着更重要的作用，使它们成为管理策略和环境条件引起变化的更敏感和一致的指标。特别是

各种土壤碳分级方法已被成功引入并基于野外数据进行验证,如 POC(Cui et al.,2014)、MBC(Li et al.,2019a)和高锰酸盐可氧化碳浓度(Culman et al.,2012)。然而,尽管不同的 SOC 组分可能各不相同,但它们在研究或生产环境中的各种应用中都有各自的优势和不足。此外,仍然缺乏对每个 SOC 组分指标的有效性和敏感性的了解。目前尚不清楚不同的气候、土壤和管理因素如何相互作用并干扰这些关系。通过使用全球荟萃分析方法,我们旨在通过对保护性耕作措施影响的所有主要有机碳组分进行集中调查来填补这些知识空白。

正如所料,保护性耕作措施确实增加了土壤有机碳浓度,总有机碳通常与每个典型的有机碳组分一致。SOC 的 RR_{++} 与 SOC 各组分(如 DOC、POC、EOC、MOC 和 MBC)的 RR_{++} 高度相关的事实表明了这一点。这些结果与之前的发现一致(Chen et al.,2009;Orgill et al.,2017)。同样,影响土壤总有机碳浓度的主要因素(即环境和农艺因素)也显著影响了这些常见组分。然而,使用随机森林模型、皮尔逊相关分析和亚组荟萃分析,我们也发现了控制不同 SOC 组分的各个因素之间的差异。

在本研究中发现的 SOC 浓度增加是 NT 的结果,这与 MBC 或 POC 密切相关;这两种组分是反应灵敏且重要的 C 组分,反映了土壤环境中关键的生化过程和动态(Cotrufo et al.,2019;Joergensen and Wichern,2018;Liang et al.,2017)。虽然土壤 MBC 仅占土壤有机质的一小部分(<5%)(Joergensen and Wichern,2018),但基于两个方面的考虑,土壤 MBC 在固碳方面比其他有机碳组分发挥着更大的作用。首先,微生物生物量碳对环境和农艺因素更敏感(Liu et al.,2014b;Orgill et al.,2017;Tivet et al.,2013;Zhao et al.,2016)。例如,先前的一项研究回顾了影响农业生态系统固碳的微生物过程的知识,并提出较高的真菌生物量有助于在 NT 下提高有机质的数量和质量(Six et al.,2006)。此外,一项全球荟萃分析报告显示,与 CT 相比,NT 使真菌生物量增加了 17%(Li et al.,2020c)。目前的研究还发现,物理保护 SOC(如 MOC)的变化并不影响 SOC 的整体变化,化学比例(如 EOC)的变化与 SOC 变化的相关性很弱[图 12-6(b)]。此外,土壤微生物通过改善土壤团聚和 POC 的形成间接影响碳循环(Six et al.,2000)。从这个意义上说,MBC 是调节土壤碳库波动较有潜力的组分。其次,MBC 对其他有机碳组分的周转也至关重要,因为它直接控制土壤胞外酶的活性(Joergensen and Wichern,2018),而这些酶是推动有机碳周转的基础。然而,高浓度的 MBC 并不一定意味着活性微生物,因为其中一些微生物可能处于休眠状态,因此不会释放胞外酶(Joergensen and Wichern,2018)。一项全球荟萃分析报告

表明，NT 增加了可培养的微生物种群，而不是更复杂的参数，如土壤微生物多样性和群落结构（Li et al., 2020c）。此外，Liang 等（2017）等指出，土壤稳定碳库的波动是由两种微生物衍生的碳过程控制的：激发效应与续埋效应。添加新的外源碳后，激发效应表明，碳损失通过刺激稳定土壤有机质的微生物分解而急剧增加；相比之下，续埋效应假设微生物在构建生物量时合成新的有机化合物，最终，它们的部分死生物物质将得到稳定。

研究表明，当微生物衍生的碳成为物理保护时，它是普遍存在且相对稳定的（Cotrufo et al., 2019；Liang et al., 2017）。鉴于 SOC、MBC、POC 和 DOC 的 RR_{++} 之间的相关性，以及这些关系的强度［图 12-6（b）］，我们建议通过采用 NT 增加农田土壤中的有机碳［图 12-7（a）］，因为较少的干扰和残体添加通过改善小气候和养分条件直接或间接增加了土壤微生物总生物量。更有可能的是，NT 提高了微生物碳的利用效率（Tivet et al., 2013），这在一定程度上表现为 MBC 和 DOC 的 RR_{++} 之间的不相关关系。因此，微生物生物量的增加可能并不会促进微生物对土壤 SOC 的分解或其他 SOC 组分的消耗，这与 MBC 和 EOC 的 RR_{++} 之间较弱的正相关关系相印证。最终，微生物分解生产的稳定形式的碳（例如，通过聚集保护，POC）可以长期储存（Lavallee et al., 2020；Liang et al., 2017；Six et al., 2000），从而增加了有机碳封存［图 12-7（b）］。但仍需要进一步的研究来验证这一提议的机制。

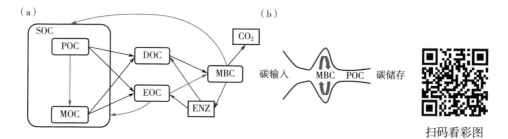

图 12-7 （a）SOC 组分与 NT 处理之间潜在关系的概念图。
（b）预测 MBC 和 POC 在 NT 处理下 SOC 增加的关键作用

注：概念图采用 MEND 的模型结构（Li et al., 2014）。研究结果由以前发表的蓝线（Li et al., 2018；Zuber & Villamil, 2016）和当前研究的红线表示。灰线表示不一致的关系。线宽与关系的强度成正比。有关缩写的描述，请参见表 12-1 的标题。缩写为土壤有机碳（SOC）、可溶性有机碳（DOC）、颗粒有机碳（POC）、易氧化有机碳（EOC）、微生物生物量碳（MBC）和矿质结合态有机碳（MOC）。

第12章　源自微生物的碳组分增加了全球免耕农田土壤有机碳

土壤取样深度和 MAT 是影响 NT 下各种土壤有机碳组分响应比的最主要因素，其次是试验持续时间。之前关于 NT 对土壤有机碳影响的荟萃分析发现，土壤有机碳浓度随着土壤深度的增加而迅速下降（Luo et al., 2010; Mondal et al., 2020），这可以解释为土壤有机物质在表层土壤中的积累，从而为土壤微生物提供了充足的底物和有利的栖息地。表土中增强的不稳定有机碳组分可以极大地促进聚集体的形成（Six et al., 2000），这增加了 NT 下表土中 POC、DOC 和 EOC 的浓度。我们的结果与其他类似研究的结果在定性上是一致的（Liu et al., 2014b; Mondal et al., 2020）。试验周期显著影响有机碳浓度，主要是因为作物残体随着时间的推移持续保留而逐渐增加了不稳定的有机质的输入，从而为微生物创造了有利的小气候，增强了它们的活性。同样，在巴西南部进行的一项为期 14 年的 NT 试验发现，在整个研究期间，微生物代谢效率（每单位微生物生物量产生的 CO_2 量）随着时间的推移不断增加（Tivet et al., 2013）。此外，物理保护的土壤有机碳被认为是相对稳定的有机碳组分，在以前的研究中，大部分碳积累发生在大团聚体的矿物结合态组分中（Jastrow, 1996）。在本研究中，与其他耕作处理相比，NT 处理的表层和下层土壤中的 DOC 浓度均较高，这可能是由于作物残体长期积累以及充足的降水导致的 DOC 淋溶。这也可以解释当 MAP>1000 mm 时，NT 和 CT 之间 DOC 的 RR_{++} 无显著差异。

在更大的空间尺度上，有机碳含量与 MAT 密切相关，这与许多调查有机碳变化作为气候可变性因素的研究一致（Bongiorno et al., 2019; Hermle et al., 2008; Kalbitz et al., 2000）。温度影响有机碳周转率、植物生长对热量单位积累的响应以及微生物活动（Kim et al., 2020; Zhao et al., 2016）；温度还间接影响土壤物理性质和大团聚体稳定性（Jastrow, 1996）。受益于强大的物理保护作用，MOC 代表了稳定 SOC 的丰富部分，与 POC 相比，受温度波动或干湿季节变化的影响较小；但由于 MAT 和 MAP 对总生物量输入和有机质分解速率的影响，MOC 仍然会受到 MAT 和 MAP 差异的影响。同样，高降水量会加速团聚体的腐烂，从而降低这些潮湿地区的 POC 浓度。MAT 在 8~15℃ 时，DOC 和 EOC 的 RR_{++} 降低，表明在该温度范围内 DOC 和 EOC 的降解比形成快，这可能是基于几种机制。例如，在相对适中的温度下，残体如新的碳资源从输入转化更快的 SOM 中可能通过生物激发机制加速不稳定碳资源的分解（Kuzyakov et al., 2000）。其次，微生物活性的增加促进了生物可利用碳资源的固定，如 DOC（Kalbitz et al., 2000）。两者均可能导致 DOC 和 EOC 的额外损失。

我们之前的荟萃分析发现，团聚体稳定性（由团聚体的平均重量直径或水稳定性表示）可能会受到 NT 持续时间的影响（Li et al., 2020b）。在本研究中，我们发现 SOC 的物理组分，包括 POC 和 MOC，在一定时期内可以相对稳定。但当采用 NT 处理超过 15 年时，土壤中累积的物理和化学变化最终会影响化学相关的有机碳组分，如 EOC。

土壤质地是影响土壤孔隙度和土壤稳定有机质能力的关键因素。某些土壤类型固有的这些重要物理化学特性决定了土壤保持不同有机碳组分的潜在能力（Six et al., 2002）。总的来说，壤土在养分状况、小气候地点和水力学特性等方面表现出较为均衡的土壤质地（Soil Survey Staff, 2014），可见，采用 NT 处理显著提高了 SOC 组分（如 DOC、EOC、MOC 和 POC）的 RR_{++}。相比之下，具有良好土壤质地的黏土，仅在 NT 处理下的 DOC 的 RR_{++} 略高。这可能是由较大的初始 SOM 引起的，这是 DOC 的潜在来源（Filep and Rékási, 2011）。此外，黏土对 DOC 具有较高的吸附亲和力和较高的持水能力，从而最大限度地减少了 DOC 的淋溶（Don and Schulze, 2008）。DOC 的最大 RR_{++} 出现在沙土中（图 12-1）。沙质土壤具有较低水平的土壤团聚体（Six et al., 2002；Six et al., 2000），因此活性有机碳主要以不稳定碳、DOC 的形式存在。此外，之前的研究表明，与黏土相比，NT 在沙土中可以减少沙更多的二氧化碳排放（Abdalla et al., 2016）。因此，在不稳定碳输入较多而消耗较少的情况下，NT 的沙土 DOC 浓度高于其他土壤。

一项基于 264 项研究的荟萃分析报告表明，NT 可导致土壤 pH 值降低（Li et al., 2020b）。土壤初始 pH 值越高，NT 对土壤 pH 值的降低越慢。这种较高的土壤 pH 值可能会增加阳离子交换量，最终导致不稳定碳化合物的吸附作用更强（Filep and Rékási, 2011）。因此，EOC 和 MBC 的 RR_{++} 与土壤初始 pH 值呈正相关。土壤有机碳组分对 NT 的响应也与土壤初始 TN、速效 K 和速效 P 浓度相关，这些营养物质对植物生长和微生物活动至关重要，进而影响 SOM 及其 C 组分的归还和周转（Brock et al., 2011；Jobbagy and Jackson, 2000；Mondal et al., 2020；Orgill et al., 2017）。

12.5 结论

基于全球数据集，我们的荟萃分析发现，采用 NT 导致的 SOC 浓度总体增加与两种活性 SOC 组分密切相关，即 MBC 和 POC，而这两种活性 SOC 组分与微生物活性直接或间接相关。在各种环境和农艺因素中,土壤深度、MAT 和 NT 时长是影响有机碳组分的最重要变量。各种典型 SOC 组分的敏感性已被充分证实,这导致了这些方法在农学研究中作为土壤健康/服务变化的指标被广泛采用。在世界上的许多地理区域,NT 在过去几十年中被广泛使用。本研究的发现通过提供耕作管理和各种 SOC 组分之间相互关系的信息,有助于弥合知识差距。结合本课题组前期的一项研究结果(Li et al., 2018),我们为确定有助于增加农田总有机碳储量的特定地点管理措施提供了科学依据。具体来说,在 MAP<1000 mm、MAT 为 8~15℃ 的壤土区域,长期(>6 年)施用 NT 可能是增强 0~150 mm 土壤剖面内有机碳库的有效策略,且这种效应主要是由微生物衍生的有机碳组分的增加所贡献的。

参考文献

[1] ABDALLA K, CHIVENGE P, CIAIS P, et al. No-tillage lessens soil CO_2 emissions the most under arid and sandy soil conditions: Results from a meta-analysis [J]. Biogeosciences, 2016, 13 (12): 3619-3633.

[2] ADAMS D C, GUREVITCH J, ROSENBERG M S. Resampling tests for meta-analysis of ecological data[J]. Ecology, 1997, 78 (4): 1277.

[3] BLAIR G J, LEFROY R, LISLE L. Soil carbon fractions based on their degree of oxidation, and the development of a carbon management index for agricultural systems[J]. Australian Journal of Agricultural Research, 1995, 46 (7): 1459.

[4] BONGIORNO G, BÜNEMANN E, OGUEJIOFOR C U, et al. Sensitivity of labile carbon fractions to tillage and organic matter management and their potential as comprehensive soil quality indicators across pedoclimatic conditions in Europe[J]. Ecological Indicators, 2019, 99: 38-50.

[5] BREIMAN L. Random forests[J]. Machine Learning, 2001, 45 (1): 5-32.

[6] BROCK C, KNIES-DEVENTER H, LEITHOLD G. Assessment of cropping-system impact on soil organic matter levels in short-term field experiments[J]. Journal of Plant Nutrition and Soil Science, 2011, 174 (6): 867-870.

[7] CAMBARDELLA C A, ELLIOTT E T. Particulate soil organic-matter changes across a grassland cultivation sequence [J]. Soil Science Society of America Journal, 1992, 56 (3): 777-783.

[8] CHEN H Q, HOU R X, GONG Y S, et al. Effects of 11 years of conservation tillage on soil organic matter fractions in wheat monoculture in Loess Plateau of China[J]. Soil and Tillage Research, 2009, 106 (1): 85-94.

[9] COTRUFO M F, RANALLI M G, HADDIX M L, et al. Soil carbon storage informed by particu-

late and mineral-associated organic matter[J]. Nature Geoscience, 2019, 12: 989-994.

[10] CUI S, ZILVERBERG C, ALLEN V, et al. Carbon and nitrogen responses of three old world bluestems to nitrogen fertilization or inclusion of a legume[J]. Field Crops Research, 2014, 164: 45-53.

[11] CULMAN S W, SNAPP S S, FREEMAN M A, et al. Permanganate oxidizable carbon reflects a processed soil fraction that is sensitive to management[J]. Soil Science Society of America Journal, 2012, 76 (2): 494-504.

[12] DON A, SCHULZE E D. Controls on fluxes and export of dissolved organic carbon in grasslands with contrasting soil types[J]. Biogeochemistry, 2008, 91 (2): 117-131.

[13] DU Z L, ANGERS D A, REN T S, et al. The effect of no-till on organic C storage in Chinese soils should not be overemphasized: A meta-analysis[J]. Agriculture, Ecosystems & Environment, 2017, 236: 1-11.

[14] FILEP T, RÉKÁSI M. Factors controlling dissolved organic carbon (DOC), dissolved organic nitrogen (DON) and DOC/DON ratio in arable soils based on a dataset from Hungary[J]. Geoderma, 2011, 162 (3): 312-318.

[15] GAO L L, WANG B S, LI S P, et al. Effects of different long-term tillage systems on the composition of organic matter by ^{13}C CP/TOSS NMR in physical fractions in the Loess Plateau of China[J]. Soil and Tillage Research, 2019, 194: 104321.

[16] GUREVITCH J, HEDGES L V. Meta-analysis: Combining the results of independent experiments[M] //Design and Analysis of Ecological Experiments. New York: Oxford University Press, 2001: 347-370.

[17] HAYNES R J. Labile organic matter fractions as central components of the quality of agricultural soils: an overview[J]. Advances in Agronomy, 2005, 85: 221-268.

[18] HEDGES L V, GUREVITCH J, CURTIS P S. The meta-analysis of response ratios in experimental ecology[J]. Ecology, 1999, 80: 1150-1156.

[19] HERMLE S, ANKEN T, LEIFELD J, et al. The effect of the tillage system on soil organic carbon content under moist, cold-temperate conditions[J]. Soil & Tillage Research, 2007, 98 (1): 94-105.

[20] IOCOLA I, BASSU S, FARINA R, et al. Can conservation tillage mitigate climate change impacts in Mediterranean cereal systems? A soil organic carbon assessment using long term experiments[J]. European Journal of Agronomy, 2017, 90: 96-107.

[21] JACKSON S. corrr: Correlations in R[J]. R package version 0. 2. , 2016, 1.

[22] JASTROW J. Soil aggregate formation and the accrual of particulate and mineral-associated organic matter[J]. Soil Biology and Biochemistry, 1996, 28 (4): 665-676.

[23] JOBBÁGY E, JACKSON R B. The vertical distribution of soil organic carbon and its relation to climate and vegetation[J]. Ecological Applications, 2000, 10: 423-436.

[24] JOERGENSEN R, WICHERN F. Alive and kicking: Why dormant soil microorganisms matter [J]. Soil Biology & Biochemistry, 2018, 116: 419-430.

[25] KALBITZ K, SOLINGER S, PARK J, et al. Controls on the dynamics of dissolved organic matter in soils: A review[J]. Soil Science, 2000, 165: 277-304.

[26] KIM N, ZABALOY M C, GUAN K, et al. Do cover crops benefit soil microbiome? A meta-a-

nalysis of current research[J]. Soil Biology and Biochemistry, 2020, 142: 107701.
[27] KUZYAKOV Y, FRIEDEL J, STAHR K. Review of mechanisms and quantification of priming effects[J]. Soil Biology and Biochemistry, 2000, 32 (11): 1485-1498.
[28] LAL R. Soil carbon sequestration impacts on global climate change and food security[J]. Science, 2004, 304 (5677): 1623-1627.
[29] LAVALLEE J M, SOONG J L, COTRUFO M F. Conceptualizing soil organic matter into particulate and mineral-associated forms to address global change in the 21st century[J]. Global Change Biology, 2020, 26 (1): 261-273.
[30] LI J W, WANG G S, ALLISON S D, et al. Soil carbon sensitivity to temperature and carbon use efficiency compared across microbial-ecosystem models of varying complexity[J]. Biogeochemistry, 2014, 119 (1): 67-84.
[31] LI L J, YE R, ZHU-BARKER X, et al. Soil microbial biomass size and nitrogen availability regulate the incorporation of residue carbon into dissolved organic pool and microbial biomass [J]. Soil Biology and Biochemistry, 2019, 83: 1083-1092.
[32] LI M F, WANG J, GUO D, et al. Effect of land management practices on the concentration of dissolved organic matter in soil: A meta-analysis[J]. Geoderma, 2019, 344: 74-81.
[33] LI Y, CHANG S X, TIAN L, et al. Conservation agriculture practices increase soil microbial biomass carbon and nitrogen in agricultural soils: A global meta-analysis[J]. Soil Biology and Biochemistry, 2018, 121: 50-58.
[34] LI Y, LI Z, CHANG S X, et al. Residue retention promotes soil carbon accumulation in minimum tillage systems: Implications for conservation tillage [J]. bioRxiv, 2019, DOI: 10.1101/746354.
[35] LI Y, LI Z, CUI S, et al. Trade-off between soil pH, bulk density and other soil physical properties under global no-tillage agriculture[J]. Geoderma, 2020, 361: 114099.
[36] LI Y, ZHANG Q P, CAI Y J, et al. Minimum tillage and residue retention increase soil microbial population size and diversity: Implications for conservation tillage[J]. The Science of the Total Environment, 2020, 716: 137164.
[37] LIANG C, SCHIMEL J P, JASTROW J D. The importance of anabolism in microbial control over soil carbon storage[J]. Nature Microbiology, 2017, 2: 17105.
[38] LIU C, LU M, CUI J, et al. Effects of straw carbon input on carbon dynamics in agricultural soils: A meta-analysis[J]. Global Change Biology, 2014, 20 (5): 1366-1381.
[39] LIU E K, TECLEMARIAM S G, YAN C R, et al. Long-term effects of no-tillage management practice on soil organic carbon and its fractions in the Northern China [J]. Geoderma, 2014, 213: 379-384.
[40] LUO Y Q, HUI D F, ZHANG D Q. Elevated CO_2 stimulates net accumulations of carbon and nitrogen in land ecosystems: A meta-analysis[J]. Ecology, 2006, 87 (1): 53-63.
[41] LUO Z K, WANG E, SUN O. Can no-tillage stimulate carbon sequestration in agricultural soils? A meta-analysis of paired experiments[J]. Agriculture, Ecosystems & Environment, 2010, 139: 224-231.
[42] MONDAL S, CHAKRABORTY D, BANDYOPADHYAY K, et al. A global analysis of the impact of zero-tillage on soil physical condition, organic carbon content, and plant root response

[J]. Land Degradation & Development, 2020, 31: 557-567.

[43] ORGILL SUSAN E, CONDON JASON R, CONYERS MARK K, et al. Parent material and climate affect soil organic carbon fractions under pastures in south-eastern Australia[J]. Soil Research, 2017, 55 (8): 799.

[44] OSENBERG C, SARNELLE O, COOPER S D, et al. Resolving ecological questions through meta-analysis: Goals, metrics, and models[J]. Ewlogy, 1999, 80: 1105-1117.

[45] ROSENTHAL R, ROSNOW R L. Essentials of behavioral research: Methods and data analysis [M]. Third Edition. New York: McGraw-Hill, 1984.

[46] RUMPEL C, AMIRASLANI F, KOUTIKA L S, et al. Put more carbon in soils to meet Paris climate pledges[J]. Nature, 2018, 564: 32-34.

[47] RYO M, HARVEY E, ROBINSON C, et al. Nonlinear higher order abiotic interactions explain riverine biodiversity[J]. Journal of Biogeography, 2018, 45 (3): 628-639.

[48] SARKER J R, SINGH B P, COWIE A L, et al. Agricultural management practices impacted carbon and nutrient concentrations in soil aggregates, with minimal influence on aggregate stability and total carbon and nutrient stocks in contrasting soils [J]. Soil and Tillage Research, 2018, 178: 209-223.

[49] SCHLESINGER W. Carbon balance in terrestrial detritus[J]. Annual Review of Ecology and Systematics, 1977, 8: 51-81.

[50] SIX J, CONANT R T, PAUL E A, et al. Stabilization mechanisms of soil organic matter: Implications for C-saturation of soils[J]. Plant and Soil, 2002, 241 (2): 155-176.

[51] SIX J, ELLIOTT E, PAUSTIAN K. Soil macroaggregate turnover and microaggregate formation: A mechanism for C sequestration under no-tillage agriculture [J]. Soil Biology and Biochemistry, 2000, 32 (14): 2099-2103.

[52] SIX J, FREY S D, THIET R K, et al. Bacterial and fungal contributions to carbon sequestration in agroecosystems[J]. Soil Science Society of America Journal, 2006, 70 (2): 555-569.

[53] SOIL SURVEY STAFF. Keys to soil taxonomy[M]. 12th edition. Washington, DC: United States Department of Agriculture Natural Resources Conservation Service, 2014: 372.

[54] SOMASUNDARAM J, REEVES S, WANG W J, et al. Impact of 47 Years of No tillage and stubble retention on soil aggregation and carbon distribution in a vertisol[J]. Land Degradation & Development, 2017, 28: 1589-1602.

[55] STOCKMANN U, ADAMS M, CRAWFORD J, et al. The knowns, known unknowns and unknowns of sequestration of soil organic carbon[J]. Agriculture, Ecosystems & Environment, 2013, 164: 80-99.

[56] TIVET F, DE MORAES SÁ J C, LAL R, et al. Soil organic carbon fraction losses upon continuous plow-based tillage and its restoration by diverse biomass-C inputs under no-till in subtropical and tropical regions of Brazil[J]. Geoderma, 2013, 209/210: 214-225.

[57] TOTH G B, PAVIA H. Induced herbivore resistance in seaweeds: A meta-analysis[J]. Journal of Ecology, 2007, 95 (3): 425-434.

[58] VIECHTBAUER W. Conducting meta-analyses in R with the meta for Package[J]. Journal of Statistical Software, 2010, 36 (3): 1-48.

[59] WICKHAM H. ggplot2 - elegant graphics for data analysis[M]. New York: Springer, 2009.

[60] ZHAO S C, LI K J, ZHOU W, et al. Changes in soil microbial community, enzyme activities and organic matter fractions under long-term straw return in north-central China[J]. Agriculture, Ecosystems & Environment, 2016, 216: 82-88.

[61] ZUBER S M, VILLAMIL M. Meta-analysis approach to assess effect of tillage on microbial biomass and enzyme activities[J]. Soil Biology and Biochemistry, 2016, 97: 176-187.

第13章 保护性耕作措施增加了全球尺度土壤微生物生物量碳氮

13.1 研究背景与意义

农田管理对碳（C）和氮（N）循环和温室气体排放的影响，是全球变化的关键驱动因素之一，也是直接影响农业土壤性质的最显著因素之一（Smith et al., 2016）。保护性农业（CA），通常以作物残茬和免耕（NT）或少耕（RT）为代表，已被广泛用于减轻传统土壤管理措施的负面影响，这种负面影响包括土壤侵蚀、养分和土壤有机质（SOM）的流失以及农业土壤二氧化碳排放（Johnson & Hoyt, 1999；Abdalla et al., 2016；Zuber & Villamil, 2016）。目前，CA 在全球近 1.55 亿公顷的土地上实施，约占全球可耕作土地的 11%（Kassam et al., 2014）。耕作措施和残体保留的使用会影响土壤小气候、作物残体的分布和分解以及养分的矿化和固定（Cheng et al., 2017）；这种变化可以改变土壤微生物量（SMB）和微生物群落结构（Carter & Rennie, 1982；Johnson & Hoyt, 1999）。因此，耕地管理措施可以显著影响微生物活性、有机质周转速度，最终影响土壤碳氮循环。

土壤微生物生物量碳（MBC）和氮（N）在增强土壤团聚体、促进碳和氮周转以及养分循环方面发挥着重要作用（Mader et al., 2002；Coleman et al., 2004；Zuber & Villamil, 2016；Zhang et al., 2017）。尽管规模很小，但 SMB 库是 SOM 中重要的不稳定部分。它不仅是 SOM 转化和循环的代表，也是植物养分的汇源（Mader et al., 2002；Kallenbach & Grandy, 2011；Zhang et al., 2017）。例如，农业生态系统的植物养分有效性和作物生产力主要取决于 MBC 和 N 的多少以及土壤微生物种群的活动（Friedel et al., 1996）。此外，土壤微生物量还可以快速响应农田管理措施的变化。因此，由于 SMB 周转时间短和对土壤环境变化的高度敏感性，SMB 可以作为土地利用变化后土壤碳稳定性早期变化的指标（Kallenbach & Grandy, 2011）。有机质的动态部分受微生物群落结构的影响（Acosta-Martínez et al., 2003），有机质的活性组分，如 MBC，对农田管理具有响应（Liu

第13章 保护性耕作措施增加了全球尺度土壤微生物生物量碳氮

et al., 2014)。在这方面，代谢熵（qMIC），即 MBC 和有机碳（SOC）的比值，是一种衡量微生物群落活动的方法（Anderson & Domsch, 1978）。

MBC 和 N 对耕作措施和残体保留变化的响应已被广泛研究，但这些研究的结果差异很大。例如，许多研究表明，与传统耕作（CT）相比，NT 下的微生物生物量更多，这归因于更有利的小气候（Johnson & Hoyt, 1999; Martens, 2001; Balota et al., 2004; Das et al., 2014）。然而，对于种植普通豆科植物（菜豆）（de Gennaro et al., 2014）、甜椒（辣椒属）（Jokela & Nair, 2016）或玉米（Zea mays）-大豆（Glycine max）轮作（Ferreira et al., 2007）的土壤，NT 和 CT 之间没有差异。NT 下的 qMIC 低于 CT 下的 qMIC（Balota et al., 2004），表明微生物在 CT 系统中更活跃。与此同时，使用超过 60 个实验的全球数据集结果的荟萃分析发现，NT 下的 SMB 通常大于 CT 下的 SMB（Zuber & Villamil, 2016），但尚未分析耕作措施对 SMB 和微生物活动的影响，涉及作物残体管理，如作物残体的清除与保留。

与清除残体相比，残体保留可增加土壤有机碳（SOC）（Duiker & Lal, 1999）和不稳定碳含量（Chen et al., 2009）。残体保留不仅增加了土壤碳输入，还影响了土壤的物理和化学性质（Johnson & Hoyt, 1999）。例如，SMB 随着作物残茬率的增加而增加（Salinas-García et al., 2002; Govaerts et al., 2007）。此外，荟萃分析显示，与无机肥料施用相比，有机投入使 MBC 和 N 分别增加了 36% 和 27%（Kallenbach & Grandy, 2011）。然而，缺乏针对作物残茬与清除结合耕作措施对 SMB 和微生物活动的影响的综合分析。

了解农田管理对 SMB 动态的影响是设计更好的管理措施以恢复集约管理农业系统中土壤功能的基础。然而，管理措施以多种途径影响土壤环境和微生物生境（Johnson & Hoyt, 1999; Zuber & Villamil, 2016），导致这些研究中环境条件和管理措施之间的复杂关系（Zuber & Villamil, 2016）。因此，土壤微生物量和环境因素之间的相互关系尚未得到充分评估。荟萃分析方法提供了一个很好的工具来综合来自多个数据集的结果，以评估 CA 的影响大小、SMB 对 CA 的响应模式以及变化的来源（Gurevitch & Hedges, 1999）。了解 SMB 库如何响应 CA 对于可持续农田管理至关重要。为了检验 CA 措施增加 SMB 的假设，以及 NT 或 RT 和作物残茬的组合在增加 SMB 方面比单独 NT 或 RT 更有效，我们进行了一项荟萃分析，以：①确定 MBC、N 和 qMIC 响应不同 CA 措施的变化趋势和幅度；②评估环境条件和管理措施对 MBC、N 和 qMIC 变化来源的影响。

13.2 材料和方法

13.2.1 数据收集

根据相关出版物的数量以及对数据提取有意义的图表信息，使用 ISI 科学网数据库和中国知识资源综合数据库搜索了 1990 年至 2017 年发表的期刊文章。本研究中选择用于比较的具体措施是 RT 和两种 NT 措施：有作物残体的 NT (NTR) 和没有作物残体的 NT (NTR0，即收获后去除裸露残茬)。在配对试验中，将 NTR0、NTR 和 RT 措施（在本研究中，少耕是指耕作强度较低、田间耕作面积比 CT 少、有或没有作物残体的耕作系统）与 CT 作为对照进行比较。在这项研究中，CT 主要代表使用犁或耙将土壤耕作深度为 20~25 cm 的耕作方法，有或没有残体保留。已有关于对有或没有残体保留的 RT 以及 NTR 与 NTR0 的研究，并分析了残体保留对 MBC 和 N 含量以及 qMIC 的影响；但没有足够的数据进行亚组荟萃分析，以评估环境条件和管理措施对 MBC、N 和 qMIC 有残体保留与无残体保留相比的可变性来源的影响。由于数据不足，在我们的亚组荟萃分析中没有考虑秸秆保留率、秸秆类型和初始土壤有机碳浓度。

分析中使用的 SMB 数据来自已发表的文章（表格和正文中），一些数据是使用 Get-Data Graph 数字化软件从图中获取的（俄罗斯联邦，2.24 版本）。为了最小化任何偏差，在选择配对实验时使用以下标准：①每个实验具有相似的地形和土壤类型，此外还有一个对照 (CT)；②给出了 MBC、N 和 qMIC 的平均值和标准偏差（或标准误差），用实验设计或图片描述重复的次数，实验中至少有两次重复；③处理包括耕作和残体管理，其他农艺措施如种植密度和灌溉相似。补充材料中展现了所选研究和相关参考文献的详细信息。本荟萃分析总共有 96 篇已发表的论文，其中 95 篇有 MBC 数据，48 篇有 N 数据，82 篇有 qMIC 数据，34 篇同时有不同保护性耕作措施下的 MBC 和 N 数据（引用的参考文献列在补充材料中）。

从每份出版物中，我们提取了关于土壤特性（结构、pH 值和初始有机碳浓度）、气候条件[年平均降水量（MAP）和年平均温度（MAT）]以及实验持续时间的信息。该数据集是根据实验持续时间（<6、6~10、11~20 和>20 年）(Zhang et al., 2017)、MAP（<600、600~1000 和>1000 mm·yr^{-1}）、MAT[低温（<8℃）、中温（8~15℃）和高温（>15℃）温度模式]（Knorr et al., 2005）、土壤质地（黏土、粉壤土、壤土和砂壤土）(Jian et al., 2016; Zhang et al., 2017)、土壤pH值（≤7, >7）(Zhao et al., 2016)确定的。

13.2.2 数据分析

根据式（13-1）分析处理和对照之间的SMB有效率（RR）或相对于CT处理的NT和RT对MBC和N的影响（Osenberg et al., 1999）。

$$RR = \ln\left(\frac{\overline{X_t}}{\overline{X_c}}\right) = \ln(\overline{X_t}) - \ln(\overline{X_c}) \tag{13-1}$$

其中RR是反应率，X_t和X_c分别是处理组和对照组的平均值。RR的方差（v）由式（13-2）计算。

$$v = \frac{S_t^2}{n_t X_t^2} + \frac{S_c^2}{n_c X_c^2} \tag{13-2}$$

其中n_t和n_c分别代表处理组和对照组的样本量，S_t和S_c分别代表处理组和对照组的标准偏差。对于仅报告标准误差（SE）而未报告标准差（SD）的研究，后者通过式（13-3）计算，用于处理组和对照组：

$$SD = SE \times \sqrt{n} \tag{13-3}$$

对于未报告的标准差或标准误差，标准差估算为平均值的0.1倍（Luo et al., 2006）。为了获得处理组相对于对照组的总体反应效果，使用式（13-4）计算处理组和对照组平均值之间的加权反应比（RR_{++}）（Hedges et al., 1999; Luo et al., 2006）。

$$RR_{++} = \frac{\sum_{i=1}^{m}\sum_{j=1}^{k} w_{ij} RR_{ij}}{\sum_{i=1}^{m}\sum_{j=1}^{k} w_{ij}} \tag{13-4}$$

式中，RR_{++}是加权响应比，m是比较的组数，k是相应组中的比较次数。w_i是加权因子；当从同一研究中提取多个观测值时，w_i根据每个站点的观测值总数进行调整（Bai et al., 2013; Li et al., 2015）。权重越大，指标在综合评价过程中越重要。RR_{++}的标准误差由式（13-5）计算：

$$s(RR_{++}) = \sqrt{\frac{1}{\sum_{i=1}^{m}\sum_{j=1}^{k} w_{ij}}} \tag{13-5}$$

通过式（13-6）计算95%置信区间（95%CI）：

$$95\%CI = RR_{++} \pm 1.96 \times s(RR_{++}) \tag{13-6}$$

当反应变量的 95%CI 值不与 0 重叠时，我们认为处理（NT 或 RT）对该变量的影响在对照组和处理组之间存在显著差异（Gurevitch & Hedges，2001）。为了直接使用以下公式评估效果，进行了从平均响应率到百分比变化的转换：

$$百分比变化 = [\exp(RR_{++}) - 1] \times 100\% \tag{13-7}$$

荟萃分析采用 R 统计软件中的 Meta 包进行（Chen & Peace，2013）。对于每一组（MAP、MAT、实验持续时间、土壤质地和土壤 pH 值），平均效应大小（RR）及其 95% 置信区间（CI）通过自举程序产生的偏差校正进行计算。采用卡方检验来确定 NT 和 RT 处理下 MBC 和 N 变化的 RR（Q_{total}）之间的差异性是否显著大于预期的抽样误差。然后，使用随机性检验来确定组间差异性（Q_b）的显著性（Adams et al.，1997），并检验种类的 RR 在因子水平之间是否不同。卡方检验也用于确定剩余的组内差异性（Q_w）是否显著。

此外，我们还进行了多元线性回归分析，以确定在 NT 和 RT 措施下，MBC 和 N、qMIC 的 RR、MAT、MAP、土壤 pH、土壤取样深度、试验持续时间、初始 SOC 浓度和土壤碳氮比（C∶N）之间的关系。使用 GenStat 18.0 进行回归分析（Lawes Agricultural Trust, Rothamsted Experimental Station；Oxford，UK）。若无特别说明，显著性水平则设定为 $\alpha = 0.05$。

13.3 结果

13.3.1 保护性农业对 MBC、N 和 qMIC 的总体影响

与 NTR0 相比，NTR 处理的 MBC、N 和 qMIC 分别显著增加了 38.9%、54.4% 和 110%（图 13-1）。与 CT 相比，RT、NTR、NTR0 和 NT 处理分别显著增加了 22.2%、25.1%、33.3% 和 27.6% 的 MBC。相对于 CT，NTR 和 NT 使 N 分别增加了 64.1% 和 43.4%。与 CT 相比，RT、NTR 和 NT 处理下的 qMIC 分别显著增加了 47.8%、57.3% 和 47.9%。但 MBC、N 和 qMIC 在不同 CA 措施下的置信区间非常宽，表明数据中存在很大的可变性。

13.3.2 不同条件下保护性农业对 MBC、N、qMIC 和 MBC/N 的影响

在所有评估的土壤、气候和实验条件下，NT 的 MBC 和 N 均显著高于 CT ［图 13-2（a）、图 14-2（b）］，但 MAT 低于 8℃时壤土中 N 的变化不显著。当

第13章 保护性耕作措施增加了全球尺度土壤微生物生物量碳氮

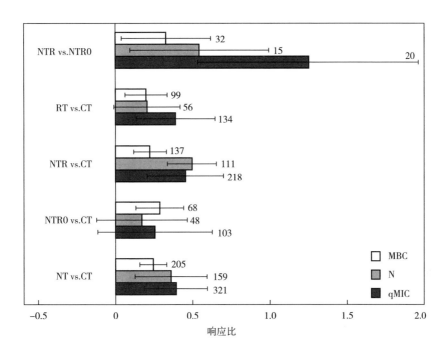

图13-1 微生物生物量碳（MBC）、氮（N）和微生物代谢熵（qMIC）对不同保护性农业措施的响应比

注：误差线代表95%的置信区间。每个变量的样本量都标注在相应误差棒旁边。缩写为RT-少耕、CT-常规耕作、NT-免耕，包括无残体保留的NT（NTR0）和有残体保留的NT（NTR）。

MAT低于15℃、MAP小于600 mm或大于1000 mm、实验持续时间小于6年或在11至20年之间以及土壤质地为壤土或黏土时，NT的qMIC显著高于CT［图13-3（a）］。当MAT高于8℃、MAP在600~1000 mm之间、实验持续时间小于6年、土壤pH≤7时，RT处理的MBC均比CT显著增加［图13-4（a）］；而当MAT在8~15℃、试验持续时间大于20年和粉壤土时，RT处理的N显著增加［图13-4（b）］。与CT相比，当MAT高于8℃、MAP在600~1000 mm之间、实验持续时间小于6年或大于20年、土壤为黏土、土壤pH≤7时，RT处理的qMIC均显著增加［图13-3（b）］。

与CT相比，当MAT大于8℃、MAP大于600 mm、试验持续时间小于6年或大于20年、土壤质地为黏土或壤土、土壤为酸性时，NTR0处理下的MBC均显著增加［图13-5（a）］。当MAT大于15℃、MAP大于600 mm、实验持续时间大于20年、土壤为黏土时，NTR0处理与CT相比显著增加了N［图13-5

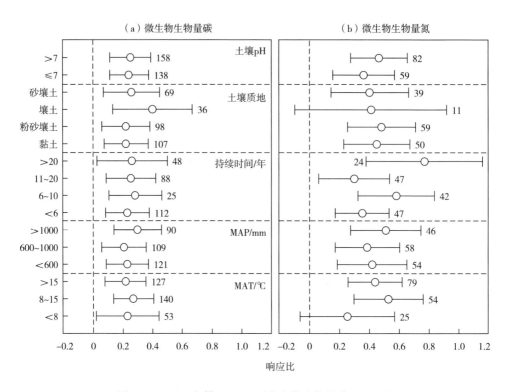

图 13-2 (a) 免耕 (NT) 下微生物生物量碳 (C) 和
(b) 微生物生物量氮 (N) 的响应比

注：误差线代表95%置信区间 (CIs)；当 CIs 不为 0 时，平均效应大小与常规耕作 (CT) 显著不同。每个变量的样本数都标在相应误差棒旁边。MAP-年平均降水量，MAT-年平均气温。

(b) ］。与 CT 相比，qMIC 对 NTR0 的响应变化在壤土中为显著正效应 ［图 13-3 (c) ］。

与 CT 相比，除 MAT 低于 8℃、MAP 在 600~1000 mm 之间、实验持续时间大于 20 年、土壤为壤土和沙壤土质地时，NTR 对 MBC 的影响在所有土壤种类、气候和实验条件下均为显著正效应 ［图 13-6 (a) ］。与 CT 相比，除了 MAT 低于 8℃外，NTR 对 N 的影响在各土壤、气候和实验条件下也是显著正效应 ［图 13-6 (b) ］。与 CT 相比，当 MAT 低于 15℃、MAP 低于 600 mm、土壤为黏土或壤土质地时，NTR 对 qMIC 的影响显著为正效应。当实验持续时间大于 20 年时，NTR 与 CT 相比显著降低 qMIC ［图 13-3 (d) ］。

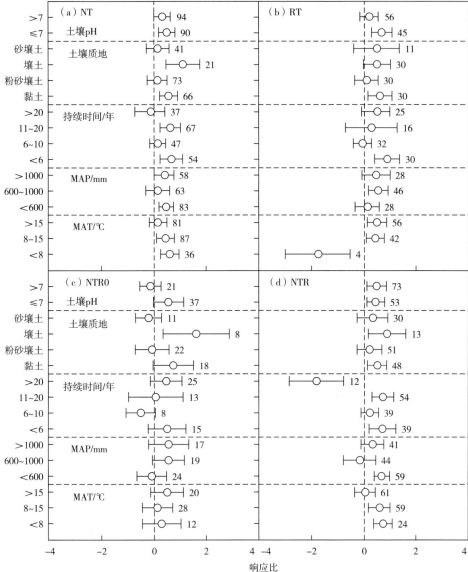

图 13-3 （a）免耕（NT）、（b）少耕（RT）、（c）无残体保留的 NT（NTR0）和
（d）有残体保留的 NT（NTR）下微生物熵的响应比

注：误差线代表95%置信区间（CIs）；当 CIs 不为 0 时，平均效应大小与常规耕作（CT）显著不同。每个变量的样本量都标在相应误差棒旁边。MAP-年平均降水量和 MAT-年平均气温。

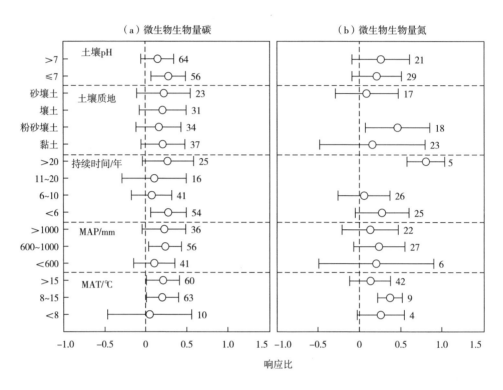

图 13-4 （a）少耕（RT）下微生物生物量碳（C）和
（b）微生物生物量氮（N）的响应比

注：误差线代表 95% 置信区间（CIs）；当 CIs 不为 0 时，平均效应大小与常规耕作（CT）显著不同。每个变量的样本量都标在相应误差棒旁边。MAP-年平均降水量，MAT-年平均气温。

13.3.3 MBC、N 和 qMIC 与土壤性质和气候因素之间的关系

在 RT 处理下，MBC 的 *RR* 与 MAP（$\beta=-0.001$，$P<0.01$，表 13-1）和土壤深度（$\beta=-0.02$，$P<0.01$）呈负相关。在 NTRO（$\beta=-0.29$，$P<0.05$）处理和 RT 处理（$\beta=-0.10$，$P<0.05$）下，N 的 *RR* 与初始 SOC 浓度呈负相关；在 NTR（$\beta=-0.02$，$P<0.01$）和 NT（$\beta=-0.02$，$P<0.001$）下，N 的 *RR* 与土壤深度呈负相关；在 NT 下与试验持续时间呈负相关（$\beta=-0.01$，$P<0.05$）。在 NTR 条件下，qMIC 的 *RR* 与土壤深度呈正相关（$\beta=0.02$，$P<0.001$），但在 NTR 处理下的 MAP（$\beta=-0.002$，$P<0.001$）和 MAT（$\beta=-0.20$，$P<0.05$）呈负相关。

第13章 保护性耕作措施增加了全球尺度土壤微生物生物量碳氮

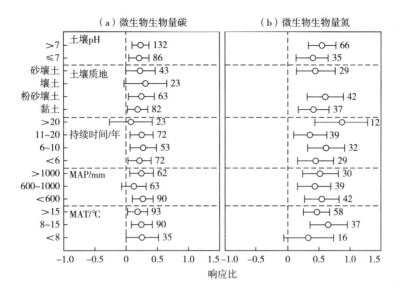

图13-5 （a）在免耕无残体保留（NTRO）下微生物生物量碳（C）和（b）微生物生物量氮（N）的响应比

注：误差线代表95%置信区间（CIs）；当CIs不为0时，平均效应大小与常规耕作（CT）显著不同。每个变量的样本量都标在相应误差棒旁边。MAP-年平均降水量和MAT-年平均气温。

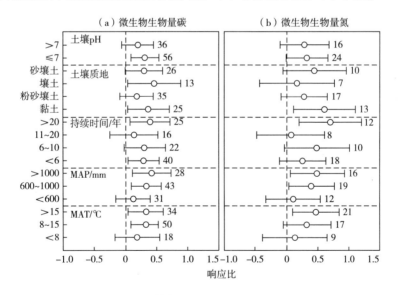

图13-6 （a）免耕残体保留（NTR）下微生物生物量碳（C）和（b）微生物生物量氮（N）的响应比

注：误差线代表95%置信区间（CIs）；当CIs不为0时，平均效应与常规耕作（CT）显著不同。每个变量的样本量都标在相应误差棒旁。MAP-年平均降水量，MAT-年平均气温。比例不同。

289

表 13-1 与 CT 相比，免耕（NT）、无作物残体的 NT（NTR0）、有作物残体的 NT（NTR）和少耕（RT）下土壤微生物生物量碳（MBC）、氮（N）和微生物熵（qMIC）响应比的特定地点条件的多元线性回归分析

因变量		模型			预测变量的系统							
		F	P	调整后的 R^2	SOC_i	C:N	MAP	MAT	pH	ED	SD	截距
MBC	NTR0	2.49	0.11	0.41	-0.04	-0.05	<0.01	-0.07	-0.16	0.05	-0.02	3.11
	NTR	1.42	0.22	0.05	-0.03	0.04	-0.001	-0.001	-0.11	<0.01	-0.001	1.18
	NT	1.61	0.15	0.06	-0.02	0.01	-0.001	-0.01	-0.07	0.02	-0.002	1.03
	RT	6.29	<0.01	0.63	-0.02	-0.03	-0.001**	0.03	-0.10	0.01	-0.02**	1.63
N	NTR0	262	0.04	0.99	-0.29*	—	—	—	—	—	—	3.36*
	NTR	2.67	0.04	0.30	-0.002	0.04	-0.001	0.02	0.08	0.01	-0.02**	-0.78
	NT	3.77	<0.01	0.39	-0.006	0.04	-0.001	0.02	0.10	-0.01*	-0.02***	-0.94
	RT	45.9	0.02	0.96	-0.10*	—	—	—	—	—	0.01	1.42*
qMIC	NTR0	0.98	0.54	-0.02	0.16	0.05	-0.12	0.11	0.01	-0.05	-0.01	0.16
	NTR	5.71	<0.01	0.51	0.01	-0.02	-0.002***	-0.20*	-0.15	0.03	0.02***	0.09
	NT	5.68	<0.01	0.43	-0.05	-0.02	-0.001	0.03	-0.50	-0.01	0.02	5.00
	RT	5.22	<0.05	0.66	-0.04	-0.12	-0.001	-0.08	-1.32	—	-0.01	13.17

注：SOC_i：初始土壤有机碳浓度；C:N：土壤碳氮比；MAP：年平均降水量；MAT：年平均温度；ED：实验持续时间；SD：土壤取样深度。* $P<0.05$；** $P<0.01$；且 *** $P<0.001$。

13.4 讨论

常用微生物生物量和 qMIC 来评估土壤质量（Mader et al., 2002; Salinas-García et al., 2002; Bastida et al., 2008），qMIC 是一个有潜力的土壤微生物碳利用效率指标（Anderson & Domsch, 1978）。我们对 96 个配对实验的全球数据进行的荟萃分析表明，CA 措施导致更高的 MBC、N 和 qMIC（图 13-1）。因此，我们的假设得到了支持，即 NT 和残体保留相结合的 CA 措施在提高 MBC、N 和 qMIC，及改善土壤质量和农业可持续性方面具有很大的潜力。

13.4.1 保护性农业增加了 MBC

NT 处理的 MBC 大于 CT 的机制（图 13-1）被认为是前者比后者具有更有利于微生物的环境条件（Balota et al., 2004; Zuber & Villamil, 2016），这与 Johnson 和 Hoyt（1999）与 Martens（2001）报道的 NT 处理下的微生物生物量大于 CT 的结果一致。此外，保护性农业对土壤的干扰较少，真菌菌丝有更多的发育机会，表面残茬的保留进一步促进了真菌的丰富度和多样性（Campbell et al., 1998; Hedges et al., 1999），真菌通过其菌丝网络在碳和氮的周转中起着关键作用（Johnson & Hoyt, 1999）。

NTR 中 MBC 含量的 RR 大于 NTR0（图 13-1），这表明 MBC 作为 SOC 的活性组分对作物残茬具有高度响应（Liu et al., 2014）。但值得注意的是，该结果是基于不同地点不同残体类型的不同研究，由于样本较小，导致该荟萃分析无法考虑作物残体的保留方式/形式和保留率，而这些可能会影响作物残体对 MBC 的大小和方向（Jarecki & Lal, 2003）。在壤土或粉壤土中，残体保留通过增加有机碳来提高土壤持水能力（Liu et al., 2014），这可以在某种程度上解释 NTR0 和 NTR 对不同土壤质地 MBC 影响的差异 [图 13-5（a），图 13-6（a）]。但在长期实验中，残体保留仅导致土壤 MBC 的有限增加 [图 13-4（a）和图 13-6（a）]，并预示着 MBC 可能长期处于饱和状态（Lu et al., 2009）。此外，耕作强度改变了土壤碳输入的质量和数量，从而直接影响土壤有机碳周转（Liu et al., 2014），并改变有机碳形态，从而影响土壤微生物群落组成（Li et al., 2017），最终改变 SMB 动态。作物物种多样性也有利于凋落物多样性以及根系在土壤中的生长和分布（Luo et al., 2010a）。前期残体输入的 C∶N 的遗留效应也可以改变新凋落物输入的养分释放（Marschner et al., 2015），残体保留一段时间后，部分残体会留在土壤表面，例如，原有残体在田间腐烂 1、2 和 4~5 年后分别有大约 31%（小麦，*Triticum aestivum*）、23%（玉米）和 20%（黑麦草，*Lolium*）残留在土壤表面（Jenkinson，1971）。此外，由于检测 SMB 微小变化的技术挑战，也可能导致在长期 CA 后的 MBC 相对于原有起点的百分比变化通常是较小的（Luo et al., 2017）。

RT 处理下土壤 MBC 与土壤深度之间的负相关关系（表 14-1）与早期的发现一致，即土壤扰动的减少导致表层土壤的 C 增加大于地下土壤（Angers & Eriksen-Hamel, 2008）。研究还表明，表层土壤碳组分比地下土壤管理更敏感（Li et al., 2017）。此外，CT 转变为 NT 显著改变了土壤剖面中碳的垂直分布（Six et al., 1999），导致 0~0.10 m 土壤中碳的增加，0.1~0.4 m 土壤中的碳减少（Luo et al., 2010a）。

保护性农业措施下土壤含水量较高，这可能在短期干旱期间对维持土壤功能方面发挥关键作用（Johnson & Hoyt, 1999）。要使 NTR 显著增加 MBC [图 13-6 (a)]，MAP 就必须大于 1000 mm 或小于 600 mm。土壤性质如 pH 值和土壤质地等可直接影响 SOM 分解，最终影响 MBC 含量（Acosta-Martínez et al., 2003; Laudicina et al., 2011; de Gennaro et al., 2014）。黏粒含量被认为是影响土壤储存碳能力的关键土壤特性（Six et al., 2004）。除 RT 处理之外，所有 CA 措施均显著增加了黏土的 MBC [图 13-2 (a)，图 13-4 (a) 和图 13-6 (a)]，另外，MBC 对 RT、NTR0 和 NTR 的响应变化与沙土相似，且没有显著差异的影响 [图 13-4 (a) 至图 13-6 (a)]。黏土质地土壤中的较细颗粒在增加阳离子交换和持水能力方面发挥着关键作用，这为微生物生长提供水和养分至关重要（Liu et al., 2014）。

13.4.2 保护性农业提高了 N

在所有 CA 措施中，与 NTR0 或 CT 相比，NTR 对 N 的影响最大（图 13-1），这可能是由于残体保留改善土壤物理性质。作物残体保留可以改善水热条件，加速有机质的矿化（Coppens et al., 2007）。有趣的是，我们发现 NTR0 下的 Nmic 略高于 CT（图 13-1），这可能是 CT 干扰的结果，通过改善作物残体-矿物土壤的接触或微生物获取原本保护在团聚体中的有机物来刺激土壤有机质的矿化（Six et al., 1999; Angers & Eriksen-Hamel, 2008; Luo et al., 2010b; Luo et al., 2010a）。此外，保护性农业措施改变了土壤的物理性质，因此可能会抑制根系向更深的土层生长（Lampurlanés & Cantero-Martínez, 2003），并减少表层土壤 C 的向下移动。

除了 MAT 低于 8℃外，N 对 NT 和 NTR（相对于 CT）的 *RR* 在所有气候条件下均显著为正效益 [图 13-2（b），图 13-6（b）]。与 CT 措施相比，CA 措施下的表层土壤温度较低、含水量较高（Das et al., 2014），其中（如磷和钾）的养分吸收和生物活性受到低温抑制（Johnson & Hoyt, 1999）。数据在一定程度上表明，当 MAT 低于 8℃时，低温是控制因素，而不是 CA 措施影响 N。由于 NT-R0 处理没有保温的残茬层，只有当 MAT 高于 15℃时，N 才随 MAT 显著增加 [图 13-5（b）]，此时 MAP 通常也很高，因此这些条件为 SOM 的快速矿化提供了适当的水热条件（Coppens et al., 2007）。与 CT 相比，RT 处理下 N 的 *RR* 随气候显著变化（图 13-4）。Luo 等（2010a）还发现，在不同的气候条件下（即 MAT 和 MAP），采用 NT 后的有机碳变化往往各不相同。造成这种差异的部分原因可能是在我们的分析中使用了 MAT 和 MAP，而不是取样时的土壤温度和含水量，而这些在本荟萃分析所用的出版物中大多没有报道。

13.4.3 保护性农业提高了 qMIC

与 CA 对 MBC 的影响类似，所有 CA 措施也增加了 qMIC，与 NTR0 或 CT 相比，NTR 对 qMIC 的积极影响最大（图 13-1），反映了更多的有机物输入和更少的土壤扰动，这导致更多的可利用有机物来支持微生物活动（Liu et al., 2014）。作物残体保留增加了土壤的 pH 缓冲能力（Xu et al., 2012），并为土壤微生物生长提供了易于分解的底物、养分和能量（Fontaine et al., 2007; Chen et al., 2009）。同时，与 CT 处理相比，NTR0 处理中作物残体保留不足而导致 NTR0 对 qMIC 的影响不显著。

在长期（>20 年）田间试验中，除了 NTR [图 13-3（d）] 外，CA 措施对 qMIC 的影响并不显著（图 13-3）。与 CT 处理相比，短期 RT、NT 和 NTR0 处理下的 qMIC 更大 [图 13-3（a）（b）（d）]，表明由于这些系统中积累了更多的难降解有机物，微生物活性受到抑制（Kandeler et al., 1999; Lejon et al., 2007）或增加了微生物代谢效率（每单位微生物生物量产生的 CO_2 量）（Hungria et al., 2009）。研究还表明，qMIC 对生态系统的发展和扰动的响应不具有可预测性（Wardle and Ghani, 1995）。长期少耕能够通过增加团聚体的数量来保护和储存表层土壤中更多的有机碳（Jacobs et al., 2009）。在长期试验中（Lu et al., 2009），残体保留也提高了有机碳含量（Liu et al., 2014），但对 MBC 的提高有限，从而导致 qMIC 显著降低（MBC：有机碳）。

许多因素导致数据解释的不确定性，如耕作强度和作物物种多样性的变化，耕作强度改变土壤碳输入的数量和质量，从而影响土壤微生物群落组成（Li et al.，2017），最终改变 SMB 动态和有机碳周转（Liu et al.，2014）。作物物种多样性也可能有助于凋落物类型的多样性，以及土壤剖面中的根系组成和分布（Luo et al.，2010a）。此外，我们的荟萃分析侧重于 CA 措施的影响，因此我们排除对土壤微生物活性同样重要的管理措施，如灌溉和施肥。当 MAT 低于 8℃时，原本的 SOC 含量和 NT 下 qMIC 的样本量有限［图 13-3（b）］，因此，应谨慎看待与这些参数分析相关的数据（Luo et al.，2010a）。

13.5 结论

我们基于全球数据集的荟萃分析表明，CA 措施显著增加了 MBC、N 和 qMIC。在不同土壤性质（如土壤 pH 值和质地）、实验持续时间和气候条件（如 MAT 和 MAP）下，NT 措施是增加 MBC 和 N 含量的一种有效策略。虽然响应的方向和大小因试验和环境因素而异，但在集约管理的农业土壤中，NTR 对 SMB 的增加最有效，而在半湿润（600~1000 mm）地区、壤土和实验持续时间长（>20 年）的土壤中，NTRO 对 SMB 的增加最有效，微生物生物量对农田管理措施的变化反应迅速。因此，这些结果对可持续土壤管理和退化土地的恢复具有重要意义。具体来说，对于降水量为 600~1000 mm 的地区和壤土，NT 可能是增加 SMB 含量的一个良好选择。无论土壤类型和气候条件如何，以残体保留的形式更好地利用作物残体，可以增强 NT 对 SMB 提高的作用。

参考文献

［1］ABDALLA K, CHIVENGE P, CIAIS P, et al. No-tillage lessens soil CO_2 emissions the most under arid and sandy soil conditions: Results from a meta-analysis［J］. Biogeosciences, 2016, 13（12）: 3619-3633.

［2］ACOSTA-MARTÍNEZ V, ZOBECK T M, GILL T E, et al. Enzyme activities and microbial community structure in semiarid agricultural soils［J］. Biology and Fertility of Soils, 2003, 38（4）: 216-227.

[3] ADAMS D C, GUREVITCH J, ROSENBERG M S. Resampling tests for meta-analysis of ecological data[J]. Ecology, 1997, 78 (4): 1277.

[4] ANDERSON J P E, DOMSCH K H. A physiological method for the quantitative measurement of microbial biomass in soils[J]. Soil Biology and Biochemistry, 1978, 10 (3): 215-221.

[5] ANGERS D A, ERIKSEN-HAMEL N S. Full-inversion tillage and organic carbon distribution in soil profiles: A meta-analysis [J]. Soil Science Society of America Journal, 2008, 72 (5): 1370.

[6] BAI E, LI S L, XU W H, et al. A meta-analysis of experimental warming effects on terrestrial nitrogen pools and dynamics[J]. The New Phytologist, 2013, 199 (2): 441-451.

[7] BALOTA E L, COLOZZI FILHO A, ANDRADE D S, et al. Long-term tillage and crop rotation effects on microbial biomass and C and N mineralization in a Brazilian Oxisol[J]. Soil and Tillage Research, 2004, 77 (2): 137-145.

[8] BASTIDA F, ZSOLNAY A, HERNÁNDEZ T, et al. Past, present and future of soil quality indices: A biological perspective[J]. Geoderma, 2008, 147 (3/4): 159-171.

[9] CAMPBELL C A, SELLES F, LAFOND G P, et al. Effect of crop management on C and N in long-term crop rotations after adopting no-tillage management: Comparison of soil sampling strategies[J]. Canadian Journal of Soil Science, 1998, 78 (1): 155-162.

[10] CARTER M R, RENNIE D A. Changes in soil quality under zero tillage farming systems: Distribution of microbial biomass and mineralizable c and n potentials[J]. Canadian Journal of Soil Science, 1982, 62 (4): 587-597.

[11] PARK M. Ding-Geng Chen, and Karl E. Peace, Applied meta-analysis with R. CRC Press [J]. Biometrics, 2015, 71: 864-865.

[12] CHEN H Q, HOU R X, GONG Y S, et al. Effects of 11 years of conservation tillage on soil organic matter fractions in wheat monoculture in Loess Plateau of China[J]. Soil and Tillage Research, 2009, 106 (1): 85-94.

[13] CHENG Y, WANG J, WANG J Y, et al. The quality and quantity of exogenous organic carbon input control microbial NO_3-immobilization: A meta-analysis[J]. Soil Biology and Biochemistry, 2017, 115: 357-363.

[14] COLEMAN D C, CROSSLEY D, HENDRIX P F. Fundamentals of soil ecology[M]. 2nd edition. Pittsburgh: Academic press, 2004.

[15] COPPENS F, GARNIER P, FINDELING A, et al. Decomposition of mulched versus incorporated crop residues: Modelling with PASTIS clarifies interactions between residue quality and location[J]. Soil Biology and Biochemistry, 2007, 39 (9): 2339-2350.

[16] DAS A, LAL R, PATEL D P, et al. Effects of tillage and biomass on soil quality and productivity of lowland rice cultivation by small scale farmers in North Eastern India[J]. Soil and Tillage Research, 2014, 143: 50-58.

[17] DE GENNARO L A, DE SOUZA Z M, DE ANDRADE MARINHO WEILL M, et al. Soil physical and microbiological attributes cultivated with the common bean under two management systems[J]. Revista Ciência Agronômica, 2014, 45 (4): 641-649.

[18] DUIKER S W, LAL R. Crop residue and tillage effects on carbon sequestration in a Luvisol in central Ohio[J]. Soil and Tillage Research, 1999, 52 (1/2): 73-81.

[19] FERREIRA E A B, RESCK D V S, GOMES A C, et al. Dinâmica do carbono da biomassa microbiana em Cinco épocas do ano em diferentes sistemas de manejo do solo no cerrado[J]. Revista Brasileira De Ciência Do Solo, 2007, 31 (6): 1625-1635.

[20] FONTAINE S, BAROT S, BARRE P, et al. Stability of organic carbon in deep soil layers controlled by fresh carbon supply[J]. Nature, 2007, 450: 277-280.

[21] FRIEDEL J K, MUNCH J C, FISCHER W R. Soil microbial properties and the assessment of available soil organic matter in a haplic Luvisol after several years of different cultivation and crop rotation[J]. Soil Biology and Biochemistry, 1996, 28 (4/5): 479-488.

[22] GOVAERTS B, FUENTES M, MEZZALAMA M, et al. Infiltration, soil moisture, root rot and nematode populations after 12 years of different tillage, residue and crop rotation managements [J]. Soil and Tillage Research, 2007, 94 (1): 209-219.

[23] GUREVITCH J, HEDGES L V. Meta-analysis: Combining the results of independent experiments[M]. Design and Analysis of Ecological Experiments. New York: Oxford University Press, 2001: 347-370.

[24] GUREVITCH J, HEDGES L V. Statistical issues in ecological meta-analyses[J]. Ecology, 1999, 80 (4): 1142.

[25] HEDGES L V, GUREVITCH J, CURTIS P S. The meta-analysis of response ratios in experimental ecology[J]. Ecology, 1999, 80 (4): 1150.

[26] HUNGRIA M, FRANCHINI J C, BRANDÃO-JUNIOR O, et al. Soil microbial activity and crop sustainability in a long-term experiment with three soil-tillage and two crop-rotation systems[J]. Applied Soil Ecology, 2009, 42 (3): 288-296.

[27] JACOBS A, RAUBER R, LUDWIG B. Impact of reduced tillage on carbon and nitrogen storage of two Haplic Luvisols after 40 years [J]. Soil and Tillage Research, 2009, 102 (1): 158-164.

[28] JARECKI M K, LAL R. Crop management for soil carbon sequestration[J]. Critical Reviews in Plant Sciences, 2003, 22 (6): 471-502.

[29] JENKINSON D S. Studies on the decomposition of C14 labelled organic matter in soil[J]. Soil Science, 1971, 111 (1): 64-70.

[30] JIAN S Y, LI J W, CHEN J, et al. Soil extracellular enzyme activities, soil carbon and nitrogen storage under nitrogen fertilization: A meta-analysis[J]. Soil Biology and Biochemistry, 2016, 101: 32-43.

[31] JOHNSON A M, HOYT G D. Changes to the soil environment under conservation tillage[J]. Hort Technology, 1999, 9 (3): 380-393.

[32] JOKELA D, NAIR A. Effects of reduced tillage and fertilizer application method on plant growth, yield, and soil health in organic bell pepper production[J]. Soil and Tillage Research, 2016, 163: 243-254.

[33] KALLENBACH C, GRANDY A S. Controls over soil microbial biomass responses to carbon amendments in agricultural systems: A meta-analysis[J]. Agriculture, Ecosystems & Environment, 2011, 144 (1): 241-252.

[34] KANDELER E, TSCHERKO D, SPIEGEL H. Long-term monitoring of microbial biomass, N mineralisation and enzyme activities of a Chernozem under different tillage management[J].

Biology and Fertility of Soils, 1999, 28 (4): 343-351.

[35] KASSAM A, FRIEDRICH T, SHAXSON F, et al. The spread of conservation agriculture: Policy and institutional support for adoption and uptake [J/OL]. Field Actions Science Reports, 2014, 7.

[36] KNORR M, FREY S D, CURTIS P S. Nitrogen additions and litter decomposition: A meta-analysis[J]. Ecology, 2005, 86 (12): 3252-3257.

[37] LAMPURLANÉS J, CANTERO-MARTÍNEZ C. Soil bulk density and penetration resistance under different tillage and crop management systems and their relationship with barley root growth [J]. Agronomy Journal, 2003, 95 (3): 526.

[38] LAUDICINA V A, BADALUCCO L, PALAZZOLO E. Effects of compost input and tillage intensity on soil microbial biomass and activity under Mediterranean conditions[J]. Biology and Fertility of Soils, 2011, 47 (1): 63-70.

[39] LEJON D P H, SEBASTIA J, LAMY I, et al. Relationships between soil organic status and microbial community density and genetic structure in two agricultural soils submitted to various types of organic management[J]. Microbial Ecology, 2007, 53 (4): 650-663.

[40] LI W B, JIN C, GUAN D, et al. The effects of simulated nitrogen deposition on plant root traits: A meta-analysis[J]. Soil Biology & Biochemistry, 2015, 82: 112-118.

[41] LI Y C, LI Y F, CHANG S X, et al. Linking soil fungal community structure and function to soil organic carbon chemical composition in intensively managed subtropical bamboo forests[J]. Soil Biology & Biochemistry, 2017, 107: 19-31.

[42] LIU C, LU M, CUI J, et al. Effects of straw carbon input on carbon dynamics in agricultural soils: A meta-analysis[J]. Global Change Biology, 2014, 20 (5): 1366-1381.

[43] LU F, WANG X K, HAN B, et al. Soil carbon sequestrations by nitrogen fertilizer application, straw return and no-tillage in China's cropland[J]. Global Change Biology, 2009, 15 (2): 281-305.

[44] LUO Y Q, HUI D F, ZHANG D Q. Elevated CO_2 stimulates net accumulations of carbon and nitrogen in land ecosystems: A meta-analysis[J]. Ecology, 2006, 87 (1): 53-63.

[45] LUO Z K, FENG W T, LUO Y Q, et al. Soil organic carbon dynamics jointly controlled by climate, carbon inputs, soil properties and soil carbon fractions [J]. Global Change Biology, 2017, 23 (10): 4430-4439.

[46] LUO Z K, WANG E L, SUN O J. Can no-tillage stimulate carbon sequestration in agricultural soils? A meta-analysis of paired experiments[J]. Agriculture, Ecosystems & Environment, 2010, 139 (1/2): 224-231.

[47] LUO Z K, WANG E L, SUN O J. Soil carbon change and its responses to agricultural practices in Australian agro-ecosystems: A review and synthesis [J]. Geoderma, 2010, 155 (3/4): 211-223.

[48] MÄDER P, FLIESSBACH A, DUBOIS D, et al. Soil fertility and biodiversity in organic farming [J]. Science, 2002, 296 (5573): 1694-1697.

[49] MARSCHNER P, HATAM Z, CAVAGNARO T R. Soil respiration, microbial biomass and nutrient availability after the second amendment are influenced by legacy effects of prior residue addition[J]. Soil Biology and Biochemistry, 2015, 88: 169-177.

[50] MARTENS D A. Nitrogen cycling under different soil management systems[M] //Advances in Agronomy. Amsterdam: Elsevier, 2001: 143-192.

[51] OSENBERG C W, SARNELLE O, COOPER S D, et al. Resolving ecological questions through meta-analysis: Goals, metrics, and models[J]. Ecology, 1999, 80 (4): 1105.

[52] SALINAS-GARCÍA J R, DE J VELÁZQUEZ-GARCÍA J, GALLARDO-VALDEZ M, et al. Tillage effects on microbial biomass and nutrient distribution in soils under rain-fed corn production in central-western Mexico[J]. Soil and Tillage Research, 2002, 66 (2): 143-152.

[53] SIX J, ELLIOTT E T, PAUSTIAN K. Aggregate and soil organic matter dynamics under conventional and No-tillage systems [J]. Soil Science Society of America Journal, 1999, 63 (5): 1350.

[54] SIX J, OGLE S M, JAY BREIDT F, et al. The potential to mitigate global warming with no-tillage management is only realized when practised in the long term [J]. Global Change Biology, 2004, 10 (2): 155-160.

[55] SMITH P, HOUSE J I, BUSTAMANTE M, et al. Global change pressures on soils from land use and management[J]. Global Change Biology, 2016, 22 (3): 1008-1028.

[56] WARDLE D, GHANI A. A critique of the microbial metabolic quotient (qCO_2) as a bioindicator of disturbance and ecosystem development[J]. Soil Biology and Biochemistry, 1995, 27 (12): 1601-1610.

[57] XU R K, ZHAO A Z, YUAN J H, et al. pH buffering capacity of acid soils from tropical and subtropical regions of China as influenced by incorporation of crop straw biochars[J]. Journal of Soils and Sediments, 2012, 12 (4): 494-502.

[58] ZHANG Q P, MIAO F H, WANG Z N, et al. Effects of long-term fertilization management practices on soil microbial biomass in China's cropland: A meta-analysis[J]. Agronomy Journal, 2017, 109 (4): 1183-1195.

[59] ZHAO X, LIU S L, PU C, et al. Methane and nitrous oxide emissions under no-till farming in China: A meta-analysis[J]. Global Change Biology, 2016, 22 (4): 1372-1384.

[60] ZUBER S M, VILLAMIL M B. Meta-analysis approach to assess effect of tillage on microbial biomass and enzyme activities[J]. Soil Biology and Biochemistry, 2016, 97: 176-187.

第14章 少免耕和秸秆还田增加了全球土壤微生物种群数量和多样性

14.1 研究背景与意义

土壤微生物对发展土壤肥力、维护粮食安全和减缓气候变化至关重要。土壤微生物作为土壤有机质的活体部分,通过与环境的复杂相互作用,在生态系统的功能中发挥着重要作用(Allison & Martiny, 2008; Joergensen & Wichern, 2018)。这些功能包括有机物分解和养分循环,包括碳和氮循环(Joergensen & Wichern, 2018; Levy-Booth et al., 2014; Lupwayi et al., 2018),以及土壤团聚体的形成和维持(Hewins et al., 2017)。此外,农田土壤中微生物种群的大小和多样性也会受到管理措施的影响。

在农业生产系统中,保护性耕作措施已被广泛用于缓解传统农田管理措施的负面影响。典型的保护性耕作措施包括免耕或少耕(Pittelkow et al., 2014)以及作物残秸秆还田。迄今为止,保护性耕作已在1.55亿公顷土地上实施,约占全球耕地的11%(Kassam et al., 2014)。保护性耕作措施能够影响土壤微气候(Blanco-Canqui & Ruis, 2018; Johnson & Hoyt, 1999),作物残体的分布和分解(Somenahally et al., 2018)以及养分的转化(Cheng et al., 2017),这些因素反过来又会改变土壤微生物种群的大小和多样性。例如,保护性耕作措施改变了土壤剖面中土壤微生物种群和土壤有机质的空间分布(Johnson & Hoyt, 1999; Li et al., 2018)。与传统耕作相比,免耕导致表层土壤中碳、氮浓度和含水量的增加,从而提高酶活性水平和微生物资源利用效率(Doran, 1980; Somenahally et al., 2018; Zuber & Villamil, 2016)。保护性耕作还可以改变土壤pH,从而影响土壤微生物多样性和土壤对作物生长的适宜性(Hewins et al., 2017; Johnson & Hoyt, 1999),促进真菌菌丝网络的形成,导致土壤真菌种群大小增高(Gottshall et al., 2017)。此外,耕作(Helgason et al., 2010; Schmidt et al., 2018)或作物秸秆还田(Lupwayi et al., 2018; Zornoza et al., 2016)以及耕作结合秸秆还田

（Gottshall et al., 2017；Navarro-Noya et al., 2013；Wang et al., 2017）的共同作用均会影响农业土壤微生物种群规模大小和多样性。

尽管有大量关于保护性耕作（此处定义为有/无秸秆还田的免耕/少耕）的文献，但在保护性耕作对土壤微生物群落影响的方面存在不一致的认识。例如，据报道保护性耕作措施的增加（Johnson & Hoyt, 1999；Navarro-Noya et al., 2013；Schmidt et al., 2018）对土壤微生物群落结构的复杂性没有影响（Helgason et al., 2010；Lupwayi et al., 2018），或是降低了土壤微生物群落结构的复杂性（Zhang et al., 2014）。这是由系统中土壤、植物和微生物等各种成分之间潜在相互作用的多样性和复杂性影响的，而这些成分往往在许多农业生态响应中产生巨大的可变性（Allison & Martiny, 2008；Yachi & Loreau, 1999）。尽管如此，土壤生物特性越来越多地被用于评估土壤质量和健康（Coleman et al., 2017；Lupwayi et al., 2018；Schmidt et al., 2018）。因此，迫切需要在全球范围内综合保护性耕作措施对土壤微生物特性影响的研究。

最近的 meta 分析量化了保护性耕作措施的影响，包括作物产量的降低（Pittelkow et al., 2014），土壤酶活性水平的增加（Zuber & Villamil, 2016），土壤微生物生物量的增加（Li et al., 2018），以及土壤物理性质的改善（Li et al., 2019）。因此，我们也期望保护性耕作能够改善土壤微生物特性。然而，我们无法找到关于保护性耕作措施对土壤微生物数量、多样性和群落结构影响的 meta 分析。因此，我们进行了全球范围的 meta 分析，以解决以下问题：①确定土壤微生物数量、磷脂脂肪酸浓度、微生物多样性和群落结构在不同保护性耕作措施下的变化方向和幅度；②评估环境条件和试验持续时间对这些参数的影响。

14.2 材料与方法

14.2.1 数据收集

使用 ISI Web of Science 和知网搜索 1980 年 1 月至 2018 年 6 月发表的同行评审的文章，使用"微生物""细菌""放线菌""真菌"或"生物学特性"以及"保护""耕作"或"耕"作为搜索词。为尽量减少选择纳入本文文章的偏倚，采用了以下标准：

（1）研究包括田间条件下传统耕作或传统耕作秸秆还田与保护性耕作的配

第14章 少免耕和秸秆还田增加了全球土壤微生物种群数量和多样性

对观察。所选择的具体做法为作物收获后移除地表秸秆的少耕、作物收获后移除地表秸秆的免耕和保留秸秆还田的免耕。此 meta 分析选择的实验建立在类似的实验地点，即在上述处理中具有相同的小气候、植被和土壤类型。如果一项研究在同一地点使用了一种以上的保护性耕作措施或同一地点的不同采样时间，我们将使用研究中最后一次采样收集的数据。如果一项研究在同一地点使用了多个保护性耕作措施，将该研究不同的保护性耕作措施分别与传统耕作处理进行配对。

（2）纳入的研究至少有三个重复，并呈现了处理的平均值和标准偏差（或标准误差）。

（3）至少要呈现一个微生物参数，如土壤微生物数量（细菌、真菌和放线菌）、微生物总生物量（土壤微生物磷脂脂肪酸总浓度）或微生物群落结构（真菌与细菌的比值和革兰氏阳性菌与革兰氏阴性菌的比值）。土壤微生物的潜在响应因深度而异（Joergensen & Wichern, 2018），因此，当文章呈现了几个土壤层的数据时，只有最上层 5~10 cm（取决于文章）土壤层的数据被纳入本文（Jian et al., 2016）。

（4）纳入本文研究的主要目的是评估保护性耕作措施的效果，其他基本的农艺措施如轮作、研究持续时间、肥料管理和灌溉等，在配对处理（即免耕、少耕或免耕秸秆还田）和对照（传统耕作）之间是相似的。因为现有的研究不符合所有标准，所以排除了少耕秸秆还田的研究结果。

总共有 87 篇同行审议的文章被纳入此 mate 分析。数据来源于表、正文和图。使用 Get-Data Graph Digitizer software（版本 2.24，Russian Federation）从图中获取数据。该数据集包括 132 个土壤微生物数量的数据对（处理与对照）、132 个土壤微生物磷脂脂肪酸浓度的数据对和 71 个土壤微生物多样性的数据对，所选研究和参考文献的详细信息包含在补充材料中。分别使用营养琼脂培养基、Martins Rose Bengal 培养基和放线菌琼脂进行连续稀释以估计细菌、真菌和放线菌总数（Aneja, 2007）。细菌数量以每克土壤（$Cfu \cdot g^{-1}$ 土壤）的菌落形成单位表示。以磷脂脂肪酸浓度作为微生物生物量的指标（Frostegård & Bååth, 1996）。我们使用 Shannon 微生物多样性指数来说明样本中存在的物种丰度和均匀度（Shannon, 1948），计算方法为 $-\sum_{i=1}^{m} p_i \ln p_i$，其中 p_i 为发现的某一特定物种的个体数（n）除以发现的总个体数（I）的比例（n/I），m 为物种数。用细菌（包括革兰阳性菌和革兰阴性菌）、真菌和放线菌等特定微生物类群的磷脂脂肪酸浓度来描述微生物群落的结构（Frostegård & Bååth, 1996；Wang et al., 2017）。

从每个研究中，我们还提取了试验持续时间、研究地点的气候条件以及土特性，如质地和初始碳、氮浓度等信息。

14.2.2 数据分析

使用 Osenberg 等的方法（1999），计算了处理（$\bar{X}_t$ -NT，RT，CTS 或 NTS）和配对对照平均值（$\bar{X}_c$ -CT）之间的土壤微生物数量、微生物多样性和磷脂脂肪酸浓度的自然对数响应比 $[RR = \ln(\bar{X}_t) - \ln(\bar{X}_c)]$ 所示的效应值。效应值的方差（v）计算为 $v = S_t^2/n_t \times X_t^2 + S_c^2/n_c \times X_c^2$，其中 S_t 和 S_c 分别代表处理组和对照组的标准偏差，n_t 和 n_c 分别代表处理组和对照组的重复次数。对于不包括标准差或标准误（占总数据集的 23%）的研究，标准差值估计为平均值的 0.1 倍（Luo et al., 2006；Meurer et al., 2018）。早先的一篇 meta 分析表明，与在相关文献中分析的数据中使用最大 SD 类似，用平均值的 1/10 替换缺失的标准差值是稳定的，不会影响耕作措施对土壤有机碳储量影响的最终估计（Meurer et al., 2018）。此外，对于没有标准差数据的研究，我们使用标准差=1/5 平均值或标准差=1/15 的均值来检验这种方法对我们的研究结果的影响，发现结果与标准差=1/10 均值的结果没有显著差异。为了得出处理组对于对照组的总体响应效应，根据 Hedges（1999）等的方法计算了处理组和对照组之间的加权效应值（RR_{++}）；遵循式（14-1）。

$$RR_{++} = \frac{\sum_{i=1}^{m} \sum_{j=1}^{k} w_{ij} RR_{ij}}{\sum_{i=1}^{m} \sum_{j=1}^{k} w_{ij}} \qquad (14-1)$$

式中，m 为对照组的组数，w_{ij} 是加权因子（$w_{ij} = 1/v_{ij}$）；k 为处理组中的比较/观察次数，i 和 j 分别是第 i 和第 j 次处理。使用式（14-2）计算 RR_{++} 的标准误差 $[s(RR_{++})]$：

$$s(RR_{++}) = \sqrt{\frac{1}{\sum_{i=1}^{m} \sum_{j=1}^{k} w_{ij}}} \qquad (14-2)$$

95% 置信区间是由 $RR_{++} \pm 1.96 \times s(RR_{++})$ 计算的。当响应变量的 95% 置信区间不与 0 重叠时，在对照组和处理组之间保护性耕作措施对变量的影响有显著差异（Gurevitch & Hedges, 2001）。此外，用 RR_{++}：$[\exp(RR_{++}) - 1] \times 100\%$

第14章 少免耕和秸秆还田增加了全球土壤微生物种群数量和多样性

计算了百分比变化。

使用 R statistical software（版本 3.4.2）中"metafor"包的 rma.uni 模型，使用限制性最大似然估计进行了随机效应 meta 分析（Viechtbauer，2010）。对于每个参数（微生物数量、多样性和磷脂脂肪酸浓度），通过自举法产生的偏差校正计算加权效应值和其95%置信区间。卡方检验用于确定保护性耕作措施下微生物数量、多样性或磷脂脂肪酸浓度变化的加权效应值之间的异质性是否显著超过预期的采样误差（Adams et al.，1997）。显著的 Q 值意味着自变量在该模型下解释了显著的效应值可变性（Gurevitch & Hedges，2001；Konstantopoulos，2011）。使用 Funnel 图和 Egger 回归检验对发表性偏倚进行检验（Egger et al.，1997）。一个有意义的结果被认为是真实效应值的可靠估计，因此对于发表性偏倚来说，该结果可以被认为是稳定的。

在汇集少耕、免耕和免耕秸秆还田等保护性耕作措施的数据后，使用 R 软件包"nlme"（Pinheiro et al.，2014）的混合效应模型分析了环境和农业因素对磷脂脂肪酸浓度测定的土壤微生物数量和种群大小的影响，其中土壤质地在所有模型中被设置为随机效应因素，以考虑空间异质性。式（14-3）是一个线性回归模型的示例：

$$Y = \alpha + \beta_1 \times MAT + \beta_2 \times MAP + \beta_3 \times SOCi + \beta_4 \times TNi + \beta_5 \times pHi + \beta_6 \times D \tag{14-3}$$

其中 MAT 为年均温度，MAP 为年均降水量，SOCi 为初始土壤有机碳浓度，TNi 为初始土壤全氮浓度，pHi 为初始土壤 pH 值，D 为试验持续时间。具有最低 Akaike 信息标准（AIC）的模型表示最佳拟合模型（Anderson and Burnham，2002）。在进行线性回归之前，使用 AIC 来选择初始模型。因此，在整个分析过程中，模型中包含的参数数量是易变的。此外，本研究还使用 R（版本 3.4.2）中的"ggplot2"软件包（Wickham，2016）绘制了土壤微生物参数与环境因子效应值之间的线性回归。

14.3 结果

14.3.1 保护性耕作措施影响土壤微生物种群数量、土壤微生物群落结构和多样性

免耕和免耕秸秆还田的细菌数量分别比传统耕作高14%和27%［基于加权

效应值的百分比变化；$P<0.05$，图 14-1（a）]，传统耕作秸秆还田比传统耕作高 38%（$P<0.05$）。少耕、免耕和免耕秸秆还田的真菌数量分别比传统耕作高 16%、58% 和 100%［$P<0.05$，图 14-1（b）]。传统耕作秸秆还田和免耕秸秆还田的真菌数量分别比各自无残体的处理高 41% 和 19%（$P<0.05$）。与传统耕作相比，传统耕作秸秆还田和免耕秸秆还田分别增加了 28% 和 47% 的放线菌数量［$P<0.05$，图 14-1（c）]。与免耕相比，免耕秸秆还田使放线菌数量增加了 28%（$P<0.05$）。

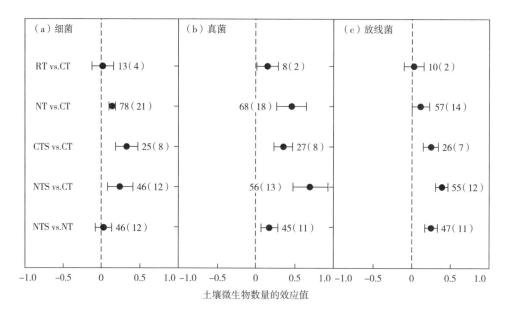

图 14-1 保护性耕作措施对（a）细菌、（b）真菌和（c）放线菌数量的影响

注：误差棒表示 95% 的置信区间。每个误差棒旁边都标注了每个变量的样本量，括号内为研究的数量。缩写代表免耕（NT）、少耕（RT）、无秸秆还田的传统耕作（CT）、免耕秸秆还田（NTS）以及传统耕作秸秆还田（CTS）。

与传统耕作相比，免耕使土壤微生物的生物量增加了 11%［$P<0.05$，图 14-2（a）]。与传统耕作相比，免耕增加了 17% 的真菌生物量（$P<0.05$），但与免耕相比，免耕秸秆还田下的真菌生物量减少了 52%［$P<0.05$，图 14-2（c）]。免耕土壤细菌群落的 Shannon 指数比传统耕作高 6%（$P<0.05$，表 14-1）。

第14章 少免耕和秸秆还田增加了全球土壤微生物种群数量和多样性

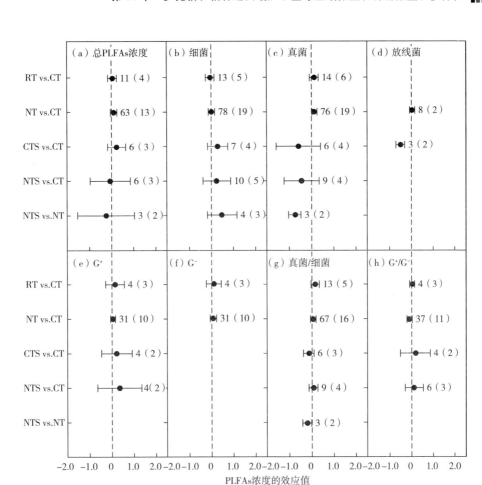

图14-2 保护性耕作措施对（a）总磷脂脂肪酸浓度、（b）细菌、（c）真菌、（d）放线菌、（e）革兰氏阳性菌（G^+）、（f）革兰氏阴性菌（G^-）、（g）真菌与细菌比值以及（h）G^+与G^-比值的磷脂脂肪酸（PLFAs）浓度的效应值

注：误差棒表示95%的置信区间。每个误差棒旁边都标注了每个变量的样本量，括号内为研究的数量。有关缩写的描述，请见图14-1标题。

表14-1 保护性耕作措施对土壤总微生物、细菌和真菌群落多样性的影响

类型	处理 vs. 对照	观察次数	文献数量	RR_{++}	CI	P 值
总数	RT vs. CT	2	2	0.072	−0.011, 0.154	0.82
	NT vs. CT	13	7	0.042	−0.002, 0.086	0.06

续表

类型	处理 vs. 对照	观察次数	文献数量	RR_{++}	CI	P 值
细菌	RT vs. CT	10	3	−0.015	−0.048, 0.017	0.36
	NT vs. CT	**21**	**9**	**0.055**	**0.021, 0.090**	**0.002**
真菌	NT vs. CT	10	6	0.001	−0.088, 0.089	0.99
	CTS vs. CT	**5**	**3**	**0.135**	**0.048, 0.222**	**0.002**
	NTS vs. CT	**4**	**3**	**0.170**	**0.081, 0.260**	**<0.001**
	NTS vs. NT	4	2	0.151	−0.276, 0.576	0.49

注：Shannon 指数用于表示土壤微生物多样性。RR_{++} 代表处理相对于对照的加权效应值，CI 表示 95% 置信区间。缩写代表免耕（NT）、少耕（RT）和无秸秆还田的传统耕作（CT），以及免耕秸秆还田（NTS）和传统耕作秸秆还田（CTS）。粗体行表示 $P<0.05$ 时有统计学意义。

14.3.2 土壤微生物群落结构与土壤性质和气候的关系

细菌数量与年均降水量（$P<0.05$）、初始土壤全氮浓度（$P<0.05$）和实验持续时间（$P<0.05$）呈负相关，但与初始土壤有机碳浓度呈正相关（$P<0.01$，表 14-2）。放线菌数量与初始土壤有机碳浓度呈负相关（$P<0.01$），但与年均降水量（$P<0.001$）和初始土壤全氮浓度呈正相关（$P<0.01$，表 14-2）。

表 14-2 年均温度（MAT）、年均降水量（MAP）、初始土壤有机碳浓度（SOC_i）、初始土壤总氮（TN_i）、初始土壤 pH 值（pH_i）和试验持续时间对土壤微生物数量影响的混合效应模型

数量	模型参数	参数估计	标准误差	df	t 值	P 值
细菌	截距	261	317	49	0.8	0.41
	MAT	15	9	49	1.7	0.09
	MAP	**−0.1**	**0.1**	**49**	**−2.3**	**<0.05**
	SOC_i	**99**	**34**	**49**	**2.9**	**<0.01**
	TN_i	**−1127**	**423**	**49**	**−2.9**	**<0.05**
	pH_i	−0.9	31	49	−0.03	0.98
	试验持续时间	**−9**	**4**	**49**	**−2.0**	**<0.05**

续表

数量	模型参数	参数估计	标准误差	df	t 值	P 值
真菌	截距	26	317	57	0.1	0.94
	MAT	4	10	57	0.4	0.73
	MAP	−0.03	0.03	57	−0.9	0.37
	SOC_i	12	31	57	0.4	0.69
	TN_i	−142	332	57	−0.4	0.67
	pH_i	−0.4	34	57	−0.01	0.99
	试验持续时间	−2	5	57	−0.5	0.62
放线菌	**截距**	**−214**	**78**	**56**	**−2.7**	**<0.01**
	MAT	−1	2	56	−0.5	0.59
	MAP	**0.1**	**0.01**	**56**	**4.7**	**<0.001**
	SOC_i	**−4**	**1**	**56**	**−3.1**	**<0.01**
	TN_i	**27**	**9**	**56**	**3.1**	**<0.01**
	pH_i	12	7	56	1.7	0.10
	试验持续时间	−114	80	56	−1.4	0.16

注：表中的粗体行表示 $P<0.05$ 时有统计学意义。

总微生物的生物量与初始土壤 pH 值呈正相关（$P<0.01$，表 14-3）。细菌生物量与年均降水量、初始土壤 pH 值和实验持续时间呈负相关，但与年均温度呈正相关（$P<0.001$，表 14-3）。真菌生物量与年均降水量呈负相关，但与初始土壤 pH 值呈正相关（$P<0.05$，表 14-3）。放线菌生物量与年均降水量（$P<0.001$）和实验持续时间（$P<0.01$）呈负相关，但与年均温度呈正相关（$P<0.001$，表 14-3）。革兰氏阴性菌的生物量与年均降水量和初始土壤 pH 值呈负相关，但与年均温度和实验持续时间呈正相关（$P<0.0001$，表 14-3）；然而，革兰氏阳性菌的生物量与土壤或气候参数无关（表 14-3）。但土壤微生物参数的效应值与环境因子（即年均降水量和年均温度）之间建立了关系。

表14-3 年均温度（MAT）、年均降水量（MAP）、初始土壤有机碳浓度（SOC_i）、初始土壤pH值（pH_i）和实验持续时间对土壤微生物种群大小［以土壤磷脂脂肪酸（PLFAs）表示］影响的混合效应模型

PLFAs	模型参数	参数估计	标准误差	df	t值	P值
总数	截距	−351	121	25	−2.9	<0.01
	MAT	−0.01	3	25	−0.004	0.99
	MAP	0.09	0.1	25	1.4	0.17
	SOC_i	1	1	25	1.6	0.12
	pH_i	48	14	25	3.4	<0.01
	试验持续时间	−0.2	1	25	−0.21	0.84
细菌	截距	304	67	25	4.5	<0.001
	MAT	7	2	25	4.4	<0.001
	MAP	−0.2	0.04	25	−4.5	<0.001
	SOC_i	0.7	0.5	25	1.3	0.20
	pH_i	−2	0.4	25	−4.4	<0.001
	试验持续时间	−32	8	25	−4.1	<0.001
真菌	截距	−3.4	3.4	35	−1.0	0.33
	MAT	0.2	0.1	35	1.3	0.21
	MAP	−0.01	0.002	35	−2.1	<0.05
	pH_i	0.9	0.5	35	2.0	<0.05
	试验持续时间	0.1	0.1	35	1.5	0.14
放线菌	截距	22	3	8	7.1	<0.001
	MAT	0.4	0.1	8	3.5	<0.001
	MAP	−0.02	0.004	8	−6.3	<0.001
	试验持续时间	−2.5	0.7	8	−3.7	<0.01
革兰氏阳性菌（G^+）	截距	27	58	7	0.5	0.66
	MAT	2	5	7	0.4	0.73
	MAP	−0.03	0.1	7	−0.4	0.69

续表

PLFAs	模型参数	参数估计	标准误差	df	t 值	P 值
革兰氏阳性菌（G⁺）	pH$_i$	−4	14	7	−0.3	0.82
	试验持续时间	2	8	7	0.2	0.78
革兰氏阴性菌（G⁻）	截距	456	84	7	5.5	**<0.001**
	MAT	42	8	7	5.6	**<0.001**
	MAP	−0.6	0.1	7	−5.9	**<0.001**
	pH$_i$	−112	20	7	−5.7	**<0.001**
	试验持续时间	61	11	7	5.7	**<0.001**

注：表中粗体的 P 值表示 $P<0.05$ 时有统计学意义。

14.4 讨论

本研究是首次关于保护性耕作措施对土壤微生物数量、多样性和群落结构影响的全球 meta 分析，这些结果对于解释全球尺度上关于保护性耕作措施下农田土壤微生物种群大小（Li et al., 2018）和酶活性（Zuber & Villamil, 2016）的研究至关重要。因此，这些研究阐明了保护性耕作措施下农田功能的变化。

14.4.1 保护性耕作对土壤微生物种群大小的影响

与传统耕作［图 14-2（a）］相比，免耕下土壤细菌、真菌和放线菌的数量普遍增加（图 14-1）且微生物生物量增加，可归因于保护性耕作措施创造了良好的环境条件。例如，保护性耕作措施可以保护土壤中微生物种群的微生境（图 14-3）（Johnson & Hoyt, 1999；Li et al., 2018；Zuber & Villamil, 2016）。少耕对土壤的扰动较小，为微生物生长创造了更好的环境（Hedges et al., 1999），导致碳利用效率提高和各种胞外酶的活性水平升高（Sauvadet et al., 2018；Zuber & Villamil, 2016）。保护性耕作措施对微生物数量（可培养微生物种群）有持续正效应，但对微生物生物量（总微生物种群或特定类群的微生物种群）的持续效应较小，表明可培养微生物种群对保护性耕作措施所创造的变化的环境条件更敏感（和绝对敏感）（图 14-3）。可培养微生物数量的增加将促进土壤有机质的分解，从而使植物吸收更多的养分（Coleman et al., 2017; Joergensen & Wichern, 2018; Zornoza et al., 2016）。少耕结合秸秆还田进一步增加了微生物数量，表明秸秆还田有利于促进土壤有机质的分解（Somenahally et al., 2018; Zornoza et al., 2016）。这些变化也会影响土壤微生物对陆地-大气碳交换的贡献，并改变与气候变化相关的反馈机制。

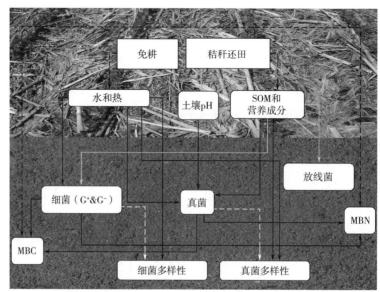

图 14-3 保护性耕作措施的概念图包括最小耕作和秸秆还田对土壤微生物数量、生物量和多样性的影响

注：这些结果是根据已发表文献（用虚线表示的）（Blanco-Canqui and Ruis, 2018; Johnson and Hoyt, 1999; Li et al., 2018; Li et al., 2019; Zuber and Villamil, 2016）和本研究汇编而成。蓝线和红线分别代表潜在的积极途径和消极途径；灰线表示不一致的关系。线宽与关系的强度成正比。有关缩写的描述，请见图 14-1 标题。此外，MBC：微生物量碳；MBN：微生物量氮；SOM：土壤有机质。

本文中秸秆还田和耕作措施对土壤细菌和真菌数量的影响不一致［免耕秸秆还田与免耕相比较，图 14-1（b）；少耕与传统耕作相比较，图 14-1（b），分别为不受影响和增加］表明真菌而不是细菌受益于作物秸秆还田和少耕措施（图 14-3）。真菌菌丝可以桥接土壤-残体界面，更好地利用空间分离的碳、氮资源（Beare et al., 1992），因此，真菌本身从作物秸秆还田中受益。在长期实验中表明，秸秆还田导致土壤微生物量碳增加（Li et al., 2018）。大多数负责分解作物残体的微生物是革兰氏阳性菌和真菌（Gunina et al., 2014）。少耕的益处可能是当土壤受到较少干扰时，真菌菌丝网络生长的机会增加（Klein & Paschke, 2004）。尽管相对于其他微生物，一些真菌物种对物理干扰非常敏感（Kabir et al., 1999）。这在一定程度上解释了与传统耕作相比，少耕增加了真菌的生物量，而不是细菌的生物量，这表明真菌比细菌更容易受到耕作措施的影响；或者说，尽管细菌对残体管理敏感（Lupwayi et al., 2018），但对耕作引起的外部变化更具抵抗力（Allison & Martiny, 2008）。

细菌在凋落物分解初期调控可利用底物的吸收和降解，而真菌分解后期残体更为复杂的底物（Moore-Kucera & Dick, 2008），且真菌比秸秆还田下的细菌更容易通过矿化惰性碳存活（Zornoza et al., 2016）。此外，长期土壤有机质积累会促进腐殖化过程并降低土壤 pH 值（Toncea et al., 2015），低土壤 pH 值更有利于真菌的生长（Aciego Pietri & Brookes, 2009）。这导致在长期秸秆还田试验中由细菌主导的分解转变为真菌主导的分解（Griffiths et al., 2012），这与试验持续时间和细菌数量或磷脂脂肪酸水平之间的负相关关系一致（表 14-2，表 14-3）。随着秸秆还田的进行，传统耕作秸秆还田和免耕秸秆还田中放线菌的生物量较传统耕作降低［图 14-2（d）］。放线菌对养分贫瘠土壤的有机化合物的代谢适应性较好（Coleman et al., 2017）。因此，当通过秸秆还田的养分输入有利于细菌和真菌生长，同时可能抑制放线菌的生物量时，放线菌处于竞争劣势（Cardinale et al., 2011）。

此 meta 分析表明，微生物生物量受土壤初始 pH 值的影响很大（表 14-3），因为 pH 值对微生物生物量、群落结构和基质添加的反应有显著影响（Aciego Pietri & Brookes, 2009）。土壤微生物生物量对气候条件变化的敏感性更大，以及年均降水（275~1624 mm）对微生物生物量的负面影响表明，微生物生物量可以作为改变土地管理措施后土壤质量早期变化的指标（Joergensen & Wichern, 2018；Yachi & Loreau, 1999）。

14.4.2 保护性耕作对土壤群落结构和微生物多样性的影响

微生物种群大小［图 14-2（a）~（f）］和群落结构［图 14-2（g）和（h）］的不同响应表明，保护性耕作措施对微生物群落中所有种群的微生物产生不同的影响（Zhou et al., 2017），同时也表明微生物对农田管理或外部条件变化的可能抵抗力（Allison & Martiny, 2008）。根据保险假说，微生物多样性和群落结构可以缓冲其功能的下降，因为高物种多样性提供了更大的保证，即使其他微生物失败，一些微生物也能维持其功能（Yachi & Loreau, 1999）。然而，鉴于本文 meta 分析中纳入微生物多样性的研究样本量较小，无法得出微生物多样性和群落结构对保护性耕作措施响应的结论（图 14-3），需要更多的研究进一步了解保护性耕作措施对微生物多样性的影响。

与传统耕作相比，免耕对总微生物多样性和真菌多样性没有影响（表 14-1），这可能是由生境异质性的降低（Schmidt et al., 2018）造成的。免耕和免耕秸秆还田分别引起土壤细菌和真菌多样性的增加（表 14-1），部分是由总碳和生物可利用碳的增加引起的（Navarro-Noya et al., 2013）。此外，最近一项研究表明，免耕措施改善了土壤养分水平和土壤质地，最终有利于土壤多样性（Wang et al., 2016）。

本文的 meta 分析发现，微生物特性对保护性耕作措施的响应对土壤微生物数量的影响始终是积极的，但土壤微生物多样性和群落结构则更依赖于环境。总的来说，本文表明土壤微生物多样性与保护性耕作措施下的土壤微生物数量无关（表 14-1，图 14-1～图 14-3），可能是因为保护性耕作措施下物种冗余增加（Allison and Martiny, 2008; Coleman et al., 2017）。细菌物种在土壤生态系统中具有重叠的功能，物种多样性的降低可能不会影响整个土壤过程（Nannipieri et al., 2003）。

14.4.3 研究局限

首先，我们的研究受到数据可用性和范围的限制，因为我们只关注土壤微生物数量、多样性和群落结构，而不是功能特征。有限的样本量削弱了此 mata 分析在解释保护性耕作措施对土壤生物特性影响方面的能力。

其次，缺乏来自南美洲的研究数据，其广泛采用了保护性耕作措施（Blanco-Canqui and Ruis, 2018）。这阻碍了我们在土壤微生物特性对耕作强度和残体施用等农田管理措施响应上的理解。因此，应加强对南美洲保护性耕作措施对土壤微生物特性影响的研究。

最后，目前的 meta 分析仅包括在田间条件下的研究，侧重于耕作和残体管理措施的影响，导致数据集有限。我们无法通过包括环境和农业条件等因素的亚组 meta 分析来控制外部条件，这可能决定了保护性耕作措施对微生物特性的受益程度（Coleman et al., 2017; Li et al., 2018; Zuber and Villamil, 2016）。例如，目前的研究无法呈现和讨论种植强度对微生物数量和多样性影响的结果。种植集约化可能会通过作物根系分泌物、植物残体分解和较短休耕期的较高有机碳输入来影响微生物群落，从而创造一个资源多样性和可用性更高的环境（Schmidt et al.，2018；Somenahally et al.，2018），导致微生物生物量增加和土壤微生物群落更加多样化（Li et al.，2018；Navarro-Noya et al.，2013）。因此，耕作强度对保护性耕作系统中微生物种群数量和多样性的影响是值得进一步研究的领域。

14.5 结论

从此 meta 分析中得出结论，细菌数量比真菌数量对年均降雨的变化和保护性耕作措施的持续时间更敏感。微生物生物量相对不敏感，而细菌和革兰氏阴性菌的生物量对环境变量变化和保护性耕作措施持续时间较为敏感。总的来说，土壤微生物数量而不是多样性和群落结构对保护性耕作措施更敏感，并且在最小耕作制度下，土壤微生物种群大小和多样性随着秸秆还田的增加而增加。微生物参数对保护性耕作措施的响应在土壤微生物数量等简单参数上始终是积极的，但对于土壤微生物多样性和群落结构等更复杂的参数上则依赖于环境。我们建议采用更好的技术（如 DNA 测序）来研究保护性耕作措施下的微生物特性。

参考文献

[1] ACIEGO PIETRI J C, BROOKES P C. Substrate inputs and pH as factors controlling microbial biomass, activity and community structure in an arable soil[J]. Soil Biology and Biochemistry, 2009, 41 (7): 1396-1405.

[2] ADAMS D C, GUREVITCH J, ROSENBERG M S. Resampling tests for meta-analysis of ecological data[J]. Ecology, 1997, 78 (4): 1277-1283.

[3] ALLISON S D, MARTINY J B H. Resistance, resilience, and redundancy in microbial communities[J]. Proceedings of the National Academy of Sciences of the United States of America, 2008, 105 (supplement_ 1): 11512-11519.

[4] ANDERSON D R, BURNHAM K P. Avoiding pitfalls when using information-theoretic methods [J]. The Journal of Wildlife Management, 2002, 66 (3): 912.

[5] ANEJA K R. Experiments in microbiology, plant pathology and biotechnology[M]. 4th ed. New Delhi: Age International, 2007: 157.

[6] BEARE M H, PARMELEE R W, HENDRIX P F, et al. Microbial and faunal interactions and effects on litter nitrogen and decomposition in agroecosystems[J]. Ecological Monographs, 1992, 62 (4): 569-591.

[7] BLANCO-CANQUI H, RUIS S J. No-tillage and soil physical environment [J].

Geoderma, 2018, 326: 164-200.

[8] CARDINALE B J, MATULICH K L, HOOPER D U, et al. The functional role of producer diversity in ecosystems[J]. American Journal of Botany, 2011, 98 (3): 572-592.

[9] CHENG Y, WANG J, WANG J Y, et al. The quality and quantity of exogenous organic carbon input control microbial NO3 - immobilization: A meta - analysis [J]. Soil Biology and Biochemistry, 2017, 115: 357-363.

[10] COLEMAN D C, CALLAHAM M A, CROSSLEY JR D. Fundamentals of soil ecology[M]. 3rd ed. London: Academic Press, 2017.

[11] DORAN J W. Soil microbial and biochemical changes associated with reduced tillage[J]. Soil Science Society of America Journal, 1980, 44 (4): 765-771.

[12] EGGER M, DAVEY SMITH G, SCHNEIDER M, et al. Bias in meta-analysis detected by a simple, graphical test[J]. BMJ, 1997, 315 (7109): 629-634.

[13] FROSTEGÅRD A, BÅÅTH E. The use of phospholipid fatty acid analysis to estimate bacterial and fungal biomass in soil[J]. Biology and Fertility of Soils, 1996, 22 (1): 59-65.

[14] GOTTSHALL C B, COOPER M, EMERY S M. Activity, diversity and function of arbuscular mycorrhizae vary with changes in agricultural management intensity[J]. Agriculture, Ecosystems and Environment, 2017, 241: 142-149.

[15] GRIFFITHS B S, DANIELL T J, DONN S, et al. Bioindication potential of using molecular characterisation of the nematode community: Response to soil tillage[J]. European Journal of Soil Biology, 2012, 49: 92-97.

[16] GUNINA A, DIPPOLD M A, GLASER B, et al. Fate of low molecular weight organic substances in an arable soil: From microbial uptake to utilisation and stabilisation[J]. Soil Biology and Biochemistry, 2014, 77: 304-313.

[17] GUREVITCH J, HEDGES L V. Meta-analysis: Combining the results of independent experiments[M] //Design and Analysis of Ecological Experiments. New York: Oxford University Press, 2001: 347-370.

[18] HEDGES L V, GUREVITCH J, CURTIS P S. The meta-analysis of response ratios in experimental ecology[J]. Ecology, 1999, 80 (4): 1150-1156.

[19] HELGASON B L, WALLEY F L, GERMIDA J J. Long-term no-till management affects microbial biomass but not community composition in Canadian prairie agroecosytems[J]. Soil Biology and Biochemistry, 2010, 42 (12): 2192-2202.

[20] HEWINS D B, SINSABAUGH R L, ARCHER S R, et al. Soil-litter mixing and microbial activity mediate decomposition and soil aggregate formation in a sandy shrub-invaded Chihuahuan Desert grassland[J]. Plant Ecology, 2017, 218 (4): 459-474.

[21] JIAN S Y, LI J W, CHEN J, et al. Soil extracellular enzyme activities, soil carbon and nitrogen storage under nitrogen fertilization: A meta-analysis[J]. Soil Biology and Biochemistry, 2016, 101: 32-43.

[22] JOERGENSEN R G, WICHERN F. Alive and kicking: Why dormant soil microorganisms matter [J]. Soil Biology and Biochemistry, 2018, 116: 419-430.

[23] JOHNSON A M, HOYT G D. Changes to the soil environment under conservation tillage[J]. HortTechnology, 1999, 9 (3): 380-393.

[24] KABIR Z, O'HALLORAN I P, HAMEL C. Combined effects of soil disturbance and fallowing on plant and fungal components of mycorrhizal corn (Zea mays L.) [J]. Soil Biology and Biochemistry, 1999, 31 (2): 307-314.

[25] KASSAM A, FRIEDRICH T, SHAXSON F, et al. The Spread of Conservation Agriculture: Policy and Institutional Support for Adoption and Uptake [J/OL]. Field Actions Science Reports, 2014, 7. http://journals.openedition.org/factsreports/3720, 2014.

[26] KLEIN D A, PASCHKE M W. Filamentous fungi: The indeterminate lifestyle and microbial ecology[J]. Microbial Ecology, 2004, 47 (3): 224-235.

[27] KONSTANTOPOULOS S. Fixed effects and variance components estimation in three-level meta-analysis[J]. Research Synthesis Methods, 2011, 2 (1): 61-76.

[28] LEVY-BOOTH D J, PRESCOTT C E, GRAYSTON S J. Microbial functional genes involved in nitrogen fixation, nitrification and denitrification in forest ecosystems[J]. Soil Biology and Biochemistry, 2014, 75: 11-25.

[29] LI Y, CHANG S X, TIAN L H, et al. Conservation agriculture practices increase soil microbial biomass carbon and nitrogen in agricultural soils: A global meta-analysis[J]. Soil Biology and Biochemistry, 2018, 121: 50-58.

[30] LI Y, LI Z, CUI S, et al. Residue retention and minimum tillage improve physical environment of the soil in croplands: A global meta-analysis[J]. Soil and Tillage Research, 2019, 194: 104292.

[31] LUO Y Q, HUI D F, ZHANG D Q. Elevated CO_2 stimulates net accumulations of carbon and nitrogen in land ecosystems: A meta-analysis[J]. Ecology, 2006, 87 (1): 53-63.

[32] LUPWAYI N Z, MAY W E, KANASHIRO D A, et al. Soil bacterial community responses to black medic cover crop and fertilizer N under no-till[J]. Applied Soil Ecology, 2018, 124: 95-103.

[33] MEURER K H E, HADDAWAY N R, BOLINDER M A, et al. Tillage intensity affects total SOC stocks in boreo-temperate regions only in the topsoil-a systematic review using an ESM approach[J]. Earth Science Reviews, 2018, 177: 613-622.

[34] MOORE-KUCERA J, DICK R P. PLFA profiling of microbial community structure and seasonal shifts in soils of a douglas-fir chronosequence [J]. Microbial Ecology, 2008, 55 (3): 500-511.

[35] NANNIPIERI P, ASCHER-JENULL J, CECCHERINI M, et al. Nannipieri, P., Ascher, J., Ceccherini, M. T., Landi, L., Pietramellara, G. & Renella, G. 2003. Microbial diversity and soil functions. European Journal of Soil Science, 54, 655-670[J]. European Joural of Soil Science, 2017, 68 (1): 12-26.

[36] NAVARRO-NOYA Y E, GÓMEZ-ACATA S, MONTOYA-CIRIACO N, et al. Relative impacts of tillage, residue management and crop-rotation on soil bacterial communities in a semi-arid agroecosystem[J]. Soil Biology and Biochemistry, 2013, 65: 86-95.

[37] OSENBERG C W, SARNELLE O, COOPER S D, et al. Resolving ecological questions through meta-analysis: Goals, metrics, and models[J]. Ecology, 1999, 80 (4): 1105-1117.

[38] PINHEIRO J, BATES D, DEBROY S, et al. nlme: linear and nonlinear mixed effects models

[J]. R package version 3. 1-110, 2013: 1-113.

[39] PITTELKOW C M, LIANG X Q, LINQUIST B A, et al. Productivity limits and potentials of the principles of conservation agriculture[J]. Nature, 2015, 517: 365-368.

[40] SAUVADET M, LASHERMES G, ALAVOINE G, et al. High carbon use efficiency and low priming effect promote soil C stabilization under reduced tillage[J]. Soil Biology and Biochemistry, 2018, 123: 64-73.

[41] SCHMIDT R, GRAVUER K, BOSSANGE A V, et al. Long-term use of cover crops and no-till shift soil microbial community life strategies in agricultural soil[J]. PLoS One, 2018, 13 (2): e0192953.

[42] SHANNON C E. A mathematical theory of communication[J]. Bell System Technical Journal, 1948, 27 (3): 379-423.

[43] SOMENAHALLY A, DUPONT J I, BRADY J, et al. Microbial communities in soil profile are more responsive to legacy effects of wheat-cover crop rotations than tillage systems[J]. Soil Biology and Biochemistry, 2018, 123: 126-135.

[44] TONCEA I, OPREA G, VOICA M, et al. Soil acidification under organic farming practices [J]. Romanian Agricultural Research, 2015: 1-4.

[45] VIECHTBAUER W. Conducting meta-analyses in R with the metafor Package[J]. Journal of Statistical Software, 2010, 36 (3): 1-48.

[46] WANG Y, LI C Y, TU C, et al. Long-term no-tillage and organic input management enhanced the diversity and stability of soil microbial community [J]. The Science of the Total Environment, 2017, 609: 341-347.

[47] WANG Z T, LIU L, CHEN Q, et al. Conservation tillage increases soil bacterial diversity in the dryland of Northern China[J]. Agronomy for Sustainable Development, 2016, 36 (2): 28.

[48] WICKHAM H. ggplot2: Elegant Graphics for Data Analysis[M]. New York, NY: Springer New York, 2009.

[49] YACHI S, LOREAU M. Biodiversity and ecosystem productivity in a fluctuating environment: The insurance hypothesis[J]. Proceedings of the National Academy of Sciences of the United States of America, 1999, 96 (4): 1463-1468.

[50] ZHANG B, LI Y J, REN T S, et al. Short-term effect of tillage and crop rotation on microbial community structure and enzyme activities of a clay loam soil[J]. Biology and Fertility of Soils, 2014, 50 (7): 1077-1085.

[51] ZHOU Z H, WANG C K, ZHENG M H, et al. Patterns and mechanisms of responses by soil microbial communities to nitrogen addition[J]. Soil Biology and Biochemistry, 2017, 115: 433-441.

[52] ZORNOZA R, ACOSTA J A, FAZ A, et al. Microbial growth and community structure in acid mine soils after addition of different amendments for soil reclamation [J]. Geoderma, 2016, 272: 64-72.

[53] ZUBER S M, VILLAMIL M. Meta-analysis approach to assess effect of tillage on microbial biomass and enzyme activities[J]. Soil Biology and Biochemistry, 2016, 97: 176-187.